よい資料を作るためのレイアウトのルール

伝わるデザイ[illegible]本

増補改訂 3版

高橋佑磨
片山なつ 著

技術評論社

■ご注意

●本書に記載された内容は、情報の提供のみを目的としています。本書の記載内容については正確な記述に努めて制作をいたしましたが、内容に対して何らかの保証をするものではありません。本書を用いた運用は、必ずお客様自身の責任と判断によって行ってください。これらの情報の運用の結果について、技術評論社および著者はいかなる責任も負いません。

●本書記載の情報、ソフトウェアに関する記述などは2021年3月現在のものを掲載しています。MS Officeについては Microsoft 365 for Windows あるいは Microsoft 365 for Mac を、Adobe IllustratorについてはCC 2020を例に解説しています。なお、それぞれの内容については、ご利用時には変更されている場合もあります。

●本書は、MS Office、または Adobe Illustratorなどについて基本的な操作は一通りマスターしている方を対象としています。まったくの初心者の方は、本書の前に別途、初心者向けの書籍を読まれることをお勧めします。

●以上の注意事項をご承諾いただいた上で、本書をご利用願います。これらの注意事項をお読みいただかずに、お問い合わせいただいても、技術評論社および著者は対処しかねます。あらかじめ、ご承知おきください。

■登録商標

はじめに

デザインの力（チカラ）で資料は生まれ変わる

自分のアイデアや成果を提案・報告するための「企画書やプレゼン資料、レポート」、イベントやセミナーを告知するための「ポスターやチラシ」など、パソコンやオフィスソフト（Microsoft WordやPowerPointなど）の普及した今、個人個人が多岐にわたる資料を作成するようになってきました。

とはいえ、資料の「作り方」を教わる機会はほとんどありません。「読みやすく、見やすく、魅力的な資料」を作ろうとしたとき、多くの人は闇雲に、あるいは自己流で資料を作るか、途方に暮れてしまうのが現状です。これでは良い資料はできませんし、生産性が上がりません。その原因は、「デザインのセンス」の問題ではなく、「デザインのルール」を知らないことにあります。カッコいい資料を真似したり、かわいいデザインのテンプレートを使っても期待したほど良い資料ができなかったという経験も、原因は同じです。つまり、私たちは、デザインの知識や教養を身に付ける前に、さまざまな資料を作らなければならない状況に直面しているのです。

資料の見た目のインパクトばかりを重視していたり、あまり実用的でないデザインテクニックを紹介するビジネス書は星の数ほどあります。しかし、読みやすさや見やすさに重点を置いた非デザイナー向けのデザインの体系的な書籍は皆無です。一方で、デザイナー向けのデザインの教科書や解説書などの専門書はレベルが高く、企画書やプレゼン資料などを作る社会人や学生などにはあまり有用ではないのが実情です。そのような背景から、本書の執筆にあたって、デザイナーではない社会人や教育者、学生、研究者向けのデザインの教科書となるよう、実用的なデザインの基本知識をまとめることを目標としました。ですので、小手先のデザインテクニックを紹介するのではなく、デザインやレイアウトの基本を体系的に紹介するように努めています。公的機関や民間企業、大学など、業種により理想となる資料のタイプは異なりますが、陥りやすい問題点やつまずきやすい点の多くは共通しています。本書で紹介する基本知識は、あらゆる資料の作成に応用できるものであり、学生や社会人にとっての新たな教養となるものなのです。

理系研究者の我々が立ち上げたウェブページ「伝わるデザイン｜研究発表のユニバーサルデザイン」をベースにして、本書の初版を出版したのが2014年でした。2年後の2016年に増補改訂版を出版し、初版では扱い切れなかったデザインのルールを新たに加えるとともに、したいことを実現するためのPCの操作方法を数多く書き加えました。これにより、デザインのルールの学習から実際の資料作成までをカバーする内容となりました。さらに、今回の増補改訂3版では、色覚多様性や読み書き障害、視覚過敏、弱視など、視覚多様性に今まで以上にフォーカスし、さまざまな見え方の聴衆に対しての配慮を数多く紹介することで、さらなる資料のユニバーサルデザイン化を目指しました。多様性への配慮は、学校教育において喫緊の課題でもあります。本書がビジネスや研究発表のみならず、教育分野にも貢献できることを願っています。本書をきっかけにデザインの基本知識や教養が普及し、より多くの人が公平に情報にアクセスできるようになり、社会において円滑で有意義なコミュニケーションが拡がることが私たちの願いです。

最後に、写真撮影や図の提供にご協力いただいた国立科学博物館の海老原淳博士・濱崎恭美氏、東北大学の大野ゆかり博士に厚く御礼申し上げます。本書の改訂に当たり、的確な感想と建設的な助言とともに、事あるごとに議論を重ねてくれた技術評論社の藤澤奈緒美さんに心より感謝致します。

高橋佑磨・片山なつ

目次

情報をデザインする

デザイナーではない人のためのデザインのルール

自己満足ではなく「思いやり」

ビジネスや教育、研究の場面では、なんの工夫もなしに資料が作られることが少なくありません。WordやPowerPointなどのソフトを初期設定のまま使い続ける人も多いでしょう。読みにくいフォントを使ったり、闇雲にレイアウトしたり、何でもかんでも強調したり、ときには自分の好きな色を多用して装飾しすぎてしまうこともあります。このような自己流の資料は、思わぬところで読み手や受け手に負担やストレスを与えているのです。一つひとつの負担は小さくとも、塵も積もれば山。結果的に、理解しにくく印象の悪い資料となってしまいます。

資料作成におけるデザインには、「ルール」があります。「悪い資料」から脱却するには、ルールを知ることが不可欠です。ルールに従って情報をデザインし、受け手の負担を一つひとつ減らしていけば、誰にでも理解しやすい「よい資料」が完成します。**よい資料を作ることは、受け手に対する「思いやり」であり、コミュニケーションにおける「マナー」です。**

デザインは表面的なことではない

資料の見た目やデザインに気をつけることは、表面的な努力と思われがちです。しかし、実際には、とても本質的な問題です。話のわかりやすい人とわかりにくい人の違いは、多くの場合、話が論理的で秩序だっているかどうかです。わかりやすい資料とわかりにくい資料の差も同じです。**伝えたい内容の意味的構造(ロジック)を見た目の物理的構造(レイアウト)に反映させること**、つまりデザインすることが、わかりやすい資料を作る上でもっとも大切なのです。情報をデザインするためには、何が大切な情報で何が余計な情報なのかを正確に把握しなければいけませんし、事柄同士の関係を正確に理解していなければいけません。情報を的確に取捨選択する必要も出てきます。要するに、資料の見た目に気をつけることは、自らが伝えたい内容に向き合い、整理していくという点で、非常に本質的な活動なのです。受け手を思いやり、情報のデザインを真剣に考えることは、単なる表面的な工夫ではなく、本質的な成長につながるのです。

伝わるデザインにはルールがある

実際のビジネスや研究発表では、情報を正確に伝えるため、ある程度の量の情報(文や図表)を詰め込む必要があります。このような資料ほど、情報をデザインすることの重要性や効果が高まってきます。

受け手は人間です。職種や言語がちがっても、見やすい、読みやすいという感覚は概ね共通しています。本書では、「読みやすさと見やすさ、わかりやすさ」、すなわち「伝わりやすさ」を最大限高めるための「伝わるデザインの基本」を解説していきます。一般的なデザインのルールはもちろん、デザイナーではない著者がこれまでの経験から得た「非デザイナーに役立つルール」を紹介します。

このルールに従って情報を整理すると、**「伝わりやすくなる」**だけでなく、**「美しく魅力的な」**資料ができあがります。一度ルールを覚えてしまえば、デザインやレイアウトについて試行錯誤する手間を省くことができ、**時間の節約や生産性の向上**につながります。「伝わるデザインの基本」のルールを学ぶことは、まさに一石三鳥なのです。

「伝わるデザイン」の4つの効能

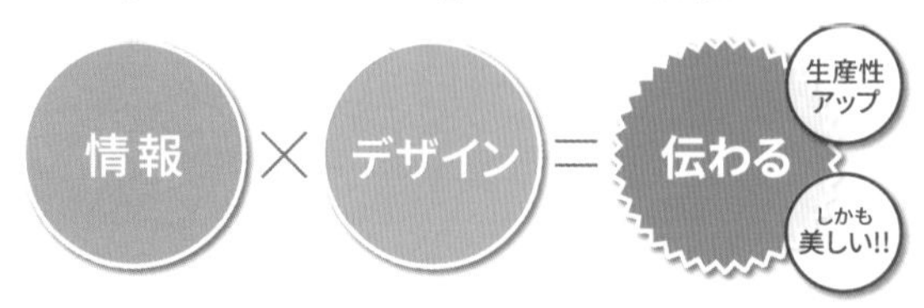

情報をうまくデザインすると、「情報を効率的に、正確に伝えること」ができます。さらには、見栄えのよい魅力的な資料が完成し、「受け手に関心をもってもらうこと」につながります。しかし、効能はそれだけではありません。本当の意味で大切なことは、前述の通り、「自身の頭の中が整理・洗練される」ことです。

また、良い資料が普及すれば、会議やミーティング、セミナーなどの議論の場で、コミュニケーションが円滑になります。コミュニケーションの円滑化・効率化は、必然的にグループ全体、会社全体、学会全体の発展に繋がるはずです。情報をデザインすることには、**「伝わりやすくなる」「聴衆に関心をもってもらう」「自分のアイデアを洗練させる」「グループ全体を発展させる」**という４つの効能があるのです。

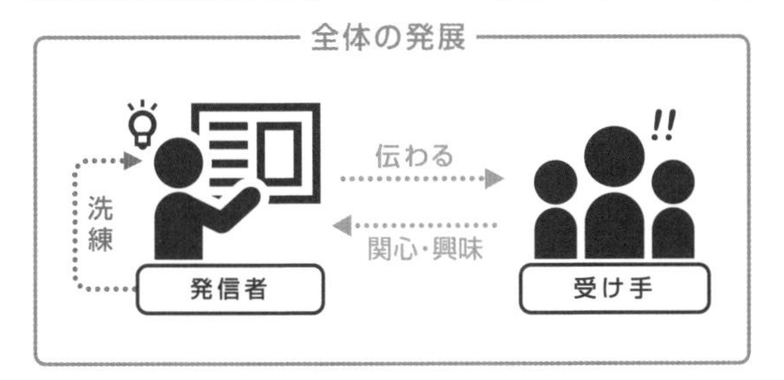

多様性への配慮とユニバーサルデザイン

見え方は人によってさまざまです。昔から色弱として知られている色覚多様性だけではなく、近年、弱視やディスレクシア、視覚過敏など、さまざまな視知覚困難の現状が知られるようになってきました。本書では、そうした**多様性に配慮した資料を作るための手法も数多く紹介**しています。視知覚困難の症状は人によって異なるので、すべての困難を解決できるわけではないのですが、視覚多様性の存在や配慮が社会に広まることで、解決へと進むことができるはずです。そして何より、本書で紹介している視覚多様性への配慮は、視知覚困難の症状をもたない人にとっての「見やすさ」も向上させるものです。したがって、本書で解説するような方法で資料の**デザインを工夫することで、より多くの人が公平に、しかも効率的に情報にアクセスできる**ようになると期待されます。

本書の狙い

本書では、華やかさや美しさ、躍動感などではなく、「伝わりやすいかどうか」という基準を常に最優先し、デザインのルールを解説しています。まず、文字や文章、図表など、資料の主要な構成要素に関するルールを紹介し、次いでそれらを組み合わせてレイアウトするためのルールを紹介していきます。第1章では、あまり重要視されていないものの、実はとても重要な要素である「書体と文字」についてたっぷりと解説します。第２章では「文章と箇条書き」について、第３章では「図とグラフ・表」について、第４章では「全体のレイアウトと配色」について解説します。これらのルールは、プレゼン資料や掲示物、チラシ、報告書、プレスリリースなど、あらゆる資料の作成に役立ちます。

ルール（マナー）を守ることは、画一化すること、あるいは個性をなくすことではありません。本書で紹介するマナーは、あくまでも個性を出す前に守ってもらいたいマナーです。マナーを守った上で個性を出すことで、より個性的で効果的な資料を作ることができるはずです。「伝わるデザイン」のルールを習得し、見にくい資料やカッコつけただけの資料からは卒業です！

参考文献

Robin Williams, 吉川典秀「ノンデザイナーズ・デザインブック」, 毎日コミュニケーションズ, 2008
田中佐代子「PowerPointによる理系学生・研究者のためのビジュアルデザイン入門」, 講談社, 2013
色盲の人にもわかるバリアフリープレゼンテーション法　http://www.nig.ac.jp/color/
子ども情報ステーションby ぷるすあるは　https://kidsinfost.net/
熊谷恵子「アーレンシンドローム 光に鋭敏なために生きづらい子ども」, 幻冬社 ,2018

1 書体と文字の法則

資料の印象や見やすさは、書体の選び方や文字の使い方によって決まると言っても過言ではありません。
ここでは、書体やフォントの性質を理解し、文字を正しく使うための方法を紹介します。

1-1 書体の基本知識

文字の種類を「書体」と呼びます。書体の特性を知り、適材適所で文字を使いこなしましょう。和文の書体は「明朝体」「ゴシック体」、欧文の書体は「セリフ体」「サンセリフ体」が基本です。

■ 資料の「印象」と「読みやすさ」は文字次第

手書きの手紙などから想像できるように、文字そのものの美しさは、書類の印象と読みやすさを大きく左右します。あまり意識されませんが、パソコンで作る資料でも同じです。書体の選択や使い方で、印象や読みやすさが決まってしまいます。右に示したように、最近のパソコンではさまざまな種類の書体が利用できます。効果的な資料を作るためには、書体の基本的な知識を身につけ、適切な書体を選択することが重要になります。

まみむめ文字 **まみむめ文字** まみむめ文字
まみむめ文字 まみむめ文字 **まみむめ文字**
まみむめ文字 まみむめ文字 まみむめ文字
まみむめ文字 まみむめ文字 まみむめ文字
AbCdEfont AbCdEfont AbCdEfont
AbCdEfont *AbCdEfont* ABCDEFONT
ABCDEFONT AbCdEfont AbCdEfont
AbCdEfont *AbCdEfont* **AbCdEfont**

文字のいろいろ ■ 文字の形で印象や読みやすさは様々。

■ 書体の分類

和文(日本語)には明朝体やゴシック体、行書・筆書体、ポップ体や手書き風などの書体、また欧文にもセリフ体やサンセリフ体、スクリプト体、ポップ体、手書き風などの書体があります。実際にはほかにも書体はありますが、和文と欧文の代表的な書体は、「読みやすさ」や「親しみやすさ」、「個性」の観点からそれぞれ4つに大別できます。

明朝体や筆書体は伝統的で高級感のある印象、ゴシック体やポップ体では現代的でカジュアルな印象を与えます。欧文でも同様に、セリフ体やスクリプト体は、高級感や大人っぽさ、サンセリフ体やポップ体では現代的で優しい印象を与えます。ただし、使いどころを間違えると、**ポップ体や筆書体は、稚拙な印象や不真面目な印象を与えてしまう**ことがあるので注意が必要です。なお、個性的な書体ほど読みにくくなる傾向があります。

ビジネスや研究発表などの真面目な場では、**明朝体とゴシック体を使うのが基本**になります。

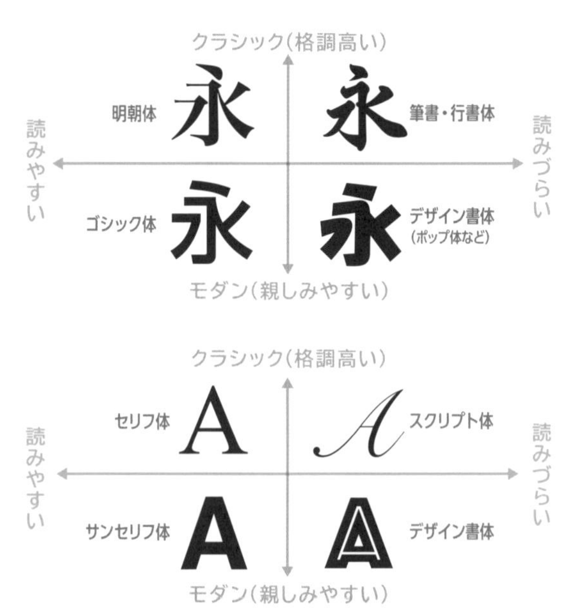

書体の比較 ■ 和文にも欧文にもいくつかの書体があります。書体によってその印象は大きく違うので、適材適所で使い分けていきましょう。

■和文の基本は明朝体とゴシック体

「明朝体」は横線に対して縦線が太く、線の末端に「とめ」や「はらい」、「ウロコ」のある書体で、「ゴシック体」は横線と縦線の太さがほぼ同じで、ウロコが(ほとんど)ない書体です。

一般に、明朝体は「可読性」が高く、長文でも目が疲れない書体です。一方、ゴシック体は、明朝体よりも「視認性」が高く、はっきりと見え、よく目立つ書体です。**文字の量の多くなる書類(読ませる資料)には明朝体、プレゼン用のスライドなどの資料(見せる資料)にはゴシック体**が向いているといえます。

永 あ ア

明朝体

各線の角や末端に「ウロコ」や「とめ」、「はらい」がある。縦線が横線よりも幅が太い。

可読性が高い { 疲れにくい / 目立ちにくい

長い文(本文)に最適

ゴシック体

各線の角や末端に「ウロコ」や「とめ」、「はらい」がない。縦と横の線の幅が同じ。

視認性が高い { 疲れやすい / 目立つ

短文や見出しに最適

■欧文の基本はセリフ体とサンセリフ体

資料作成に使われる主な欧文書体は、セリフ体とサンセリフ体です。セリフ体は、縦と横の線の太さが均一でなく、セリフと呼ばれる装飾が各線の末端に付いている書体です。サンセリフ体は、縦線と横線の太さが一様でセリフのない書体です(サンとは「ない」という意味です)。

セリフ体は「可読性」が高く、サンセリフ体は「視認性」の高い書体です。したがって、**長文を含む「読ませる資料」にはセリフ体、プレゼン用のスライドなどの「見せる資料」にはサンセリフ体**が向いています。

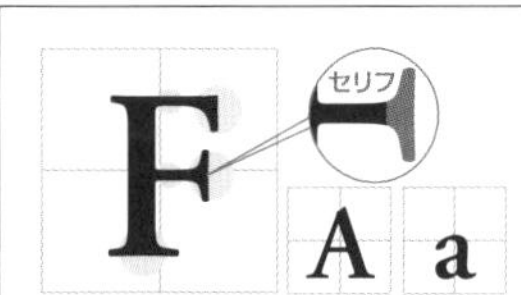

セリフ体

各線の始点や終点に「セリフ」と呼ばれる装飾がある。縦線が横線よりも幅が太い。

可読性が高い { 疲れにくい / 目立ちにくい

長い文(本文)に最適

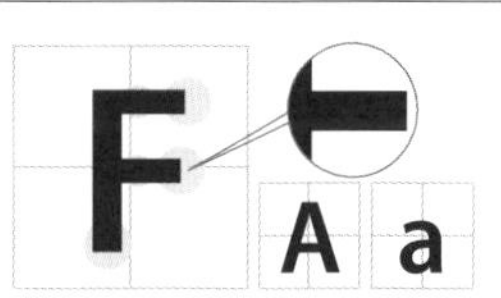

サンセリフ体

各線の始点や終点に「セリフ」がない。縦と横の線幅が同じ。

視認性が高い { 疲れやすい / 目立つ

短文や見出しに最適

補足 読みやすさを決める3要素

文字や文章の読みやすさは、可読性と視認性、判読性という3つの要素から成ります。**「可読性」**とは文章の読みやすさ、**「視認性」**とは文字の目立ちやすさ、**「判読性」**とは文字の誤読のされにくさを意味します。書体やフォント次第で、これら3つの性質を変えることができます。

文や単語をスムーズに読めるか?

視認性

文や単語が目立ちやすいか?

判読性

文や単語を読み間違えないか?

予備知識

書体とフォント

書体とフォントの違い

一貫した特徴あるいは様式(字形)に基づいて分類されるものを「**書体**」、パソコンなどに搭載されている個々の製品を「**フォント**」といいます。つまり、各書体には数多くの種類のフォントが属するのです。例えば「明朝体」にはMS明朝やヒラギノ明朝、「ゴシック体」にはMSゴシックやメイリオ、ヒラギノ角ゴなどが含まれます。

実際には「書体」と「フォント」の定義はさまざまで、明確な区別なく使われることも多いですが、本書では、上記のように区別して使用します。

用途によって適したフォントが異なるため、パソコンには多様なフォントが搭載されています。フォントを使いこなすためには、まず、フォントについて正しく知ることが大切です。

ゴシック体

メイリオ　游ゴシック　ヒラギノ角ゴシック
MS ゴシック　HG丸ゴシックM-PRO
HGS創英角ゴシックUB　HGSゴシックE

サンセリフ体

Arial　Helvetica Neue　Calibri　Optima
Segoe UI　Myriad Pro　Lucida Sans
Avenir Next　Gill Sans　Century Gothic

明朝体

游明朝　HGP明朝E　MS 明朝
ヒラギノ明朝 Pro　HGS創英角プレゼンスEB
小塚明朝 Pro

セリフ体

Times New Roman　Minion Pro　Hoefler Text
Century　Palatino　Georgia　Garamond
Adobe Caslon Pro　Adobe Garamond Pro

書体とフォント ■ 代表的な書体とそれらに属する代表的なフォント。

フォントファミリー

文字の太さを「**ウェイト**」といいます。フォントの中には複数のウェイトが用意されているものがあり、右の図で示したような複数のウェイトの集まりを「**フォントファミリー**」と呼びます。MSゴシックはファミリーを構成しませんが、メイリオは「レギュラー」と「ボールド」の2つのウェイトで構成されます。ヒラギノ角ゴシックなら、W0～W9の10種類のウェイトがあります。

欧文フォントの場合は、ウェイトだけでなく、斜体もファミリーの一員になっています。例えばTimes New Romanなら、「Regular」と「Bold」、そしてそれぞれの斜体でファミリーが構成されています。

ヒラギノ角ゴシック W0
ヒラギノ角ゴシック W1
ヒラギノ角ゴシック W2
ヒラギノ角ゴシック W3
ヒラギノ角ゴシック W4
ヒラギノ角ゴシック W5
ヒラギノ角ゴシック W6
ヒラギノ角ゴシック W7
ヒラギノ角ゴシック W8
ヒラギノ角ゴシック W9

游明朝 Light
游明朝 Medium
游明朝 Demibold

游ゴシック Light
游ゴシック Medium
游ゴシック Bold

メイリオ レギュラー
メイリオ ボールド

Helvetica Neue　*Helvetica Neue*　Times New Roman
Helvetica Neue　*Helvetica Neue*　**Times New Roman**
Helvetica Neue　*Helvetica Neue*　*Times New Roman*
Helvetica Neue　*Helvetica Neue*　***Times New Roman***
Helvetica Neue　***Helvetica Neue***　Arial *Arial*
Helvetica Neue　***Helvetica Neue***　**Arial** ***Arial***

フォントファミリー ■ ウェイトによって、可読性や視認性、印象が変化します。欧文ではウェイトにより文字幅が変わります。

和文フォントの構造

日本語の文字は縦書きにも横書きにも対応できるように、正方形の枠の中に収まるように作られており、この枠を**仮想ボディ**と呼びます。

ただし、文字は仮想ボディの中に目一杯大きく作られているのではなく、わずかに余裕をもって作られており、実際に文字が収められている領域は**字面**(じづら)、あるいは字面枠と呼ばれます。

いわゆる**「フォントサイズ」**というのは外側の仮想ボディのサイズを意味しますが、文字の見た目のサイズは字面の大きさになります。

和文フォントの構造 ■ 正方形の仮想ボディの中に文字が収められています。ベースラインは、和文と欧文を組み合わせる際の基準線です。

欧文フォントの構造

欧文は、基本的に横書きのみで書かれます。そのため、横方向の基準線(ベースラインなど)のみが存在します。ベースラインより下がる文字もあれば、背の高い文字や低い文字もあります。日本語とは違って、文字によって字面が大きく異なり、幅も高さもさまざまです。

欧文フォントも和文フォントと同様、仮想ボディの高さがフォントサイズになります。見た目のサイズは、**アセンダライン**(小文字のもっとも高い部分)と**ディセンダライン**(小文字のもっとも低い部分)の間の高さになります。ただし、欧文では、ほとんどの部分が**エックスハイト**(小文字のxの高さ)と呼ばれる高さの中に収まるため、エックスハイトも見た目の大きさの指標になります。

欧文フォントの構造 ■ 字面は文字によってさまざまです。

1-2 個性的な書体は避ける

資料の目的に合わせて書体を選ぶ必要があります。
個性的な書体はビジネスの場では不向きなことが多いので、シンプルな書体を選びましょう。

■ ポップ体や筆書体は避ける

「堅苦しくしたくないからポップ体にする」や「古風な雰囲気にしたいから筆書体にする」というのはよく聞く話です。しかし、これらの書体を使った文は、ふざけた印象を与えてしまいがちです。知らず知らずに受け手にストレスを与え、内容に集中するのを妨げてしまいます。**相当の理由がない限り、ポップ体や筆書体を避けましょう。**

もちろん、これらの書体を効果的に使うことのできる場面はありますが、ビジネスや研究発表ではそのような場面は少ないと思います。

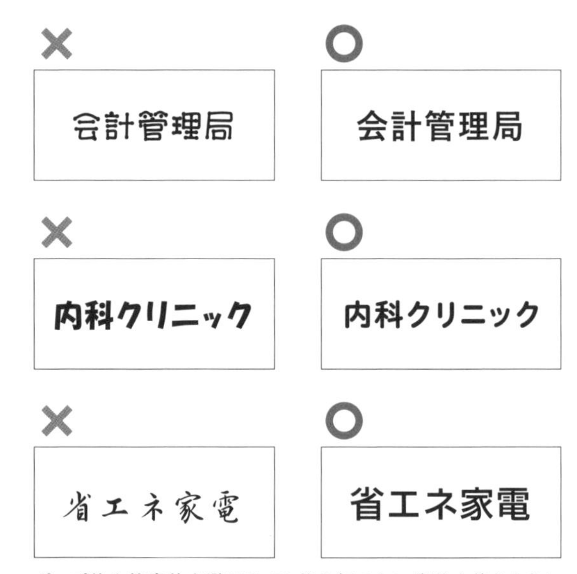

ポップ体や筆書体を避ける ■ 飾り気のない書体を使うように心がけましょう。

■ 飾り気のない書体で判読性を重視

人に正確に情報を伝えるときは、受け手にストレスを与えないように情報をシンプルにすることを心がけましょう。書体に関しては、基本的には**飾り気のない書体を選ぶこと**が望ましいです。シンプルな書体であるゴシック体や明朝体を選ぶことは、受け手への思いやりであり、マナーです。

温泉宿から鼓が滝へ登って行く途中に清冽な泉が湧き出ている。水は井桁の上に凸面をなして盛り上げたようになって余ったのは

温泉宿から鼓が滝へ登って行く途中に清冽な泉が湧き出ている。水は井桁の上に凸面をなして盛り上げたようになって余ったのは

Many years ago, there was an Emperor, who was so exces-sively fond of new clothes, that he spent all his money in dress. He did not trouble himself in

温泉宿から鼓が滝へ登って行く途中に清冽な泉が湧き出ている。水は井桁の上に凸面をなして盛り上げたようになって余ったのは

温泉宿から鼓が滝へ登って行く途中に清冽な泉が湧き出ている。水は井桁の上に凸面をなして盛り上げたようになって余ったのは四方

Many years ago, there was an Emperor, who was so exces-sively fond of new clothes, that he spent all his money in dress. He did not trouble himself in

シンプルな書体で読みやすく ■ 飾り気のない書体のほうが判読性や可読性が高くなります。

コラム

書体を使いこなす

目的に合わせて書体を選ぶ

書体は、それぞれ別々の目的があって作られたものです。ポップ体や筆書体はビジネスやプレゼン、研究発表などの真面目な場面には適しませんが、**使い方を間違えなければ、本領を発揮します。**ポップ体はその名の通り安売りなどのポップに向いていますし、筆書体は和食などのメニューに向いています。大人しさや真面目さが大切な場面では、当然、癖のない書体、すなわち、ゴシック体や明朝体が適切です。目的や場面に合わせて書体を選ぶようにしましょう。

筆書体・手書き風	明朝体・ゴシック体	ポップ体
お買い得！ 299円	お買い得！ 299円	○ お買い得！ 299円
幼稚園だより	幼稚園だより	○ 幼稚園だより
○ 真鯛の京風和え造り	真鯛の京風和え造り	真鯛の京風和え造り
○ 炭火焼 とりきち	炭火焼 とりきち	炭火焼 とりきち
晩秋の京都	○ 晩 秋 の 京 都	晩 秋 の 京 都
法律事務所	○ 法律事務所	法律事務所
京浜東北線 Keihin-Tohoku Line	○ 京浜東北線 Keihin-Tohoku Line	京浜東北線 Keihin Tohoku Line

書体の特徴を生かす ■ 文書の目的に合わせて書体を選びましょう。

1-3 読ませる文章での書体選び

文章は、「読ませる文章」と「見せる文章」に分けることができます。読ませる文章、すなわち、文字数が多い書類では、可読性を重視した書体選びが重要になります。

■ 基本は明朝体とセリフ体

レジュメやレポート、企画書、報告書などの資料では、ときに、数行、数十行に及ぶ長い文章を書くことがあります。このような**長い文章には「明朝体」**が向いています。ゴシック体のように太い書体で長い文章を書くと、右ページの例のように紙面が黒々してしまい、可読性が下がります。

なお、欧文の場合も、和文と全く同じです。**文字数が多い場合には、サンセリフ体よりもセリフ体**が適しています。

■ 細い文字であることが大切

同じ書体でも線の太さ(ウェイト)はさまざまで、太さによって可読性は大きく変わります。一般的には細いほど可読性が高くなるので、**ゴシック体やサンセリフ体であっても細いウェイトなら長文に用いる**ことができます。例えば游ゴシックのMediumやRegular、Helvetica Light、Segoe UI Lightなどの細いウェイトならば、長文でも使用可能です。

逆に言えば、細いウェイトのないMSゴシックやArialなどは、長文を書くのには不向きです。ゴシック体やサンセリフ体を長文に用いる場合は、文字の太さに充分に注意しましょう。

同様の理由で、明朝体やセリフ体であっても、右ページの例のように、太い文字は可読性を低下させてしまいます。**長文には、太い文字全般を避ける**のがよいでしょう。

ウェイトと可読性・視認性 ■ 和文でも欧文でも、文字が細いほうが可読性は高く、太いほうが視認性は高くなります。文字数によって使い分けましょう。

✕ 太めのゴシック体（HGS創英角ゴシックUB）

野山へ行くとあけびというものに出会う。秋の景物の一つでそれが秋になって一番目につくのは、食われる果実がその時期に熟するからである。田舎の子供は栗の笑うこの時分によく山に行き、かつて見覚えおいた藪でこれを採り嬉々として喜び食っている。東京付近で言えば、かの筑波山とか高尾山とかへ行けば、その季節には必ず山路でその地の人が山採りのその実を売っている。実の

○ 細めの明朝体（游明朝 Medium）

野山へ行くとあけびというものに出会う。秋の景物の一つでそれが秋になって一番目につくのは、食われる果実がその時期に熟するからである。田舎の子供は栗の笑うこの時分によく山に行き、かつて見覚えおいた藪でこれを採り嬉々として喜び食っている。東京付近で言えば、かの筑波山とか高尾山とかへ行けば、その季節には必ず山路でその地の人が山採りのその実を売っている。実の

✕ 太めの明朝体（HGS創英プレゼンスEB）

野山へ行くとあけびというものに出会う。秋の景物の一つでそれが秋になって一番目につくのは、食われる果実がその時期に熟するからである。田舎の子供は栗の笑うこの時分によく山に行き、かつて見覚えおいた藪でこれを採り嬉々として喜び食っている。東京付近で言えば、かの筑波山とか高尾山とかへ行けば、その季節には必ず山路でその地の人が山採りのその実を売っている。実の

○ 細めのゴシック体（游ゴシック Medium）

野山へ行くとあけびというものに出会う。秋の景物の一つでそれが秋になって一番目につくのは、食われる果実がその時期に熟するからである。田舎の子供は栗の笑うこの時分によく山に行き、かつて見覚えおいた藪でこれを採り嬉々として喜び食っている。東京付近で言えば、かの筑波山とか高尾山とかへ行けば、その季節には必ず山路でその地の人が山採りのその実を売っている。実の

長い和文には明朝体 ■ 長い文章には細い明朝体がベスト。ただし、細い書体であればゴシック体でもOKです。明朝体ならヒラギノ明朝や游明朝がおすすめです。細いゴシック体なら游ゴシックの中字（Medium）や細字（Light）がおすすめです。

✕ 太めのサンセリフ体（Arial Black）

Many years ago, there was an Emperor, who was so excessively fond of new clothes, that he spent all his money in dress. He did not trouble himself in the least about his soldiers; nor did he care to go either to the theatre or the chase, except for the opportunities then

○ 細めのセリフ体（Times New Roman Regular）

Many years ago, there was an Emperor, who was so excessively fond of new clothes, that he spent all his money in dress. He did not trouble himself in the least about his soldiers; nor did he care to go either to the theatre or the chase, except for the opportunities then afforded him for displaying his new clothes. He had a different suit for each hour

✕ 太めのセリフ体（Times New Roman Bold）

Many years ago, there was an Emperor, who was so excessively fond of new clothes, that he spent all his money in dress. He did not trouble himself in the least about his soldiers; nor did he care to go either to the theatre or the chase, except for the opportunities then afforded him for displaying his new clothes. He had a different

○ 細めのサンセリフ体（Segoe UI Light）

Many years ago, there was an Emperor, who was so excessively fond of new clothes, that he spent all his money in dress. He did not trouble himself in the least about his soldiers; nor did he care to go either to the theatre or the chase, except for the opportunities then afforded him for displaying his new clothes. He had a different suit for each hour

長い欧文にはセリフ体 ■ 長い文章には細いセリフ体を使いましょう。サンセリフ体でも細い文字ならばOKです。セリフ体なら、Times New Roman、Minion Pro、サンセリフ体ならCalibriやSegoe UI、HelveticaのLightがおすすめです。

1-4 見せる文章での書体選び

スライドやポスターなどの「見せる文章」や長い文章の中の「小見出し」では、読みやすさよりも目立ちやすさが重要になります。そんなときは視認性の高いゴシック体を使いましょう。

■ 基本はゴシック体

プレゼンテーションに使用するスライドや告知ポスター、チラシは、要点だけを端的に説明するものです。したがって、「読ませる」というよりは、「見せる」意図が強くなります。このような「見せる資料」では、視認性の高い書体であるゴシック体やサンセリフ体を使うのが基本です。

また、画面やスクリーンに資料を映す場合、明朝体やセリフ体では文字がかすれ、読みにくくなります。そういった意味でも、**スライドにはゴシック体やサンセリフ体を用いる**のがよいでしょう。

✕ 明朝体

新型システムの紹介と
来年度の開発計画
高感度低照度800万画素CMOSセンサーの搭載

高橋太郎(ドラゴンフライ株式会社)

○ ゴシック体

新型システムの紹介と
来年度の開発計画
高感度低照度800万画素CMOSセンサーの搭載

高橋太郎(ドラゴンフライ株式会社)

✕ 明朝体

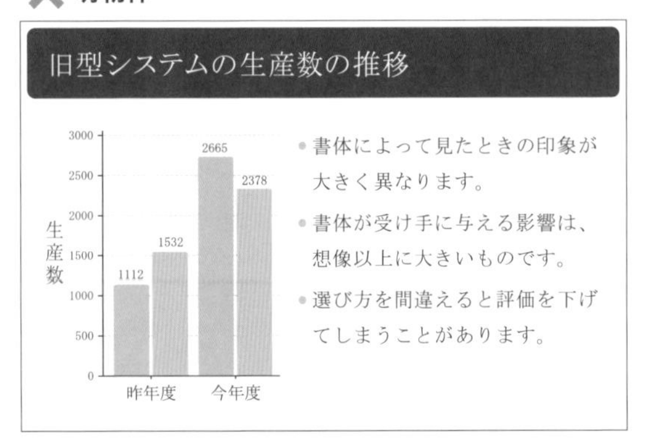

○ ゴシック体

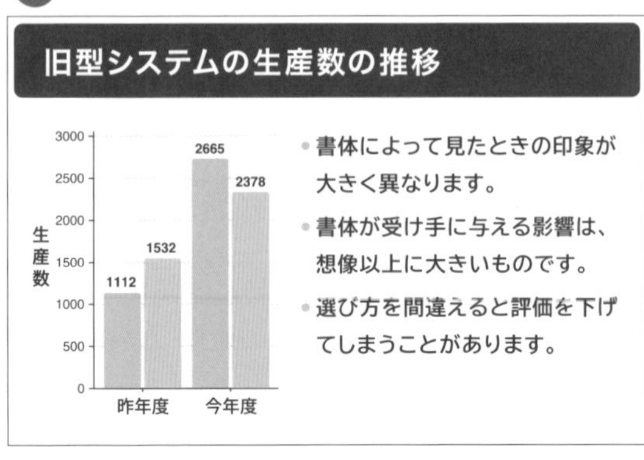

スライドやポスターにはゴシック体 ■ 文量が少ない書類では、視認性を重視してフォントを選びます。

■ タイトル・小見出しにはゴシック体

タイトルや小見出しは、内容を端的に表す重要な要素です。小見出しは、長い資料の構造や区切りを明確にする役割も併せもちます。したがって、タイトルや小見出しを目立たせると、資料の構造が明確になり、受け手の理解を促進することができます。

たとえ本文が明朝体やセリフ体であっても、**タイトルや小見出しには「視認性の高い」ゴシック体を用いる**と理解しやすいデザインとなります。細いゴシック体や明朝体のほうが格調高く見えることもありますが、可読性や視認性の観点からすれば、太めのゴシック体を使うことをまずはおすすめします。当然、英語の資料であれば、見出しや小見出しにサンセリフ体を用います。

✕ 小見出しに明朝体

小見出しは視認性を重視

タイトルや小見出しは、資料の構造を把握し、内容を理解する上で重要な役割を果たします。ゴシック体を使ってタイトルや小見出しを目立たせると良いでしょう。

英文でも同じ

英語の資料であれば、タイトルや小見出しにサンセリフ体を用いるのが基本になります。ゴシック体と同様、視認性

〇 小見出しにゴシック体

小見出しは視認性を重視

タイトルや小見出しは、資料の構造を把握し、内容を理解する上で重要な役割を果たします。ゴシック体を使ってタイトルや小見出しを目立たせると良いでしょう。

英文でも同じ

英語の資料であれば、タイトルや小見出しにサンセリフ体を用いるのが基本になります。ゴシック体と同様、視認性

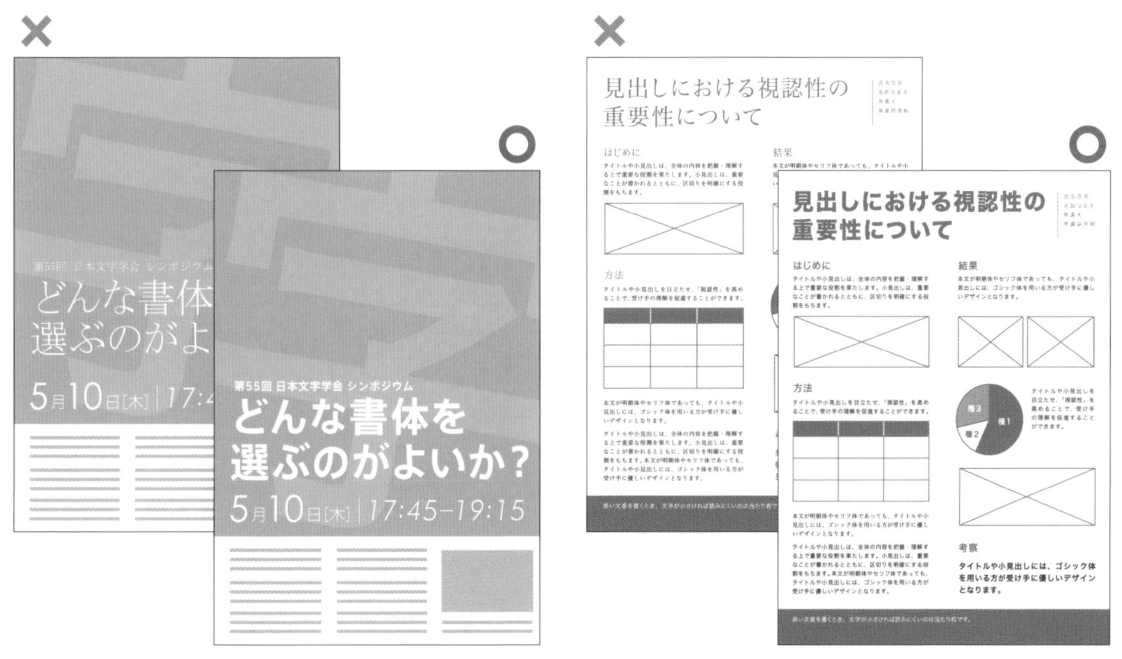

太めのゴシック体 ■ 太めのゴシック体はとても目立ちます。メリハリをつけるときにとても便利です。

予備知識　字面と見た目と読みやすさ

フォントによって字面は異なる

フォントサイズ（＝仮想ボディ）が同じでも、フォントの種類によって字面の大きさは異なります。そのため、フォントによって見た目の大きさが違ってきます。和文でも欧文でも、字面が小さなフォント（游ゴシック、Calibriなど）もあれば、字面の大きなフォント（メイリオ、Segoe UIなど）があるのです。

字面が小さめのフォント
奇跡的
字面が大きめのフォント
奇跡的
字面が小さめのフォント
Graphic
字面が大きめのフォント
Graphic

フォントと字面 ■ 同じフォントサイズでも、フォントによって字面は異なります。

文字によっても字面や見た目の大きさが違う

同じフォントでも、文字によっても字面は異なります。和文は、どの文字も同じ大きさに見えますが、一文字ずつ字面がわずかに違います。漢字のまとまりを認識しやすいように、**平仮名や片仮名が漢字よりも小さく作られています。**仮名がかなり小さいフォント（游ゴシックなど）もあれば、漢字と仮名の字面の大きさにあまり差のないフォント（メイリオなど）もあります。

欧文では、小文字が大文字に対して相対的に小さいフォント（Garamondなど）もあれば、大きめのフォント（Segoe UIやHelvetica）もあります。このような差は、後述するように、可読性や視認性に影響します。

仮名が小さめのフォント（游ゴシック）
風かおる季節
仮名が大きめのフォント（メイリオ）
風かおる季節

和文フォントの字面 ■ 漢字と平仮名で字面の大きさが異なり、フォントごとにその比率も異なります。

小文字が小さめのフォント（Adobe Garamond Pro）
Design rules
小文字が大きめのフォント（Segoe UI）
Design rules

欧文フォントの字面 ■ 文字ごとに高さがさまざまで、フォントごとに大文字と小文字の比率も異なります。

和文と欧文の見た目の大きさと行間

和文と欧文では、同じフォントサイズでも、見た目のサイズに違いが生じます。和文と欧文を組み合わせた場合、基本的にはベースラインを基準に文字が並ぶのですが、和文より欧文のほうが背が低くなることが多いです。この差が和文と欧文を組み合わせたときの読みやすさに影響します(p.42参照)。

　また、欧文は、単語や文全体でみれば、エックスハイト(小文字のxの高さ)に多くの文字が収まります。そのため、右図の青色で示したように、行の中で文字の上下にたくさんの余白ができます。一方、和文は、仮想ボディの大部分を文字が占めているので、欧文に比べ、行間が同じでも窮屈に見えてしまいます(p.65参照)。

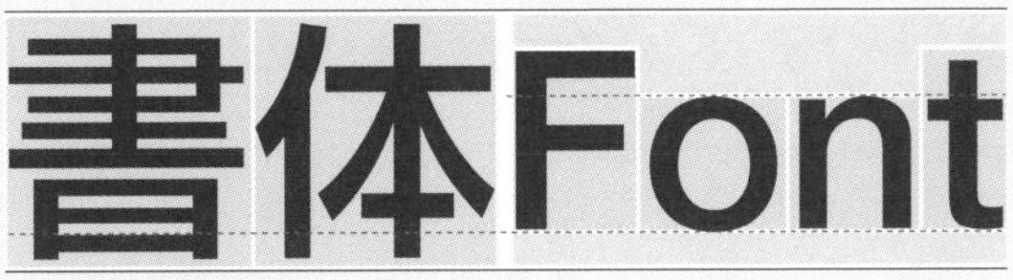

日本語と英数字の字面 ■ 和文と欧文フォントでは高さが違って見えます。欧文は行内に余白が多く残ります。

和文と欧文の構造の違いと見た目の字間

和文と欧文の違いは、字間にも影響します。和文では、仮想ボディの幅に応じて、すなわち等間隔に文字が配置されるので、**文字によって字面が異なると見かけの文字間隔(字面同士の間隔)にムラが生じます。**一方、欧文では、文字自体の幅、あるいは字面に応じて文字が配置されるので、見た目の文字間隔にムラが生じにくくなります。これが、和文において字間の調節(カーニング)が重要になる理由です(p.68参照)。

字間 ■ 和文では、文字と文字の間隔が字面によってまちまちに見えがちです。

字面と読みやすさや見やすさの関係

可読性や視認性は文字の太さや行間、字間によって変化する(後述)ので一概には言えませんが、一般に、**字面の小さなフォントほど可読性が高く、字面の大きいフォントほど視認性が高い**と言われています。また、仮名の字面が漢字より小さい和文フォントやエックスハイトの低い欧文フォントほど、可読性が高い傾向があります。同じ書体でも、使い道には向き不向きがあるということです。

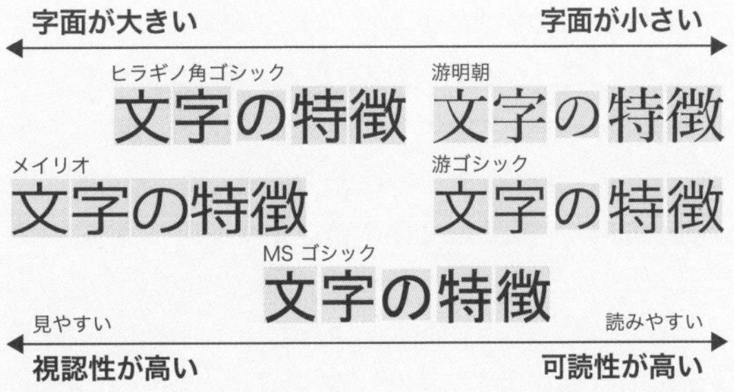

字面と読みやすさ ■ 字面によって可読性や視認性が異なります。

1-5 より美しいフォントを選ぶ

書体が決まったら、次はフォント選びです。
美しいフォント(あるいは綺麗に見えるフォント)を選び、資料をより洗練させていきましょう。

■ 美しく表示されるフォントを選ぶ

印刷物では気にする必要はありませんが、画面やスクリーン上で使用する**スライドでは、クリアタイプ(ClearType)フォントを使用する**ように心がけましょう。クリアタイプフォントとは、アンチエイリアス処理により文字の輪郭を滑らかにすることで、美しく表示されるフォントです。このようなフォントは、美しいだけでなく、目が疲れにくく、読み手に優しいという利点もあります。

MSゴシックやMS明朝などのフォントはクリアタイプフォントでないため資料の見栄えが悪く、読みにくくなってしまうので、これらのフォントを避け、メイリオや游ゴシック、ヒラギノ角ゴなどを使うようにしましょう。

✕ MSゴシック

いろいろな事情で、ふつうの家庭では、
鮎はまず三、四寸ものを塩焼きにして食
東京の状況が

○ メイリオ(クリアタイプフォント)

いろいろな事情で、ふつうの家庭では、
鮎はまず三、四寸ものを塩焼きにして食
東京の状況が

クリアタイプフォント ■ MSゴシックなどはスクリーン上では線がガタガタになり読みにくいです。スライドの作成時(特にWindowsでは)には、メイリオなどのクリアタイプフォントを使ったほうがよいでしょう。

■ 美しい字形のフォントを選ぶ

一見似たような形に見えるフォントでも、美しさはさまざまです。MSゴシックやMS明朝、Arial、Centuryは、長らくMS Officeの標準フォントとして採用されてきた経緯があり、汎用性の点では優れていますが、必ずしも美しい字形のフォントとはいえません。

Windowsの場合、明朝体なら游明朝、ゴシック体ならメイリオや游ゴシック、BIZ UDPゴシックなどの美しい字形のフォントがおすすめです。**Macの場合、明朝体ならヒラギノ明朝や游明朝、ゴシック体ならヒラギノ角ゴシックや游ゴシック**などを使いましょう。欧文フォントならば、Segoe UIやCalibri, Palatino, Adobe Garamond Pro, Times New Romanなどが美しくおすすめです。

なお、Office2016からは、日本語の標準フォントが游明朝や游ゴシックになっています。

	明朝体	ゴシック体
Windows	游明朝 BIZ UDP 明朝	游ゴシック メイリオ BIZ UDP ゴシック
Mac	游明朝体 ヒラギノ明朝	游ゴシック体 ヒラギノ角ゴシック

美しいフォント ■ Windows 8.1以降、Mac OS 10.9以降に標準搭載されているフォントの中では、上に挙げたフォントがおすすめです。

✕ MSゴシック

白鳳の森公園の自然
白鳳の森公園は多摩丘陵の南西部に位置しています。江戸時代は炭焼きなども行われた里山の自然がよく保たれています。園内には、小栗川の源流となる湧水が5か所ほ

✕ MS明朝

白鳳の森公園の自然
白鳳の森公園は多摩丘陵の南西部に位置しています。江戸時代は炭焼きなども行われた里山の自然がよく保たれています。園内には、小栗川の源流となる湧水が5か所ほ

〇 游ゴシック

白鳳の森公園の自然
白鳳の森公園は多摩丘陵の南西部に位置しています。江戸時代は炭焼きなども行われた里山の自然がよく保たれています。園内には、小栗川の源流となる湧水が5か所ほ

〇 游明朝

白鳳の森公園の自然
白鳳の森公園は多摩丘陵の南西部に位置しています。江戸時代は炭焼きなども行われた里山の自然がよく保たれています。園内には、小栗川の源流となる湧水が5か所ほ

〇 メイリオ

白鳳の森公園の自然
白鳳の森公園は多摩丘陵の南西部に位置しています。江戸時代は炭焼きなども行われた里山の自然がよく保たれています。園内には、小栗川の源流となる湧水が5か所ほ

〇 ヒラギノ明朝

白鳳の森公園の自然
白鳳の森公園は多摩丘陵の南西部に位置しています。江戸時代は炭焼きなども行われた里山の自然がよく保たれています。園内には、小栗川の源流となる湧水が5か所ほ

〇 ヒラギノ角ゴシック（ヒラギノ角ゴPro）

白鳳の森公園の自然
白鳳の森公園は多摩丘陵の南西部に位置しています。江戸時代は炭焼きなども行われた里山の自然がよく保たれています。園内には、小栗川の源流となる湧水が 5 か所

〇 BIZ UDゴシック

白鳳の森公園の自然
白鳳の森公園は多摩丘陵の南西部に位置しています。江戸時代は炭焼きなども行われた里山の自然がよく保たれています。園内には、小栗川の源流となる湧水が5ヶ所ほ

美しい和文フォント ■ より美しいフォントを選ぶと、資料が洗練されて見えます。想像以上にこの効果は大きいです。游ゴシックと游明朝はWindows（OS 8.1以上）でもMacでも使用できます。

INTRODUCTION
This fundamental subject of natural selection will be treated at some length in the fourth chapter; and we shall then see how natural selection almost inevitably causes much extinction of the less

○ Segoe UI

INTRODUCTION
This fundamental subject of natural selection will be treated at some length in the fourth chapter; and we shall then see how natural selection almost inevitably causes much extinction of the less improved forms of life,

○ Calibri

INTRODUCTION
This fundamental subject of natural selection will be treated at some length in the fourth chapter; and we shall then see how natural selection almost inevitably causes much extinction of the less improved forms of life,

○ Helvetica Neue

INTRODUCTION
This fundamental subject of natural selection will be treated at some length in the fourth chapter; and we shall then see how natural selection almost inevitably causes much extinction of the less improved forms of life,

× Century

INTRODUCTION
This fundamental subject of natural selection will be treated at some length in the fourth chapter; and we shall then see how natural selection almost inevitably causes much extinction of the less

○ Times New Roman

INTRODUCTION
This fundamental subject of natural selection will be treated at some length in the fourth chapter; and we shall then see how natural selection almost inevitably causes much extinction of the less improved forms of life,

○ Minion Pro

INTRODUCTION
This fundamental subject of natural selection will be treated at some length in the fourth chapter; and we shall then see how natural selection almost inevitably causes much extinction of the less improved forms of life,

○ Adobe Garamond Pro

INTRODUCTION
This fundamental subject of natural selection will be treated at some length in the fourth chapter; and we shall then see how natural selection almost inevitably causes much extinction of the less improved forms of life, and induces what I

美しい欧文フォント ■ Arialは悪いフォントではありませんが、Segoe UIやCalibri、Helvetica Neueのほうが美しいフォントです。同様に、CenturyよりもTimes New RomanやMinion Proのほうが美しいです。

テクニック

フォントの互換性と埋め込み

レイアウトを崩さないためのPDF化

パソコンでフォントを使うには、使用したいフォントがそのパソコンにインストールされている必要があります。つまり、自身のパソコンにインストールした特殊なフォントを使って、**何の対策もせずに他人のパソコンでファイルを開くと、フォントが勝手に置換されたりする**ため、せっかくきれいに作った資料のレイアウトが崩れてしまうということです。したがって、プレゼンなどで、自分のパソコンを使えない場合は、互換性の低い特殊なフォントを使うのは大きなリスクがあります。フリーフォントやあまりメジャーではないフォントの使用は、自分のパソコンを使ってスライドを投影する場合や、印刷する場合に限定しておいたほうがよいでしょう。

他人のパソコン上で資料を思い通りに表示したい場合は、資料をPDF化することをおすすめします。PDF化すれば、ファイルの中に使用したフォントのデータが埋め込まれるためです。Officeの場合、保存時に[ファイルの種類]からPDFを選ぶとPDF化することができます。Macの場合は印刷の詳細設定ウィンドウから[PDFとして保存]を選択する方法もあります。

フォントの埋め込み

なお、**Windows版のPowerPointやWordには、「フォントの埋め込み」機能があります**(Excelにはこの機能はありません)。これは、PDF化と同様、ファイルの中に使用しているフォントのデータを埋め込むというものです。この機能を使えば、他人のパソコンでも、思い通りのフォントを表示することができます。ただし、フォントの埋め込みを行うと他人のパソコン上でファイルの編集ができなくなるので、ご注意下さい。

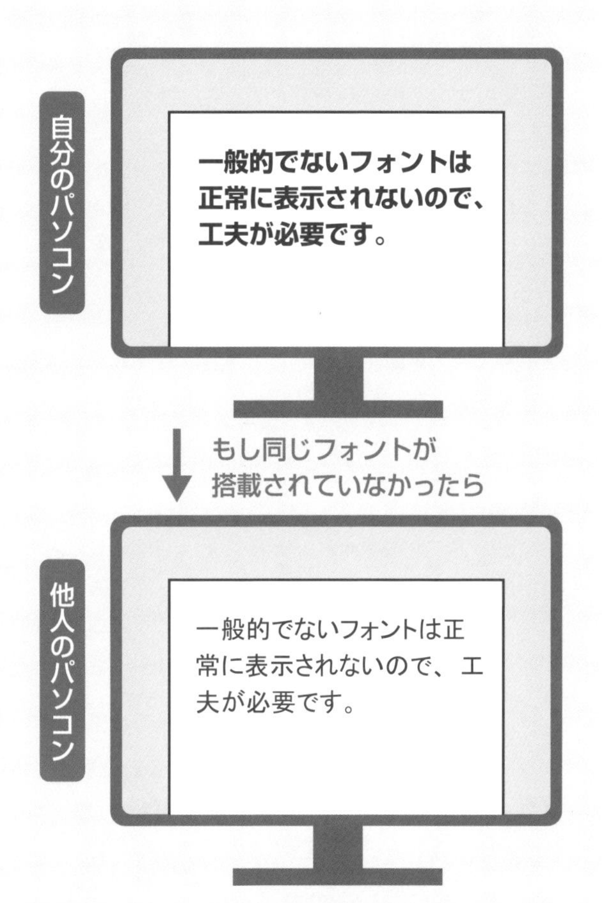
自分のパソコン
一般的でないフォントは
正常に表示されないので、
工夫が必要です。
もし同じフォントが
搭載されていなかったら
他人のパソコン
一般的でないフォントは正
常に表示されないので、工
夫が必要です。

互換性 ■ 共通のフォントが搭載されていない場合、文字が自動的に他のフォントに置換され、レイアウトが崩れてしまうことがあります。

1-6 判読性の高いフォントを選ぶ

距離や視力によって、スライドや掲示物の見え方は異なってきます。パッと見や遠くからの読み間違いを減らすために、判読性の高いフォントを使うようにしましょう。

■ 判読性の高いフォントで誤読を減らす

それぞれの文字の読みやすさは、判読性と呼ばれる指標で測られます。判読性が低いと何という文字であるかがわからなかったり、似た文字同士を区別できなかったりして、誤読を招きます。誤読を避けることは、情報伝達においてもっとも重要なことですので、資料を作るときは、できるだけ判読性が高いフォントを選ぶ必要が出てきます。

和文では、**字面が大きいフォント**ほど一文字一文字が見やすく、判読性が高いといえます。また、**ふところ(文字の線と線の間の空間)が広いフォント**ほど、文字が潰れにくく、判読性が高く、読み間違いが起きにくくなります。MSゴシックやHGゴシックなどの古くから使われているフォントはそれほど判読性が高くありません。一方で、より最近開発されたフォントには字面が大きく、ふところが広いフォントが数多くあります。メジャーな日本語フォントの中では、「明瞭」が名前の由来ともなっている「メイリオ」が代表的です。

さらに、日本語なら「い」と「り」や、「さ」と「ち」、「ビ」と「ピ」、「ロ」と「口」などの**形の似た文字が区別しやすいフォント**ほど判読性の高いフォントといえます。この点においても、メイリオは非常に優れたフォントといえます。

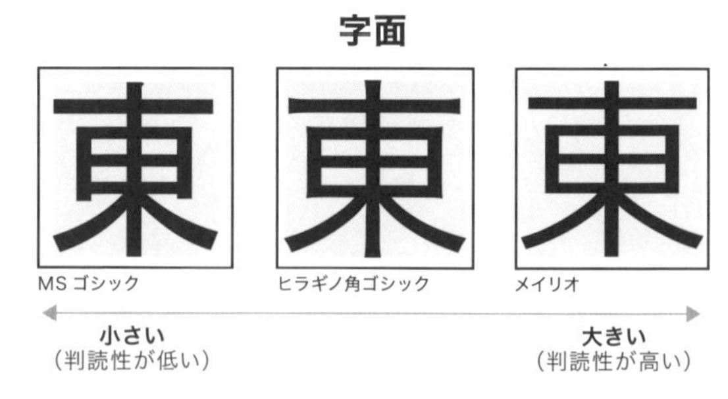

字面とふところ■字面とふところの取り方で、判読性が大きく変わります。メイリオは判読性が高くデザインされています。

✕ 判読性の低いフォント

HG 創英角ゴシック UB
マラソン
区別△

HG 創英角ゴシック UB
ピビンパ
区別△

HG 創英角ゴシック UB
いります
区別△

HG ゴシック E
ロビー入口
区別×

MS ゴシック
ちぐさだい
区別△

○ 判読性の高いフォント

メイリオ
マラソン
区別◎

メイリオ
ピビンパ
区別◎

メイリオ
いります
区別◎

メイリオ
ロビー入口
区別◎

Noto Sans CJK JP
ちぐさだい
区別◎

似た文字を区別しやすい■形の似た文字は読み間違えが起きやすいので、判読性の高いフォントを選ぶようにしましょう。

英数字については、aとo、Sと5、3と8、OとC、1（いち）とl（エル）などの形の似た文字が区別しやすいフォントほど判読性の高いフォントといえます。右の図のように、これらの文字が区別しにくいフォントと、Segoe UIなどの非常に判読性の高いフォントがあります。

英数字の判読性■英数字でも形の似た文字があります。区別しやすいフォント選びで、誤読を減らします。

■ 太すぎず、細すぎず

判読性を高めるためには、フォントの選択だけでなく、太さ（ウェイト）の選択も重要です。一般的には、細い文字ほど可読性が高く、太い字ほど視認性が高い傾向にあります。しかし、文字が太すぎたり細すぎたりすると、文字が小さいときや、遠くから文字を見るとき、あるいは視力の良くない人が文字を見るときに判読性が下がってしまいます。文字がかすんだり、潰れたりするためです。**高い判読性を保ちたければ、極端な太さのフォントを避ける**とよいでしょう。

補足 判読性はフォントで決まる

先述のように、文字の読みやすさには、可読性、視認性、判読性という指標があります。このうち、可読性と視認性については、文字組、すなわち、フォントの種類だけではなく、行間や字間、文字サイズ、文字の色などの工夫で改善できます。しかし、判読性については、フォントの種類によって決まると言っても過言ではありません。丁寧なフォント選びを心がけましょう。

× 細すぎる

智に働けば角が立つ。情に棹させば流される。意地を通せば窮屈だ。　智に働けば角が立つ。情に棹させば流される。意地を通せば窮屈だ。

○ ちょうどよい

智に働けば角が立つ。情に棹させば流される。意地を通せば窮屈だ。　智に働けば角が立つ。情に棹させば流される。意地を通せば窮屈だ。

× 太すぎる

智に働けば角が立つ。情に棹させば流される。意地を通せば窮屈だ。　智に働けば角が立つ。情に棹させば流される。意地を通せば窮屈だ。

文字の太さ■文字が細すぎても太すぎても判読性が下がります。ぼやけても読めるのは中程度の太さの文字です。

スキルアップ ユニバーサルデザインフォント

需要の高まるバリアフリー化

近年、より多くの人にとって読みやすいようにデザインされているフォント、すなわち、ユニバーサルフォント(UDフォント)がさまざまな場面で使用されるようになってきました。

多様性を認め合う社会において、UDフォントの需要が高まっています。さまざまなフォントメーカーからUDフォントが販売され、TVのリモコン類や食品などの注意書き、各種解説書などで目にする機会が増えています。無料で使用できるUDフォントもありますので、どんどん活用していきましょう。

UDフォントの特徴

UDフォントには、判読性を高めるためのさまざまな工夫がちりばめられています。字面が大きく(同じフォントサイズでも大きく見える)、アキ(例えば、Cの開口部分)が広くデザインされていて、**ひとつひとつの文字が読みやすく、似た字形の文字同士も区別しやすく**なっています。また、濁点や半濁点を文字本体から切り離し、サイズを大きくすることで、「フ」や「ブ」、「プ」などを区別しやすくなっています。さらに、余計な装飾をなくすことで、文字の煩雑性をなくしたり、ふところを広く確保したりして、判読性を一層高めています。

明朝体にもUDフォントがあります。一般的な明朝体は横線が非常に細いため、細い線を見るのが苦手な弱視や乱視、視覚過敏(p.54)の人にとって、判読性の高い書体とはいえません。一方、明朝体のUDフォントは、横線が少し太めに作られていて、**視力が低く、文字がかすれやすい場合にも読みやすいフォント**になっています。

✕ 非UDフォント

手指消毒に
ご協力お願いします
感染症対策のため入店時には
アルコール消毒をお願いいたします。
アルコールスプレー

〇 UDフォント

UDフォントを使ってみよう■UDフォントを使うと、とても読みやすい資料ができあがります。

字面が大きい
非UDフォント　UDフォント
東　東

アキが広い
非UDフォント　UDフォント
36　36

余計な装飾がない
非UDフォント　UDフォント
国　国

濁点が大きい&分離
非UDフォント　UDフォント

UDフォントの特徴■UDフォントは、字面やアキが大きく、装飾が少ないフォントです。

✕ ふつうの明朝体
生年月日　細い
かすれると
生年月日

〇 BIZ UD明朝M
生年月日　太い
かすれると
生年月日

明朝体のUDフォント■明朝体のUDフォントでは、横線を太くすることで、文字がかすれにくくデザインされています。

無料で使えるUDフォント

UDフォントはさまざまなフォントメーカーから販売されていますが、そのほとんどが高価で、非デザイナーにとっては手の届きにくい存在でした。しかし、2018年、Windows 10 October 2018 UpdateにフォントメーカーのモリサワのUDフォント「**BIZ UDフォント**」が搭載されました。これには、BIZ UDゴシックとBIZ UD明朝などが含まれています。これで多くの**Windows10ユーザーがUDフォントを使用できる**ようになりました。なお、等幅フォント(BIZ UDゴシック)とプロポーショナルフォント(BIZ UDPゴシック)の2種類があって迷うかもしれませんが、プロポーショナルフォントの方がおすすめです。また、Windows10ユーザーでなくても「**MORISAWA BIZ+ 無償版**」でこれらのフォントを使用することができるようになっています。

BIZ UDP ゴシック

高い判読性だ

数字123もalphabetも
読みやすいフォント

BIZ UDP 明朝

高い判読性だ

数字123もalphabetも
読みやすいフォント

✕ 非UDフォント

塩昆布の茶漬け

私の語るのは、ことわるまでもなく趣味の茶漬けで、安物の実用茶漬けではない。そのつもりで考えていただきたい。とは申しても、もともと昆布のことであるから、さして高価なものではない。

○ BIZ UD ゴシック+BIZ UD 明朝

塩昆布の茶漬け

私の語るのは、ことわるまでもなく趣味の茶漬けで、安物の実用茶漬けではない。そのつもりで考えていただきたい。とは申しても、もともと昆布のことであるから、さして高価なものではない。

無償のUDフォント■モリサワのBIZ UDフォントは無償で使用できます。遠くから見る場合も、文字が小さい場合も文字が潰れにくく読みやすいフォントです。

その他のUDフォント

無償版あるいはWindowsに搭載されたBIZ UDフォントは、ゴシック体がRとB、明朝体がMとウェイトが限られてしまっています。それでは物足りないという方は、MORISAWA BIZ+の有償版を使用すれば、BIZ UDゴシックや明朝のさまざまなウェイトや、その他のUDフォント(BIZ UD新ゴなど)を使えるようになります。

　他にもUDフォントは販売されており、例えば、イワタUDゴシックやみんなの文字などがあります。Adobe CCを利用していれば、Adobe FontsのTBUDゴシックを使用することができますし、モリサワパスポートを購入するとたくさんのUDフォントが利用可能になります。

　UDフォントを使うと掲示物やプレゼン資料は格段に見やすく読みやすくなります。自分の目的や状況に合わせて、UDフォントの使用も検討してみましょう。

UD 新ゴ

高い判読性だ

数字123もalphabetも
読みやすいフォント

イワタ UD ゴシック

高い判読性だ

数字123もalphabetも
読みやすいフォント

ヒラギノ UD 角ゴ

高い判読性だ

数字123もalphabetも
読みやすいフォント

TBUD ゴシック

高い判読性だ

数字123もalphabetも
読みやすいフォント

ヒラギノ UD 明朝

高い判読性だ

数字123もalphabetも
読みやすいフォント

TBUD 明朝

高い判読性だ

数字123もalphabetも
読みやすいフォント

その他のUDフォント■有償のUDフォントは種類もたくさんあり、太さの選択肢も広がるのでオススメです。

スキルアップ 教育現場で使いたいフォント

子どもの視覚多様性へ配慮

小学校や中学校、高校などには、さまざまな個性をもった子どもが集まっています。実は**見え方にも多様性**があり、教育現場では子どもの視覚多様性への細やかな配慮が求められています。

明朝体よりもゴシック体

近年、感覚過敏という言葉を耳にする機会が増えてきました。感覚過敏の一つである視覚過敏の子どもたちは、明朝体の細い線を認識しにくかったり、縦横の線の太さの違いやハライやハネなどが刺激となりやすかったりするといわれています。視覚過敏の人にとって、明朝体はとても読みにくい書体になるのです。また、弱視の人にとっても、横線が細い明朝体は読みにくいことが知られています。

授業で使用する資料を作成する際は、たとえ長文であっても、**明朝体を避け、中程度の太さのゴシック体を使用する**とよいでしょう。例えば、游ゴシックであれば、RegularやMediumくらいの太さがおすすめです。

×明朝体は刺激が強い

実用茶漬け

私の語るのは、ことわるまでもなく趣味の茶漬けで、安物の実用茶漬けではない。そのつもりで考えていただきたい。

● 刺激になりやすい部分

○ゴシック体は低刺激

実用茶漬け

私の語るのは、ことわるまでもなく趣味の茶漬けで、安物の実用茶漬けではない。そのつもりで考えていただきたい。

明朝体は避ける■明朝体のトメ、ハネ、ハライの尖りが刺激になります。ゴシック体は刺激が少ないです。

丸ゴシック体でさらに低刺激に

文字の線の角が尖っているふつうのゴシック体にくらべ、丸ゴシック体は、視覚過敏の子どもたちにとってさらに刺激が少ないといわれています。丸ゴシック体を積極的に使うことで、見え方の多様性により一層対応することができます。

一方で、WindowsにもMacにも読みやすく太さも豊富な丸ゴシックは標準搭載されていないのが現状です。標準搭載以外の丸ゴシック体のUDフォントには、TBUD丸ゴシック(Adobe Fontsなどで利用可)やUD新丸ゴ(モリサワパスポートで利用可)などがあります。**フリーフォント(無償で使用可能)であれば、源柔(げんじゅう)ゴシックがおすすめ**です。

△一般的なゴシック体

ゴシック体より
丸ゴシック体

● 刺激になりやすい部分

○丸ゴシック体

ゴシック体より
丸ゴシック体

ゴシック体にも刺激■実は角ゴシック体も角が尖っているので刺激になります。角の丸い丸ゴシック体が教育現場では好まれることが多いです。

源柔ゴシック

高い判読性だ

数字 123 も alphabet も
読みやすいフォント

UD新丸ゴ

高い判読性だ

数字 123 も alphabet も
読みやすいフォント

ヒラギノUD丸ゴ

高い判読性だ

数字 123 も alphabet も
読みやすいフォント

TBUDゴシック

高い判読性だ

数字 123 も alphabet も
読みやすいフォント

オススメの丸ゴシック体■源柔ゴシック以外は有償ですが、自分の環境に合わせてインストールして、使用してみて下さい。

UDデジタル教科書体

一般的な書体は、「道」や「令」、「心」の字のように、学習指導要領に記された文字の学習の基準（書き文字）と異なった字形をしているものがあります。このような文字は、教育の場面ではあまり適切ではありません。一方、教科書体と呼ばれる書体は、トメ・ハネ・ハライがあり、学習指導要領に準拠した字形になっている書体です。ただし、旧来の教科書体は視覚過敏の子どもたちには刺激が強いという欠点もありました。

このような中、**学習指導要領に準拠しながらも太さの強弱を抑え、弱視や視覚過敏、読み書き障害に配慮した「UDデジタル教科書体」**がWindows 10 Fall Creators Updateで標準搭載になっています。学習プリントやお便りなどのいろいろな場面で役立つフォントですので、子どもが見にくさ読みにくさを感じない資料を作るために活用しましょう。

✕ 指導要領に沿わない

非教科書体

表参道
令和の会社
さむい山

○ 指導要領に準拠

UDデジタル教科書体

表参道
令和の会社
さむい山

教科書体■文字の書き方を学ぶ小中学校などでは、教科書体という書体が使用されます。

✕ 一般的な教科書体

多様性に配慮した
フォント選び

● 刺激になりやすい部分

○ UDデジタル教科書体

多様さに配慮した
フォント選び

教科書体にもユニバーサルデザイン■トメ・ハネ・ハライの刺激を減らし、線も太いUDデジタル教科書体は、多様な視覚特性をもつ子どもたちのために開発されました。

✕ 一般的な明朝体

問題1

次の文章を読んで、以下の問いに答えなさい。

私に親しいある老科学者がある日私に次のようなことを語って聞かせた。

「①科学者になるには『あたま』がよくなくてはいけない」これは普通世人の口にする一つの命題である。これはある意味ではほんとうだと思われる。しかし、一方でまた「科学者は［ア］なくてはいけない」という命題も、ある意味ではやはりほんとうである。そうして②この後のほうの命題は、それを指摘し解説する人が比較的に少数である。

○ UDデジタル教科書体

問題1

次の文章を読んで、以下の問いに答えなさい。

私に親しいある老科学者がある日私に次のようなことを語って聞かせた。

「①科学者になるには『あたま』がよくなくてはいけない」これは普通世人の口にする一つの命題である。これはある意味ではほんとうだと思われる。しかし、一方でまた「科学者は［ア］なくてはいけない」という命題も、ある意味ではやはりほんとうである。そうして②この後のほうの命題は、それを指摘し解説する人が比較的に少数である。

UDデジタル教科書体を使う■UDデジタル教科書体で作られたプリントは、一文字一文字読みやすくなっています。

1-7 太字と斜体の使い方

文字を目立たせるため、太字（ボールド）を使うことはとても有効な手段です。また欧文の場合は斜体を使うことがあります。その場合は、「太字対応」「斜体対応」のフォントを使いましょう。

■ 偽物の太字にご用心

MSゴシックやMS明朝などの和文フォントは、「太字に対応していない（太字が用意されていない）」フォントです。このようなフォントをたとえばWordやPowerPoint上でBボタンを押して太字に設定すると、元の文字をずらして重ねて太くする処理（擬似ボールド）が行われます。

右は擬似ボールドの例です。擬似ボールドは不格好でかつ目立たない上に、字がつぶれてしまったり字間が広がってしまったりして、可読性や視認性、判読性が低下してしまいます。

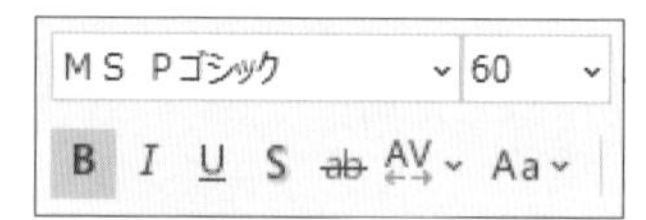

ボールドボタン ■ Bボタンを押して気軽に太字にすることができるが…

✕ 擬似ボールド

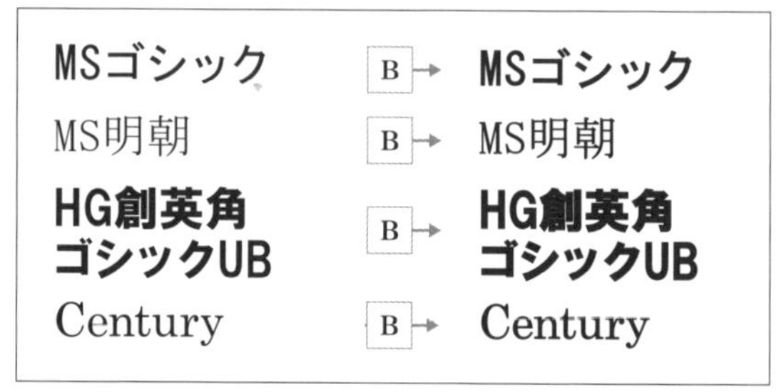

擬似ボールド ■ 太字に対応していないフォントでは充分な太字効果は得られません。

■ 解決策①｜太字に対応したフォントを使う

資料の中で太い文字を使いたいならば、太字に対応したフォントを選ぶのが最も良い方法です。太字に対応したフォントとは、複数のウェイトをもつフォントファミリーが搭載されているフォントのことです（p.14参照）。標準的なパソコンに搭載されているフォントでは、メイリオや游ゴシック、游明朝、ヒラギノ角ゴ、ヒラギノ明朝などなら、Bボタンを押すだけで太いウェイトのフォントに変更されます。欧文フォントについては、Centuryを除いて主要なフォントが太字に対応しています。

ただし、和文フォントの場合、太字に対応したフォントでも、ソフトによってはBボタンが機能せず、擬似ボールドになることがあります（例えば、MS Office製品では、ヒラギノ角ゴなどは擬似ボールドになる）。その場合は、解決策②を試みて下さい。

〇 真のボールド

真のボールド ■ 太字対応フォントはきれいな太字になります。

解決策②｜別のウェイトを手動で選ぶ

複数のウェイトのフォントがパソコンに搭載されている場合、フォント一覧にはウェイト違いのフォントがたくさん表示されます。例えば、メイリオにはレギュラーとボールド、ヒラギノ角ゴにもW3とW6、W8、游ゴシック体にも細字から太字までバリエーションがあります。これらのフォントではBボタンを押すだけで、別のウェイトのフォントに切り替えてくれる場合もありますが、フォントやソフトによっては、擬似ボールドになる場合があります。そのようなときは、右の例のように**フォントの一覧から手動で選ぶ**ようにしましょう。なお、この方法だと、「太字」だけでなく、「細字」を利用することもできます。

ウェイトのバリエーションがない場合（MSゴシックなど）は、もともと太い別のフォントを太字として利用するとよいでしょう。MSゴシックにはHGSゴシックE、MS明朝にはHGS明朝Eをそれぞれ太字として用いることができます。HGS創英角ゴシックUBなども、MSゴシックとの相性は悪くありません。

ヒラギノ角ゴ W3 →	ヒラギノ角ゴ W6
ヒラギノ明朝 W3 →	ヒラギノ明朝 W6
小塚ゴシック R →	小塚ゴシック B
游ゴシック M →	游ゴシック B
MS ゴシック →	HGS ゴシック E
MS 明朝 →	HGS 明朝 E

ウェイト ■ ウェイトの異なるフォントを使えば、美しい太字を使うことができます。

選び方 ■ Bボタンを押して太くするのではなく、フォントの一覧から同じファミリーの太字を選ぶようにしましょう。

斜体の使い方

和文フォントはすべて斜体に対応していないので、斜体にすることはおすすめできません。一方、英語では強調の意味や特別な意味をもたせるために斜体（イタリック体）を使う場面がしばしばあります。このとき、斜体に対応した欧文フォント（ファミリー内に斜体が含まれるフォント）を使う必要があります。ほとんどの欧文フォントは斜体に対応しているので問題ありませんが、**CenturyやTahomaなどの一部のフォントは斜体に対応しておらず、**文字を斜めに歪めただけの「擬似斜体」になってしまいます。

太字と斜体の利用という点から考えると、Times New RomanやPalatino、Segoe UI、Calibriを使うことが好ましいといえます。

✕ 擬似斜体

Century I →	*Century*
Tahoma I →	*Tahoma*

○ 真の斜体

Times I →	*Times*
Palatino I →	*Palatino*
Segoe UI I →	*Segoe UI*
Calibri I →	*Calibri*

欧文フォントの斜体 ■ 欧文で斜体を使いたい場合は、斜体に対応しているフォントを使いましょう。真の斜体では、特にaやe、nなどの字形が変わっていることがわかります。

スキルアップ フリーフォント

便利だが注意も必要

パソコンに標準搭載されているフォントは、種類やウェイト(太さ)が限られています。Windowsの場合は、美しいフォントが少ないのも悩みの種です。一方、ウェブ上で公開されているフリーフォント(無料で使用可能のフォント)は数えきれないほどの種類があります。そのため、うまく使うことができればとても有用ですが、以下に挙げるような短所やリスクがあります。

1つ目は、**玉石混淆**である点です。特に和文のフリーフォントには、あまり美しくないフォントや、個性的すぎるフォント、読みにくいフォントなども含まれています。読みやすさを最優先して選ぶ必要があります。

2つ目は、たとえ読みやすいフォントであっても、搭載されている**漢字の数が少ない場合がある**という点です。専門用語などの難しい漢字が表示できない可能性があります。例えば、「玉石混淆」は、「淆」の文字が表示できないかもしれません。

そして3つ目が**互換性**の問題です。当該のフォントがインストールされているパソコンでしか正常に表示されないので、別のパソコンを使う場合には注意が必要です(p.27参照)。

おすすめのフリーフォント

美しく、読みやすく、難しい漢字にも対応しているフリーフォントとして最近注目されているのは、GoogleとAdobeが開発した**Noto Sans CJK JP**(別名：**源ノ角ゴシック**)というフォントです。太さもThinからBlackまでの7種類が用意されていて、タイトルから本文まで幅広く使うことができます。

美しい日本語の文字 Thin
美しい日本語の文字 Light
美しい日本語の文字 DemiLight
美しい日本語の文字 Regular
美しい日本語の文字 Medium
美しい日本語の文字 Bold
美しい日本語の文字 Black

Noto Sans CJK JP ■ このフォントには7つのウェイトが揃っています。

Thin
東京付近で言えば、かの筑波山とか高尾山とかへ行けば、その季節には必ず山路でその地の人が山採りのその実を売っている。

DemiLight
東京付近で言えば、かの筑波山とか高尾山とかへ行けば、その季節には必ず山路でその地の人が山採りのその実を売っている。

Bold
東京付近で言えば、かの筑波山とか高尾山とかへ行けば、その季節には必ず山路でその地の人が山採りのその実を売っている。

使用例 ■ Noto Sans CJK JPで作成した文章です。太さも7ウェイトから選ぶことができるので使い勝手がよいです。

テクニック フォントのインストール

ダウンロード

フリーフォントはウェブ上で見つけることができます。まずウェブページからフォントをダウンロードします。右の図はNoto Sans CJK JPをダウンロードする場合の例です。ダウンロードまでの手順はサイトによってさまざまですが、ファイルをダウンロードする場合と全く同じです。

　ダウンロードしたファイルには、.ttfや.otfなどの拡張子(True Type FontやOpen Type Fontの意味)が付いています。

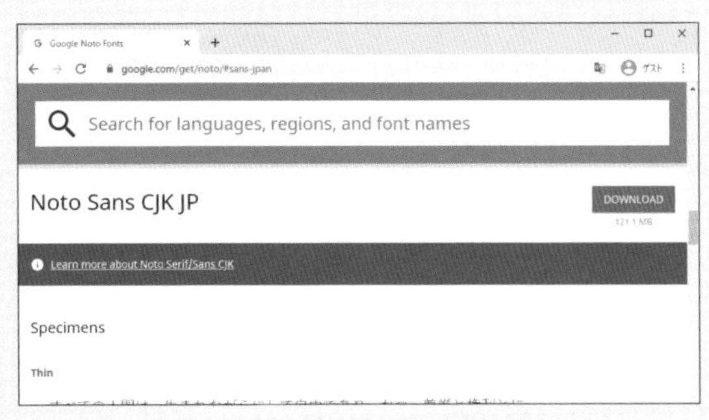

ダウンロード ■ フォントの配布ページから入手できます。

インストール

WindowsでもMacでも、まず、ダウンロードしたフォントのファイルをダブルクリックします。すると、右のようなウィンドウが立ち上がるので、インストールというボタンを押せばインストールが開始されます。

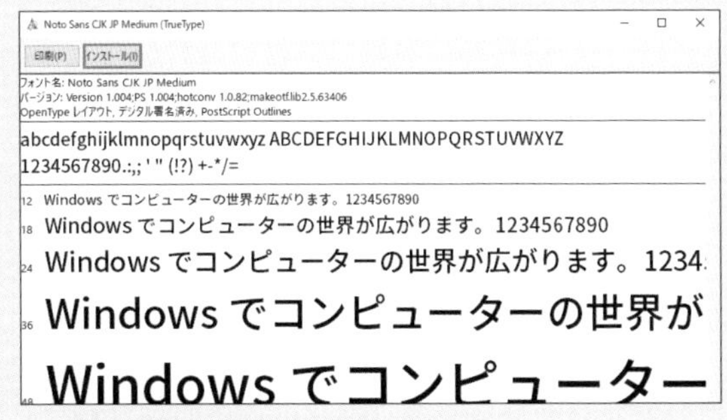

インストール ■ ファイルをダブルクリックして、インストールボタンを押せば完了します。

使用方法

上記の手順でインストールしたフォントは、一般的にはPC内のすべてのアプリケーションで使用することが可能です。標準搭載のフォントと同様に、フォントの一覧から選ぶことができます。フォント一覧に表示されない場合は、アプリケーションを再起動しましょう。

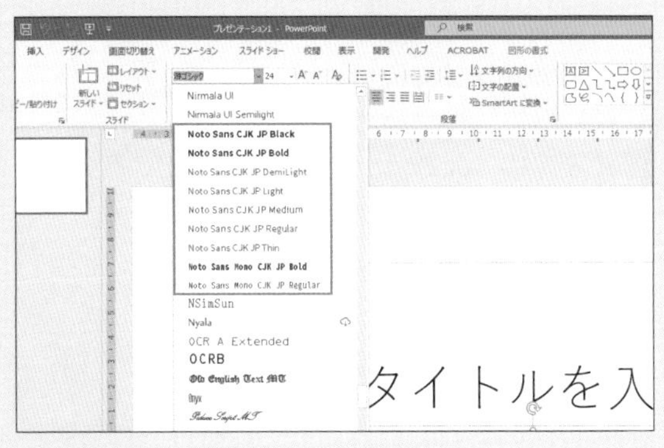

フォントの使用 ■ インストールが済んだフォントはフォントの一覧に表示されます。

1-8 おすすめのフォント

これまでにフォント選びにおけるいくつかのポイントを紹介してきましたが、実際に自分で選ぶとなると、それほど簡単ではありません。そこで、おすすめのフォントをいくつか紹介します。

■ 和文フォント

メイリオ WI OF	游ゴシック WI OF	ヒラギノ角ゴシック MA	筑紫 A 丸ゴシック MA
美しい文字	美しい文字	美しい文字	美しい文字
美しいフォントほど読むことに集中しやすい。気が散らないほど理解を促進する。123abcABC!	美しいフォントほど読むことに集中しやすい。気が散らないほど理解を促進する。123abcABC!	美しいフォントほど読むことに集中しやすい。気が散らないほど理解を促進する。123abcABC!	美しいフォントほど読むことに集中しやすい。気が散らないほど理解を促進する。123abcABC!
スライド向き。文章には不向き	スライドにも、文章にも	スライド向き。ウェイト豊富	優しい雰囲気の丸ゴシック体
游明朝 WI OF	BIZ UDP 明朝 WI FR	ヒラギノ明朝 MA	凸版文久明朝 MA
美しい文字	美しい文字	美しい文字	美しい文字
美しいフォントほど読むことに集中しやすい。気が散らないほど理解を促進する。123abcABC!	美しいフォントほど読むことに集中しやすい。気が散らないほど理解を促進する。123abcABC!	美しいフォントほど読むことに集中しやすい。気が散らないほど理解を促進する。123abcABC!	美しいフォントほど読むことに集中しやすい。気が散らないほど理解を促進する。123abcABC!
文章向きのきれいな明朝体	本文向きの UD 明朝体	本文向きのきれいな明朝体	本文向きのきれいな明朝体
Noto Sans CJK JP FR	Noto Serif CJK JP FR	BIZ UDP ゴシック WI FR	UD デジタル教科書体 WI
美しい文字	美しい文字	美しい文字	美しい文字
美しいフォントほど読むことに集中しやすい。気が散らないほど理解を促進する。123abcABC!	美しいフォントほど読むことに集中しやすい。気が散らないほど理解を促進する。123abcABC!	美しいフォントほど読むことに集中しやすい。気が散らないほど理解を促進する。123abcABC!	美しいフォントほど読むことに集中しやすい。気が散らないほど理解を促進する。123abcABC!
ウェイトが豊富なフリーフォント	ウェイトが豊富なフリーフォント	きれいな UD フォント	UD 教科書体。教育現場に最適

おすすめの和文フォント■WIが最新のWindowsの標準搭載フォント、MAがMacの標準搭載フォント、OFはMicrosoft Officeをインストールすると使えるようになるフォント、FRがフリーフォントを意味します。

プレゼン資料では、メイリオやヒラギノ角ゴシック、BIZ UDPゴシックなどがオススメです。少しクラシックな印象になりますが、游ゴシックも美しいフォントです。フリーフォントなら、Noto Sans CJK JP(別名：源ノ角ゴシック)がオススメです。

長文を書く場合には、游明朝とヒラギノ明朝、BIZ UDP明朝がよいでしょう。小中学校などの教育現場では、UDデジタル教科書体が最適です。

補足 スライドでの游ゴシック

PowerPointでは、游ゴシックのL（Light）やR（Regular)が既定値ですが、これらはプレゼンスライドで使うには細すぎます。游ゴシックならば、M（Medium)を使用するのがおすすめです。ただし、Mは太字非対応なので、太字を使う場合はフォント一覧(プルダウン)から游ゴシックB(Bold)を選ぶ必要があります。なお、フォント名の表示はOSによって異なります。Windowsでは、游ゴシックRegularは単に游ゴシックと表示されます。

■欧文フォント

Segoe UI	Helvetica Neue	Arial
Typography 123 The quick brown fox jumps over a lazy dog. The five boxing wizards jump quickly. スライドにも文章にも。日本語と相性よし	Typography 123 The quick brown fox jumps over a lazy dog. The five boxing wizards jump quickly. スライドにも文章にも。日本語と相性よし	Typography 123 The quick brown fox jumps over a lazy dog. The five boxing wizards jump quickly. スライドにも文章にも。ウェイト少ない
Calibri	**Myriad Pro**	**Gill Sans**
Typography 123 The quick brown fox jumps over a lazy dog. The five boxing wizards jump quickly. スライドにも文章にも。日本語と相性悪い	Typography 123 The quick brown fox jumps over a lazy dog. The five boxing wizards jump quickly. スライドにも文章にも	Typography 123 The quick brown fox jumps over a lazy dog. The five boxing wizards jump quickly. 少し癖のあるフォント
Times New Roman	**Palatino**	**Minion Pro**
Typography 123 The quick brown fox jumps over a lazy dog. The five boxing wizards jump quickly. 王道フォント。文章向け	Typography 123 The quick brown fox jumps over a lazy dog. The five boxing wizards jump quickly. クラシックな印象。文章向け	Typography 123 The quick brown fox jumps over a lazy dog. The five boxing wizards jump quickly. 少し爽やかなセリフ体
Adobe Caslon Pro	**Adobe Garamond Pro**	**Cambria**
Typography 123 The quick brown fox jumps over a lazy dog. The five boxing wizards jump quickly. クラシックな雰囲気。文章向け	Typography 123 The quick brown fox jumps over a lazy dog. The five boxing wizards jump quickly. クラシックな雰囲気。文章向け	Typography 123 The quick brown fox jumps over a lazy dog. The five boxing wizards jump quickly. 字面が大きめなセリフ体

おすすめの欧文フォント■これらは、美しさや互換性の観点からおすすめのフォントです。欧文フォントはここに紹介した以外のもたくさんのフォントがWindowsにもMacにも搭載されています。

プレゼン資料では、Segoe UI（シーゴー）やHelvetica Neue（ヘルベチカ ノイエ）、Calibri（カリブリ）などが定番のおすすめフォントです。ただし、Calibriは和文のゴシック体フォントとの相性が悪いので要注意。

文量の多い資料で可読性を優先するならば、Times New RomanやMinion（ミニオン） Pro、Palatino（パラティノ）などがおすすめです。Adobe Caslon（キャズロン） Pro、Adobe Garamond（ギャラモン） ProはAdobe Fontsなどを通じて利用することができます。

補足 いいフォントを入手する方法

Adobe CCを使っていれば、Adobe Fontsというサービスを利用して、多くの読みやすいフォントを使用することができます。Morisawa Passportというサービスを契約すれば、さらに多くのフォントを自由に使うことができます。無料で探したい場合はGoogle Fontというサービスから探すとよいでしょう。

1-9 欧文フォントの使い方

日本人は欧文フォントにはあまり敏感ではありません。和文フォントで欧文を書いている例もよく見かけます。欧文フォントは和文フォント以上に注意して使いましょう。

■ 欧文には和文フォントを使わない

日本語で作ったスライドを英語に翻訳するときなどに、フォントの設定を変えないと、和文フォントのまま欧文を書いてしまうことになります。欧文の文章のフォントを選ぶときに、馴染みのある和文フォントを選んでしまうこともあるかもしれません。

しかし、欧文に和文フォントを使うのは避けたほうが賢明です。なぜなら、和文フォントは欧文を組むために作られた文字ではないですし、次のページで述べるように、いくつかの和文フォント(例えばMSゴシック)のアルファベットは等幅フォントであるため、可読性が著しく低くなるからです。**欧文を書く場合には、欧文フォント**を使いましょう。

なお、和文フォントは、日本語に対応していない海外のパソコンでは、フォントが自動的に別のものに置き換えられてしまい、レイアウトが乱れてしまいます。そういった意味でも、欧文は欧文フォントを使うのが賢明です。

✕ 和文等幅フォント

Narita Airport

○ 欧文プロポーショナルフォント

Narita Airport

和文フォントで欧文を書かない ■ 欧文フォントを使ったほうが美しく、可読性も高くなります。

✕ 和文等幅フォント(MS明朝、MSゴシック)

BIOLOGICAL SCIENCE
Biology is a natural science concerned with the study of life and living organisms, including their structure, function, growth, evolution, distribution, and taxonomy.

BIOLOGICAL SCIENCE
Biology is a natural science concerned with the study of life and living organisms, including their structure, function, growth, evolution, distribution, and taxonomy.

○ 欧文フォント(Adobe Garamond Pro、Calibri)

BIOLOGICAL SCIENCE
Biology is a natural science concerned with the study of life and living organisms, including their structure, function, growth, evolution, distribution, and taxonomy.

BIOLOGICAL SCIENCE
Biology is a natural science concerned with the study of life and living organisms, including their structure, function, growth, evolution, distribution, and taxonomy.

欧文と和文フォント ■ 上は和文フォントでアルファベットを表示したものです。青の丸で示した部分にスペースが目立ち、可読性や視認性が低下してしまいます。下のAdobe GaramondやCalibriで書いた場合と比べると、読みやすさの違いは一目瞭然です。

■ 欧文にはプロポーショナルフォント

欧文フォントならどんなフォントでも読みやすいというわけではありません。ほとんどの欧文フォントはプロポーショナルフォントですが、中には等幅フォントもあります。等幅フォントとは、すべての文字が同じ文字幅でデザインされているフォントです。文字の組み合わせによっては、字間が不自然に空いて見えることがあります。

一方、プロポーショナルフォントは、文字の形によって文字の幅が異なります。また、文字の組み合わせ(例えばAとTなど)によって、文字幅が調整され、互いに重複するように配置されます。**読みやすい欧文を書くならば、プロポーショナルフォントを使う**のが鉄則です。

多くの欧文フォントは、プロポーショナルフォントなので心配ありませんが、OCRB (機械に読み取らせるためのフォント)やCourier New (タイプライター用の文字を模したフォント)、Andare Monoなどは等幅フォントです。これらのフォントで文章を書くと、右の例のように余計なスペースが多く、文がぶつぶつに切れている印象になります。よほどの理由がない限り、避けましょう。

なお、等幅フォントは、プログラミングでソースコードを書くときなどに使われることが多いです。スペースの存在や文字数などを認識しやすかったり、通常の文章と区別しやすかったりするためです。

等幅フォントや一部の和文フォント

Originality

プロポーショナルフォント

Originality

プロポーショナルフォントと等幅フォント ■ 等幅フォントと比較して、プロポーショナルフォントは文字の組み合わせにより文字幅が調整されるため、バランスの良い文章になります。

✕ 等幅フォント(Andare Mono)

Biological science
Biology is a natural science concerned with the study of life and living organisms, including their structure, function, growth, evolution, distribution, and taxonomy.

○ プロポーショナルフォント(Segoe UI)

Biological science
Biology is a natural science concerned with the study of life and living organisms, including their structure, function, growth, evolution, distribution, and taxonomy.

等幅フォント ■ 欧文の等幅フォントは、余計なスペースが多く生じるので、単語を認識しにくくなり可読性が下がります。等幅フォントを使う理由がない場合は、プロポーショナルフォントを使いましょう。

1-10 和文と欧文が混ざる文章

日本語の文字だけが登場する資料ならば、さほど注意することはありませんが、日本語と英数字が混ざる資料を作る場合にはフォントの組み合わせに注意が必要です。

■ フォントの組み合わせが重要

日本語と英数字が混ざる文章では、英数字に欧文フォントを使うと読みやすく美しくなります。一方、日本語と英数字に使うフォントの相性が悪いと、見た目が悪いだけでなく、英数字が悪目立ちしてスムーズに読むことができません。下の例のように、可読性が大きく損なわれるのです。ここでは、和文フォントと欧文フォントの組み合わせについての基本的な考え方を紹介します。

✕ 組み合わせが悪い

書体や Font の使用上の注意

2000年以降のパソコンの進化は、凄まじいものです。Wordにしろ、PowerPointにしろ、機能が飛躍的に増えています。しかし、フォントの選び方（P. 34参照）についてのコンピューターリテラシー（computer literacy）は、普及しているとは言いがたいのが現状です。「日本語ならMSゴシックとMS明朝、英語ならArialとCenturyしか考えたことが

〇 組み合わせが良い

書体や Font の使用上の注意

2000年以降のパソコンの進化は、凄まじいものです。Wordにしろ、PowerPointにしろ、機能が飛躍的に増えています。しかし、フォントの選び方（P. 34参照）についてのコンピューターリテラシー（computer literacy）は、普及しているとは言いがたいのが現状です。「日本語ならMSゴシックとMS明朝、英語ならArialとCenturyしか考えたことがな

読みやすさを比較 ■ 実物大程度で印刷すると、フォントの組み合わせの良し悪しが顕著になります。

■ 英数字には欧文フォント

メイリオやヒラギノ角ゴ、游ゴシック、游明朝、Noto Sans CJK JPなどの一部の和文フォントには、読みやすく、和文と相性の良い英数字が用意されています(和文の英数字には全角、半角の両方がありますが、通常は半角の文字を使います)。

しかし、これらのフォント以外のMSゴシックやMS明朝など多くの和文フォントでは、英数字を使うのは避けたほうがよいでしょう。右や下の例を見るとわかるように、英数字にMSゴシックなどの和文フォントを使うと、字間や単語間隔が不自然に空いてしまい、可読性が低下してしまいます。

英数字の混ざる和文では、可読性を高め、より美しい文字組にするために、**和文には和文フォントを使い、英数字に欧文フォントを使う**のが基本です。美しさも可読性も高まります。ポスターやスライド、掲示物などの見せる資料の場合は、この配慮がとりわけ重要になります。和文フォントと欧文フォントの具体的な組み合わせ方や注意点は、次のページで紹介します。

✕ 英数字が読みにくい和文フォント

HG創英角ゴシックUB	Trip Point が 3.5 倍
MSゴシック	Trip point が 3.5 倍
MS明朝	Trip point が 3.5 倍
HG明朝E	Trip point が 3.5 倍

○ 英数字が比較的読みやすい和文フォント

メイリオ	Trip Point が 3.5 倍
游ゴシック	Trip Point が 3.5 倍
游明朝	Trip Point が 3.5 倍
Noto Sans CJK JP	Trip Point が 3.5 倍

英数字もOKな和文フォント ■ 一部の和文フォントでは、英数字が不格好で読みにくくなります。メイリオや游ゴシック、ヒラギノ角ゴ、游明朝などなら英数字もOKです。

✕ 英数字に和文フォントを使用

日本語 MS ゴシック　英数字 MS ゴシック

到着ロビー(Arrival Lobby)内の食堂
Blue Skyは、毎朝9:00から営業してい
ます。詳細はInformationのチラシを

○ 英数字に欧文フォントを使用

日本語 MS ゴシック　英数字 Helvetica Neue

到着ロビー(Arrival Lobby)内の食堂
Blue Skyは、毎朝9:00から営業してい
ます。詳細はInformationのチラシを

✕ 英数字に和文フォントを使用

日本語 MS 明朝　英数字 MS 明朝

到着ロビー(Arrival Lobby)内の食堂
Blue Skyは、毎朝9:00から営業してい
ます。詳細はInformationのチラシを

○ 英数字に欧文フォントを使用

日本語 MS 明朝　英数字 Adobe Garamond Pro

到着ロビー(Arrival Lobby)内の食堂
Blue Skyは、毎朝9:00から営業してい
ます。詳細はInformationのチラシをご

英数字は欧文フォント ■ 上段はすべてを和文フォントで書いた文章、下段は英数字のみ欧文フォントにしたものです。和文の中でも英単語や数字には、欧文フォントを使うほうが見栄えが良く、読みやすいです。

■ 相性の良い和文フォントと欧文フォントを組み合わせる

①雰囲気を合わせる

和文フォントと欧文フォントを組み合わせる場合、**日本語と英数字が馴染んで見えることが最も大切**です。日本語がゴシック体なら、その中の英数字はサンセリフ体(Segoe UI, Arial, Helveticaなど)、日本語が明朝体なら英数字はセリフ体(Times New Roman、Adobe Garamondなど)を合わせるとよいでしょう。

✕ 日本語と英数字の雰囲気が合っていない

日本語 MS ゴシック 英数字 Times New Roman

到着ロビー（Arrival Lobby）内の食堂Blue Skyは、毎朝9:00から営業しています。詳細はInformationのチラシをご

◯ 雰囲気が合っている

日本語 MS ゴシック 英数字 Arial

到着ロビー(Arrival Lobby)内の食堂Blue Skyは、毎朝9:00から営業しています。詳細はInformationのチラシを

②大きさを合わせる

欧文フォントは和文フォントより小さく見えるものが多いです。そのため、和文フォントと組み合わせる場合は、**字面の大きい欧文フォントを選ぶ**と相性が良いです。HelveticaやSegoe UIは字面が比較的大きいフォントです。どうしてもアルファベットの大きさが気になる場合は、英数字だけ文字サイズを大きくして見え方を揃えるとよいでしょう。

✕ 英数字のほうが小さく見える

日本語 メイリオ 英数字 Calibri

到着ロビー（Arrival Lobby）内の食堂Blue Skyは、毎朝9:00から営業しています。詳細はInformationのチラシをご

◯ 大きさのバランスが良い

日本語 メイリオ 英数字 Segoe UI

到着ロビー(Arrival Lobby)内の食堂Blue Skyは、毎朝9:00から営業して います。詳細はInformationのチラシを

③太さを合わせる

英数字だけ妙に太かったり細かったりすると、文章をスムーズに読みにくくなってしまいます。Centuryは通常の太さでもやや太いフォントなので、MS明朝などの細い明朝体とは相性が悪いです(英数字だけが目立ってしまい読みにくい)。Times New RomanやAdobe Garamond Proなど、MS明朝やヒラギノ明朝、游明朝との**太さの相性が良いフォントを選ぶとよい**でしょう。

✕ 英数字のほうが太く見える

日本語 MS 明朝 英数字 Century

到着ロビー(Arrival Lobby)内の食堂Blue Skyは、毎朝9:00から営業しています。詳細はInformationのチラシ

◯ 太さのバランスが良い

日本語 游明朝 英数字 Times New Roman

到着ロビー（Arrival Lobby）内の食堂Blue Skyは、毎朝9:00から営業しています。詳細はInformationのチラシをご

テクニック PowerPointでフォントの置換

ファイル全体でフォントを統一

PowerPointでスライドを作っていると、ページによって、使っているフォントがバラバラになってしまうことがあります。これでは、資料に統一感が出ません。また、たとえ統一されていても、すべてのページのフォントを変えて、資料の印象を変えたいこともよくあります。

こんなときは、フォントの置換機能を使いましょう。まず、[置換]の右側の▼をクリックし、[フォントの置換]に進みます。[置換前のフォント]に、ファイル内で使っているすべてのフォントが表示されます。例えば、このリストからMSPゴシックを選び、[置換後のフォント]からメイリオを選ぶと、ファイル内のすべてのMSPゴシックがメイリオに置き換わります。このような作業をフォントの数に応じて繰り返せば、ファイル内でフォントの統一や一括変換ができます。図や表の中の文字も統一することができます。

既存の資料のフォントを修正する場合にはこの方法が便利ですが、新規に資料を作る場合には「スライドマスター」(p.211参照)の使い方を知っておくとよいでしょう。

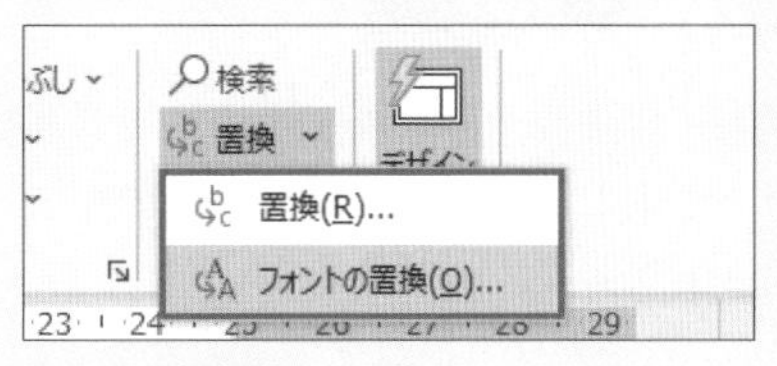

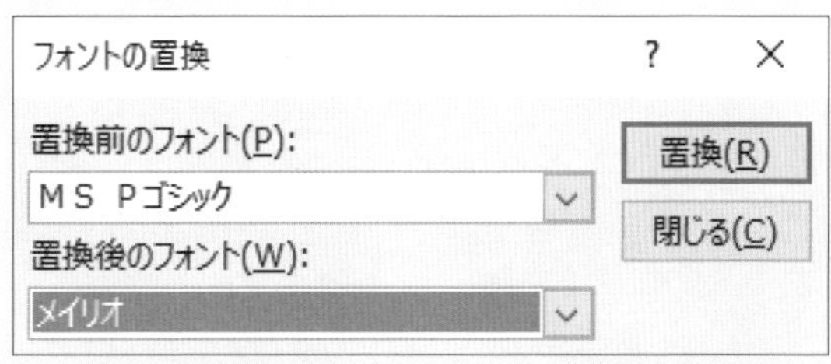

フォントの置換方法 ■ 置換から[フォントの置換]を選び、置換前のフォント、置換後のフォントを選べば一発OK!!

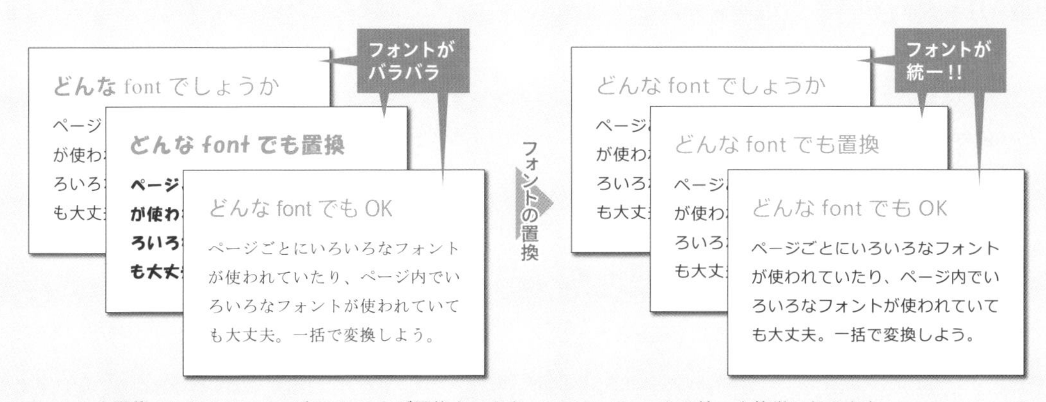

フォントの置換 ■ すべてのページのフォントが置換されます。これで、フォントの統一を簡単に行えます。

1-11 数字の強調

例えば「50%OFF」などのように、資料作成の際、具体的な数値が重要になる場面はよくあります。プレゼンスライドなどの「見せる資料」では、数値の示し方を工夫すると効果は絶大です。

■ 数字は大きく、単位は小さく

プレゼンスライドやポスターで数値を強調したい場合、単位が大きすぎると数値のインパクトが弱くなり、数値を認識・記憶しにくくなります。

右の例のように、**数字よりも単位を小さくする**と、認識しやすくなり効果的に強調できます。曜日なども単位のようなものと考えれば、年月日や曜日の記載をより魅力的にすることができます。

もちろん、数字は和文フォントではなく、欧文フォントにしたほうが認識しやすく、美しくなります。グラフの中に数字を書き込む場合でも単位を小さくするほうがよいでしょう。

× 単位はそのまま

50% -9kg ¥300

50回 10周年 3人前

9月28日(金)開催！

○ 単位を小さく

50% -9kg ¥300

50回 10周年 3人前

9月28日(金)開催！

数字のみを強調する ■ 資料に数値が登場するとき、多くの場合単位よりも数が重要です。単位を小さめにすれば、数字のみを効果的に強調できます。

× 単位はそのまま

18%
39%
43%

○ 単位を小さく

18%
39%
43%

× 単位はそのまま

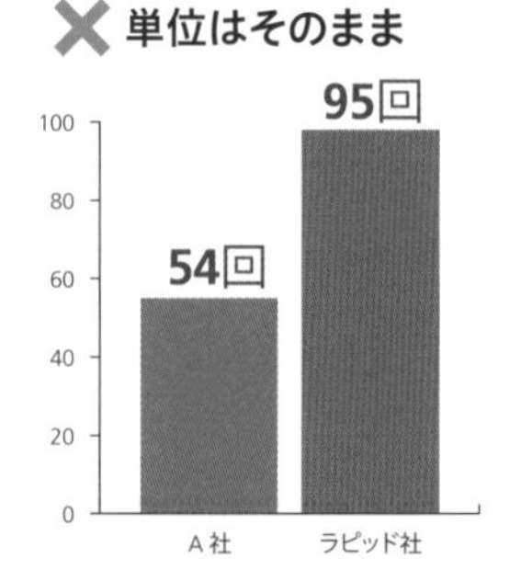

○ 単位を小さく

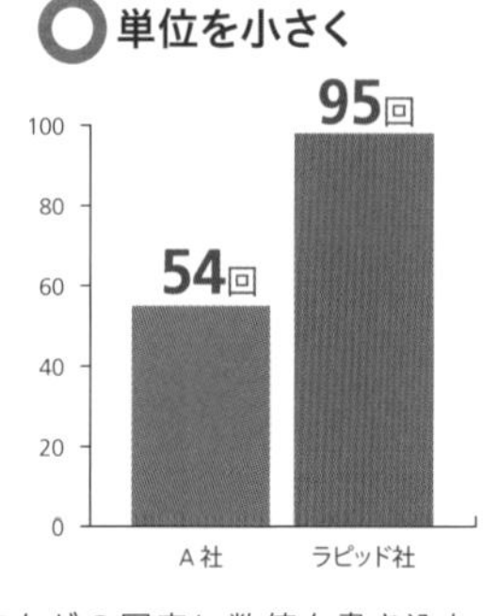

グラフに数値を入れる ■ グラフなどの図表に数値を書き込むときも、単位を小さくするのは有効ですね。

コラム

合字を使ってさらに美しく

アルファベット同士の接近と合字

欧文を書いていると、文字と文字がぶつかったり、接近しすぎたりするという問題が生じることがあります。これは、少し不格好で、かつ、読みやすさを低下させる原因になります。小さい文字や長い文章ならば、全く気にすることはありませんが、タイトルや大きな文字の場合は**「合字を使う」**とこの問題を解決することができます。合字とは、並ぶとぶつかってしまう「fとl」や「fとi」、「fとf」、「tとi」が並んだときに使われる「2つで1文字」の特殊な文字のことです。合字を使えば、可読性もかっこよさも高まります。

普通の文字

office fill
Dragonfly

合字を使用

office fill
Dragonfly

合字を使ってみよう ■「fi」や「fl」「ffl」「Th」などは、文字同士が接近あるいは接触してしまって美しくありません。大きな文字の場合は、合字を使ってみるのもよいでしょう。例えばCalibriというフォントならば、多くの場合、自動的に合字が使用されます。

IllustratorやPowerPoint、Keynoteならば、このような文字が並んだとき、主要なものに関しては自動的に合字に置き換わります。Word（少なくとも2007以降）の場合は、言語設定を［英語］にした上でフォント設定のダイアログボックスの［詳細設定］から合字機能を有効にすることができます。ただし、合字に対応していないフォントもあるので注意して下さい。

普通の文字

Naturalist
Collect
chicken

合字を使用

Naturalist
Collect
chicken

マニアックな合字 ■ 自動的に使用されないような合字もあります。上の例は、「st」「ct」「ch」「ck」の合字ですが、かえって読みにくいので、ここまでする必要はありません。

1-12 約物の取り扱い

より読みやすい文を書くには、約物（記号など）の扱い方に注意しなければいけません。取り扱いを間違えると、視線がスムーズに動きにくくなり、読み手がストレスを感じます。

■ 約物とは

「?」「!」などの記号や、欧文のコロンや括弧、コンマ、ピリオド、日本語の句読点やカギ括弧、ノノカギ（〝〟）、中黒などは約物（やくもの）と呼ばれます。約物は、主に欧文に用いる半角（1バイト文字）のものと、日本語の文に用いる全角（2バイト文字）のものに大別できます。

() [] | ! ? % , . : ; ” ’ ” ′ ″ °

（）［］｜！？％、。：；・

約物のいろいろ ■ 上段が欧文の約物の例、下段が和文の約物の例。共通するものも、そうでないものもあります。

■ 日本語には全角約物を使う

日本語の文章を書く場合、本文中の約物は、和文フォントの全角で書くのが基本です。欧文フォントの半角の約物は欧文のためにレイアウトされているので、日本語より下がって見えます。これでは、文章の上下のラインが凸凹になり、可読性が下がります。

文字を大きくして使う場合は、括弧の前後に生じる余白が気になることがあります。その場合は、カーニング（p.68参照）をし、字間を調整しましょう。

✕ 記号が半角の欧文フォント

文字 (もじ) の使用

○ 記号が全角の日本語フォント

文字（もじ）の使用

○ 記号が全角の日本語フォント（カーニングあり）

文字（もじ）の使用

全角約物 ■ 日本語で書く文章では、半角ではなく全角の約物を使いましょう。また、前後のスペースが気になる場合はカーニングで調整できます。

■ 約物は小文字用

実は、欧文フォントの半角約物は、欧文の小文字のサイズ（右図の赤い線の高さ：エックスハイト）に合うように作られています。そのため、大文字や数字に約物を使用すると、約物が文字よりも低く見えてしまいます。

(yes) (YES) [88] [JPN]

r: red R: RED 3=2+1

半角約物 ■ 約物は小文字の高さにはぴったりですが、大文字や数字では高さが合いません。

■ 約物の高さを揃えるとさらに美しい

WordやKeynote、Illurtratorなら文字のベースライン（高さ）を調整し、約物を数字や大文字の高さに合わせせることができます。枝葉末節のように感じるかもしれませんが、ポスターや看板などで文字を大きく印刷したり、投影したりする場合には、重要な問題になってきます。

× 7:00–9:00 (FRI)

○ 7:00–9:00 (FRI)

ベースラインの調整 ■ ソフトウェアによっては、ベースラインの調整ができます。

■ 約物はカッコ悪いこともある

コロンや丸括弧などの約物は文法的に正しいとしても、あまり見栄えがよくありません。Wordで作る「読む資料」ならば、いくら使っても構いませんが、掲示用のポスターなどでは、これらを極力減らすとよいでしょう。全角のスラッシュや縦棒、角括弧を使うとすっきりしますし、約物がなくても理解できるようなデザインにするとシンプルで美しく、見やすくなります。

×
会場：東京国際ガーデン
日時：2020年5月5日（祝）

○
会場／東京国際ガーデン
日時／2020年5月5日［祝］

○
会場｜東京国際ガーデン
日時｜2020年5月5日［祝］

○
会場 東京国際ガーデン
日時 2020年5月5日 祝

コロンやカッコを使わない ■ スラッシュや縦棒や囲みなどで、よりスタイリッシュに。

× カッコ

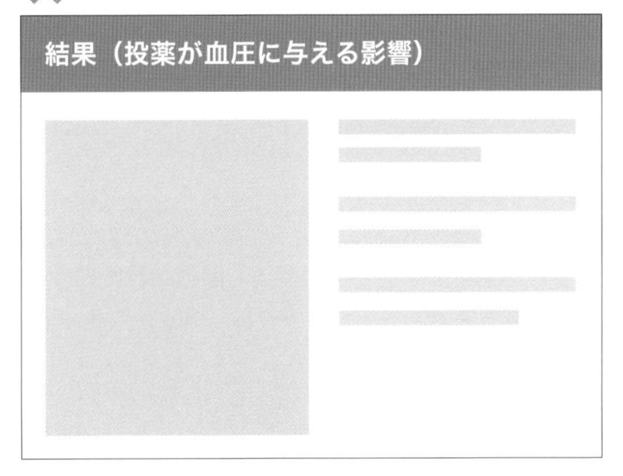

○ スペース

結果　投薬が血圧に与える影響

○ 縦棒

（　）を多用しない ■（　）や［　］、コロン、セミコロンなどを使わずにスペースや縦棒を使うと、スッキリとした印象になります。

■ 文頭の括弧は厄介

行頭に全角の丸括弧やカギ括弧などの約物があると、たとえ段落全体が左揃え(p.70)になっていたとしても、約物の部分が凹んでしまい、資料の左端が揃わず印象が悪くなります。

Wordなら簡単に解決できますが(下のTIPSを参照)、PowerPointでは同じ機能がないため、工夫が必要です。カギ括弧に限ったことですが、**和文フォントの半角記号を使うという「裏技」**があります。カギ括弧は、日本語にしか使用しない記号なので、日本語の高さに合うように作られています。また、小見出しであれば、テキストボックスを本文とは別に作って手動で調整することで、文頭がカギ括弧以外の約物でも揃えられます。

なお、和文フォントの半角の「?」「!」などの記号も、日本語とよく馴染みます。これらを2つ続けて使うような場合は、和文フォントの半角の「?」「!」を使うと、余計なスペースが消え、間の抜けた印象がなくなります。

【保存方法】
湿度の高い場所や直射日光の当たる場所を避け、
「防虫処理」をしながら保存して下さい。商品を
開封後は１週間以内にお召し上がり下さい。

記号が行頭になると… ■ 左端がガタガタになると段落や箇条書きなどの構成が不明瞭になってしまいます。

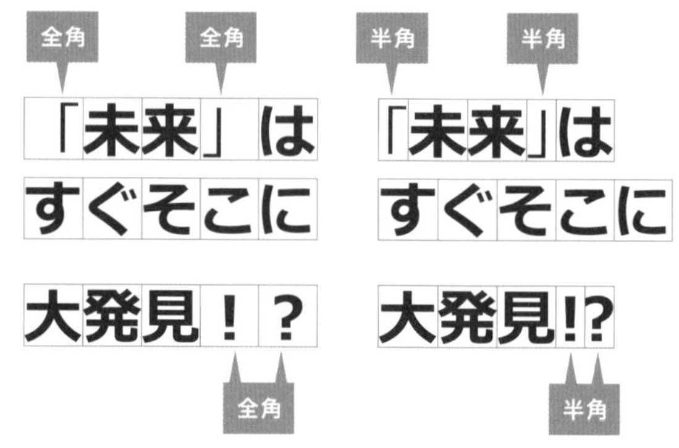

和文フォントの半角カギ括弧 ■ 日本語用に作られた和文フォントの半角約物は使っても問題ありません。

TIPS 行頭の記号に要注意

小見出しに【　】などの記号を使うと、文の開始位置がガタガタになります。Wordの場合は、[段落]の設定で、[行頭の記号を1/2の幅にする]をチェックするだけで、行頭記号のガタガタを解決できます。この機能を使うと、各行の先頭に記号がある場合にも左端が揃ってきれいになります。

×
【東京駅からのアクセス】
東京から仙台までは、歩くと大変ですが
新幹線だと楽です。新幹線はとても早い
「電車です」。仙台駅から東北大までは
バスが便利ですが、歩くのも可能です。

○
【東京駅からのアクセス】
東京から仙台までは、歩くと大変ですが
新幹線だと楽です。新幹線はとても早い
「電車です」。仙台駅から東北大まではバ
スが便利ですが、歩くのも可能です。

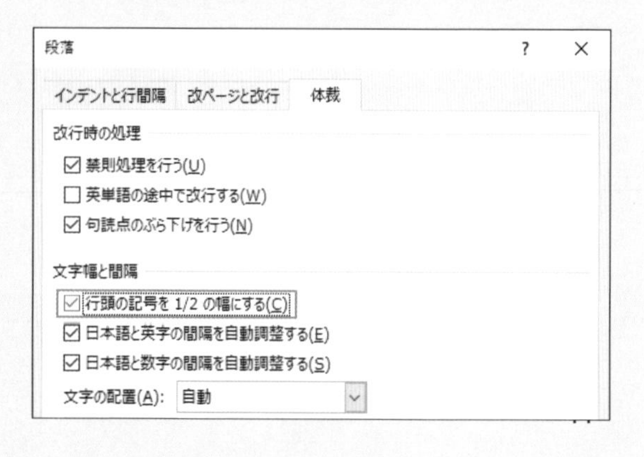

コラム　似て非なる約物

ハイフンの仲間

日本語の約物ではあまり心配ないと思いますが、使い慣れない欧文の約物は間違って使ってしまうことが少なくありません。

間違えやすいのは、ハイフンとそれに似た約物です。代表的なものだけでも、ハイフンとエンダッシュ（enダッシュ）、エムダッシュ（emダッシュ）、マイナスという4つの約物があります。これらはすべて意味や使い方が異なります。ハイフンは単語の途中で改行する場合や複合単語を作るときに使われます。エンダッシュはtoやandのような意味で使われます。エムダッシュは、使用頻度は低いですが、文の途中の挿入句の前後に(　)と同じような意味で使われたりします。マイナスは引き算の記号です。

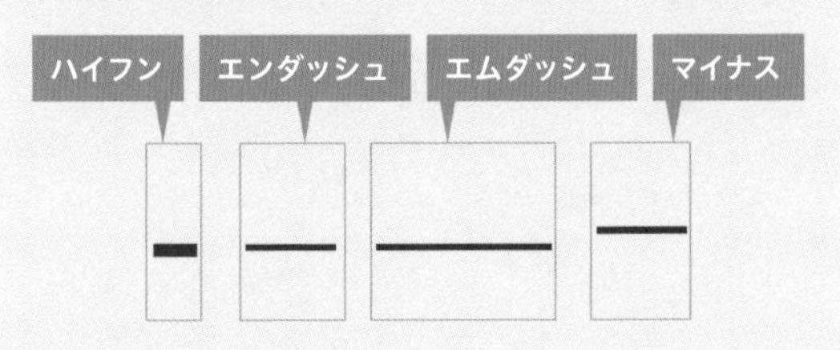

× e–mail　long—term plan
○ e-mail　long-term plan

ハイフン ■ 文字と文字や、単語と単語をつなげるときにはハイフンを使います。

× 1998-2016　p.345—347
○ 1998–2016　p.345–347

エンダッシュ ■ 範囲を表すときにはエンダッシュ。

× *Y* = 5 – 2*x*　30 = 50 - 20
○ *Y* = 5 − 2*x*　30 = 50 − 20

マイナス ■ 引き算では、エンダッシュやハイフンでなく、マイナス記号を使います。

クオーテーションの仲間

もう1つ厄介なのは、クオーテーションの仲間です。クオート、ダブルクオート、アポストロフィ、プライム、ダブルプライムなどがあります。クオートは引用符ですが、今では米国式のダブルクオートが一般的です。クオートの閉じる記号は、省略を表すアポストロフィと区別されず使われます。プライムやダブルプライムは緯度経度や数学記号などで使われます。

× I was born in the ‘80s.
× I was born in the ′80s.
○ I was born in the ’80s.

アポストロフィ ■ 省略を表すときに使います。

× A’ + B’
○ A′ + B′
× 36º 45’ 23”　510' 74"
○ 36° 45′ 23″　510′ 74″

プライム ■ 数学記号で使われるのはプライムやダブルプライムです。日本語ではダッシュと呼びますが、英語ではプライムです。緯度経度や時間などにも使われます。角度を表す「°」の記号にも要注意。

1-13 文字は歪めない、飾りすぎない

資料の中でアピールしたい部分は、文字を目立たせるためにいろいろと装飾をしたくなります。しかし、やりすぎは禁物です。目立たせすぎると読みやすさを損ねてしまいます。

■ 文字を歪めない

文字を目立たせたり、スペースにうまく収めたりするために、右の図のように文字を極端に変形させている例を見かけます。たとえシンプルではっきりとした書体を使ったとしても、文字を横に伸ばしたり縦に伸ばしたりして**縦横比を変えると、読みにくくなり、読み間違いをしやすくなります。**文字は歪めていない状態が最も読みやすくなるようにデザインされているので、文字を歪めるのはやめましょう。

なお、日本語にはもともと斜体の概念がないので、日本語を斜体にしてはいけません。

✕ 歪んでいる

横に伸ばす

縦に伸ばす

アンケートにご協力お願いします！

斜めにする

文字を歪めると… ■ 読みやすさと美しさを損ねます。

■ 飾りすぎない

PowerPointやWordなどのソフトでは、文字に「輪郭」や「影」などを付けて装飾することが簡単にできます。しかし、**輪郭を付けると字がつぶれてしまいます**し、影や反射も可読性や視認性、判読性を下げてしまいます。それればかりか、悪目立ちして、読み手に不快な思いをさせてしまいます。

文字を目立たせるときは字の太さや大きさ、色を変更する程度の**シンプルな装飾**で充分な効果が得られます。

✕ 飾りすぎ

文字に輪郭や影

飾り過ぎは読みにくい

立体感や影

飾り過ぎは読みにくい

反射

飾り過ぎは読みにくい

遠近感

文字を飾りすぎると… ■ 飾りすぎも読みやすさと美しさを損ねる要因です。特に、複数の装飾を併用するの（例えば、色の変更＋影の追加＋遠近感の追加）はやめましょう。

補足 1バイトフォントは使わない

スペース不足という理由で1バイトフォントのカタカナ（半角カタカナ）を使っている資料をよく見かけますが、これは絶対にやめましょう。字が歪んでいるのと同じで、文字を認識しにくく、可読性が低下します。

✕ 生搾りｵﾚﾝｼﾞｼﾞｭｰｽ

〇 生搾りオレンジジュース

テクニック 袋文字で文字を読みやすく

絵や写真の上に文字を配置する

文字の背景が写真だったり、複雑な色の絵だったり、明暗の差が激しいイラストだったりすると、どの色の文字を上に配置しても読みにくい場合があります。こんなときは、「輪郭」を付けると文字がはっきり見えます。しかし、PowerPoint上で文字に輪郭を付けると、本来の文字がつぶれてしまいます。「線が細くてあまりつぶれていないから大丈夫」なんてことはありません。必ず視認性、判読性が低下します。

✕ 文字が読みにくい

白い文字でも読みにくい。
灰色の文字でも読みにくい。
黒い文字でも読みにくい。
白い文字でも読みにくい。
黒い文字でも読みにくい。

背景の上の文字 ■ このような背景ではどんな色の文字も読みにくくなってしまいます(上の3行)。輪郭を付けても、文字が潰れてしまい読みにくいままです(下の2行)。

袋文字を使う

文字に「陰」や「光彩」を付ける方法もありますが、**最も効果的なのは、「袋文字」を用いる**ことです。文字をつぶさずに文字の周りにきれいに枠を付けることができます。

吾輩 → 吾輩 / 吾輩 → 吾輩

袋文字の作り方(PowerPoint) ■ まず、左図のようにテキストボックスをコピー&ペーストで2つ作ります。2つのうち、背面にあるテキストにだけ枠を付けます([書式設定]や[文字の輪郭]などからテキストの色や太さを設定)。次にこの2つのテキストを「揃え」機能を使ってピタリと重ねるとできあがり! (p.150のテクニック参照)

✕ 文字が読みにくい

○ 文字が読みやすい

袋文字を使う ■ このように袋文字を使うと、背景があっても読みやすくなります。輪郭の線の色はなんでもいいわけではなく、背景の画像や写真に登場する色を使うとよいでしょう。上の写真であれば、黒や白、緑などの枠線で美しい図ができあがります。

コラム　視覚の多様性

人によって見え方は異なる

ここ数年、いろいろな場面で「多様性」という言葉を耳にする機会が増えてきました。人それぞれ顔や身長、考え方が違うように、実は**「見え方」も人によって異なります。**そのことによって、文字のハネやハライが刺激になって目が痛い、文字が動いて見えて文章を読み進められない、色が見分けられずデータが読み取れないなどの視知覚困難が起こります。

歪んで見える

幾何学を教わった人は誰でもピタゴラスの定理というものの名前ぐらいは覚えているであろう。直角三角形の一番長い辺の上に乗っけた枡形の面積が他の二つの辺の上に作った二つの枡形の面積の和に等しいというのである。オルダス・ハクスレーの短篇『若きアルキメデス』には百姓の子のギドーが木片の燃えさしで鋪

にじんで見える

幾何学を教わった人は誰でもピタゴラスの定理というものの名前ぐらいは覚えているであろう。直角三角形の一番長い辺の上に乗っけた枡形の面積が他の二つの辺の上に作った二つの枡形の面積の和に等しいというのである。オルダス・ハクスレーの短篇『若きアルキメデス』には百姓の子のギドーが木片の燃えさしで鋪

鏡文字に見える

幾何学を教わった人は誰でもピタゴラスの定理というものの名前ぐらいは覚えているであろう。直角三角形の一番長い辺の上に乗っけた枡形の面積が他の二つの辺の上に作った二つの枡形の面積の和に等しいというのである。オルダス・ハクスレーの短篇『若きアルキメデス』には百姓の子のギドーが木片の燃えさしで鋪

動いて見える

文字の見え方の多様性■あまり知られていませんが、視覚特性によっては文字が歪んだり、滲んだり、動いて見えるため、文章を読み進めることが困難な人がいます。

視覚過敏とディスレクシア、色覚多型

本書では、視覚多様性の例として、弱視や乱視の他に、視覚過敏とディスレクシア、色覚多型を挙げています。**視覚過敏**は、アーレンシンドロームとも呼ばれ、光の感度が高いために、白い紙や明るい色がまぶしくて見ていられないなどの症状が起こります。**ディスレクシア**は読み書き障害と呼ばれ、その原因はさまざまですが、代表的な症状として、文字が動いて見えるため、文字を読むのが困難になるなどがあります。**色覚多型**は以前より色盲や色弱、色覚障害として知られており、人によって色の見え方が異なることです。

視覚多様性と配慮

本書では視覚多様性への配慮として、読みやすいフォントを使う（教育用フォントの項p.32参照）、過度な装飾をしない（p.55参照）、行間をあける（p.90参照）、色だけに頼らない（p.197参照）などを紹介しています。実はこのような配慮は、視知覚困難をもつ人のためだけのものではなく、**資料を見るすべての人の見やすさにもつながる**ものです。

　また、視知覚困難の症状は人によってさまざまですので、本書で紹介した方法だけでは解決せず、専門的な解決策を用いる必要がある場合も少なくありません。しかし、視覚多様性の存在を知り、可能な範囲でも配慮を行っていくことが、社会が視覚多様性を受容する第一歩となります。人の見え方を想像することは難しいのですが、少しでも困難が改善されるような配慮が社会に浸透していくことが期待されます。

スキルアップ 文字の装飾のユニバーサルデザイン

装飾の仕方に気をつけて

強調のために文字を装飾することがありますが､「少しくらい読みにくくても目立った方がいいから」と、安易に文字の装飾をしてしまうと、**視知覚困難の症状をもつ人が文字を読めなくなってしまう**場合があります。装飾の仕方には注意が必要です。

読み手に優しい文字の装飾

視知覚困難の症状がなければ、どのような装飾が見にくいのかを想像することは難しいものですが、少しでもまぶしいな、邪魔だな、読みにくいな、と思うような装飾は使わないようにしましょう。視覚過敏やディスレクシアの人にとっては、まぶしすぎて読めなかったり、視覚情報が多すぎて疲れてしまったり、色弱者の人にとってはコントラストが低くて読めないといった事態が起きてしまいます。

もちろん個人差がありますが、「派手な色使い」、「影や輪郭」「コントラストが低い、高い」、「無秩序なフォントの変更」が読みづらさにつながります。文字を装飾するときは､「**落ち着いた色**」や「**太字**」､「**下線**」などのシンプルな装飾のみ使うことで､余計な視覚情報を減らすことができます。そして、このような**シンプルな装飾は、誰にとっても読みやすいユニバーサルデザイン**と言えます。

さらに、「明朝体＋白い紙＋黄色マーカー」も読みにくいと言われています。ゴシック体にする他、**視覚過敏に配慮したノートやマーカーを使う**などの対応ができるので活用しましょう。

✕ 装飾が派手すぎる

過度な装飾や高いコントラストを避けよう

- 感じ方は人それぞれです。
- 自分にとって少し不快なことは､他人にとってはとても不快かもしれません。
- 少し**読みづらい**ことは､すごく読みにくいことかも。

ユニバーサルデザインを心がけるよう

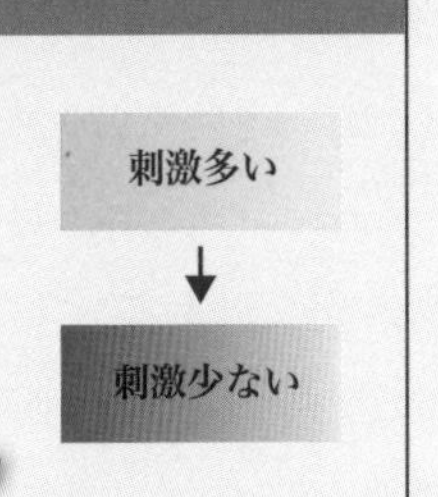

○ 控えめな装飾にする

過度な装飾や高いコントラストを避けよう

- 感じ方は人それぞれです。
- 自分にとって少し不快なことは､他人にとってはとても不快かもしれません。
- 少し読みづらいことは､すごく読みにくいことかもしれません。

刺激多い

刺激少ない

ユニバーサルデザインを心がけよう。

刺激の少ない資料作り■目立たせたいという理由で、むやみに装飾してはいけません。人によって見え方が異なることを意識したてシンプルな資料作りを心がけましょう。

第1章 チェックポイント

1 目的に合った書体を使う

- □ 長文には、明朝体やセリフ体(あるいは細めのゴシック体やサンセリフ体)を使った。
- □ プレゼン用のスライドには、ゴシック体やサンセリフ体を使った。
- □ ポップ体や筆書体(行書体)を使っていない。

2 美しいフォント・太字に対応したフォントを使う

- □ 長文には、MS明朝やCenturyではなく游明朝やヒラギノ明朝を使った。
- □ スライドには、MSゴシックやArialではなくメイリオやヒラギノ角ゴシック、游ゴシック、BIZ UDPゴシック、Segoe UI、Helveticaなどを使った。
- □ 太字に対応したフォント、あるいは、複数のウェイトをもつフォントを使った(メイリオ、ヒラギノ角ゴシック、游ゴシック、游明朝など)。

3 英数字には欧文フォントを使う

- □ 英数字には欧文フォントを使った。
- □ 和欧混植の場合も、英数字には欧文フォントを使った。
- □ 和文フォントと相性の良い欧文フォントを使った。

4 文字の過剰な装飾を避ける

- □ 文字を縦や横に伸ばしたりしていない。
- □ 文字に影や枠線、立体感などの過度の装飾をしていない。

2 文章と箇条書きの法則

読みやすい書体やフォントを選んだからといって常に読みやすい文章ができるわけではありません。
ここでは、読みやすい資料を作るための文章のレイアウトのルールを紹介します。

2-1 文字の配置(文字組)

可読性や視認性、判読性を高めるためには、「文字の配置」も重要な要素になります。ちょっとした工夫の積み重ねにより、文章は格段に読みやすく、美しくなります。

■ 文章に含まれるさまざまな要素

長い文章にしろ、箇条書きにしろ、文章は共通したいくつかの要素によって構成されます。代表的なものは、**文字サイズ、行間、字間、行長、段組、インデント(字下げ)、段落、段落間隔**です。

これらの要素を自在に操ること(文字の組み方次第)で、資料の読みやすさが大きく変わります。本章では、これらの要素の重要性を示しながら設定方法を解説していきます。

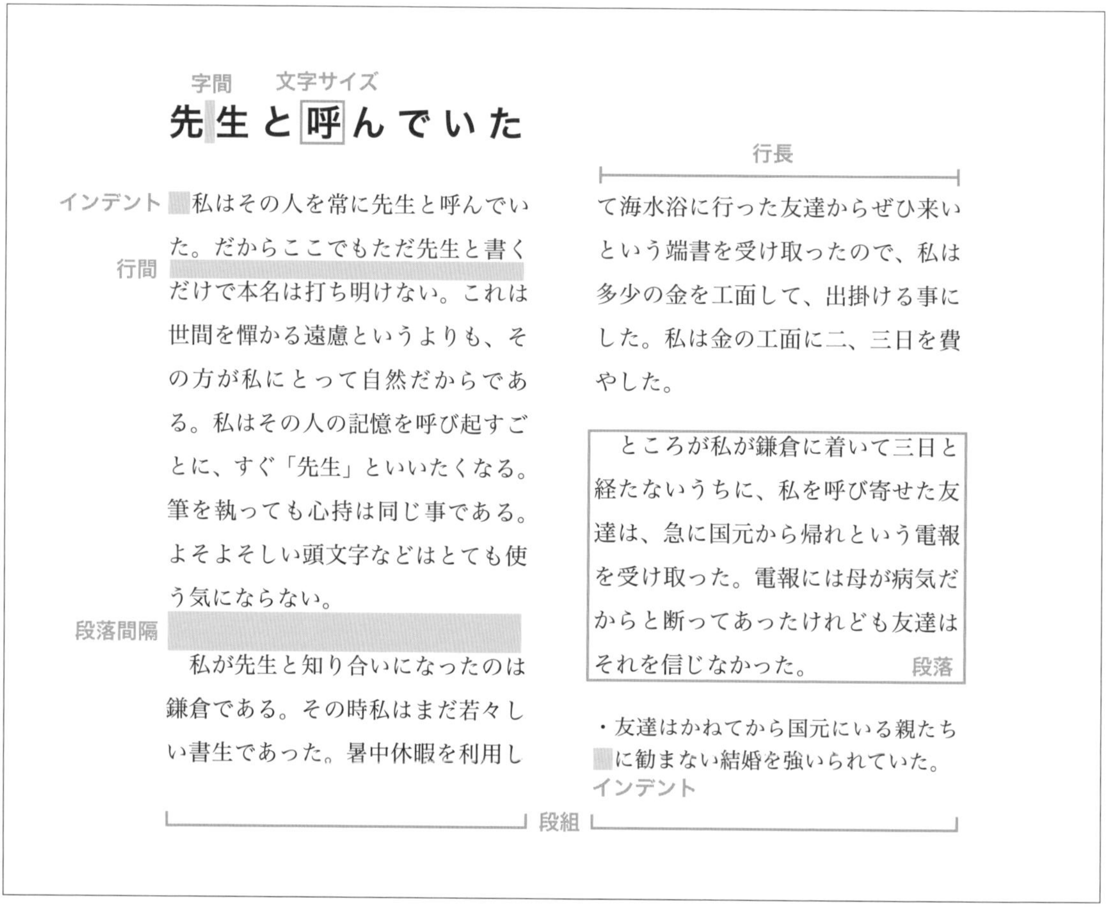

字間　文字サイズ

先 生 と 呼 ん で い た

インデント　私はその人を常に先生と呼んでいた。だからここでもただ先生と書く
行間
だけで本名は打ち明けない。これは世間を憚かる遠慮というよりも、その方が私にとって自然だからである。私はその人の記憶を呼び起すごとに、すぐ「先生」といいたくなる。筆を執っても心持は同じ事である。よそよそしい頭文字などはとても使う気にならない。

段落間隔

私が先生と知り合いになったのは鎌倉である。その時私はまだ若々しい書生であった。暑中休暇を利用し

行長

て海水浴に行った友達からぜひ来いという端書を受け取ったので、私は多少の金を工面して、出掛ける事にした。私は金の工面に二、三日を費やした。

ところが私が鎌倉に着いて三日と経たないうちに、私を呼び寄せた友達は、急に国元から帰れという電報を受け取った。電報には母が病気だからと断ってあったけれども友達はそれを信じなかった。　段落

・友達はかねてから国元にいる親たち
　に勧まない結婚を強いられていた。
インデント

段組

文の要素 ■ たくさんの要素があるように思えるかもしれませんが、一度覚えてしまえば、複雑なことはありません。

✕ フォントや配置が不適切

文字の使い方ひとつで見た目は変わる

注意点：文字について
・読みやすさのためには文字のサイズも重要ですが、フォントや行間、字間も重要です。
・英単語や半角数字（例えば、English や 52% など）には欧文フォントを使いましょう。
・文字の色やコントラストも重要な要素です。
注意点２：レイアウトについて
・行間だけでなく、段落と段落の間隔やインデントも重要になってきます。
・もちろん、余白をとり、要素同士を揃えて配置することも忘れてはいけません。

〇 フォントや配置が適切

文字の使い方ひとつで見た目は変わる

注意点:文字について
- 読みやすさのためには文字のサイズも重要ですが、フォントや行間、字間も重要です。
- 英単語や半角数字（例えば、Englishや52%など）には欧文フォントを使いましょう。
- 文字の色や**コントラスト**も重要な要素です。

注意点２:レイアウトについて
- 行間だけでなく、段落と段落の間隔やインデントも重要になってきます。
- もちろん、余白をとり、要素同士を揃えて配置することも忘れてはいけません。

文字組と読みやすさ ■ フォントの選び方に加え、文字の配置に気を付けることで見栄えの良い資料を作ることができます。

コラム 禁則処理

読みやすい文章の陰の立役者

禁則とは、文章を見やすく、読みやすくするための最も基本的なルールのことであり、このルールに従って、文章の長さや字間、文字送りなどを調整することを「禁則処理」といいます。具体的には、「。」「、」「…」「っ」などが行頭にきたり、「(」「¥」「$」などが行末にきたりすることを回避する処理や、数値や英単語の途中で改行されるのを避ける処理などが該当します。

いずれの処理も、字間や一行の文字数を調整するのですが、WordやPowerPointなどの**多くのソフトでは自動的に行われます。**したがって、一般的なソフトを使って資料を作成する場合、禁則を気にする必要はありません。非常に有益な機能なので、どのソフトを使う場合も禁則処理をON（初期設定のまま）にした状態で作業するのが基本になります。

禁則処理なし

●禁則処理の効果をいますぐに実感したいならば
、この図を見て下さい。
●世界遺産に登録された富士山の標高は、3,7
76mだったはずです。
●富士山の入山料は、1,000円（およそ10ドル
）だったはずです。
●山梨と静岡の県境にある日本でもっとも高い「
活火山」です。

禁則処理あり

●禁則処理の効果をいますぐに実感したいなら
ば、この図を見て下さい。
●世界遺産に登録された富士山の標高は、
3,776mだったはずです。
●富士山の入山料は1,000円（およそ10ドル）
だったはずです。
●山梨と静岡の県境にある日本でもっとも高い
「活火山」です。

禁則処理の効果 ■ 禁則処理が行われると、文章の読みにくさがなくなります。このような処理は可読性を高めるために非常に重要で、非常に頻繁に必要とされるので、基本的にはソフトに任せてしまいましょう。

2-2 文字の大きさと太さ

文字は大きいほど読みやすいとか、スライドでは20pt以上などという話を聞きますが、これは単純化しすぎです。大切なのは、重要度に応じて相対的に文字の大きさや太さを変えることです。

■ 文字の大きさや太さに差をつける

文字のサイズや太さに強弱がないと、資料が単調になり、内容を把握しにくくなります。受け手がどこを優先して読むべきか直感的に理解できるよう、本文の文字をやや小さくしてでも、タイトルや小見出し、強調箇所を太く、大きくしましょう。

✕ 文字に強弱がない

科学と教育シンポジウム
企画集会：行動を見る目を養う

行動に影響を当てる要因とその要因に
影響を与える行動
～フィードバックから動物の世界を
理解する～

2021年8月8日
佐々木一郎(国立大学)・西村林太郎(江戸大学)

○ 文字に強弱をつけた

科学と教育シンポジウム
企画集会：行動を見る目を養う

行動に影響を当てる要因と
その要因に影響を与える行動
～フィードバックから動物の世界を理解する～

2021年8月8日
佐々木一郎(国立大学)・西村林太郎(江戸大学)

✕ 文字に強弱がない

動物の行動は何によって決まる？
発育時の環境が影響する
発育段階に受けた刺激が成体の行動に影響する(例：ヒト、サル、イヌ)
季節が影響する
その時点で曝されている環境により行動が決まる(例：サル、キジ、イヌ)
予測に基づいて変化する
将来の環境を予測し、事前に行動を変化させる(例：ツル、カメ、クジラ)

引用元：イヌアルキ百科事典（2021）

○ 文字に強弱をつけた

動物の行動は何によって決まる?

発育時の環境が影響する
発育段階に受けた刺激が成体の行動に影響する(例:ヒト、サル、イヌ)

季節が影響する
その時点で曝されている環境により行動が決まる(例:サル、キジ、イヌ)

予測に基づいて変化する
将来の環境を予測し、事前に行動を変化させる(例:ツル、カメ、クジラ)

引用元:イヌアルキ百科事典(2021)

重要度に優先順位をつける ■ それぞれの文の重要度に順位をつけ、それに応じた文字のサイズを決めましょう。小さくて読みにくい箇所は優先度が低く、大きい文字は重要だと直感的にわかります。

✕ 文字に強弱がない

文字の大きさと目の誘導

- 当日は、会場の入口で学生証を呈示し、入場してください。
- 例年混雑による遅延が生じているので、開場時間の30分前までに集合するようにしてください。
- 会場周辺は雨の影響で足場が悪くなっていますので、くれぐれもご注意下さい。

遅刻は「厳禁」です

○ 文字に強弱をつけた

文字の大きさと目の誘導

- 当日は、会場の入口で学生証を呈示し、入場してください。
- 例年混雑による遅延が生じているので、開場時間の**30分前**までに集合するようにしてください。
- 会場周辺は雨の影響で足場が悪くなっていますので、くれぐれもご注意下さい。

遅刻は「厳禁」です

目線の誘導 ■ 重要な箇所を太字で強調すれば、目線を誘導でき、受け手に優しい資料になります。

■ スライドでの文字のサイズの目安

文字のサイズについて大まかな基準をもっていると便利です。これは一例ですが、PowerPointでスライドを作る場合、普通に読む文章は18～32pt、強調したい文字列にはそれ以上の大きさ、逆に重要度の低い文章には18pt以下の小さな文字を使うというのが目安になります。ただし、重要なのは絶対的なサイズではなく、**相対的なサイズ**です。

読まなくてもよい文（重要度：低）	14 あいうえお 16 あいうえお 18 あいうえお
読んでほしい文（重要度：中）	20 あいうえお 24 あいうえお 28 あいうえお 32 あいうえお
強調したい文（重要度：高）	36 あいうえお ⋮ ⋮

文字の大きさの目安 ■ PowerPointを使ったスライドにおける適切な文字サイズの目安。

■ 明朝体の文章の強調にはゴシック体

長い文章の場合、明朝体を使うのが一般的です。文中の文字の強調では、太字を使うのがふつうですが、明朝体を太字にしてもあまり目立たないため、強弱が不十分になりがちです。

明朝体の文章で強弱を付けるためには、「太めのゴシック体」を使うのが効果的です。手っ取り早く、しかも美しく強弱を付けることができます。下線を使った強調は、明朝体の太字より目立ちますが、ゴシック体ほどは目立ちません。

✕ 太字で強調

私はその人を常に先生と呼んでいた。だからここでもただ先生と書くだけで**本名は打ち明けない**。これは世間をはばかる遠慮というよりも、そのほうが私にとって**自然だから**で

○ ゴシック体で強調

私はその人を常に先生と呼んでいた。だからここでもただ先生と書くだけで**本名は打ち明けない**。これは世間をはばかる遠慮というよりも、そのほうが私にとって**自然だから**で

ゴシック体は目立つ ■ 強調箇所がシッカリと目立つことで、重要な箇所だけを目で追うことができます。

2-3 行間の調節

文章を書く際に大切なことは、行間の調節です。スペースが足りないから行間を狭くするとか、スペースが余っているから広くするなどは厳禁です。行間は読みやすさと美しさを決定づけます。

■ 初期設定では狭すぎる！

長い文章でも箇条書きでも、行間の調節は非常に重要です。フォントによって初期設定での行間の見え方が違いますが、特にPowerPointは、初期設定のままでは行間が狭すぎる場合がほとんどです。一般的には**文字サイズの0.5文字分から1文字分の高さの行間をとる**のが適切です。もちろん、行間が広すぎても可読性が低下します。

日本語の書類を作る場合、Wordでは行間の調節はあまり必要ありませんが、PowerPointでは必ず行間を広げるようにしましょう。

1文字分 視認性や可
0.5~1文字分
1文字分 画数の多寡

最適な行間 ■ 文字の高さの0.5 ～ 1文字分の行間をとるようにしましょう。

✕ 行間が狭すぎる(0文字分)

白鳳の森公園は多摩丘陵の南西部に位置しています。江戸時代は炭焼きなども行われた里山の自然がよく保たれています。園内には，小栗川の源流となる湧水が 5 か所確認されています。人々の憩いの場になるとともに，希少な植物群落について学習できる公園として愛されています。植物は四季折々の野生の植物が 500 種類以上が記録されており，5 月には希少種であるムサシノキスゲも観察することができます。動物もタヌキやアナグマ，ノネズミなど，20 種類の生息が確認されています。また，昆虫はオオムラサキなどの蝶をはじめ，6 月にはゲンジボタルの乱舞も見ることができます。毎週

〇 ちょうどよい(0.9文字分)

白鳳の森公園は多摩丘陵の南西部に位置しています。江戸時代は炭焼きなども行われた里山の自然がよく保たれています。園内には，小栗川の源流となる湧水が5か所確認されています。人々の憩いの場になるとともに，希少な植物群落について学習できる公園として愛されています。植物は四季折々の野生の植物が500種類以上が記録さ

✕ 行間が広すぎる(1.5文字分)

白鳳の森公園は多摩丘陵の南西部に位置しています。江戸時代は炭焼きなども行われた里山の自然がよく保たれています。園内には，小栗川の源流となる湧水が 5 か所確認されています。人々の憩いの場になるとともに，希少な植物群落について学習できる公園と

✕ 行間が狭すぎる(0文字分)

●世界遺産に登録された富士山は、標高3,776mだったはずです。
●富士山の入山料は1,000円です。
●山梨と静岡の県境にある日本で最も標高の高い「活火山」です。

〇 ちょうどよい(0.7文字分)

●世界遺産に登録された富士山は、標高3,776mだったはずです。
●富士山の入山料は1,000円です。
●山梨と静岡の県境にある日本で最も標高の高い「活火山」です。

✕ 行間が広すぎる(1.2文字分)

●世界遺産に登録された富士山は、標高3,776mだったはずです。
●富士山の入山料は1,000円です。
●山梨と静岡の県境にある日本で最も標高の高い「活火山」です。

行間を考える ■ 行間が狭すぎても広すぎても、可読性は低下します。一般的には、文字の高さに対して0.5 ～ 1文字分の行間が読みやすいです。

■ 行が短ければ行間は狭くてもよい

適切な行間は行長(p.86を参照)によって変わってきます。一行が長くなると、より広い行間が必要になります。一行が短い(タイトルなど)場合、行間が狭くても問題ありません。

✕ 行間が狭い

私はその人を常に先生と呼んでいた。だからここでもただ先生と書くだけで本名は打ち明けない。これは世間を憚かる遠慮というよりも、その方が私にとって自然だからである。私はその人の記憶を呼び起すごとに、すぐ「先生」といいたくなる。筆を執っても心持は同じ事である。よそよそしい頭文字などはとても使う気にならない。私が先生と知り合いになったのは鎌倉である。その時私はまだ若々しい書生であった。暑中休暇を利用して海水浴に行った友達からぜひ来いという端書を受け取ったので、私は多少の金を工面して、出掛ける事にした。私は金の工面に二、三日を費やした。ところが私が鎌倉に着いて三日と経たないうちに、私を呼び寄せた友達は、急に国元から帰れという電報を受け取

○ 行間が狭い

私はその人を常に先生と呼んでいた。だからここでもただ先生と書くだけで本名は打ち明けない。これは世間を憚かる遠

○ 行間が広い

私はその人を常に先生と呼んでいた。だからここでもただ先生と書くだけで本名は打ち明けない。これは世間を憚かる遠慮というよりも、その方が私にとって自然だからである。私はその人の記憶を呼び起すごとに、すぐ「先生」といいたくなる。筆を執っても心持は同じ事である。よそよそしい頭文字などはとても使う気にならない。私が先生と知り合いになったのは鎌倉である。その時私はまだ若々しい書生であった。暑中休暇を利用して海水浴に行った友達からぜひ来いという端書を受け取ったので、私は多少の金を工面して、出掛ける事にした。私は金の工面に二、三日を費やした。ところが私が鎌倉に着いて三日と経たないうちに、私を呼び寄せた友達は、急に国元から帰れという電報を受け取

✕ 行間が広い

私はその人を常に先生と呼んでいた。だからここでもただ先生と書くだけで本名は打ち明けない。これは世間を憚かる遠

文字数に応じた行間 ■ 同じ行間でも、行の長さによって読みやすさは変わります。

✕ 広い

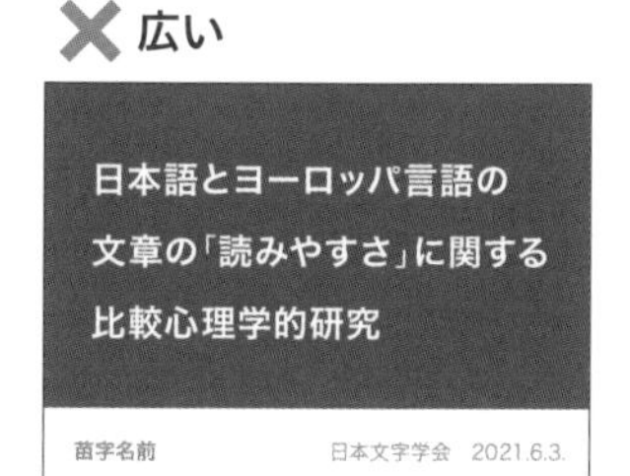

○ 狭い

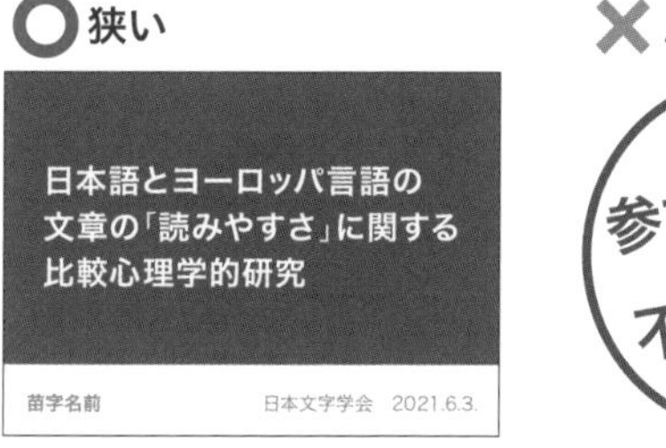

✕ 広い　○ 狭い

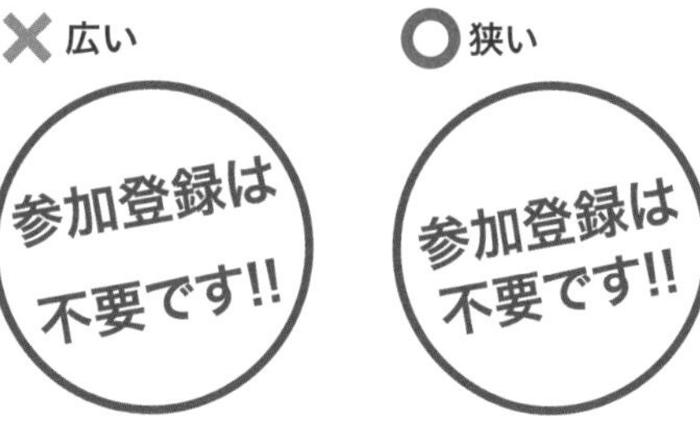

行が短ければ、行間は狭めに ■ スライドのタイトルなどは、行間は狭くても問題ありません。右の例は、もっと行間が狭くてもよい例です。これくらい1行が短い場合は、むしろ行間が狭いほうが読みやすくなります。

テクニック MS Officeで行間を調節する

Wordで行間の調節がうまくいかない

Wordでは、段落設定の行間を微調整しようと[間隔]の値を変えても、全く反映されないことがあります。また、Officeのバージョンにもよりますが、フォントサイズを大きくしたり、フォントを変えると行間が極端に大きくなってしまうことがあります。

行間設定が思い通りにならないのはすべて原因は同じです。普段は非表示になっていますが、Wordの文章には「行グリッド線(右図の青線)」が存在します。そして多くの場合、段落設定の初期設定では、**「1ページの行数を指定時に文字を行グリッド線に合わせる」という設定がONになっています。**これがONの状態だと、文字がグリッド幅に収まらないときに強制的に1行おきに文字が配置されてしまい(行間が突然大きくなる)、多少行間の設定を変えても文章に反映されなくなるのです。

グリッド幅と関係なく行間を自由に設定したいなら、この設定をOFFにする必要があります。文章全体あるいは段落を選択し、右クリック→[段落]を選択し、[インデントと行間]のタブを開き、ウィンドウ下部の[1ページの行数を指定時に文字を行グリッド線に合わせる]のチェックを外します。その後、[行間]を[倍数]にして、[間隔]の値を変えましょう。

グリッド

文字を大きくしてみると

Wordのあの悩み、
実は原因は同じでした。

ワードの文章はフォントや文字サイズを変更すると突然行間が開いてしまうことがあります。かと思えば、行間を微調整できないことも。

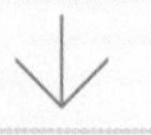

グリッド

行間が空きすぎる！

Wordのあの悩み、

実は原因は同じでした。

ワードの文章はフォントや文字サイズを変更すると突然行間が開いてしまうことがあります。かと思えば、行間を微調整できないことも。

空きすぎる行間 ■ Wordでは行間が空きすぎてしまうことがあります。

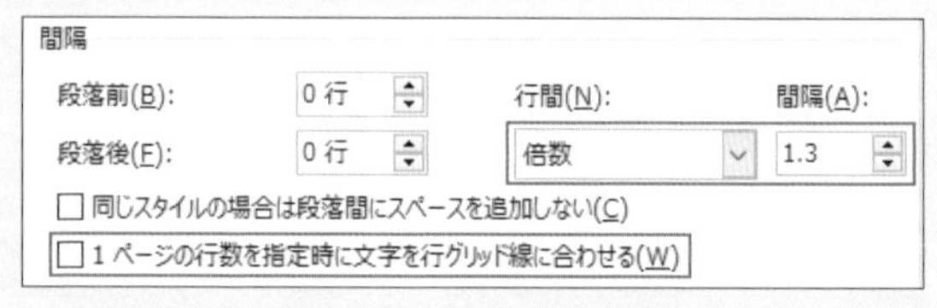

Wordの場合 ■ まずは、グリッドに合わせないようにし、その後[間隔]の値を変えます。

PowerPointで行間の調整

PowerPointでは、テキストボックスあるいは、文章を選択した状態で、右クリック→[段落]→[インデントと行間隔]で、[行間]を[倍数]にして、[間隔]の値を変えることで、行間を調節できます。フォントによって最適な値は違いますが、間隔の値を1.2か1.3にするとちょうどいいことが多いです。

間隔
段落前(B): 10 pt　行間(N): 倍数　間隔(A): 1.2
段落後(E): 0 pt

PowerPointの場合 ■ [間隔]の値を変えるだけです。

コラム　MS Officeの行間設定は欧文用

MicrosoftのOffice製品は、もともと英語を含むアルファベットを使う言語のために作られています。残念ながら、日本語で文章を作るために最適化されているわけではありません。

英語などのアルファベットを使う言語では、普通、右図の青い領域(エックスハイト)に文字のほとんどが収まります。一方、日本語の場合は、ほぼすべての文字が赤い背景の幅(字面の高さ)に収まり、日本語のほうが一行中に文字が占める面積が広くなります。結果として、**フォントサイズと行間が同じでも、日本語のほうが行と行の間のスペースが小さくなってしまいます。**

PowerPointの行間の初期設定は、アルファベットの小文字で文章を書いたときに読みやすくなるように設定されています。したがって、下の例でわかるように、初期設定のままで大文字や日本語で文字を書くと、当然、窮屈になってしまうのです。これが、日本語の文章では行間を調節しないといけない理由です。

September

今日は水曜だ

1行に文字が占める割合 ■ 英語よりも日本語のほうが1行中に文字が占める割合が高くなります。これが行間の調整が必要になる原因です。

Calibriの小文字

When on board H.M.S. 'Beagle,' as naturalist, I was much struck with certain facts in the distribution of the inhabitants of South America, and in the geological relations of the present to the past inhabitants

Calibriの大文字

WHEN ON BOARD H.M.S. 'BEAGLE,' AS NATURALIST, I WAS MUCH STRUCK WITH CERTAIN FACTS IN THE DISTRIBUTION OF THE INHABITANTS OF SOUTH AMERICA, AND IN THE GEOLOGICAL RELATIONS OF

メイリオ

古い昔の短い詩形はかなり区々なものであったらしい、という事は古事記などを見ても想像される。それがだんだんに三十一文字の短歌形式に固定して来たのは、やはり一種の自然淘汰の結果であっ

Times New Romanの小文字

When on board H.M.S. 'Beagle,' as naturalist, I was much struck with certain facts in the distribution of the inhabitants of South America, and in the geological relations of the present to the past inhabitants of

Times New Romanの大文字

WHEN ON BOARD H.M.S. 'BEAGLE,' AS NATURALIST, I WAS MUCH STRUCK WITH CERTAIN FACTS IN THE DISTRIBUTION OF THE INHABITANTS OF SOUTH AMERICA, AND IN THE

MS 明朝

古い昔の短い詩形はかなり区々なものであったらしい、という事は古事記などを見ても想像される。それがだんだんに三十一文字の短歌形式に固定して来たのは、やはり一種の自然淘汰の結果であっ

行間の見え方の違い ■ 同じフォントサイズ・行間では、大文字や日本語で書くと行間が狭く見えてしまいます。

2-4 字間の調節

次は字間について。文字同士が接近しすぎていると、読みにくい文章になります。一方、字間を空けすぎても、読みにくくなります。もっとも読みやすくなるように調節しましょう。

■ 字間の窮屈さは書体やフォントによって違う

字面が違うと、同じフォントサイズでも文字の大きさは違って見えます(p.22参照)。このことは、書体やフォントによって見た目の窮屈さは異なるということを意味します。

明朝体は、字面が小さめなので、字間が窮屈に見えません。しかし、**ゴシック体、特に太いゴシック体は字面が大きく、字間が窮屈に見えがち**です。下の図は、どの例も字間の値は同じですが、見た目の窮屈さはさまざまであることがわかります。

細い明朝体(游明朝 Light)

俳句の型式

古い昔の短い詩形はかなり区々なものであったらしい、という事は古事記などを見ても想像される。それがだんだんに三十一文字の短歌形式に固定して来たのは、やはり一種の自然淘汰の結果であって、それが当時の環境に最もよく適応するものであったためであろう。

細いゴシック体(游ゴシック Medium)

俳句の型式

古い昔の短い詩形はかなり区々なものであったらしい、という事は古事記などを見ても想像される。それがだんだんに三十一文字の短歌形式に固定して来たのは、やはり一種の自然淘汰の結果であって、それが当時の環境に最もよく適応するものであったためであろう。

太い明朝体(游明朝体 Demibold)

俳句の型式

古い昔の短い詩形はかなり区々なものであったらしい、という事は古事記などを見ても想像される。それがだんだんに三十一文字の短歌形式に固定して来たのは、やはり一種の自然淘汰の結果であって、それが当時の環境に最もよく適応するものであったためであろう。

太いゴシック体(メイリオ)

俳句の型式

古い昔の短い詩形はかなり区々なものであったらしい、という事は古事記などを見ても想像される。それがだんだんに三十一文字の短歌形式に固定して来たのは、やはり一種の自然淘汰の結果であって、それが当時の環境に最もよく適応するものであったためであろう。

フォントによる字面の違い ■ 同じフォントサイズ・字間でもフォントによって字面の大きさは異なります。

■ 字間を拡げる

スライドなどを作る場合、ゴシック体を使った短い文では、文字をむやみに大きくするよりも、字間を広くしたほうが、文章が読みやすくなることがあります。特に、メイリオなどの字面の大きいフォントや太いフォントでは、**初期設定のままでは窮屈に見えるので、字間を少しだけ拡げる**とよいでしょう。

PowerPointの場合、文字のサイズが30ptくらいであれば、[文字の間隔]ボタンから字間を「広く」という設定にすると、読みやすくなることが多いです。ただし、この方法だと、文字のサイズが小さいときに、字間が空きすぎてしまいます。**字間は文字サイズの5〜10%くらいにする**のが理想です。例えば、文字サイズが20ptのときには、文字の間隔のオプションにある[間隔]の値を[拡張]の「1〜2pt」にするとよいでしょう。字間と行間が同程度になると読みにくいので、字間を拡げすぎないようにしましょう。IllustratorにもWordにもKeynoteにも字間を調節する機能はあります。

英単語や数字に関しては、基本的に字間の調節は必要ありません。PowerPointで、英数字を含む日本語の文章の全体の字間を「広く」に設定した場合は、英数字だけ個別に字間を「標準」に戻すとよいです。

なお、明朝体や細いゴシック体で書かれた**長文の場合、基本的に字間の調節は必要ありません。**

✕ 初期設定では狭すぎる

富士山関係の基本情報
●世界遺産に登録された富士山の標高は、
とても高かったはずです。
●山梨と静岡の県境にある日本で最高峰
活火山です。

〇 少し拡げると読みやすい

富士山関係の基本情報
●世界遺産に登録された富士山の標高は、
とても高かったはずです。
●山梨と静岡の県境にある日本で最高峰の
活火山です。

✕ 広すぎても読みにくい

富 士 山 関 係 の 基 本 情 報
● 世 界 遺 産 に 登 録 さ れ た 富 士 山 の 標 高 は 、
と っ て も 高 か っ た は ず で す 。
● 山 梨 と 静 岡 の 県 境 に あ る 日 本 で 最 高 峰 の
活 火 山 で す 。

字間を調節する ■ 字面の大きな文字(メイリオやヒラギノ角ゴ)や、太い文字では少しだけ字間を広げましょう。

TIPS 字間の調節

PowerPointでは、テキストボックスを右クリックし、[フォント]を選んで[文字幅と間隔]を選びます。字間を広げる場合は、[間隔]で[文字間隔を広げる]を選び、値を調節することで字間を詳細に決めることができます。

PowerPoint

フォント ? ✕
フォント(N) 文字幅と間隔(R)
間隔(S): 文字間隔を広げる 幅(B): 1 pt
☑ カーニングを行う(K): 12 ポイント以上の文字(O)

スキルアップ カーニングで読みやすく

大きな文字では字間に注意！

ポスターやチラシ、プレゼンスライドのタイトルなどで大きな文字を使う場合は、字間にさらに気を配らなければなりません。文字を入力し、すべての文字を一定の字間にしていると、字間が空いて見える箇所が生じてしまい、単語を認識しにくくなったり、視線がスムーズに流れなくなったりします。このような場合、字間の調節（カーニング）が必要です（PowerPointでの操作方法についてはp.69を参照）。

記号の前後は字間に注意！

記号や約物（中黒やカッコ、カギカッコ）の前後は字間が不自然になりがちなので、字間をつめる必要があります。

✕ 東京・千葉（西部）は満開！！

東京・千葉（西部）は満開！！

○ 東京・千葉（西部）は満開!!

記号の前後 ■ ▲の場所に余計なスペースがあります。

ひらがなやカタカナ、促音、拗音に注意！

ひらがなやカタカナ（特にトやノなど）の連続は、字間が空いて見えるため、字間が不均一に見えてしまいます。字形によっても見た目の字間にむらが生じて見える場合があります。また促音（っ）と拗音（ゃゅょ）の前後も字間が空いて見えるので、優先して字間をつめる必要があります。

✕ 大量の「ゲノム情報」のセット

大量の「ゲノム情報」のセット

○ 大量の「ゲノム情報」のセット

字形の影響 ■ ▲の場所に余計なスペースがあります。

補足 和文プロポーショナルフォント

和文フォントは等幅フォントが一般的ですが、プロポーショナルフォントもあります（フォント名にPやProが付く）。MSゴシックのプロポーショナルフォントがMSPゴシックです。このようなフォントは字形や文字の組み合わせに応じて字間が自動調整されるので、カーニングが不要です。

等幅フォント（MSゴシック）

東京（23区）のクリスマス・イブ

プロポーショナルフォント（MSPゴシック）

東京（23区）のクリスマス・イブ

フォントの比較 ■ プロポーショナルフォントは、字間が自動調整されますが、すべての調節が美しいわけではありません。

テクニック 字間を思いのままに

PowerPointでカーニング

先述のように、ベタ打ち(調整なし)だと字間が窮屈なところとスカスカに見えるところが生じてしまい、間隔が不均一に見える場合があります(下図)。まず、**PowerPointを使って、一文字ずつ細かくカーニングを行う方法**を解説します。

PowerPointでは、右図のように選択した文字の直後のスペースが調整されます。適切な値はフォントサイズにより異なるので、先にサイズを決めてから字間を調整しましょう。

ベタ打ち(使用フォント：メイリオ)

ノルディック複合（予選）

問題点

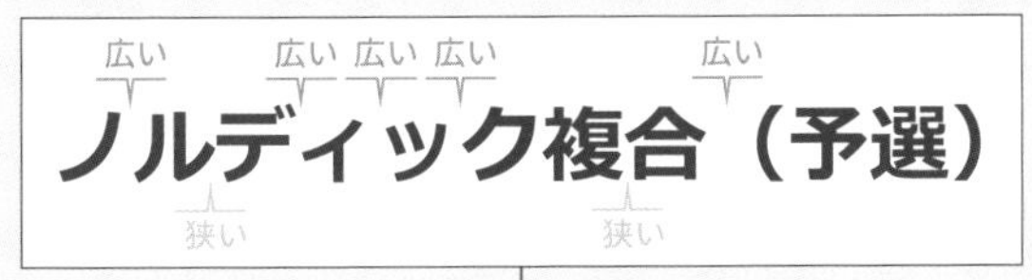

カーニング(字間調整あり)

ノルディック複合(予選)

和文フォントの字間 ■ 文字によって字間の空き具合が不均一に見えてしまうので、カーニングが必要になります。

ノルディック複合（予選）
つめる

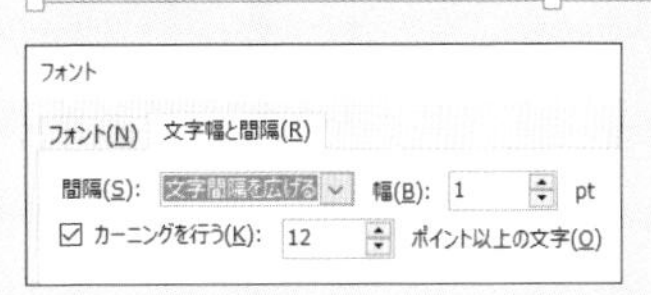

①「ノ」と「ル」の間を狭くしたいときは、「ノ」を選択し、右クリック→[フォント]→[文字幅と間隔]→[間隔]→[文字間隔をつめる]を選択し、[幅]の値を大きくします。

ノルディック複合（予選）
拡げる

②「ル」と「デ」の間を拡げるときは「ル」を選択し、[間隔]の[文字間隔を拡大]を選び、[幅]の値を大きくします。

ノルディック複合（予選）
つめる

③連続する複数の字の間を同時につめるときは、例えば、「ディッ」を選択し、[文字間隔をつめる]とします。

ノルディック複合（予選）
拡げる

④「複」と「合」の間も②と同じように拡大します。

ノルディック複合（予選）
つめる

⑤「合」と「(」の間をつめる場合は、「合」を選択して、[文字間隔をつめる]とします。

Illustratorでカーニング

Illustratorならば、PowerPointのように個々の文字の間をいちいち設定しなくても、簡単に文全体のカーニングを行うことができます。単語や文章を選択し、[文字間のカーニング設定]で、[オプティカル]にするだけです。また、Illustratorの文字パネルで[アキを挿入]を[アキなし]にすると、記号と文字の間隔を自動的に縮めてくれます。

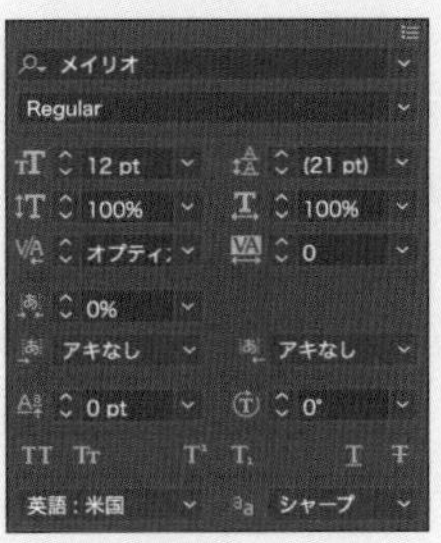

Illustrator ■ 簡単にカーニングを行えます。自動カーニングの程度は、フォントにより異なります。

2-5 行頭を左揃えにする

資料中には、複数段落にわたる文章や箇条書きがしばしば登場します。もちろん、これらを読みやすくするためにも、いくつかのルールがあります。まずは文字の揃え方から。

■ 左に揃える(中央揃えは避ける)

Office製品をはじめほとんどのソフトでは、段落の設定で「左揃え」「右揃え」「中央揃え」「両端揃え」に設定できます。**中央揃え(センタリング)された文章や箇条書きは不格好になりがちな上、文の開始点を見つけにくい**ので、読み手に負担を掛けてしまいます。よっぽどの理由がない限り避けましょう。「右揃え」も同様の理由で避けたほうがよいでしょう。

読みやすさや見栄えを優先するなら「左揃え」あるいは「両端揃え」にして、文や行の開始位置を左に揃えましょう。

左揃え

私はその人を常に先生と呼んでいた。だからここでもただ先生と書くだけで本名は打ち明けない。
これは世間を憚かる遠慮というよりも、その方が私にとって自然だからである。

右揃え

私はその人を常に先生と呼んでいた。だからここでもただ先生と書くだけで本名は打ち明けない。
これは世間を憚かる遠慮というよりも、その方が私にとって自然だからである。

中央揃え

私はその人を常に先生と呼んでいた。だからここでもただ先生と書くだけで本名は打ち明けない。
これは世間を憚かる遠慮というよりも、その方が私にとって自然だからである。

両端揃え

私はその人を常に先生と呼んでいた。だからここでもただ先生と書くだけで本名は打ち明けない。
これは世間を憚かる遠慮というよりも、その方が私にとって自然だからである。

揃え方 ■ 文章のレイアウトには、大きく4つの揃え方があります。

✕ 中央揃え

温泉宿から皷が滝へ登って行く途中に、清冽な泉が湧き出ている。水は井桁の上に凸面をなして、盛り上げたようになって、余ったのは四方へ流れ落ちるのである。

青い美しい苔が井桁の外を掩うている。夏の朝である。泉を繞る木々の梢には、今まで立ち籠めていた靄がまだちぎれちぎれになって残っている。

○ 両端揃え

温泉宿から皷が滝へ登って行く途中に、清冽な泉が湧き出ている。水は井桁の上に凸面をなして、盛り上げたようになって、余ったのは四方へ流れ落ちるのである。

青い美しい苔が井桁の外を掩うている。夏の朝である。泉を繞る木々の梢には、今まで立ち籠めていた靄がまだちぎれちぎれになって残っている。

左揃えか両端揃え ■ 文章は必ず左揃えか両端揃えにしましょう。中央揃えでは文章の構造がわかりにくくなるのでおすすめしません。

✕ 中央揃え

・センタリングは可読性を低めます。
・なぜなら、センタリングは段落や箇条書きの構造がわかりにくくなるからです。
・タイトルなどでは、センタリングが効果的に機能することもあります。

○ 左揃え

・センタリングは可読性を低めます。
・なぜなら、センタリングは段落や箇条書きの構造がわかりにくくなるからです。
・タイトルなどでは、センタリングが効果的に機能することもあります。

箇条書きも左揃え ■ 左揃えにすると、いくつの項目が存在するか明確になり、読み手の負担を軽減できます。

■ 小見出しも基本は左揃え

読み手は、横書きの文章であれば資料全体を左上から右下に読み進めていこうとします。個々の項目の中を見るときも同じです。このため、タイトルや小見出しを中央に配置すると、読み手の目に入りにくくなり、読み落とされる危険があります。また、小見出しを簡単に見つけられたとしても、行頭を探すための目の動きが大きくなってしまい、読み手に負担がかかってしまいます。**小見出しは、できるだけ左側に配置**し、読み手の負担を減らすように心がけましょう。

ただし、表紙やタイトルページなどのように、ページ内に複数の文がない場合は、ページ内に中央揃えで文字を配置しても問題ありません。文章の数が少なければ読み手の負担にはなりません。

> **補足** 両端揃え
>
> 本書における「両端揃え」は、MS Officeでの呼び方です。Illustratorでは、この配置は「均等配置」と呼ばれます。

✕ 中央揃え

左揃えが基本

揃え方と読みやすさ

●中央に配置されたタイトルや小見出しは、読み始めたときにあまり目に入ってきません。

●このような小見出しを探そうとすれば、読むリズムが崩れてしまいストレスを感じます。

結 論

●小見出しは、資料の左側に、あるいは各枠の左側に配置するように心がけましょう。

〇 左揃え

左揃えが基本

揃え方と読みやすさ

●中央に配置されたタイトルや小見出しは、読み始めたときにあまり目に入ってきません。

●このような小見出しを探そうとすれば、読むリズムが崩れてしまいストレスを感じます。

結 論

●小見出しは、資料の左側に、あるいは各枠の左側に配置するように心がけましょう。

タイトル ■ タイトルや小見出しは、左揃えにすると見落とされにくくなります。また、中央揃えは目の動きが大きくなるので、読み手の負担になります。

✕ 中央揃え

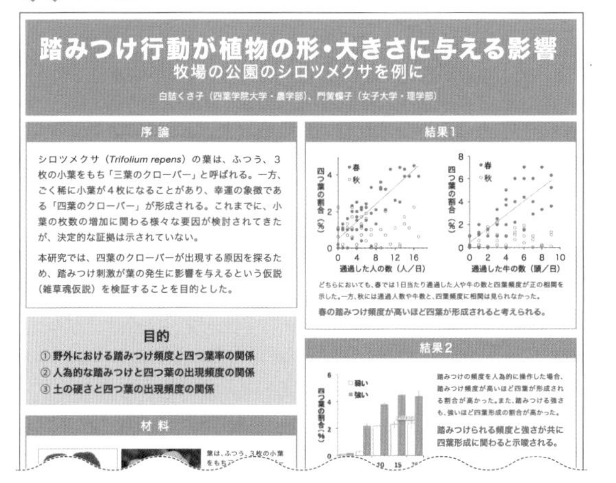

〇 左揃え

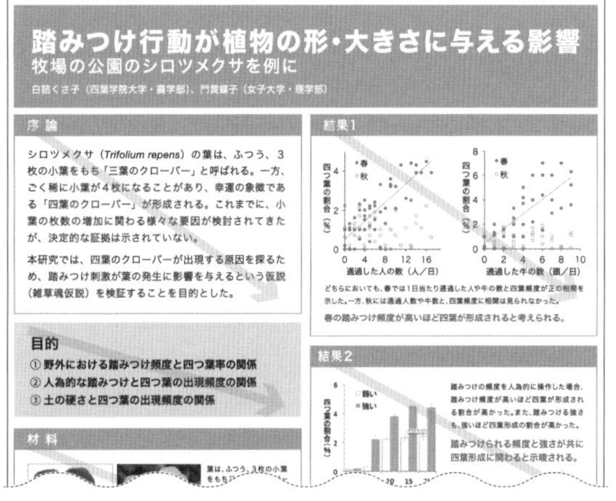

小見出し ■ 小見出しが左揃えになっていると、複雑な資料でも目の動きが小さくて済み、読み手への負担が減ります。タイトルや副題、名前などは中央揃えでも構いませんが、読み手への負担を考えれば、左揃えをおすすめします。

テクニック

欧文での両端揃え

ワードスペースに注意

英数字の含まれる文章や欧文では、行長が短いときに両端揃えにすると、単語の組み合わせによってはワードスペース(単語の間の空白)が空きすぎてしまい、可読性が低下します。このような場合、**①左揃えにする、②両端揃えのまま一行を長くする、③ハイフネーションを使う**といった方法で問題を解決しましょう。もちろん、これらを組み合わせることもできます。

なお、左揃えにした際には行末が一直線になりませんが、英語では、左揃えは最も一般的であり、可読性や美しさが低下することはありません。

✕ 両端揃え

The Emperor's New Clothes

Many years ago, there was an Emperor, who was so excessively fond of new clothes, that he spent all his money in dress. He did not trouble himself in the least about his soldiers; nor did he care to go either to the theater or the chase, except for the opportunities then afforded

○ 左揃え

The Emperor's New Clothes

Many years ago, there was an Emperor, who was so excessively fond of new clothes, that he spent all his money in dress. He did not trouble himself in the least about his soldiers; nor did he care to go either to the theater or the chase, except for the opportunities then afforded

○ 1行を長く(両端揃えのまま)

The Emperor's New Clothes

Many years ago, there was an Emperor, who was so excessively fond of new clothes, that he spent all his money in dress. He did not trouble himself in the least about his soldiers; nor did he care to go either to the theater or the chase, except for the opportunities then afforded him for displaying his new clothes. He had a different suit for each hour of the day; and as of any other king or emperor, one is accustomed to say, "he is sitting in council," it was always said of him, "The Emperor is sitting

○ ハイフネーション機能を活用

The Emperor's New Clothes

Many years ago, there was an Emperor, who was so exces-sively fond of new clothes, that he spent all his money in dress. He did not trouble himself in the least about his soldiers; nor did he care to go either to the theater or the chase, except for the opportunities then afforded him for displaying his new

両端揃えの欠点 ■ 行長の短い欧文には両端揃えは不向きです。左揃えにするか、一行を長くするか、ハイフネーション機能を使うと、解決できます。

コラム 和文中での数字や英単語

日本語と英数字の間隔を空ける

欧文を書くとき、単語同士が密着すると単語を認識できなくなるため、単語間には半角のスペースが入ります。同様に、和欧混植の場合、英単語や数字が日本語と密着すると、単語が認識しにくくなり、可読性が低下します。そのため、**Word や Illustrator では和文と欧文の間に自動的に少しだけ間隔を設けてくれます**（Illustrator では、間隔の大きさも設定できます）。

しかし、PowerPoint や Keynote では和文と欧文の間隔は調整されません。このような場合、**必要に応じて英数字の前後に半角スペース（例えば、▮Word▮書類）を加える**と読みやすくなります。ただし半角だと間隔が広すぎるので、スペースの文字サイズを小さくするなど、工夫が必要かもしれません（ちょっと面倒なので、タイトルなど大きな文字のときにのみ調整を行えばよいでしょう）。

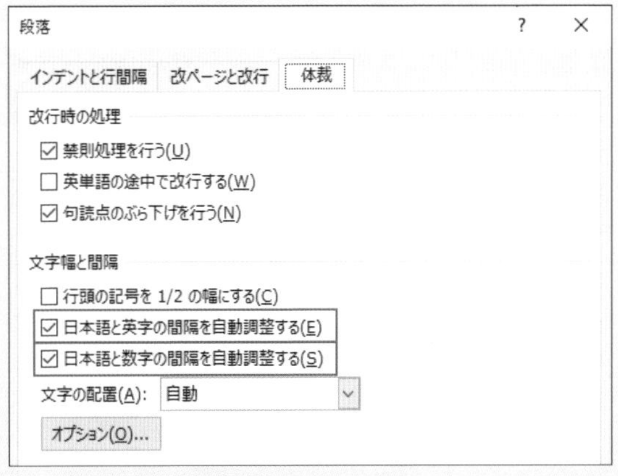

Wordの場合 ■ 段落の設定（右クリック→［段落］→［体裁］）で、日本語と英数字との間隔の設定が可能です。

✕ 調整なし

> **Word書類とPowerPoint書類**
> 和文と欧文の間隔は、WordやIllustratorならば初期設定のままで自動的に調整されますが、PowerPointやKeynoteなどでは調整されません（設定も不可）。2,000円とか平成25年9月のように、英単語だけでなく数字の前後にも12.5～25%程度の余白があるとよいかも。

○ 25%間隔を設けた

> **Word 書類と PowerPoint 書類**
> 和文と欧文の間隔は、Word や Illustrator ならば初期設定のままで自動的に調整されますが、PowerPoint や Keynote などでは調整されません（設定も不可）。2,000 円とか平成 25 年 9 月のように、英単語だけでなく数字の前後にも 12.5～25% 程度の余白があるとよいか

和文と欧文の間隔 ■ 間隔を調整したほうが読みやすくなります。

2-6 箇条書きの作り方

箇条書きは、プレゼンスライドの主要な構成要素の1つです。箇条書きを作るときは、意味のある「揃え方」をして、意味のある「まとめ方」をして、「強弱」をつけることが大切です。

■ インデントで揃える！

箇条書きは、どこまでが1つの項目なのかをひと目でわかる必要があります。単にきっちりと左に揃えるだけでは、項目間の区切りが直感的にわかりません。そこで、**箇条書きの2行目以降を1文字分ぶら下げインデントに**し、文の開始位置を揃えます（インデントの設定）。箇条書きの「・」だけが外へ飛び出すことで、箇条書きの項目を直感的に認識しやすくなります。

■ 項目ごとにグループ化！

次に、項目ごとにグループ化していきます。項目間の間隔を項目内の行間よりも広くすれば、個々の項目が際立つので、どこまでが1つの項目なのかがひと目で認識できるようになります。具体的には、行間だけではなく、**段落間の間隔を設定する**ことになります（p.79のTIPS参照）。

■ 強弱をつける！

最後に、項目に強弱をつけるとさらに読みやすい箇条書きになります。強弱のつけ方はさまざまですが、例えば、**「・」ではなく大きめの「●」を使い強弱をつける**ことで、箇条書きの開始位置をさらに認識しやすくなります。

なお、この「揃え・グループ化・強弱」の原則は、資料全体のレイアウトを考えるときにも重要です。詳しくは、4章で解説します。また、WordやPowerPointなら、箇条書き機能を使うことで、これらの原則に則った美しい箇条書きを作ることができます（次ページのテクニック参照）。

✕ 並べただけ

・箇条書きでは、二行目以降の字下げ（インデント）を
一文字分入れましょう。
・箇条書き機能を使うと簡単にインデントをつけること
ができますが、どんなソフトでも手動でインデント設定
を行うことができます。
・強弱をつけると更にわかりやすくなります。

△ ぶら下げインデント

・箇条書きでは、二行目以降の字下げ（インデント）を
　一文字分入れましょう。
・箇条書き機能を使うと簡単にインデントをつけること
　ができますが、どんなソフトでも手動でインデント設
　定を行うことができます。
・強弱をつけると更にわかりやすくなります。

箇条書きの作り方 ■ 2行目以降にインデントを入れることで、見やすい箇条書きになります。

○ グループ化

・箇条書きでは、二行目以降の字下げ（インデント）を
　一文字分入れましょう。

・箇条書き機能を使うと簡単にインデントをつけること
　ができますが、どんなソフトでも手動でインデント設
　定を行うことができます。

・強弱をつけると更にわかりやすくなります。

○ 行頭を強調

● 箇条書きでは、二行目以降の字下げ（インデント）を
　一文字分入れましょう。

● 箇条書き機能を使うと簡単にインデントをつけること
　ができますが、どんなソフトでも手動でインデント設
　定を行うことができます。

● 強弱をつけると更にわかりやすくなります。

グループ化と強弱で構造を明確に ■ 段落間隔を調節してグループ化し、●で強弱をつけると見やすくなります。

テクニック　箇条書きを作ってみる

PowerPoint や Word で作る箇条書き

PowerPointの場合、箇条書きにしたい範囲の文字を選択して右クリックし、Windowsなら[箇条書き]→[箇条書きと段落番号]を、Macなら[箇条書きと段落記号]を選択し、好みの記号を選択すればインデント付きの箇条書きを作れます。箇条書き記号と文章との距離やインデントの量は、右クリック→[段落]の[インデント]にある[テキストの前]のインデント量と[最初の行]の[ぶら下げ]量の値を調節することで変更できます(ぶら下げ量は「テキスト前のインデント」よりも小さな値にしたほうがよいです)。

　Wordの場合は、箇条書きにしたい段落を選択した状態で右クリックし、Windowsなら[箇条書き]ボタン横の∨を選択、Macなら[箇条書きと段落番号]を選択し、好みの記号を選択することでOK。箇条書き記号と文章との距離やインデントの量は、右クリック→[段落]から変更することができます。右クリック→[リストのインデントの調整]からも変更できます。また、編集画面上のぶら下げ量調整用のマーカー(△)を動かすことで直感的に修正することも可能です。

✕ 並べただけ

・箇条書きでは、二行目以降の字下げを一文字分入れましょう。
・箇条書き機能を使うと簡単にインデントをつけることができますが、どんなソフトでも手動でインデント設定を行うことができます。
・強弱があると構造がわかりやすくなります。

〇 読みやすく調整

- 箇条書きでは、二行目以降の字下げを一文字分入れましょう。
- 箇条書き機能を使うと簡単にインデントをつけることができますが、どんなソフトでも手動でインデント設定を行うことができます。
- 強弱があると構造がわかりやすくなります。

箇条書き ■ PowerPointやWordの機能で箇条書きを簡単に作れます。いずれの場合も、箇条書きの先頭の記号や数字の色を変えることで、さらに強弱をつけることができます。

PowerPoint

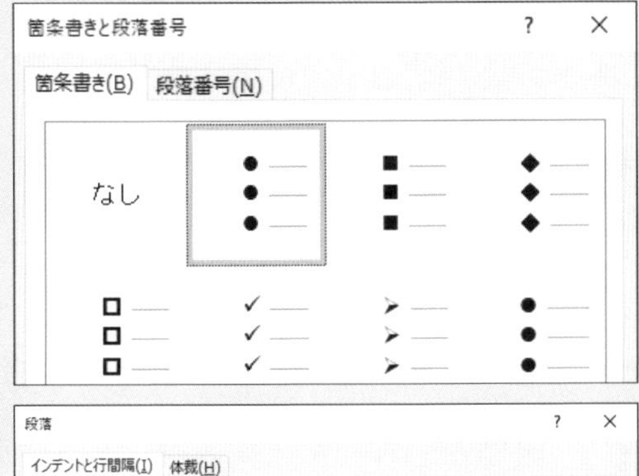

Word

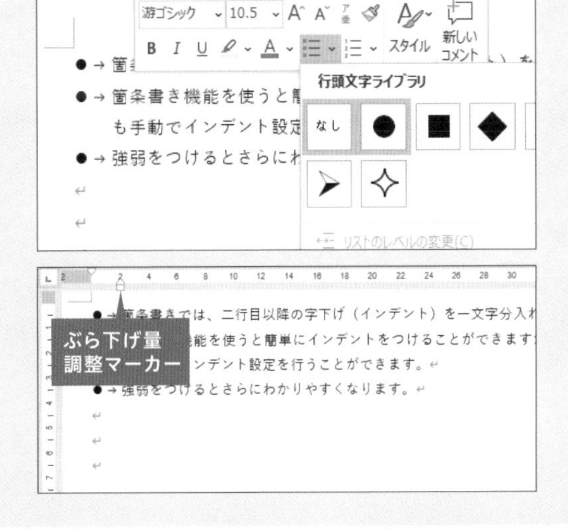

2-7 小見出しのデザイン

小見出しは、文章にリズムを生み出し、文章の区切りや構造を明確にします。また、各項目の「まとめ」としての機能も果たします。本文との「強弱」をつけてリズム感のある資料を作りましょう。

■ 強弱をつけて構造を明確に

人は、文章を読み始める前に、小見出しを手掛かりとして文章の内容や構造を把握します。読み手の負担を減らすため、小見出しを活用しましょう。

小見出しを効果的に使うには、本文より目立たせる必要があります。本文中にも強調箇所を設ける場合、階層構造をはっきりさせるため、本文内の強調よりも小見出しを目立たせましょう。

本文と小見出しに強弱をつけるためには、**「太字を使う」「色を変える」「サイズを大きくする」**などの方法があります。これらの方法を組み合わせることも可能です。ただし、**文字を装飾しすぎるのは可読性の低下につながります**(p.52参照)。3つ以上の方法(例えば、フォント、太さ、サイズ、色の変更)を併用するのは避けましょう。

なお、冒頭に「・」をつけたり、下線をつけたりする方法は、あまり目立たず、充分な強弱を付けることができません。

✕ 強弱の階層性が曖昧でわかりにくい

無限の時間という概念
しかるに我々の思考力では**無限の空間や無限の時間**という観念を把握することがどうしてもできない。これについては**古代バビロニア人**の考え方を挙げることができる。

物理学者と空気
その中に有名な**数学者のリーマン**のごときまた偉大な物理学者ヘルムホルツのような優れた頭脳の所有者もいた。しかし折々は大気が**特殊な状態になるため**に島の浜辺までも対岸から見えるよう

〇 強弱には階層性をもたせる

無限の時間という概念
しかるに我々の思考力では**無限の空間や無限の時間**という観念を把握することがどうしてもできない。これについては**古代バビロニア人**の考え方を挙げることができる。

物理学者と空気
その中に有名な**数学者のリーマン**のごときまた偉大な物理学者ヘルムホルツのような優れた頭脳の所有者もいた。しかし折々は大気が**特殊な状態になるため**に島の浜辺までも対岸から見えるよう

効果的な小見出し ■ 本文や本文内の強調箇所よりも小見出しを目立たせて、階層構造を明確にしましょう。

✕ 東京駅からのアクセス
東京から仙台までは歩くと何日もかかりますが、
新幹線だと90分くらいです。

✕ ・東京駅からのアクセス
東京から仙台までは歩くと何日もかかりますが、
新幹線だと90分くらいです。

✕ ［東京駅からのアクセス］
東京から仙台までは歩くと何日もかかりますが、
新幹線だと90分くらいです。

✕ 東京駅からのアクセス
東京から仙台までは歩くと何日もかかりますが、
新幹線だと90分くらいです。

〇 **東京駅からのアクセス**
東京から仙台までは歩くと何日もかかりますが、
新幹線だと90分くらいです。

〇 東京駅からのアクセス
東京から仙台までは歩くと何日もかかりますが、
新幹線だと90分くらいです。

〇 東京駅からのアクセス
東京から仙台までは歩くと何日もかかりますが、
新幹線だと90分くらいです。

〇 **東京駅からのアクセス**
東京から仙台までは歩くと何日もかかりますが、
新幹線だと90分くらいです。

いろいろな小見出し ■ 直感的に小見出しとわかるように強調することが大切ですが、目立たせすぎてもよくありません。

■ インデントは不要

小見出しと中身の箇条書きが区別しにくくなるという理由で、箇条書きの前にインデントを入れてしまう例をよく見かけます。小見出しが目立ちはしますが、文頭がガタガタになってしまうので、読みやすさが向上したとは言いがたいです。

前ページで述べた方法で小見出しを目立たせれば、このようなインデントは必要なくなり、構造もシンプルな箇条書きを作ることができます。

✕ インデントで表現

東京駅からのアクセス
- 東京から仙台までは歩くと大変ですが新幹線だと楽です。
- 新幹線はとても速い電車です。

仙台からのアクセス
- 仙台駅から東北大まではバスが便利です。
- タクシーを使うと、バスや徒歩よりは高いです。

◯ 文字の強弱で表現

東京駅からのアクセス
- 東京から仙台までは歩くと大変ですが新幹線だと楽です。
- 新幹線はとても速い電車です。

仙台からのアクセス
- 仙台駅から東北大まではバスが便利です。
- タクシーを使うと、バスや徒歩よりは高いです。

箇条書きの見出しも強調 ■ 箇条書きでも小見出しを強調すれば、インデントは不要です。

■ 文章の入れ子構造も強弱で解決

右の例は、入れ子になった文章の構造をインデントを使って表したものです。左端が揃っていないため、見栄えがよくない上に、文章の構造が把握しにくく、読みにくいものになっています。箇条書き同様に、文章の入れ子構造もインデントだけで示すのは無理があります。

入れ子の構造は、文章のインデントで表すのではなく、文字の太さや大きさの強弱で表せば、左端を一直線に揃えることができます。うまく強弱をつければ、美しく読みやすく、誤解されることのない見栄えになります。

ただし、文字のサイズが多様になりすぎるのは良くないので、階層があまりに多いときには、インデントもうまく使いましょう。スライドなどの資料では、4種類以上のフォントサイズを使わないほうが無難です。

✕ インデントで表現

東京駅からのアクセス
　東京から仙台までは歩くと時間がかかりますが、新幹線だと時間がかかりません（新幹線はとても速い電車です）。
　　※電車料金は1万円程度です。

仙台からのアクセス
　仙台駅から東北大まではバスが便利ですがタクシーを使うと時間の短縮になります。
　　※タクシー料金は1200円程度です。

◯ 文字の強弱で表現

東京駅からのアクセス
東京から仙台までは歩くと時間がかかりますが、新幹線だと時間がかかりません（新幹線はとても速い電車です）。
※電車料金は１万円程度です。

仙台からのアクセス
仙台駅から東北大まではバスが便利ですがタクシーを使うと時間の短縮になります。
※タクシー料金は1200円程度です。

階層構造にも文字に強弱をつける ■ 文字に強弱を付けると階層的になって、見にくい文章も見やすく、美しくなります。

2-8 段落間隔で見やすく

行間だけでなく、段落間隔も読みやすさや、理解のしやすさに影響します。内容を反映するように文字をレイアウトしましょう。

■ 段落間隔で項目を分ける

文章のデザインでは、ストーリーや論理を見た目に落としこむことがもっとも大切です。前の節で触れたように、文章に小見出しを挿入し、本文より目立つようにすれば、文章の構造がある程度わかりやすくなります。しかし､これだけではまだ不十分です。

さらに効果的な方法は、項目間に間隔を設けることです。**項目内の行間よりも項目同士の間隔を広く**して、小見出しと文章を｢グループ化｣するのです。

項目間隔を設けるとき、｢空白の行｣を入れるという手段があります。しかし、空白の行で項目間隔を空けると、間隔が空きすぎて全体としてのまとまりがなくなり、間の抜けた印象になります。

項目間隔は、段落間隔により設定するのがベストです。段落後の間隔を0.5行程度に設定するとよいでしょう。右の例の場合は、小見出しには段落間隔を設定せず、本文にのみ段落間隔を設けています。

✕ 段落間隔が行間と同じ

常時ループ録画
エンジンスタートで録画開始します。
衝撃感知録画
3軸 Gセンサー作動時の映像は自動ロックされ、一時的に別フォルダーに自動的に保存されます。
クイック録画
手動録画ボタンで任意に録画オンオフ可能

✕ 段落間隔が広すぎる

常時ループ録画
エンジンスタートで録画開始します。

衝撃感知録画
3軸 Gセンサー作動時の映像は自動ロックされ、一時的に別フォルダーに自動的に保存されます。

クイック録画
手動録画ボタンで任意に録画オンオフ可能

○ 適度な段落間隔

常時ループ録画
エンジンスタートで録画開始します。

衝撃感知録画
3軸 Gセンサー作動時の映像は自動ロックされ、一時的に別フォルダーに自動的に保存されます。

クイック録画
手動録画ボタンで任意に録画オンオフ可能です。

段落間隔 ■ 項目間に間隔があるほうがいいですが､スライドなどでは空白の行を入れてしまうと、開きすぎです。段落間隔を調整しましょう。

■中身と見た目を対応させる

複雑な構造をもつ文章ほど、見た目の構造と内容の構造の整合性に気を配る必要があります。右上の例の内容を分析してみると、大きく2つのグループがあり、各グループには、小見出しや本文、注意書きという階層がある構造になっています。しかし段落間隔が調整されていないため、構造と見た目がきちんと対応しておらず、わかりにくくなっています。

段落間隔を調整し、グループごとのまとまりが、視覚的にわかるようにしましょう。グループ内の間隔がグループ間での間隔よりも大きくならないようにするのがポイントです。

長い文章を書くときも、項目ごとにグループ化することが大切です。詳細はp.155を参照して下さい。

✕ 段落間隔が不適切

干し椎茸の戻し方

ぬるま湯に椎茸を漬け、15分ほど待ちます。椎茸を取り出し、軽く絞って適度な大きさに切って使いましょう。

※戻し汁は、だし汁としても使えます。

乾燥ヒジキの戻し方

たっぷりの水にひじきを入れ、30分ほど待ちます。ザルに移してから、水でよく洗い、水気を切って使いましょう。

○ 段落間隔が適切

干し椎茸の戻し方
ぬるま湯に椎茸を漬け、15分ほど待ちます。椎茸を取り出し、軽く絞って適度な大きさに切って使いましょう。
※戻し汁は、だし汁としても使えます。

乾燥ヒジキの戻し方
たっぷりの水にひじきを入れ、30分ほど待ちます。ザルに移してから、水でよく洗い、水気を切って使いましょう。

見た目と内容の一致 ■ 文章や資料の見た目の構造は、情報の意味的な構造と一致させましょう。

TIPS 段落間隔の設定

PowerPointの場合、テキストボックスを選択した状態で、Windowsなら[ホーム]タブ→[段落]→⧅ボタンで、Macなら[テキストの書式設定]→[段落]と進んで、[段落後]の間隔の値を変更すれば、段落間隔を設定できます。Wordの場合も、[段落設定]あるいは[行間のオプション]から段落前後の間隔を設定できます。

このとき、改段落と改行を適切に使い分けてあるときちんと設定が反映されます(p.82参照)。

2-9 改行位置に注意を払う

改行の位置に気を配ることで可読性や判読性が高まります。長文では気にする必要がないですが、スライドなど文章が短い場合は、改行位置に注意しましょう。

■ 単語を分離しない

人は文を読むとき、文字を一つひとつ読むのではなく、単語や語句のまとまりを認識して内容を理解します。そのため、改行によって単語が分離されると、理解しにくくなります。

　Wordで作るような一行が40文字程度の書類なら問題になりませんが、行長が短くなってくると、改行により単語が分断される頻度が高くなります。一般的なスライド（一行が20文字前後）の場合には、**単語と単語の間や、読点などの位置で改行する**と読みやすくなります。文を書き換えて調整したり、都合のよいところで改行を入れたりして改行位置を調整しましょう。

行が短い文章では、成
り行きの「改行」だと可
読性が下がる。
行末に到達する前に改
行しましょう。

行が短い文章では、
成り行きの「改行」だと
可読性が下がる。
行末に到達する前に、
改行しましょう。

改行位置 ■ 行長が短いときは、単語の途中で改行しないように工夫が必要です。

■ 強調箇所をバラバラにしない

重要な箇所を太字などにして強調することがあります。このとき、強調箇所の途中で改行するのは避けましょう。強調の効果が半減し、可読性が低下してしまいます。**強調箇所はぶつ切りにしない**ように注意しましょう。

強調箇所の改行 ■ 強調箇所で改行すると効果が半減します。

■ 文末の微妙なはみ出しは避ける

段落の最終行の文字数が少なくなってしまうような改行も避けましょう。一行の長さにもよりますが、**最後の行は句点（。）を含めて最低でも3文字**はあるほうが格好がよいです。適当なところで改行したり、文字を足したり削ったりして、文章を洗練させて調整します。

1,2文字の飛び出しは
可読性を下げる。
紙面の無駄につながる
ことがある。

1文字飛び出る改行 ■ 1文字だけ飛び出してしまう改行は不格好なので、避けましょう。

■ 改行前で文を完結させないほうがいい

ちょうど意味が切れる箇所での改行も避けるほうがいい場合があります。なぜなら、改行前の行末で文章が成立してしまうと、文が完結しているのか、次に続くのかが判断できないからです。ときには誤解を招いてしまいます。

　このようなときは、改行位置を変えたり、文を多少変えることで改善できます。文法上問題がなければ、改行箇所に読点(、)を打つのも一案です。また、文末には句点(。)を付けるルールを設けることで、改行と文末を区別させることもできます。

文末に見えると誤解する
聴衆がいる

文末に見えると
誤解する聴衆がいる

改行が文末に見える時
良からぬ誤解が発生

改行が文末に見える時、
良からぬ誤解が発生。

文末に見える改行 ■改行前に文章が完結してしまうように見えるのもよくありません。句読点を使うなどの工夫をしましょう。

■ リズムがあるとさらによい

これは単純に見た目の美しさの話ですが、改行位置を調整するとき、行の長さが揃いすぎたり、徐々に長く(あるいは、短く)なると、見栄えが良くありません。「長い・短い・中くらい」や「短い・長い・短い」などのように文長にリズムをもたせましょう。

リズムが悪いと
印象が悪くなる
こともあるので、要注意

リズムが悪いと
印象が悪くなることも
あるので、要注意

改行により行末にリズム
があると見栄えが
よくなります

改行により行末に
リズムがあると
見栄えがよくなります

リズムのよい改行 ■行長が単調だとアンバランスに見えます。

■ 項目の最終行に注意

一行が長くなる書類では、行末の改行調整は必要ありません。ただし、箇条書きなどでは、各項目の最終行の長さに注意を払うと、さらに美しい箇条書きができあがります。項目の最終行が右端まで達すると、各項目のまとまりが不明瞭になってしまいます。最終行に少し余白を残し、項目のまとまりを認識しやすくしましょう。

- **改行位置の調整をしていない段落や箇条書きでは、最終行が右端に達しないほうが項目を認識しやすくなる**
- **箇条書きや段落の最後にある空白のおかげで、グループ化が明確になり、各項目が認識しやすくなっている**
- **これも読みやすさのための改行位置調節の一つです**

- **改行位置を調整していない段落や箇条書きでは最終行が右端に達しないほうが項目を認識しやすい**
- **箇条書きや段落の最後にある空白のおかげでグループ化が明確になり、各項目が認識しやすい**
- **これも読みやすさのための改行位置調節の一つです**

箇条書きの最終行 ■箇条書きでは、各項目の最終行に余白が残るように調整すると、より項目のまとまりがはっきりします。

テクニック 好きな位置で改行する

適切な位置で改行する

先述のように、行長が短い場合や箇条書きなどでは、文章中の適切な箇所で改行する必要があります。例えば、右図のような箇条書きの場合、▲の部分で改行するのがよいでしょう。

✕ ▲の部分で改行したいとき…

- 手書きなら簡単に実現できるのに、パソコンだ▲とできないことがあります。
- 箇条書きの途中の任意の場所での改行が、その▲好例かもしれません。
- 行頭に箇条書きのマークが出てしまったり、行▲間が空きすぎたりするためです。
- 空白スペースを使って調節するのは NG です。

このとき、▲の場所にカーソルを移動しEnterキーで改行すると、次行に箇条書きの行頭記号が現れたり、行間が余計に空いてしまう（段落間隔がついてしまう）ことになります。これを避けるためにスペースで調整すると、その後の文字の修正のたびにスペースの数も修正することになります。

✕ Enterキーで改行（＝改段落）

- 手書きなら簡単に実現できるのに、
- パソコンだとできないことがあります。
- 箇条書きの途中の任意の場所での改行が、
- その好例かもしれません。
- 行頭に箇条書きのマークが出てしまったり、
- 行間が空きすぎたりするためです。
- 空白スペースを使って調節するのは NG です。

余計な●
余計な行間

このような問題を解決するには、Shift**を押しながらEnterを押す**というテクニックがあります。実は、Enterは「改段落」の指示になるため、新たな箇条書きと見なされ、段落間隔や箇条書きの行頭記号が追加されてしまいます。これを解決するためには、Shift＋Enterで「改行」を指示する必要があります。

Shift＋Enterによる改行は、WordやPowerPointを含む多くのソフトで使えますし、箇条書き以外のさまざまな場面にも応用できます。

ちなみにCtrl＋Shift＋Enterは段組をしているときの「段区切り」となります。

〇 Shift＋Enterで改行（＝改行）

- 手書きなら簡単に実現できるのに、
  パソコンだとできないことがあります。
- 箇条書きの途中の任意の場所での改行が、
  その好例かもしれません。
- 行頭に箇条書きのマークが出てしまったり、
  行間が空きすぎたりするためです。
- 空白スペースを使って調節するのは NG です。

テクニック 〈 思い通りにならないテキストボックス

テキストボックスの自動調整をオフにする

PowerPointを使っていると、「テキストボックスのサイズを変えたとき、文字のサイズが勝手に変わってしまう」ことがあります。また、「文字数を増減させると文字のサイズが勝手に変わってしまう」とか「文が書かれたオブジェクトのサイズを自由に変更できない」という現象に出会います。これでは、図形や文字をレイアウトするときに不便ですし、文字サイズの統一が難しくなります。

上記のような問題が生じる原因は、テキストボックスやオブジェクトにサイズの自動調整が働いているからです。自動調整には、[はみ出す場合だけ自動調整する]というものと[テキストに合わせて図形のサイズを調整する]というものがありますが、**[自動調整なし]を選ぶのが最良**です。これで思い通りのレイアウトが可能になります。

注)古いバージョンのOfficeでは、自動調整に関する文言が多少異なります。

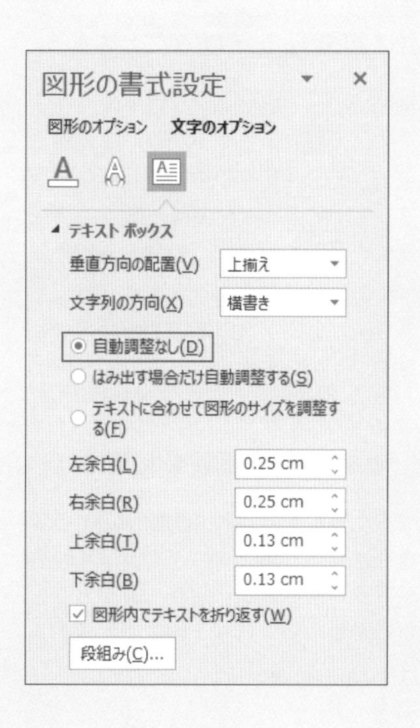

既定のテキストボックスを設定

PowerPointで新規のテキストボックスを挿入すると、フォントの種類やサイズ、行間、字間などが初期設定のものが現れます。これをいちいち、好みの設定に直すのは手間なので、「既定のテキストボックス」を変更するとよいでしょう。

設定を終えたテキストボックスを右クリックし、[既定のテキスト ボックスに設定]を選択します。これで、完了です。このあとテキストボックスを挿入すると、書式設定の済んだテキストボックスが現れます。

2-10 インデントは本当に必要!?

スライドやポスター、チラシを作る場合、短い文章が主要な構成要素となります。これらの資料では、むやみにインデントを入れると可読性が下がるので、乱用は避けましょう。

■ インデントは可読性を下げることもある

「段落のはじめは1文字空ける」という日本語のルールを小学校や中学校で習います。しかし、**発表用スライドやポスター、チラシ作りでは気にしない**ほうがよいでしょう。1文字空ける理由は、段落の開始場所をわかりやすくするためです。短文を多用する資料では、すべての段落のはじめを1文字空けてしまうと、左端がガタガタになり、どこから段落が始まるのかわかりにくくなります。

■ 段落が短いときは段落間隔を利用する

段落間の間隔を広く設定することで、段落ごとのまとまりをはっきりさせましょう。こうすれば、段落のはじめのインデントも必要なくなり、ガタガタした印象もなくなります。もちろん、読みやすさも格段にアップしますね。

✕ すべての段落にインデントがある

　印刷本と電子本の特徴を比較したメモを元に、そこまで考えていく中で、私の中で本の常識は崩れ始めました。
　本は考えをおさめ、人に伝えるための素晴らしい器だ。けれど紙の冊子は、まとめて作らなければ効率が悪い。
　この構造は、書いて人の前に示すという行為を、二つに引き裂く。

△ インデントはないが、段落間隔もない

印刷本と電子本の特徴を比較したメモを元に、そこまで考えていく中で、私の中で本の常識は崩れ始めました。
本は考えをおさめ、人に伝えるための素晴らしい器だ。けれど紙の冊子は、まとめて作らなければ効率が悪い。
この構造は、書いて人の前に示すという行為を、二つに引き裂く。

〇 段落間隔があれば、インデントはいらない

印刷本と電子本の特徴を比較したメモを元に、そこまで考えていく中で、私の中で本の常識は崩れ始めました。

本は考えをおさめ、人に伝えるための素晴らしい器だ。けれど紙の冊子は、まとめて作らなければ効率が悪い。

この構造は、書いて人の前に示すという行為を、二つに引き裂く。

短い文章はインデントしない ■ 段落が短いときは、インデントするよりも段落の間隔を空けるほうが効果的です。

■ 長文ではインデントは2段落目からでもOK

日本語なら1字スペース、英語ならタブによって、段落の頭にインデントを作ります。インデントは段落の開始位置を明確にする役割がありますが、多かれ少なかれ文字が揃っていない印象を与えます。

文章全体の1段落目や各小見出しの直下の文章は、段落の始まりであることは明白です。そのため、段落の開始位置を明確にしなければならない**2段落目以降にのみインデントを入れる**と、読みやすく美しい文章を作ることができます。

✕ 1段落目インデントあり

白鳳の森公園の自然

　白鳳の森公園は多摩丘陵の南西部に位置しています。江戸時代は炭焼きなども行われた里山の自然がよく保たれています。園内には，小栗川の源流となる湧水が5か所ほど確認されています。地域の人々の憩いの場になるとともに，希少な植物群落について学習できる公園として愛されています。

　植物は四季折々の野生の植物が500種類以上が記録されており，5月には希少種であるムサシノキスゲも観察することができます。動物もタヌキやアナグマ，ノネズミなど，20種類の生息が確認されています。

　毎週土曜日には，ボランティアガイドの方による野草の観察会が催されています。身近な植物の不思議な生態や，希少な植物について，興味深い話をきくことができます。

○ 1段落目インデントなし

白鳳の森公園の自然

白鳳の森公園は多摩丘陵の南西部に位置しています。江戸時代は炭焼きなども行われた里山の自然がよく保たれています。園内には，小栗川の源流となる湧水が5か所ほど確認されています。地域の人々の憩いの場になるとともに，希少な植物群落について学習できる公園として愛されています。

　植物は四季折々の野生の植物が500種類以上が記録されており，5月には希少種であるムサシノキスゲも観察することができます。動物もタヌキやアナグマ，ノネズミなど，20種類の生息が確認されています。

　毎週土曜日には，ボランティアガイドの方による野草の観察会が催されています。身近な植物の不思議な生態や，希少な植物について，興味深い話をきくことができます。

✕ 1段落目インデントあり

The Emperor's New Clothes

Many years ago, there was an Emperor, who was so excessively fond of new clothes, that he spent all his money in dress. He did not trouble himself in the least about his soldiers; nor did he care to go either to the theater or the chase, except for the opportunities then afforded him for displaying his new clothes. He had a different suit for each hour of the day; and as of any other king or emperor, one is accustomed to say, "he is sitting in council," it was always said of him, "The Emperor is sitting in his wardrobe."

Time passed merrily in the large town which was his capital; strangers arrived every day at the court. One day, two rogues, calling themselves weavers, made their appearance. They gave out that they knew how to weave stuffs of the most beautiful colors and elaborate patterns, the clothes manufactured from which should have the wonderful property of remaining invisible to everyone who was unfit for the office he held, or who was extraordinarily simple in character.

"These must, indeed, be splendid clothes!" thought the Em-

○ 1段落目インデントなし

The Emperor's New Clothes

Many years ago, there was an Emperor, who was so excessively fond of new clothes, that he spent all his money in dress. He did not trouble himself in the least about his soldiers; nor did he care to go either to the theater or the chase, except for the opportunities then afforded him for displaying his new clothes. He had a different suit for each hour of the day; and as of any other king or emperor, one is accustomed to say, "he is sitting in council," it was always said of him, "The Emperor is sitting in his wardrobe."

Time passed merrily in the large town which was his capital; strangers arrived every day at the court. One day, two rogues, calling themselves weavers, made their appearance. They gave out that they knew how to weave stuffs of the most beautiful colors and elaborate patterns, the clothes manufactured from which should have the wonderful property of remaining invisible to everyone who was unfit for the office he held, or who was extraordinarily simple in character.

"These must, indeed, be splendid clothes!" thought the Emperor. "Had I such a suit, I might at once find out what men in

インデントの入れ方 ■ 1段落目にインデントがないほうが美しく見えます。日本語でも英語でもこのルールは同じです。このような方法を使っている例は一般誌や専門誌などでも少なくありません。

2-11 行長を長くしすぎない

文章が多い書類や、文字数の多いプレゼンスライドにおいて、行長が長くなりすぎると、行を目で追うのが難しくなり、可読性が低下してしまいます。資料にあわせて行長を調節しましょう。

■ レイアウトを変えて行長を適切に

一行が長いと、文字を追い続けたり行頭に戻ったりするのが難しくなる上､目の動きが大きくなるので、読み手にとってストレスになります。段組数を増やしたり、レイアウトを工夫したりして、一行の長さを減らすように心がけましょう。

✕ 行長が長すぎる

私はその人を常に先生と呼んでいた。だからここでもただ先生と書くだけで本名は打ち明けない。
これは世間を憚かる遠慮というよりも、その方が私にとって自然だからである。私はその人の記憶
を呼び起すごとに、すぐ「先生」といいたくなる。筆を執っても心持は同じ事である。よそよそしい
頭文字などはとても使う気にならない。私が先生と知り合いになったのは鎌倉である。その時私は
まだ若々しい書生であった。暑中休暇を利用して海水浴に行った友達からぜひ来いという端書を受
け取ったので、私は多少の金を工面して、出掛ける事にした。私は金の工面に二、三日を費やした。
ところが私が鎌倉に着いて三日と経たないうちに、私を呼び寄せた友達は、急に国元から帰れとい
う電報を受け取った。電報には母が病気だからと断ってあったけれども友達はそれを信じなかった。
友達はかねてから国元にいる親たちに勧まない結婚を強いられていた。彼は現代の習慣からいうと

○ 行長が適切

私はその人を常に先生と呼んでいた。だから
ここでもただ先生と書くだけで本名は打ち明け
ない。これは世間を憚かる遠慮というよりも、
その方が私にとって自然だからである。私はそ
の人の記憶を呼び起すごとに、すぐ「先生」
といいたくなる。筆を執っても心持は同じ事で
ある。よそよそしい頭文字などはとても使う気
にならない。私が先生と知り合いになったの
は鎌倉である。その時私はまだ若々しい書生

であった。暑中休暇を利用して海水浴に行っ
た友達からぜひ来いという端書を受け取った
ので、私は多少の金を工面して、出掛ける事
にした。私は金の工面に二、三日を費やした。
ところが私が鎌倉に着いて三日と経たないうち
に、私を呼び寄せた友達は、急に国元から帰
れという電報を受け取った。電報には母が病
気だからと断ってあったけれども友達はそれを
信じなかった。友達はかねてから国元にいる

段組 ■ 横に長くなる文章であれば、2段組にすると読みやすくなります。Wordなどでも簡単に段組を変更できます。

✕ 行長が長すぎる

ポスター発表のレイアウト例

氏名氏名・名前なまえ（所属大／所属研究科）

要旨

私はその人を常に先生と呼んでいた。だからここでもただ先生と書くだけで本名は打ち明けない。これは世間を憚かる遠慮というよりも、その方が私にとって自然だからである。私はその人の記憶を呼び起すごとに、すぐ「先生」といいたくなる。筆を執っても心持は同じ事である。よそよそしい頭文字などはとても使う気にならない。私が先生と知り合いになったのは鎌倉である。その時私はまだ若々しい書生であった。暑中休暇を利用して海水浴に行った友達からぜひ来いという端書を受け取ったので、私は多少の金を工面して、出掛ける事にした。私は金の工面に二、三日を費やした。ところが私が鎌倉に着いて三日と経たないうちに、私を呼び寄せた友達は、急に国元から帰れという電報を受け取った。電報には母が病気だからと断ってあったけれども友達はそれを信じなかった。

○ 行長が適切

ポスター発表のレイアウト例

氏名氏名・名前なまえ（所属大／所属研究科）

要旨

私はその人を常に先生と呼んでいた。だからここでもただ先
生と書くだけで本名は打ち明けない。これは世間を憚かる
遠慮というよりも、その方が私にとって自然だからである。
私はその人の記憶を呼び起すごとに、すぐ「先生」といいた
くなる。筆を執っても心持は同じ事である。よそよそしい頭
文字などはとても使う気にならない。私が先生と知り合いに
なったのは鎌倉である。その時私はまだ若々しい書生であっ
た。暑中休暇を利用して海水浴に行った友達からぜひ来い

実験 2

大きなポスターの場合 ■ 学会発表などで使われる大判（A0版）ポスターの場合、端から端まで文字が書かれていると可読性が低下します。レイアウトを工夫して一行の文字数を適度に調節しましょう。

✕ 行長が長すぎる

一行の文字数は増やし過ぎない

- 当日は、会場の入口で学生証を呈示し、入場してください。
- 例年混雑による遅延が生じているので、開場時間の**30分前**までに集合するようにしてください。
- 会場周辺は雨の影響で足場が悪くなっていますので、くれぐれもご注意下さい。

○ 行長が適切

一行の文字数は増やし過ぎない

- 当日は、会場の入口で学生証を呈示し、入場してください。
- 例年混雑による遅延が生じているので、開場時間の **30 分前**までに集合するようにしてください。
- 会場周辺は雨の影響で足場が悪くなっていますので、くれぐれもご注意下さい。

プレゼンスライドの場合 ■ スライドでもレイアウトを変えるだけで一行の文字数を調節することができます。もちろん、文字サイズを大きくすることで文字数を調節することもできます。

テクニック　テキストの書式のコピー

テキストボックスの書式統一（主にPowerPoint）

複数のテキストボックスについて、行間や字間、フォント、段組の書式を統一するのは面倒な作業です。こんなときは書式のコピーを使いましょう。まず、1つのテキストボックスについて書式の設定を済ませます。これをコピー元とし、

①コピー元を選択した状態で、[書式のコピー／貼り付け]をクリック（ここで をダブルクリックすると、複数のテキストボックスに連続して書式を貼り付けられる）

②マウスポインタが の状態で貼り付け先のテキストボックスをクリック！

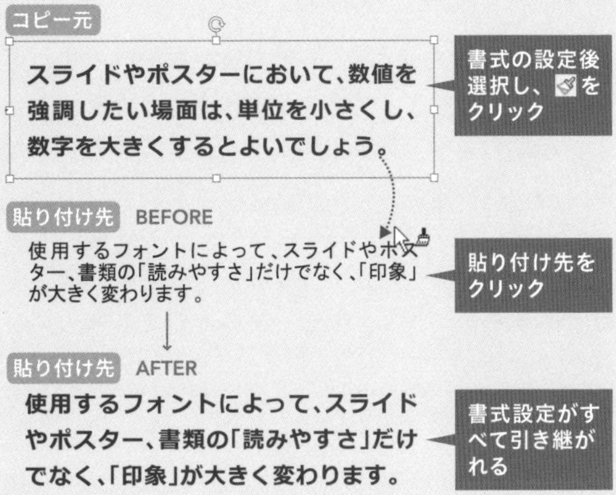

コピー元

スライドやポスターにおいて、数値を強調したい場面は、単位を小さくし、数字を大きくするとよいでしょう。

書式の設定後選択し、 をクリック

貼り付け先　BEFORE

使用するフォントによって、スライドやポスター、書類の「読みやすさ」だけでなく、「印象」が大きく変わります。

貼り付け先をクリック

貼り付け先　AFTER

使用するフォントによって、スライドやポスター、書類の「読みやすさ」だけでなく、「印象」が大きく変わります。

書式設定がすべて引き継がれる

文字単位での書式統一（主にWord）

小見出しや段落、強調箇所の書式を書類全体で統一させたい場合も書式のコピーが使えます。例えば小見出しを統一する場合、まず、どれか1つの小見出しの書式設定を済ませます。その後、

①コピー元の小見出しを選択し、 をクリックして書式をコピー（ここで をダブルクリックすると、書式の連続貼り付けが可能）

②続けて、貼り付け先をドラッグすれば、書式が適用される

補足　ページ数の多い書類の場合

PowerPointでファイル全体の書式を統一したい場合は、スライドマスターの利用を考えましょう（p.211参照）。

　Wordで長い文書の場合は、スタイルの利用を考えましょう（p.239参照）。

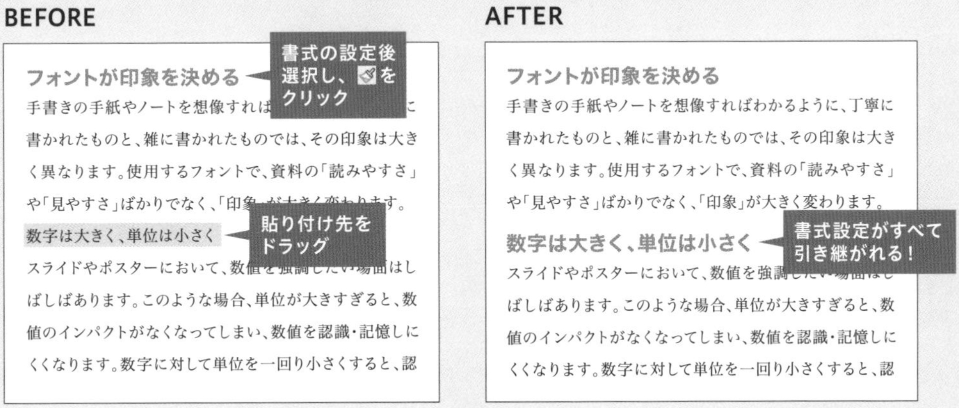

BEFORE

フォントが印象を決める

書式の設定後選択し、 をクリック

手書きの手紙やノートを想像すれば わかるように、丁寧に書かれたものと、雑に書かれたものでは、その印象は大きく異なります。使用するフォントで、資料の「読みやすさ」や「見やすさ」ばかりでなく、「印象」が大きく変わります。

数字は大きく、単位は小さく

貼り付け先をドラッグ

スライドやポスターにおいて、数値を強調したい場面はしばしばあります。このような場合、単位が大きすぎると、数値のインパクトがなくなってしまい、数値を認識・記憶しにくくなります。数字に対して単位を一回り小さくすると、認

AFTER

フォントが印象を決める

手書きの手紙やノートを想像すればわかるように、丁寧に書かれたものと、雑に書かれたものでは、その印象は大きく異なります。使用するフォントで、資料の「読みやすさ」や「見やすさ」ばかりでなく、「印象」が大きく変わります。

数字は大きく、単位は小さく

書式設定がすべて引き継がれる！

スライドやポスターにおいて、数値を強調したい場面はしばしばあります。このような場合、単位が大きすぎると、数値のインパクトがなくなってしまい、数値を認識・記憶しにくくなります。数字に対して単位を一回り小さくすると、認

2-12 段組で紙面と時間の節約

段組を利用すれば、可読性を高めながらスペースを節約できます。さらにレイアウトも簡単で時間短縮に繋がります。まさに一石三鳥。これこそがデザインの真髄です。

■ 段組でスペース節約

2-11節で述べたように、一行の文字数を減らすと可読性が高まります。このとき**2段組や3段組にすると、紙面のスペースを節約することができます。**なぜなら、段数を増やしたほうが、一度の改行で生じる紙面のロス(下図の無駄なスペース)が少ないからです。さらに、一行が短くなると行間が狭いほうが読みやすいので(p.63参照)、全体としてスペースを節約できます。

1段組

字体の話を始めるにあたっては、まず確認しておきたいことが一つあります。「正しい字」というものは、本当にどこかにあるのだろうか、と言う点です。 無駄なスペース

ちゃんとした漢和辞典はどれも、ぴったり同じ字体を掲げているかと言えば、そうではありません。細かな点がいろいろ違っています。厳密に点画の細部にこだわるなら、字典によってばらばらと言ったほうが実態に近いでしょう。

少し漢字に詳しい人は、それまでの字典を集大成して1716年に編まれた、康熙字典に載っている字こそが、「正字」なのだと主張するかも知れません。 無駄なスペース

ただし、康熙字典の文字にも、版によって異なっているものがあります。また、康熙字典にはたくさんの誤りも含まれています。

手書きという技術的な条件の下で、一つの漢字はさまざまに書かれてきました。さまざまに書かれても、「あの字だ」と分かったからこそ、情報交換の大切な役割を果たすことができました。 無駄なスペース

3段組

字体の話を始めるにあたっては、まず確認しておきたいことが一つあります。「正しい字」というものは、本当にどこかにあるのだろうか、と言う点です。 無駄なスペース

ちゃんとした漢和辞典はどれも、ぴったり同じ字体を掲げているかと言えば、そうではありません。細かな点がいろいろ違っています。厳密に点画の細部にこだわるなら 字典によってばらばらと言ったほうが実態に近いでしょう。

少し漢字に詳しい人は、それまでの字典を集大成して1716年に編まれた、康熙字典に載っている字こそが、「正字」なのだと主張するかも知れません。 無駄なスペース

ただし、康熙字典の文字にも、版によって異なっているものがあります。また、康熙字典にはたくさんの誤りも含まれています。手書きという技術的な条件の下で、一つの漢字はさまざまに書かれてきました。さまざまに書かれても、「あの字だ」と分かったからこそ、情報交換の大切な役割を果たすことができました。

節約されたスペース

1段組と3段組の比較 ■ 2段組や3段組のほうが、スペースの節約になります。段数が多すぎても可読性が下がるので、2か3段組がよいでしょう。

■ 段組でレイアウトも楽に

2段組の場合は、段幅に合わせて図を配置することで、簡単に綺麗なレイアウトができます。さらに段数を増やしたり、段幅を調整したりすることでさまざまなレイアウトを試すことができます。

植物知識

牧野富太郎

花は、率直にいえば生殖器である。有名な蘭学者の宇田川榕庵先生は、彼の著『植学啓源』に、「花は動物の陰処の如し、生産蕃息の資て始まる所なり」と書いておられる。すなわち花は誠に美麗で、且つ趣味に富んだ生殖器であって、動物の醜い生殖器とは雲泥の差があり、とても比べものにはならない。そして見たところなんの醜悪なところは一点もこれなく、まったく美点に充ち満ちている。まず花弁の色がわが眼を惹きつける、花香がわが鼻を撲つ。なお子細に注意すると、花の形でも萼でも、注意に値せぬものはほとんどない。

この花は、種子を生ずるために存在している器官である。もし種子を生ずる必要がなかったならば、花はまったく無用の長物で、植物の上には現れなかったであろう。そしてその花形、花色、雌雄蕊の機能は種子を作る花の構えであり、花の天から受け得た役目である。ゆえに植物には花のないものはなく、もしも花がなければ、花に代わるべき器官があって生殖を司っている。（ただし最も下等なバクテリアのようなものは、体が分裂して繁殖する。）

植物にはなにゆえに種子が必要か、それは言わずと知れた子孫を継ぐ根源であるからである。この根源があればこそ、植物の種属は絶えることがなく地球の存する限り続くであろう。そしてこの種子を保護しているものが、果実である。

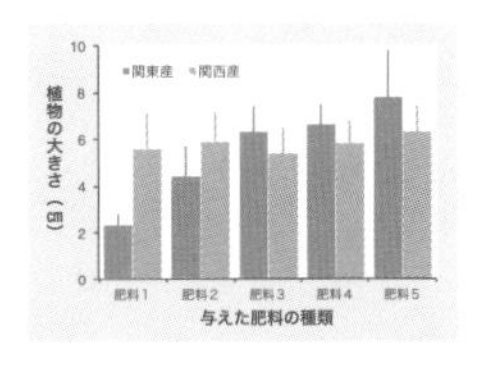

草でも木でも最も勇敢に自分の子孫を継ぎ、自分の種属を絶やさぬことに全力を注いでいる。だからいつまでも植物が地上に生活し、けっして絶滅することがない。これは動物も同じことであり、人間も同じことであって、なんら違ったことはない。この点、上等下等の生物みな同権である。そして

植物知識

牧野富太郎

花は、率直にいえば生殖器である。有名な蘭学者の宇田川榕庵先生は、彼の著『植学啓源』に、「花は動物の陰処の如し、生産蕃息の資て始まる所なり」と書いておられる。すなわち花は誠に美麗で、且つ趣味に富んだ生殖器であって、動物の醜い生殖器とは雲泥の差があり、とても比べものにはならない。そして見たところなんの醜悪なところは一点もこれなく、まったく美点に充ち満ちている。まず花弁の色がわが眼を惹きつける、花香がわが鼻を撲つ。なお子細に注意すると、花の形でも萼でも、注意に値せぬものはほとんどない。

この花は、種子を生ずるために存在している器官である。もし種子を生ずる必要がなかったならば、花はまったく無用の長物で、植物の上には現れなかったであろう。そしてその花形、花色、雌雄蕊の機能は種子を作る花の構えであり、花の天から受け得た役目である。ゆえに植物には花のないものはなく、もしも花がなければ、花に代わるべき器官があって生殖を司っている。（ただし最も下等なバクテリアのようなものは、体が分裂して繁殖する。）

植物にはなにゆえに種子が必要か、それは言わずと知れた子孫を継ぐ根源であるからである。この根源があればこそ、植物の種属は絶えることがなく地球の存する限り続くであろう。そしてこの種子を保護しているものが、果実である。

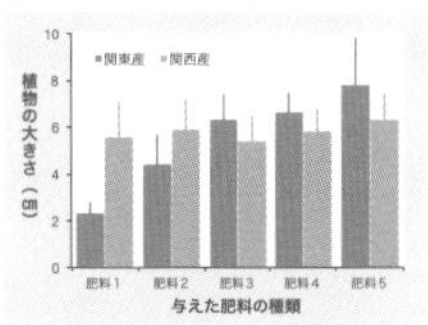

草でも木でも最も勇敢に自分の子孫を継ぎ、自分の種属を絶やさぬことに全力を注いでいる。だからいつまでも植物が地上に生活し、けっして絶滅することがない。これは動物も同じことであり、人間も同じことであって、なんら違ったことはない。この点、上等下等の生物みな同権である。そして人間の子を生むは前記のとおり草木と同様、わが種属を後代へ伝えて断やさせぬためであって、別に特別な意味はない。子を生まなければ種属はついに絶えてしまうにきまっている。つまりわれらは、続かす種属の中継ぎ役をしてこの世に生きているわけだ。

ゆえに生物学上から見て、そこに中継ぎをし得なく、その義務を怠っているものは、人間社会の反逆者であって、独身者はこれに属すると言っても、あえて差しつかえはあるまいと思う。つまり天然自然の

1段組と2段組の比較 ■ 2段組のほうがレイアウトを整えやすくなります。

植物知識

牧野富太郎

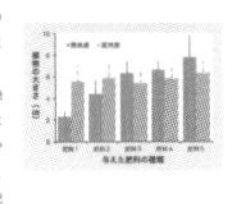

植物知識

牧野富太郎

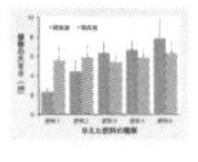

植物知識

牧野富太郎

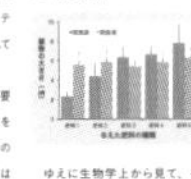

段組とレイアウト ■ 段の数や幅、配置を変えると、さまざまなレイアウトの可能性ができます。

スキルアップ ユニバーサルデザインな文章の組み方

一行の長さと行間を調節

横書きでも縦書きでも、一行が長かったり、行間が狭かったりすると、読んでいる途中で隣の行に移動してしまったり、行末から次の行頭への移動がスムーズにできなくなってしまったりします。視覚過敏やディスレクシアの症状をもつ人には、文字が動いて見えるという症状が現れることがあり、**一行が長すぎると読み進めることができなくなってしまいます**(p.54参照)。読みやすい行の長さと行間を意識して文章を組むようにしましょう。

また、ディスレクシアの人が、読んでいる行だけが見えるようにするために枠などを使うことがあります。行間が十分に開いていれば、このような対処もしやすくなります。スライドなどでは、そのようなことができないので、十分に行間を取ることが不可欠です。

✕ 読みにくい

私に親しいある老科学者がある日私に次のようなことを語って聞かせた。「科学者になるには『あたま』がよくなくてはいけない」これは普通世人の口にする一つの命題である。これはある意味ではほんとうだと思われる。しかし、一方でまた「科学者はあたまが悪くなくてはいけない」という命題も、ある意味ではやはりほんとうである。そうしてこの後のほうの命題は、それを指摘し解説する人が比較的に少数である。
この一見相反する二つの命題は実は一つのものの互いに対立し共存する二つの半面を表現するものである。この見かけ上のパラドックスは、実は「あたま」という言葉の内容に関する定義の曖昧不鮮明から生まれることはもちろんである。論理の連鎖のただ一つの輪をも取り失わないように、また混乱の中に部分と全体との関係を見失わないようにするためには、正確でかつ緻密な頭脳を要する。紛糾した可能性の岐路に立ったときに、取るべき道を誤らないためには前途を見透す内察と直観の力を持たなければならない。すなわちこの意味ではたしかに科学者は「あたま」がよくなくてはならないのである。

○ 読みやすい

私に親しいある老科学者がある日私に次のようなことを語って聞かせた。「科学者になるには『あたま』がよくなくてはいけない」これは普通世人の口にする一つの命題である。これはある意味ではほんとうだと思われる。しかし、一方でまた「科学者はあたまが悪くなくてはいけない」という命題も、ある意味ではやはりほんとうである。そうしてこの後のほうの命題は、それを指摘し解説する人が比較的に少数である。
この一見相反する二つの命題は実は一つのものの互いに対立し共存する二つの半面を表現するものである。この見かけ上のパラドックスは、実は「あたま」という言葉の内容に関する定義の曖昧不鮮明から生まれることはもちろんである。論理の連鎖のただ一つの輪をも取り失わないように、また混乱の中に部分と全体との関係を見失わないようにするためには、正確でかつ緻密な頭脳を要する。紛糾した可能性の岐路に立ったときに、取るべき道を誤らないためには前途を見透す内察と直観の力を持たなければならない。すなわちこの意味ではたしかに科学者は「あたま」がよくなくてはならないのである。

行の長さと行間 ■ 一行が長く、行間が狭いと文章を読み進めることが困難になります。

漢字を減らす

漢字の多すぎる文章は、それだけで読みにくくなってしまいます。文章を理解する上で、読み手は、漢字を読み飛ばすわけにはいかないので、重要ではない単語までいちいちしっかり読んでいくことが要求されるためです。しかも、見た目も黒々してくるので圧迫感も生まれます。**重要な単語以外は積極的に漢字を避ける**ようにしましょう。接続詞や副詞(「すなわち」や「あるいは」、「および」、「しばらく」など)は、ひらがなが基本です。漢字が少ない資料は、日本語に慣れていない外国人や子どもにも優しい資料となります。

漢字を適切に使うには、Wordの校正機能が活用できます。[オプション]→[文書校正]→[Wordのスペルチェックと文書校正]→[文書のスタイル]の[設定]で、[常用漢字外の読み]にチェックを入れ、[仮名書き推奨]を[一般]に設定しましょう。

✕ 漢字が多すぎる

私達は文章を読む時に全ての文字を丁寧に読む訳では無く、重要な単語を抽出しながら読む。その為、漢字が多過ぎる事は文の読み辛さに繋がる事が有る。従って、様々な方法が有るが、例えば重要な単語(特に漢語)以外を平仮名にし、出来るだけ読み辛さの無い文にする事が大切で在る。

○ 漢字を減らす

私たちは文章を読むときにすべての文字を丁寧に読むわけではなく、重要な単語を抽出しながら読む。そのため、漢字が多すぎることは文の読みづらさにつながることがある。したがって、さまざまな方法があるが、たとえば重要な単語(とくに漢語)以外を平仮名にし、できるだけ読みづらさのない文にすることが大切である。

漢字を減らす ■ 漢字が多い資料は読みにくさにつながります。

「やさしい日本語」を使う

「やさしい日本語」とは、外国人の減災を目的として弘前大学の佐藤和之研究室(社会言語学研究室)によって研究・発信された「外国人にわかりやすい日本語表現」です。**「難しい表現を使わない」、「ルビをふる」「文章を端的に書く(場合によっては箇条書きにする)」**などが挙げられています。このような内容は、災害時の外国人のためだけでなく、在日外国人の普段の生活や、子ども・障がい者にとってもわかりやすい手段として、さまざまな場所で活用されています。

どれくらい漢字が読めるのか、どの程度の難しい文章を理解できるかなどは、もちろん受け手によって異なります。**伝えたい相手にとっての「やさしい日本語」がどんなものかを想像して、資料を作成する**ことを心がけましょう。

テクニック ルビをつけるときの注意

ルビつき文章で行間を統一

学校などの教育現場では、漢字に「ルビ(ふりがな)」をつけることが多いです。Wordならば簡単にルビをつけられるのですが、このとき、厄介なことが起こります。ルビのある行だけが行間が広くなり、結果として行間がバラバラになってしまいます。これを解決するためには、「段落」設定の[インデントと行間隔]の[行間]を[固定値]とし、設定値を設定するようにしましょう(フォントサイズの倍程度の値を入力)。なお、ルビを付けると実質的な行間が狭くなるので、通常よりも行間を広めにするとよいでしょう。

✕ 行間が不均一

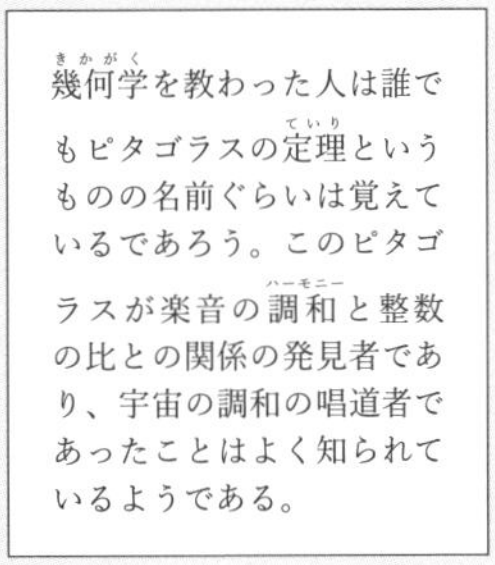

幾何学(きかがく)を教わった人は誰でもピタゴラスの定理(ていり)というものの名前ぐらいは覚えているであろう。このピタゴラスが楽音の調和(ハーモニー)と整数の比との関係の発見者であり、宇宙の調和の唱道者であったことはよく知られているようである。

〇 行間が均一

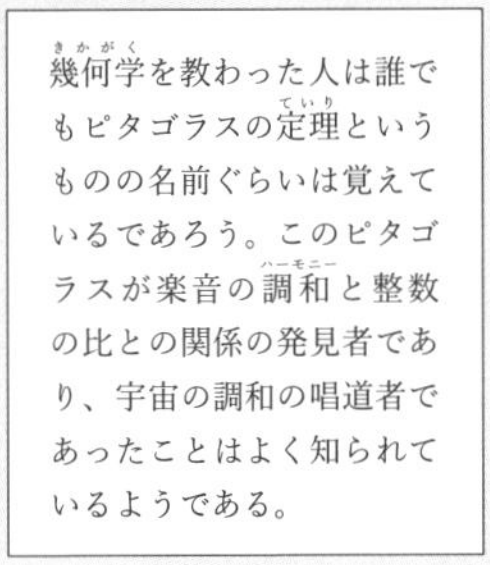

幾何学(きかがく)を教わった人は誰でもピタゴラスの定理(ていり)というものの名前ぐらいは覚えているであろう。このピタゴラスが楽音の調和(ハーモニー)と整数の比との関係の発見者であり、宇宙の調和の唱道者であったことはよく知られているようである。

間隔
段落前(B): 0行
段落後(F): 0行
行間(N): 固定値
間隔(A): 25pt
☐ 同じスタイルの場合は段落間にスペースを追加しない(C)
☐ 1ページの行数を指定時に文字を行グリッド線に合わせる(W)

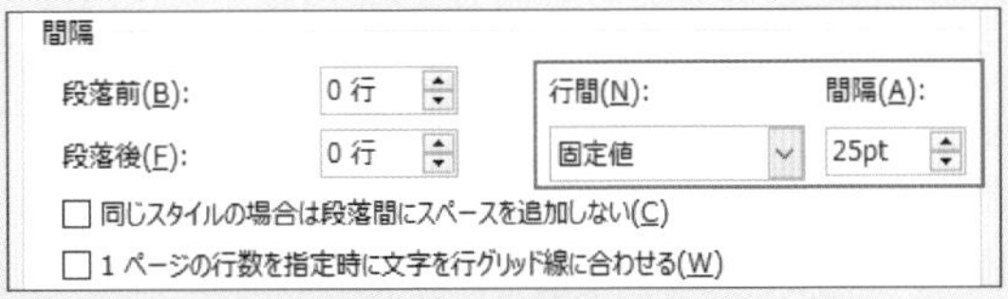

ルビつき文章の行間 ■ ルビをつけると、ルビのついていない行よりも行間が広くなってしまいます。格好が悪いので、行間を固定値で設定して、行間が等しくなるようにしましょう。

第2章 チェックポイント

1 文字の大きさや太さは重要度に応じて変える

- □ 階層性に応じて文字のサイズに強弱をつけた。
- □ 階層性に応じて文字の太さに強弱をつけた。

2 行間と字間を調節する

- □ 行間を適切に設けた。
- □ 字間を適切に空けた(特に、メイリオなどの字面の大きいフォントを使う場合)。

3 箇条書きの構造を明確にする

- □ 左揃えにし、2行目以降にはインデントを入れた。
- □ 項目間の間隔を設けた(空白行を入れるのではない)。
- □ 「・」の代わりに「●」を使ったりして強弱をつけた。
- □ 改行の位置には注意を払った。

4 長い文章でも読みやすくする

- □ 小見出しを目立たせた。
- □ 不要なインデントを入れていない。
- □ 行長が長すぎない(場合によっては2段組を検討する)。
- □ 余計な入れ子構造をなくした。

3 図とグラフ・表の法則

図解や写真、グラフ、表は資料に欠かせないアイテムです。これらには、言葉では説明しにくいことを効果的に伝えるという役割があります。
この章では、まず「図」を作るときの基本的なルールを紹介し、その後、グラフや表を作成する方法を説明します。

3-1 図解を使ってわかりやすく

事柄と事柄の関係や流れを示すときに、文章よりも図解やフローチャートを使うほうが、格段に内容がわかりやすくなります。それは図解により視覚的に内容を理解できるからです。

■ 図解で内容を直感的な表現に

複雑な情報をわかりやすく伝えるのに、図解はとても効果的です。文章や箇条書きでは全体像や事柄同士の関係性が理解しにくい場合でも、図解を作れば直感的に理解できます。図解の仕方はさまざまですが、**概念を挿絵風にまとめたり、物事の流れや因果関係を示すものや、事柄同士の繋がりや階層構造、包含関係を示すものがあります。**

ただし、文章とは異なり、内容の正確性が損なわれる場合がありますので、使い所には注意が必要です。図解は視覚に依存した伝達手段なので、見た目が理解のしやすさに大きく影響します。つまり、作り方次第では、かえって内容の理解を妨げる恐れがあります。

MS Officeのチャート作成機能である「SmartArt」も便利ですが、自動的に調整されてしまい少々使いにくいです。**簡単なチャート図であれば、丸や四角、線の組み合わせで十分きれいなものを作ることができます。**作る手間はわずかにかかりますが、自由度が高く、編集しやすく、後々便利です。

✕ 文字のみ

「デザイン」の重要性

- 効率的かつ**正確に**相手に情報を伝える。
- 分かりやすい発表により、相手がもつ**印象**を良くする。
- 時間、紙面の制限の中でわかりやすさを考えれば、自らのアイデアが**洗練される。**
- 洗練された発表資料を用いたコミュニケーションは、グループ全体の**効率化**に繋がる。

○ 図解

「デザイン」の重要性

図解 ■ 箇条書きなどの文章より図示すると直感的にわかりやすくなります。

流れや因果を表す

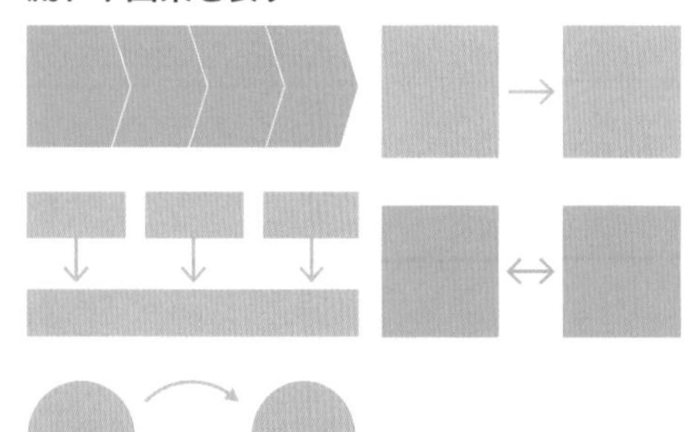

構造やグループの関係を表す

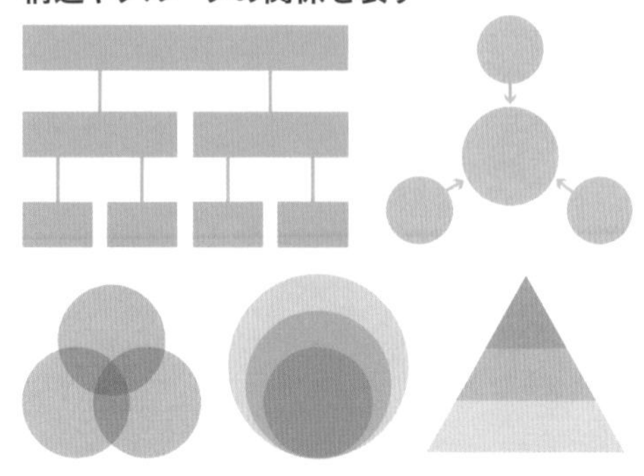

図解のいろいろ ■ 図で事柄の関係性を示す方法はさまざまです。内容に応じて使い分けましょう。

TIPS 既定図形の設定

p.100で述べるように、PowerPointやWordの初期設定で描く図形（既定の図形）はあまり美しくありません（特に古いOfficeの場合）。資料の見栄えを考えると、初期設定のまま図形を使うわけにはいかないのですが、図形を描くたびに設定を変えるのはとても面倒です。

PowerPointやWord、Excelでは既定の図形を変更することができます。既定の図形にしたい設定になっている図形の上で右クリックし、[既定の図形に設定]を選びます。これだけで次から描く図形は、すべてこの設定になります。[既定の線][既定の図形][既定のテキストボックス]を、それぞれ別に設定することができます。

ただし、この機能は同一のファイル内でのみ有効なので、別のファイルでは無効になってしまいます。自分好みの既定の図形を設定したあと白紙にしたファイルをテンプレートとして保存し、次回以降はそのテンプレートを開いて書類を作成すると便利です。

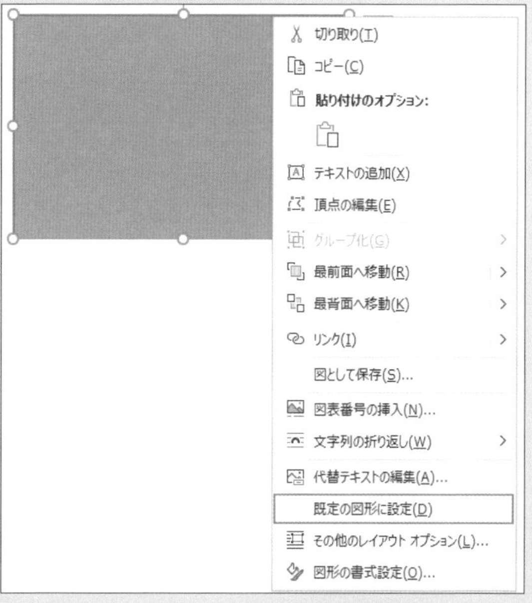

既定の図形 ■ 設定済みの図を既定の図形に設定しましょう。

TIPS 図形の書式の統一

すでにある図形の設定（色や影の有無など）を統一したいときには、2章でも解説した書式のコピー機能が便利です。コピーしたい設定の図形を選択し、[書式のコピー/貼り付け]を押します。続けて、設定したい図形をクリックします。するとコピー元の図の設定が反映されます。

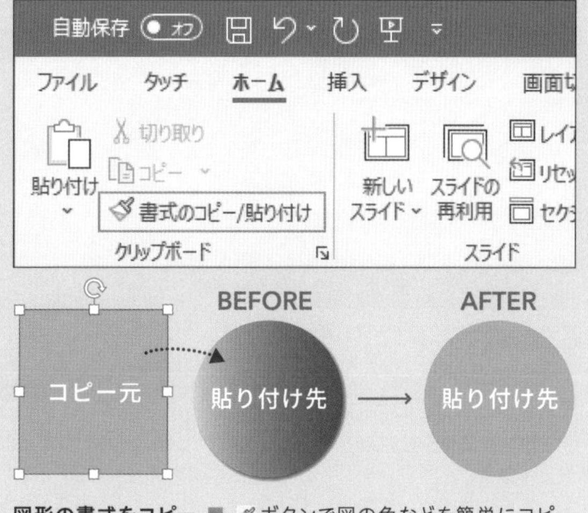

図形の書式をコピー ■ ボタンで図の色などを簡単にコピーできます。

3-2 「囲み」を使いこなす

企画書やプレゼンスライド、学会発表のポスターなどの「見せる資料」を作るとき、文字を枠で囲むことがよくあります。ここでは、囲み方のコツを伝授します。

■「囲み」は便利。でも使い方に注意！

「囲み」は、文字や文章を強調したり、複数の要素をグループ化したり、フローチャートを作ったりするときにとても重宝します。囲みには丸や四角、楕円、角丸四角、星形などさまざまな形があり、また、内側（塗り）や枠線に色を付けることができるので、非常に自由度の高い要素です。ですので、使い方を間違えると、見にくくなったり、美しくなくなったりして、資料を台無しにしてしまうことがあります。**漠然と囲むのではなく、うまい囲み方をマスター**して、見やすく美しい資料を作りましょう。

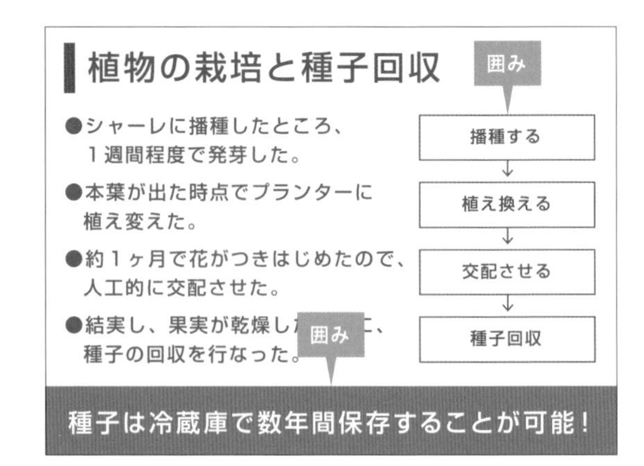

囲みはよく使われる1 ■ フローチャートに囲みをうまく利用したり、強調部を囲んだりすると、強弱のある資料になります。

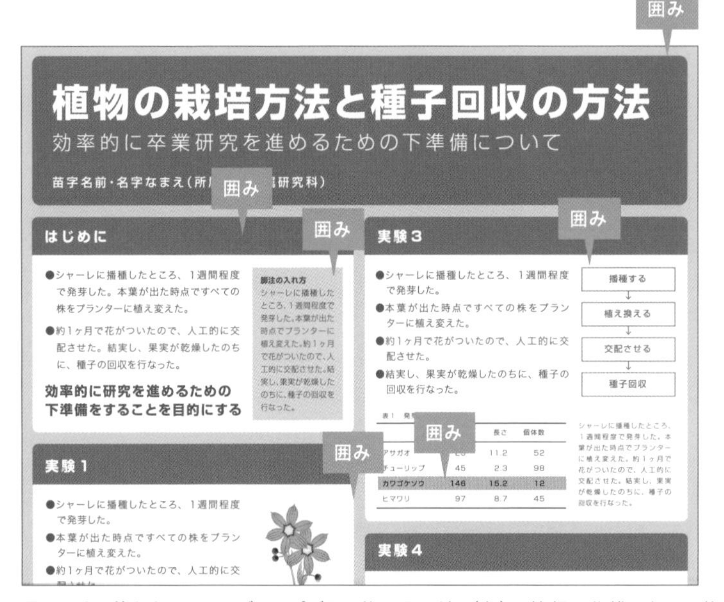

囲みはよく使われる2 ■ グループごとに枠で囲んだり（左）、情報の分離のために枠で背景を付けたりすれば（右）、複雑な資料でも構造を把握する手助けになります。

■ 異なる種類の図形の混在を避ける

「囲み」には丸や四角、菱形、角の丸い四角などがありますが、**1つの資料の中では、できるだけ同じ形の図形で統一**しましょう。楕円や四角、角の丸い四角では、受ける印象がまるで違います。これらを併用してしまうと、全体の統一感が損なわれます。

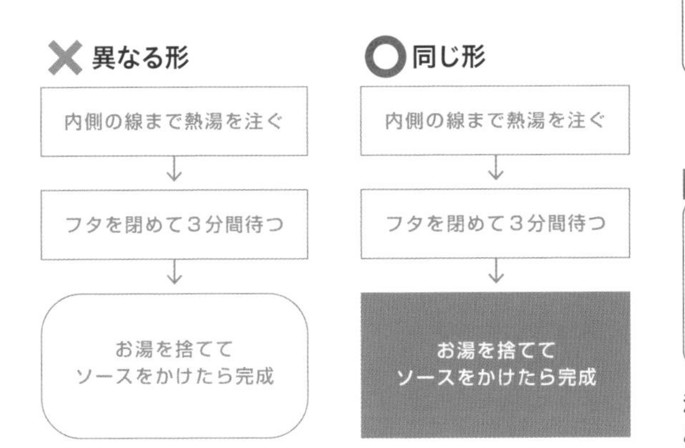

✕ 異なる形
内側の線まで熱湯を注ぐ
フタを閉めて3分間待つ
お湯を捨てて
ソースをかけたら完成
〇 同じ形
内側の線まで熱湯を注ぐ
フタを閉めて3分間待つ
お湯を捨てて
ソースをかけたら完成

枠の種類は統一 ■ 同じ資料の中にさまざまな図形が出てくると統一感がなくなります。

✕ 異なる形

同じ形

実験方法

種子の収集方法

シャーレに播種したところ、1週間程度で発芽した。本葉が出た時点でプランターに植え変えた。約1ヶ月で花がついたので、人工的に交配させた。結実し、果実が乾燥したのちに、種子の回収を行なった。

✕ 異なる形 / 〇 同じ形

植物の栽培と種子回収

●シャーレに播種したところ、1週間程度で発芽した。
●本葉が出た時点でプランターに植え変えた。
●約1ヶ月で花がつきはじめたので、人工的に交配させた。
●結実し、果実が乾燥したのちに、種子の回収を行なった。

混在させない ■ 異なる図形が混在したり、接したりするとよくありません。図形の形に深い意味のない場合は、図形の種類を統一させましょう。

■ 「楕円」はなるべく使わない

見やすさや美しさの観点から考えて、楕円形は避けるべきです。歪んだ円はあまり美しい形ではないですし、楕円は縦幅や横幅によって、違う形に見えてしまいます。そのため楕円を多用すると、どうしても統一感のない資料になってしまうのです。**楕円を避け、円や四角、角丸四角を使い**ましょう。

✕ 楕円 / 〇 四角

内側の線まで熱湯を注ぎ、フタを閉めて3分間待つ

↓

お湯を捨ててソースをかけたら完成

✕ 楕円 / 〇 四角の背景

	自由度	平方和	F値	P値
密度	1	0.0001	0.329	10.57
形	1	0.0012	7.752	0.01
色	1	0.0015	9.476	0.09
密度×形	1	0.0001	0.638	0.01
密度×色	1	0.0012	0.019	0.89
形×色	1	0.0084	0.066	0.79
密度×形×色	1	0.0002	1.499	0.23
残差	27	0.0042		

楕円は避ける ■ 強調箇所を図形で囲むことがよくありますが、楕円で囲むのは避けましょう。四角で囲んだり、四角の背景を付けたりするほうが読みやすく美しいです。

3-3 角丸四角は慎重に

**角の丸い四角は優しい印象を与えるので、好んで使う人も多いです。
角丸四角を使うときは、丸みをつけすぎないことと、丸みを統一することに注意しましょう。**

■ 角を丸めすぎない

角の丸い四角は、優しい印象や柔らかい印象をもたせるときにとても効果的な図形ですが、角に丸み(アール、半径)がつきすぎると、かっこ悪くなってしまいます。しかも、角の付近で、文字と囲み(枠)が接近しすぎるため、窮屈な印象を与えることがあります。少しの丸みだけでも充分な効果が得られるので、丸みは最低限に抑えるのがよいでしょう。

✕ 丸すぎる

トゲトゲしているより少し丸ほうが良いかもしれませんが、あんまり丸くてもおもしろみがありません。適度な丸みのある人間になりたいものです。尖った四角より、丸みのある四角の方が優しい印象になります。でも、丸みが強すぎるとデザイン的にあまりよろしくありません。ほんの少しだけ丸みをもたせるのがよいです。

冷蔵保存可

〇 適切

トゲトゲしているより少し丸ほうが良いかもしれませんが、あんまり丸くてもおもしろみがありません。適度な丸みのある人間になりたいものです。尖った四角より、丸みのある四角の方が優しい印象になります。でも、丸みが強すぎるとデザイン的にあまりよろしくありません。ほんの少しだけ丸みをもたせるのがよいです。

冷蔵保存可

丸めすぎない ■ 角が丸すぎると美しくありません。

■ 「丸み」は必ず統一する！

角丸四角は、図形のサイズを変更したときに角の丸みが自動的に変わってしまうことがあります。そのため、一度作った角丸四角をコピーして使いまわしていると、同じ資料の中で丸みがバラバラになってしまいます。これでは統一感がなく、美しくありません。複数の角丸四角を使う場合には、丸みを統一しましょう(次ページを参照)。

✕ 丸みがバラバラ　　**〇 丸みを統一**

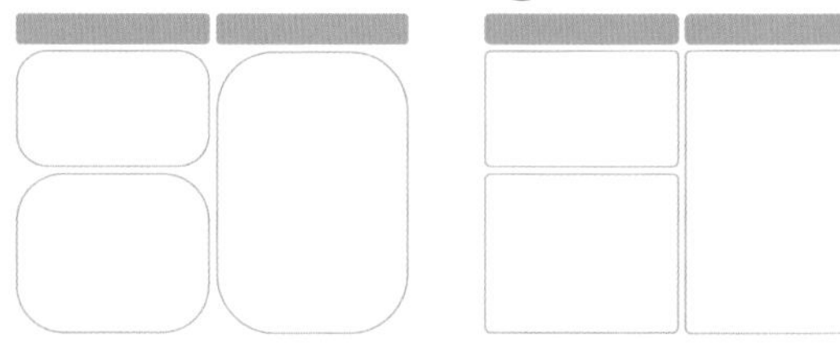

丸みの統一 ■ 複数の角丸四角を使う場合、角の丸みを統一しましょう。図形を拡大縮小したときに、丸みが変わることがあります。

■ 歪んだ丸みはダメ

角丸四角は、縦横比を変えると、角の形が歪んでしまうことがあります。これでは少し不格好です。PowerPointやIllustrator (CS6以前)で作業していると、このミスを犯しやすいです。角の丸い「吹き出し」などの図形の場合も同様です。角が変形していないかの確認は忘れないで下さい。

✕ 歪んでいる　　**〇 適切**

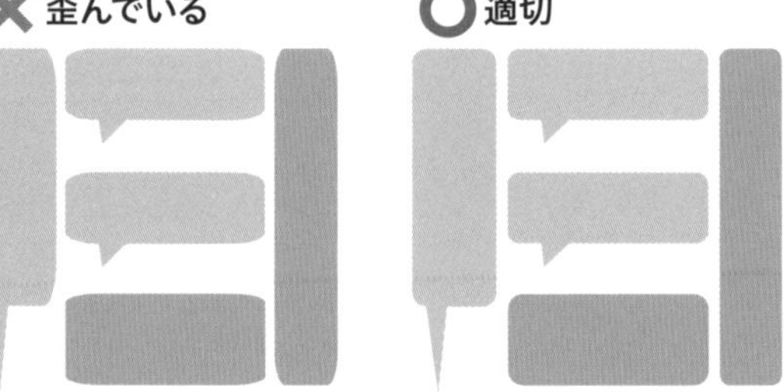

丸みの変形 ■ 角丸図形の角の形が変形していないか確認しましょう。左のように角の丸みが歪んでいると印象が悪くなります。

テクニック 角丸四角の丸みの修正と統一

MS Officeでは？

丸みの強さの修正

PowerPointなどで角丸四角を変形すると、丸みの強さも変わってしまいます(Keynoteなら丸みは変わらない)。この場合は、**丸みの調節機能を使って丸みの強さを修正・統一**しましょう。角丸四角の角付近に現れる黄色いダイヤマークを動かし、丸みを修正できます。

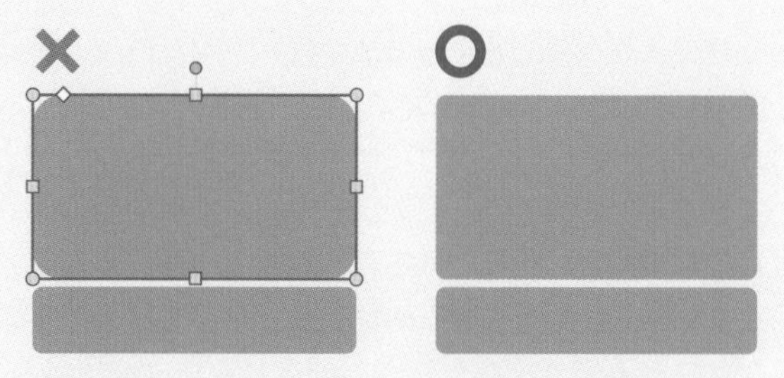

丸みの修正 ■ PowerPointなどでは、上の図の黄色いマーク、Keynoteでは青いマークを動かすことで修正できます。

歪みの修正

何らかの原因で、角丸四角の丸みが歪んでしまった場合、PowerPointなどでは、「頂点の編集」機能を使って各単点(右図の黒い点)を一つひとつ編集し、角の歪みを修正できます。しかし、面倒な上に、きれいに編集するのが難しいので、**改めて角丸四角を描き直す**のがよいでしょう。新規に作った角丸四角は、歪みもなく、上の方法で丸みの強さを変えることも可能です。

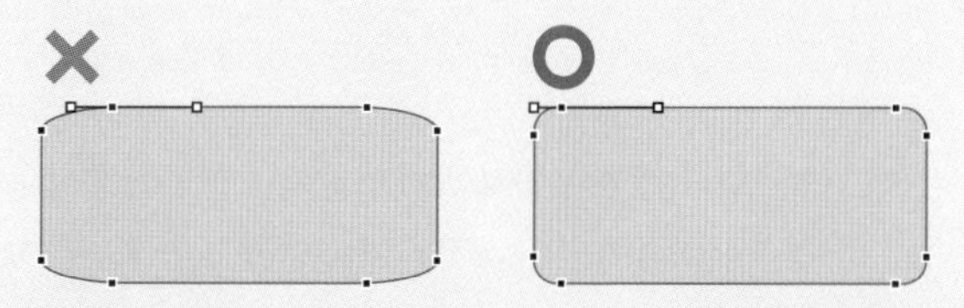

歪みの修正 ■ PowerPointでは、頂点の編集機能を利用して歪みを修正できますが、手間がかかるので、歪んでしまったら書き直しましょう。

Illustratorでは？

Illustrator CCならば、ライブコーナーウィジェットを動かすこと、あるいは[角丸の半径]の値を入力することで角の丸さを簡単に修正できます。

一方、CS6以前のIllustratorならば、まず、普通の四角を描き、[効果]→[スタイライズ]→[角を丸くする]にして、角丸四角を作りましょう。そうすれば、後でいくら縦横比やサイズを変えても、角の丸みが変形することはありません。もちろん、角の丸みを統一(半径の大きさを統一する)したり、後から丸みを変更・修正したりすることも簡単です。

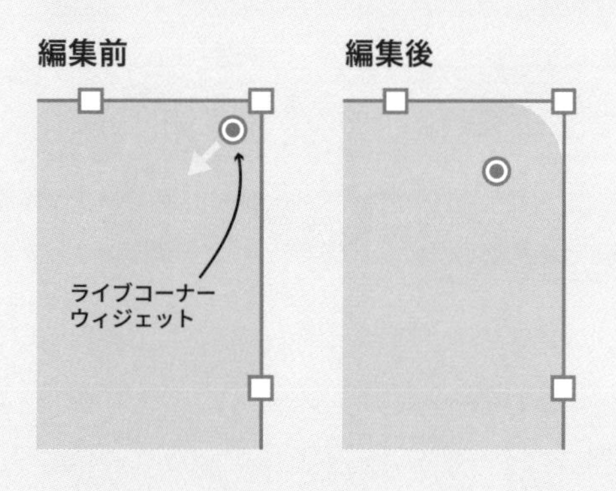

3-4 オブジェクトの装飾

資料作りでは、丸や四角などのオブジェクトはとても有用です。ただし、むやみやたらに配色してしまうと、悪目立ちしてしまいます。色を付けるのは塗りか枠のどちらかだけにしましょう。

■ 色は塗りと枠のどちらかだけが基本

オブジェクト機能を使ってテキストを囲んだり、矢印や円などを作ったりするとき、「塗りつぶし(塗り)」と「枠線(枠)」のどちらにも色を設定することができます。このとき、1つのオブジェクトの「塗り」と「枠」の両方に色を付けると、煩雑な印象を与えてしまいます。**色を付けるのは塗りだけ、もしくは枠だけ**にするのが賢明です。

なお、MS Officeの場合、バージョンにもよりますが、初期設定のままでは、塗りと枠の両方に色が付いた状態でオブジェクトが現れます。どちらかの色を「なし」の設定にするように心がけましょう(p.105のTIPS参照)。

下の例のように塗りか枠の色のどちらかをなくすと、不要な要素がなくなって、すっきりします。囲みやフローチャート、イラスト、グラフなど、どの場合でもこのルールは有効です。

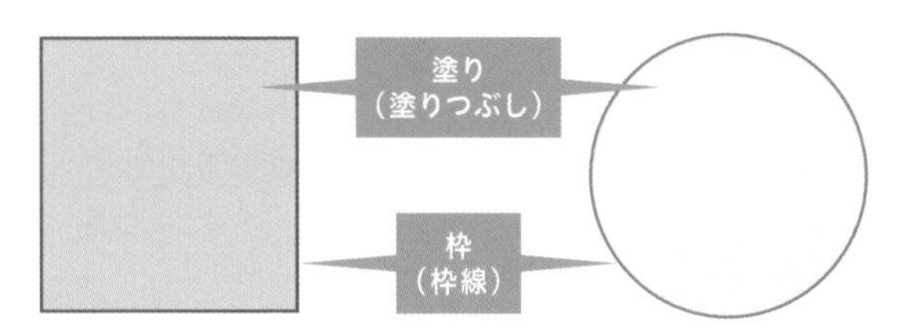

塗りと枠 ■ すべての図形(オブジェクト)は、塗りと枠のそれぞれに色を設定することが可能です。

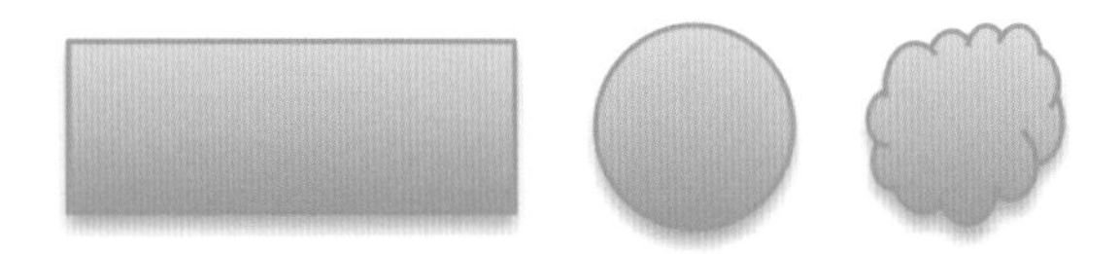

MS Officeの初期設定 ■ 塗りと枠の両方に色が付いた状態が初期設定になっています。どちらかの色を「なし」にするだけで印象は良くなります。

✕ 両方に色が付いている

カワウソが
大発生しています。

ワクワクするほど
知識は身についてきます

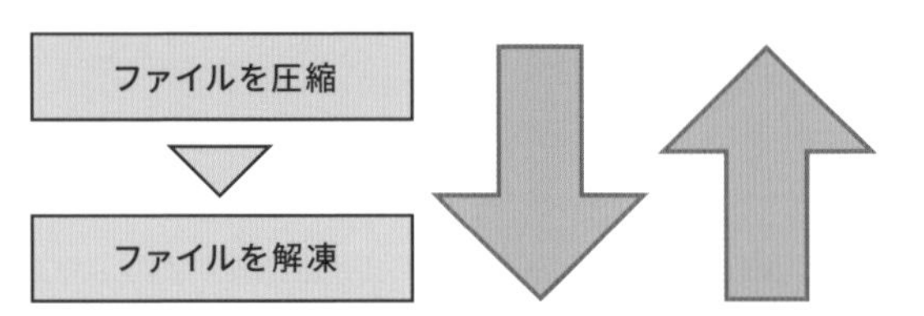

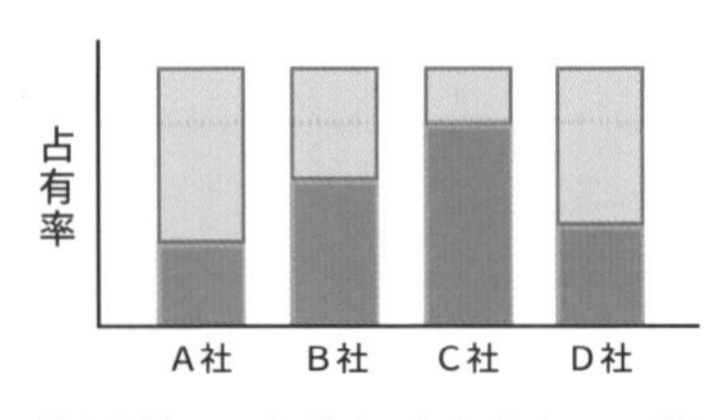

山形のそばは、とても美味しいです。板そばや肉そばが名物です。宮城の牛タンはとても美味しいです。牛タン定食は、どの店舗でも、1500円程度です。

〇 どちらかだけ

カワウソが
大発生しています。

ワクワクするほど
知識は身についてきます

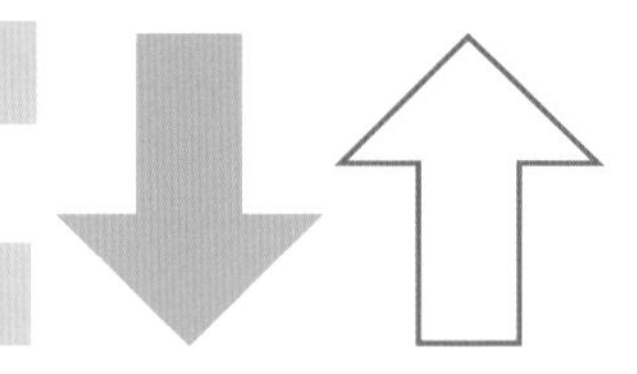

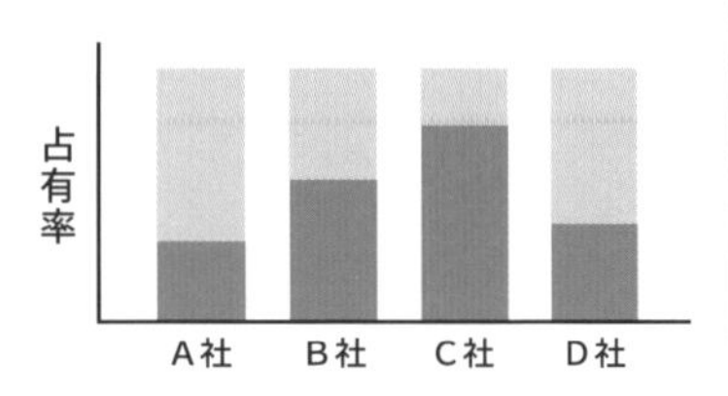

山形のそばは、とても美味しいです。板そばや肉そばが名物です。宮城の牛タンはとても美味しいです。牛タン定食は、どの店舗でも、1500円程度です。

塗りと枠の一方だけに色を付ける ■ 塗りと枠のどちらか一方に色を付けたほうがシンプルで美しくなります。

■ 文字が多い場合は塗り色だけが無難

文字は線で構成されています。そのため、文字と枠線は互いに干渉し、文字が多いときに枠線が増えるとゴチャゴチャした印象を受けるようになります。

文字が多い場合や囲みが多い場合には、**枠線の使用を控えたほうがよい**でしょう。つまり、塗りの色だけで囲うようにします。ただし、配色には注意が必要です(p.184参照)。

× 枠色だけ

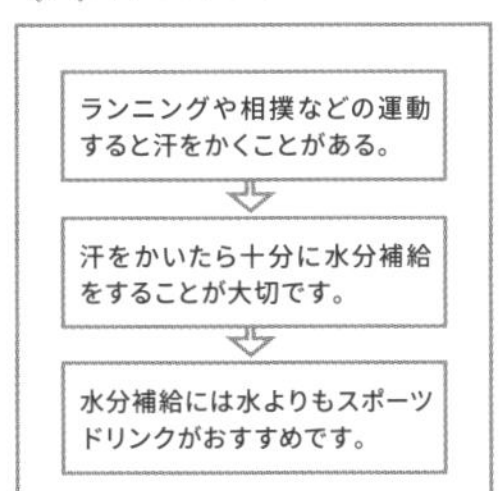

○ 塗り色だけ

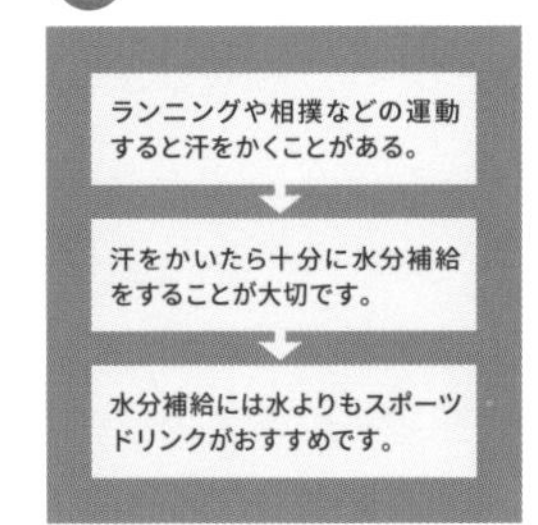

線か塗りか ■ 枠内に文字が入る場合、線だけよりも、塗りだけのほうが読みやすいです。

■ 枠をつけるなら、塗りは薄く

枠と塗りの両方に色をつけたいときには、枠色を薄くすると輪郭のぼやけた印象になります。そのため、ふつうは枠線を濃い色にします。しかし、そこに濃い塗り色が組み合わさると、多くの場合、色同士が干渉し、煩雑な印象になり、文字に集中しにくくなるので、**塗り色を薄くする**ように心がけましょう。

× 塗り色が濃い

表の作り方

線が多くならないように注意しましょう。行間も広めに設定！

○ 塗り色が薄い

表の作り方

線が多くならないように注意しましょう。行間も広めに設定！

塗り色は薄く ■ 枠線と塗りの両方に色を付ける場合は、塗り色を薄くしましょう。

■ 線の太さと印象

図形に枠線をつける際、枠線の太さを指定することができます。一般には、**線が細いほど真面目で落ち着いた印象**を与え、**線がなければ現代的で洗練された印象**を与えます。一方、**線が太いほどやさしく、柔らかな(ある意味では幼い)印象**を与えます。ただし、先述の通り、文字と干渉するような中途半端な太さの線はかえって悪い印象を与えてしまうことがあります。

囲みなどのオブジェクトを使用する際は、線の有無による印象の違いや、太さによる印象の違いを正しく認識しておく必要があります。

現代的で洗練された印象

糖質　脂質　タンパク質

柔らかく親しみやすい印象

糖質　脂質　タンパク質

線の印象 ■ 枠線は太ければ太いほど、柔らかい(幼い)印象になります。

3-5 矢印の使い方

文章と文章を結ぶときや、図形と図形をつなげるとき、フローチャートを作るときに、矢印は大活躍します。しかし、矢印はあくまで脇役なので、悪目立ちは禁物です。

■ 歪めない

矢印は歪めすぎないのが鉄則です。どのソフトでも初期設定のままの矢印オブジェクトはそれなりにバランスのとれた形をしていますが、文字の形と同様、この形をむやみに変形させてしまうと不格好になります。矢印の柄の太さと矢じりの形を変形させないようにしましょう。長さの異なる複数の矢印を使用する場合は、矢じりの大きさと柄の太さを統一するように心がけましょう。

✕ 歪んでいる

矢印のオブジェクト
触るとすぐ歪む
歪んだら直す
柄　矢じり　長さ

○ 揃っている

矢印のオブジェクト
触るとすぐ歪む
歪んだら直す
柄　矢じり　長さ

矢印を歪めない ■ 矢印を変形させると不格好になります。矢じりの大きさや形、柄の太さを統一しましょう。

■ 目立たなくする

矢印は事柄と事柄をつなぐ役割の図形です。決して主役ではないので、必要以上に目立つと、資料の内容の理解を妨げてしまいます。矢印はなるべく目立たせないような形、配色にしましょう。

既出の色や、淡い色、灰色などを使うと、より落ち着いた矢印にすることができます。

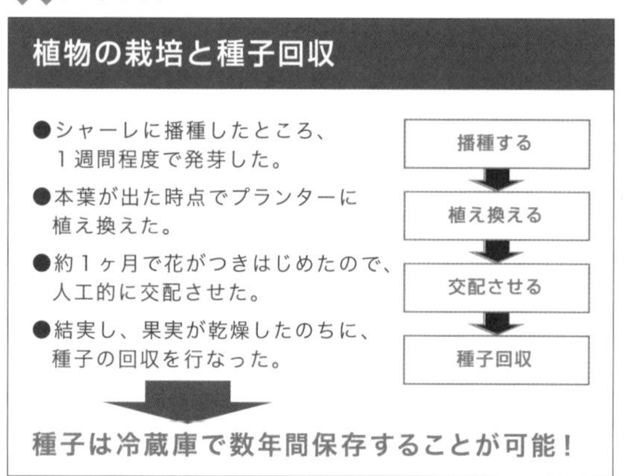

✕ 矢印が目立つ
植物の栽培と種子回収
●シャーレに播種したところ、1週間程度で発芽した。
●本葉が出た時点でプランターに植え換えた。
●約1ヶ月で花がつきはじめたので、人工的に交配させた。
●結実し、果実が乾燥したのちに、種子の回収を行なった。
播種する
植え換える
交配させる
種子回収
種子は冷蔵庫で数年間保存することが可能！

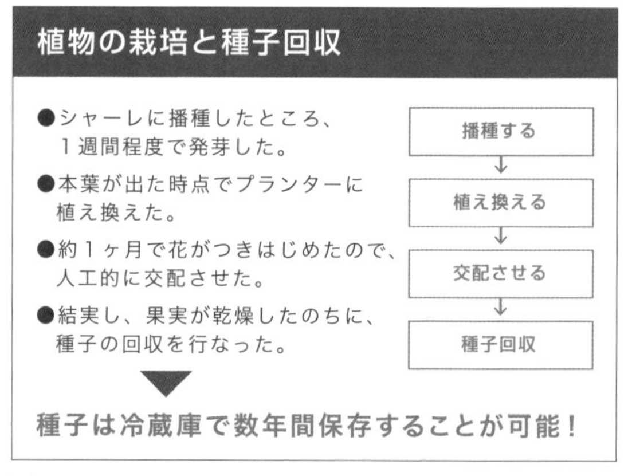

○ 矢印が目立たない
植物の栽培と種子回収
●シャーレに播種したところ、1週間程度で発芽した。
●本葉が出た時点でプランターに植え換えた。
●約1ヶ月で花がつきはじめたので、人工的に交配させた。
●結実し、果実が乾燥したのちに、種子の回収を行なった。
播種する
植え換える
交配させる
種子回収
種子は冷蔵庫で数年間保存することが可能！

矢印は控えめに ■ 矢印が悪目立ちすると、内容に集中しにくくなります。

■ 矢印のいろいろ

MS Officeでは、さまざまな矢印オブジェクトが用意されていますが、どれも悪目立ちする傾向があります。色を工夫する(淡い色にするなど)のもよいですが、別の形の図形を使うという手もあります。

　例えば、右の例のように、立体的で派手な矢印でなく、**線で矢印を作ったり(下のTIPS参照)、三角形(▼)を用いたり**すると、シンプルで控えめな矢印を作ることができます。

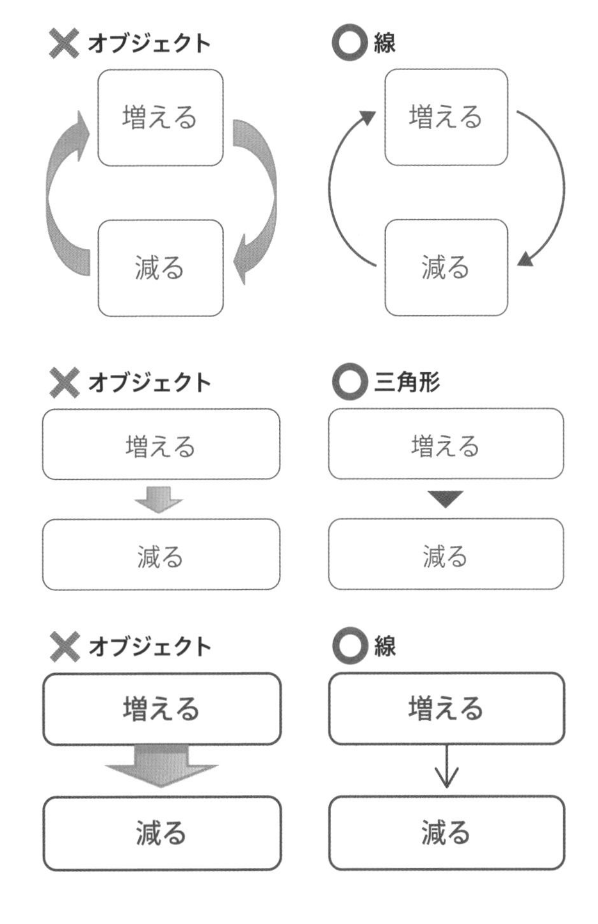

TIPS 矢印の形の調整

矢印オブジェクトの場合

MS Officeのオブジェクト機能を使って矢印を書いた場合、図形上の黄色いダイヤの部分を動かすことで、矢じりの形や大きさ、柄の太さや長さを調整できます。

線でできた矢印の場合

直線あるいは、曲線を右クリックし、[図形の書式設定]→[線]→[太さと矢印]に進むと、矢印の形状やサイズなどを自由に選ぶことができます。

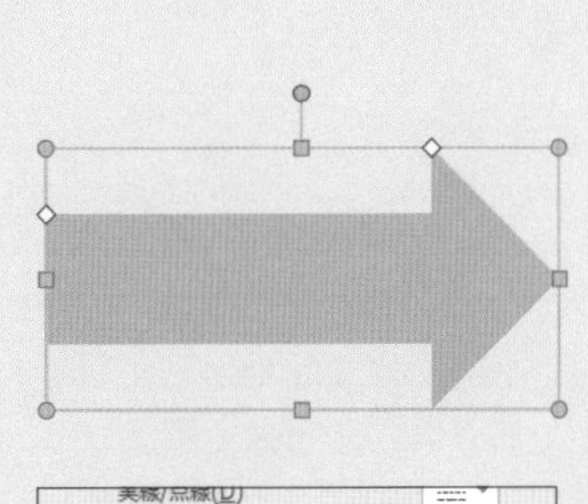

コラム　既存のオブジェクトの活用法

既存の図形は派手すぎる

MS Officeの便利な機能に、フローチャートや図解の作成支援があります(SmartArt)。しかし、古いバージョンだと初期設定の色やフォントなどがあまり美しくありません。「影」や「グラデーション」「枠線」「立体感」など、余計な要素が多すぎて、内容に集中しにくいですし、派手すぎて、スライド全体の統一感を損ねてしまいます。

✕ 派手　　○ シンプル

既存の装飾は消す ■ MS Officeに用意されている装飾は派手すぎて、内容に集中できません。影や立体感、グラデーションをなくしてシンプルにしましょう。

影と枠線、立体感、グラデーションを削除

グラデーションや影、立体感などの複雑な要素がないほうが、受け手にストレスを与えないデザインになります。これらの余計な要素はこまめに消しましょう(次ページ上のTIPS参照)。シンプルなオブジェクトが一番です。

複雑なオブジェクトは使わない

MS Officeに入っている複雑なオブジェクトの使用は避けましょう。丸や四角、三角、単純な矢印、吹き出しなら問題ないのですが、右に示したような複雑な図形は集中を妨げるだけです。

既存の複雑なオブジェクトは避ける ■ 上記のようなオブジェクトは避けて、シンプルな図形だけを使いましょう。

吹き出しも歪めない

矢印と同様、「吹き出し」も歪めすぎないようにしましょう。PowerPointなどの場合、吹き出しオブジェクトを縦や横に伸ばすと、突出部分まで不気味に変形してしまい、最悪の場合、吹き出しに見えなくなってしまいます(右図)。歪んだ図形は資料の印象を悪くするので、歪んだ吹き出しを使わずに、突出部分の形を整えた吹き出しを使うようにしましょう(次ページ下のTIPS参照)。

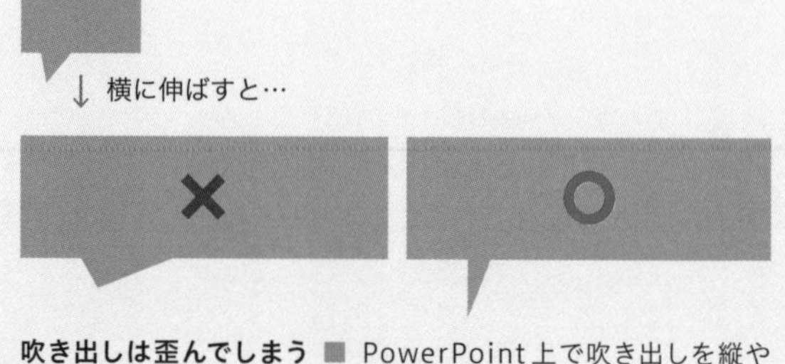

吹き出しは歪んでしまう ■ PowerPoint上で吹き出しを縦や横に拡大縮小すると、突出部分が歪んでしまいます。

TIPS オブジェクトの編集

MS Officeの図形の余計な装飾は、図形をダブルクリック→[図形の枠線]→[枠線なし]や、[図形の効果]→[影なし]を選んだりすることで簡単に修正できます。

なお、図形を右クリック→[図形の書式設定]で、枠線の色、塗りの色、影の有無、グラデーション、立体感などの設定を変更できます。例えば影をなくすには、[影]の標準スタイルから[なし]を選択します。Macの場合は[影]設定で、[影]のチェックを外すだけです。SmartArtの場合、できるだけシンプルな設定を選びましょう。

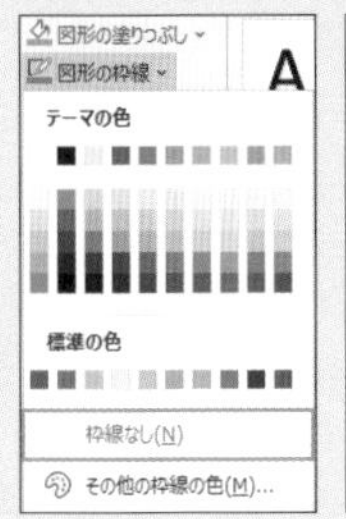
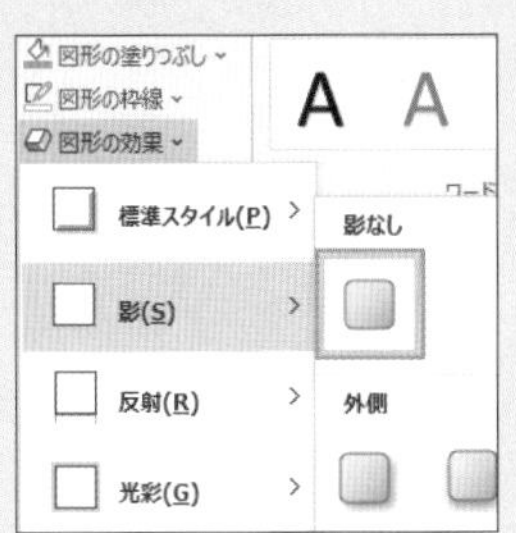

手動で要素を消す ■ [図形の枠線]や[図形の効果][図形の書式設定]から線や影を消すことができます。

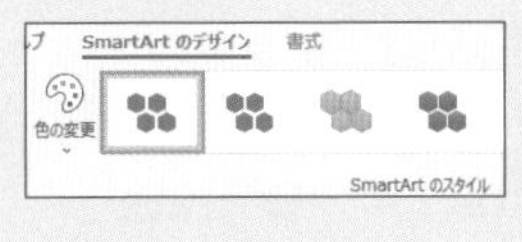

SmartArtの場合 ■ スタイルから装飾の少ないものを選びましょう。

TIPS 吹き出しの形を整える

吹き出しの形を編集する最も簡単な方法は、PowerPoint上での頂点の編集です。図形の上で右クリック→[頂点の編集]で、吹き出しの単点の位置を動かし、適切な形に整えましょう。

もう1つはPowerPointの図形の合成(p.119参照)を使う方法です。下右図のように三角と四角で吹き出しの形を作り、2つの図形を選択し、[図形の結合]オプション→[接合]で、2つの図を結合します。

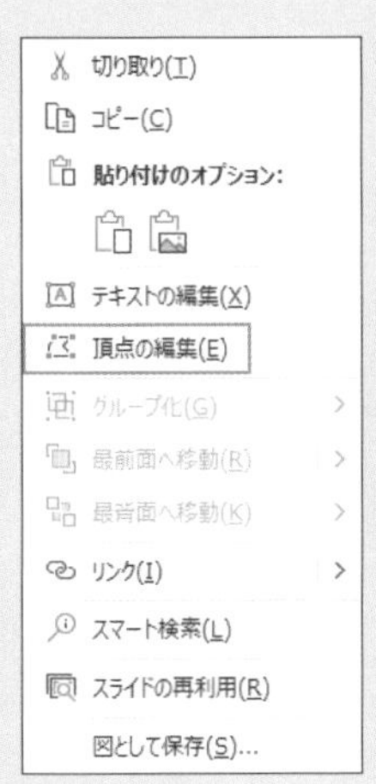
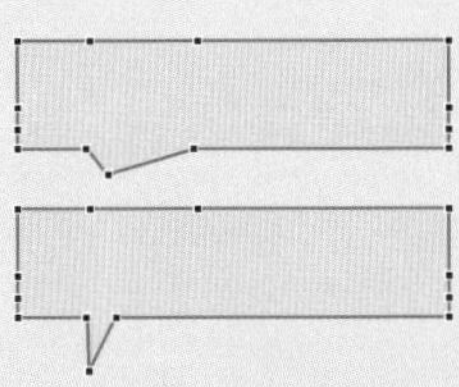

方法1：頂点の編集で吹き出しを修正 ■ 頂点を編集できれば、あらゆる図形が編集可能です。吹き出しの歪みも簡単に直せます。

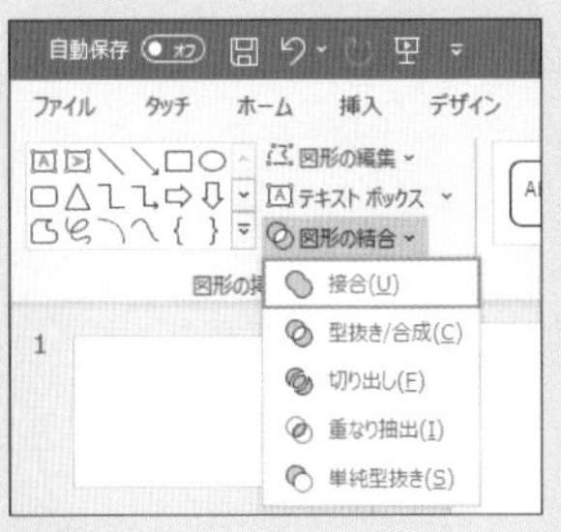
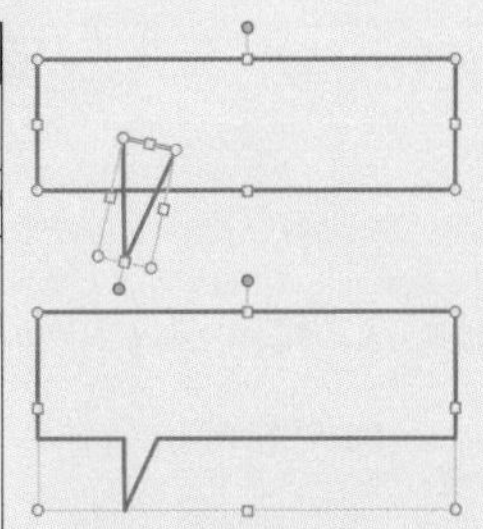

方法2：和集合 ■ PowerPointでは、複数のオブジェクトを合成することが可能です。吹き出し以外にもさまざまな図形に応用可能です。

3-6 囲みと文字の組み合わせ方

ここからは、図形と文字との組み合わせ方について紹介します。文字を枠で囲む場合は枠内に必ず「余白」を設けましょう。余白がないと、非常に読みにくく、かっこ悪くなります。

■ 余白を必ず作る！

枠の中に単語や文章を入れることはよくあります。このとき注意したいのが「文字と枠の近接」です。文が枠に近接しすぎると、圧迫感が生じ、可読性が下がります。「ギリギリだけど収まったからいい」なんてことはありません。文章を枠内に入れる場合は、上下左右に1文字分以上の余白を確保しましょう。文章が収まらない場合は、余白を減らすのではなく、文字の量を減らしたり、文字サイズを小さくしたりしましょう。そのほうが読みやすくなります。

文章だけではなく、短い語句でも必要です。枠は大きめにとりましょう。ちょっとしたことですが、こういった積み重ねが全体の読みやすさを大きく変えます。

✕ 余白がない

枠の中に単語や文章を入れるとき注意したいのが「文字と囲みの接近」。ギリギリだけど収まったからいいなんてことはありません。

〇 1文字分の余白

枠の中に単語や文章を入れるとき注意したいのが「文字と囲みの接近」。ギリギリだけど収まったからいいなんてことはありません。

余白は大切 ■ 枠の中に文を書く場合、1文字分程度の余白を設けると、圧迫感がなくなり、読み手にストレスを与えません。

✕ 余白がない

白鳳の森公園とは

白鳳の森公園は多摩丘陵の南西部に位置しています。江戸時代は炭焼きなども行われた里山の自然がよく保たれています。園内には，小栗川の源流となる湧水が5か所ほど確認されています。地域の人々の憩いの場になるとともに，希少な植物群落について学習できる公園として愛されています。

園内の動植物

植物は四季折々の野生の植物が500種類以上が記録されており，5月には希少種であるムサシノキスゲも観察することができます。動物もタヌキやアナグマ，ノネズミなど，20種類の生息が確認されています。また，昆虫はオオムラサキなどの蝶をはじめ，6月にはゲンジボタルの乱舞も見ることができます。

〇 1文字分の余白

白鳳の森公園とは

白鳳の森公園は多摩丘陵の南西部に位置しています。江戸時代は炭焼きなども行われた里山の自然がよく保たれています。園内には，小栗川の源流となる湧水が5か所ほど確認されています。地域の人々の憩いの場になるとともに，希少な植物群落について学習できる公園として愛されています。

園内の動植物

植物は四季折々の野生の植物が500種類以上が記録されており，5月には希少種であるムサシノキスゲも観察することができます。動物もタヌキやアナグマ，ノネズミなど，20種類の生息が確認されています。また，昆虫はオオムラサキなどの蝶をはじめ，6月にはゲンジボタルの乱舞も見ることができます。

余白は絶対に確保する ■ 複数行にわたる文章であれば、上下左右に1文字分以上の余白を必ずとりましょう。文字を多少小さくしたり、文字数を少し減らしたりしてでも、余白を設けたほうが読み手に優しいデザインになります。

■ 必要な余白は文字の量で変わる

余白の目安は1文字分ですが、適切な余白の広さは、文字数によって変わります。一般には、**文字数が多いほど余白を多めに、文字数が少ないほど余白を少なめに**するとよいでしょう。これは、「文字数が多いほど行間を多めにしたほうが読みやすくなる」というのと共通した考え方です。

文字数が極端に少ない場合は、余白を1文字分とってしまうとむしろスカスカな印象を受けます。余白の量は文字数に合わせて調節しましょう。

✕ 1文字分の余白

白鳳の森公園は多摩丘陵の南西部に位置しています。江戸時代は炭焼きなども行われた里山の自然がよく保たれています。園内には，小栗川の源流となる湧水が 5 か所ほど確認されています。地域の人々の憩いの場になるとともに，希少な植物群落について学習できる公園として愛されています。

植物は四季折々の野生の植物が 500 種類以上が記録されており，5 月には希少種であるムサシノキスゲも観察することができます。動物もタヌキやアナグマ，ノネズミなど，20 種類の生息が確認されています。また，昆虫はオオムラサキなどの蝶をはじめ，6 月にはゲンジボタルの乱舞も見ることができます。

毎週土曜日には，ボランティアガイドの方による野草の観察会が催されています。身近な植物の不思議議な生態や，希少な植物について，興味深い話をきくことができます。　植物は四季折々の野生の植物が 500 種類以上が記録されており，5 月には希少種であるムサシノキスゲも観察することができます。

○ 2文字分の余白

白鳳の森公園は多摩丘陵の南西部に位置しています。江戸時代は炭焼きなども行われた里山の自然がよく保たれています。園内には，小栗川の源流となる湧水が 5 か所ほど確認されています。地域の人々の憩いの場になるとともに，希少な植物群落について学習できる公園として愛されています。

植物は四季折々の野生の植物が 500 種類以上が記録されており，5 月には希少種であるムサシノキスゲも観察することができます。動物もタヌキやアナグマ，ノネズミなど，20 種類の生息が確認されています。また，昆虫はオオムラサキなどの蝶をはじめ，6 月にはゲンジボタルの乱舞も見ることができます。

毎週土曜日には，ボランティアガイドの方による野草の観察会が催されています。身近な植物の不思議議な生態や，希少な植物について，興味深い話をきくことができます。　植物は四季折々の野生の植物が 500 種類以上が記録されており，5 月には希少種であるムサシノキスゲも観察することができます。

✕ 1文字分の余白

都会の中の大自然、白鳳の森公園

○ 0.5文字分の余白

都会の中の大自然、白鳳の森公園

✕ 1文字分の余白

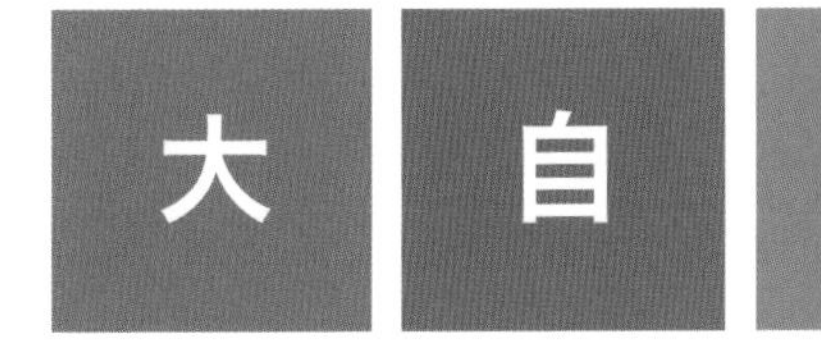

○ さらに少ない余白

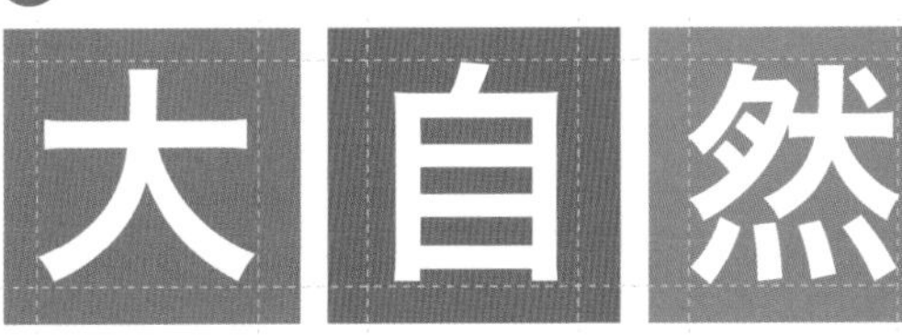

適切な余白 ■ 左側の例は、いずれも1文字程度の余白を上下左右に設けたものですが、文字数によって窮屈さは変わります。文字数が多い場合(一番上のようなとき)は1文字分以上の余白を設けるとよいでしょう。下の2つの例のように、文字数が少なければ1文字分ではやや余白が広すぎてしまいます。

テクニック

余白の作り方

MS Officeで余白を作る

MS Officeの場合、四角や丸などのオブジェクトの中に文字を直接書き込むことができますし、テキストボックスの背景色を設定することで枠の中に字が入ったように見せることもできます。しかし、余白が狭くなりすぎたり、フォントによっては文字が中央よりも上に寄ってしまって余白が均一にならなかったりするという問題があります(特にメイリオを使った場合にこのような問題が生じます)。解決策は2つあります。

① オブジェクトとテキストを別々に作る

上に挙げた問題を解決する最も簡単な方法は、四角とテキストボックスを別々に作ることです。すなわち、右下の例のように、文字を書き込んでいない四角のオブジェクトの上に、背景色を付けていないテキストボックスを重ねるということです。これなら、**それぞれのサイズや位置を調節することで、文字をきれいに配置**することができます。

なお、Ctrlキー（Macならば⌘キー)を押しながら矢印キーを押すと、テキストボックスやオブジェクトの位置を微調整できます。

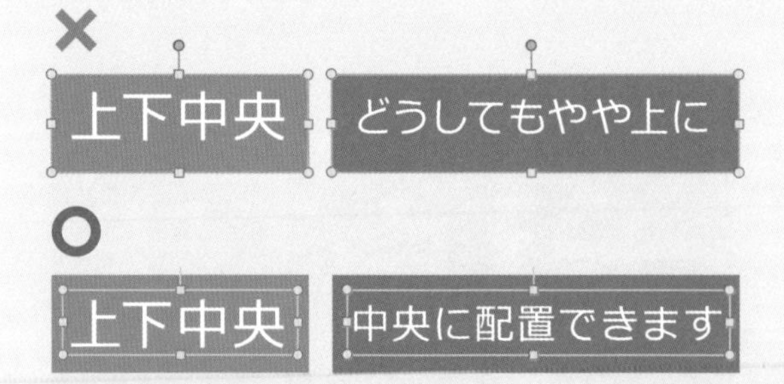

上下の余白は均等に ■ オブジェクトの中に文字を書くと、上下の余白が不均一になってしまい、資料の印象を悪くします。オブジェクトとテキストボックスを別々に作って配置すれば簡単に解決できます。

✕ 直接書き込む

白鳳の森公園は多摩丘陵の南西部に位置しています。江戸時代は炭焼きなども行われた里山の自然がよく保たれています。園内には，小栗川の源流となる湧水が5か所ほど確認されています。地域の人々の憩いの場になるとともに，希少な植物群落について学習できる公園として愛されています。

直接書き込むと ■ オブジェクトの中に文字を直接書き込むと、余白が上下左右で均一にならなかったり、余白が全体的に足りなかったりします。

○ 別に作る

白鳳の森公園は多摩丘陵の南西部に位置しています。江戸時代は炭焼きなども行われた里山の自然がよく保たれています。園内には，小栗川の源流となる湧水が5か所ほど確認されています。地域の人々の憩いの場になるとともに，希少な植物群落について学習できる公園として愛されています。

枠と文字は別に作る ■ 枠の内側に別に作ったテキストボックスを配置すれば、上下左右均等な余白を作ることができます。

② 余白を設定する(特にWordの場合)

PowerPointでは、①の方法が最も簡単ですが、比較的小さな文字を扱うWordなどでは、オブジェクト内部(あるいはテキストボックスの内部)の**余白を手動で設定した上で、文字を書き込む**のが最良かもしれません。テキストボックスあるいはオブジェクトの図形を選択した状態で右クリックし、Windowsなら[図形の書式設定]→[文字のオプション]→[テキストボックス]ボタンで、Macなら[図形の書式設定]→[テキストボックス]と進み、テキストボックスの設定ダイアログボックスで、上下左右の余白を設定しましょう。フォントによっては、上下の余白の量を同じ値にしても、余白が均一にならない場合があるので、微調整が必要になります。

なお、オブジェクトの中に文字を書き込む場合にも、行間の設定を忘れないで下さい(p.64のテクニック参照)。

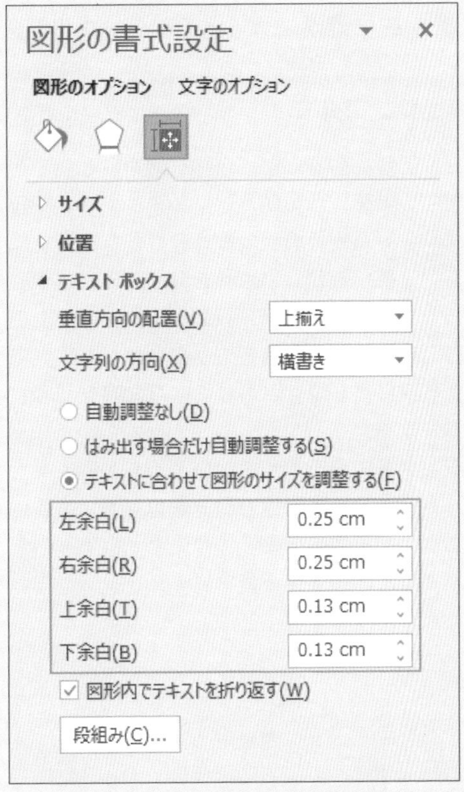

余白の設定 ■ 上下左右の余白が、中の文章の1文字分の余白ができるように設定しましょう。値は試行錯誤しながら決めるしかありません。フォントによっては、上下左右の余白の量を異なる値にする必要が出てきます。

3-7 図解を見やすく、美しく

図解は、複数のオブジェクトを組み合わせて作るため、要素が増えて見にくくなってしまいがちです。直感的に理解できるようなシンプルな図解を心がけましょう。

■ 図解をシンプルに

シンプルな図解を作るには、**色数を増やさない**ことが大切です。無闇に色を使うとまとまりのない印象になります。同系色の濃淡で塗り分けたり、灰色などの無彩色を使ったりして色数を減らしましょう。

オブジェクトの使い方の項目でも解説したように、**塗りと枠線の両方に色をつけない**ほうがよいでしょう。両方に色がつくと煩雑になり文字を認識しにくくなります。

オブジェクトの形を増やさないことも大切です。できるかぎり同じ形の図形を組み合わせましょう。角の丸すぎる四角や楕円を使わないようにするのもすっきりとした図解を作るコツです。

✕ 色や形が多すぎる

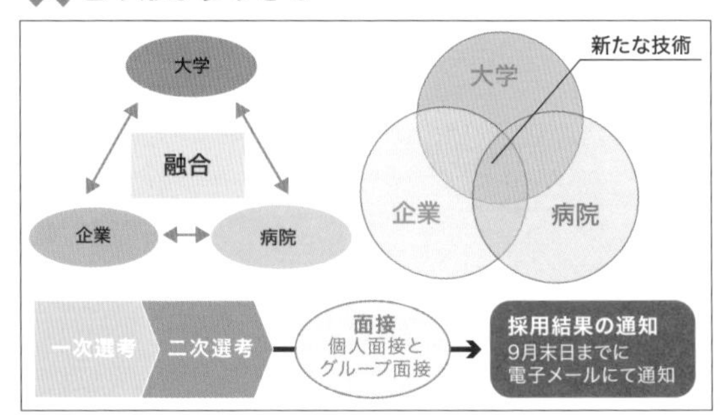

〇 シンプルに

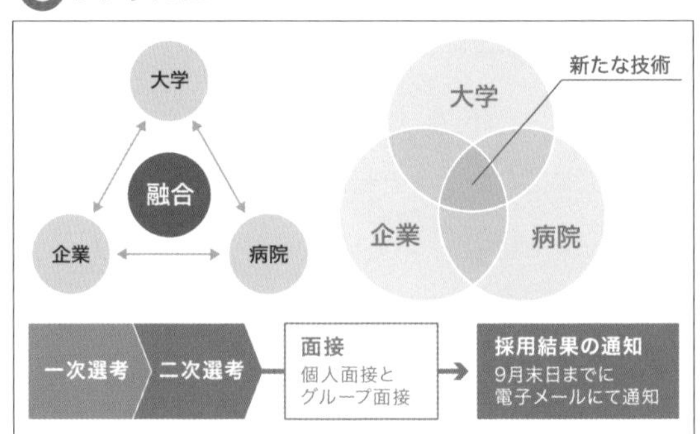

シンプルな図解に ■ 図解自体が煩雑にならないように注意。

■ 自然な流れで視線誘導

横書きの書類では、**目線は左上から右下に動きます。** 情報が右から左、下から上へ流れていると自然な目線の動きを妨げ、受け手にストレスを与えてしまいます。意図もなく、あるいは単に発信者の都合により、情報が下から上、あるいは右から左、反時計回りに流れるような図解は避けましょう。

✕ 右から左

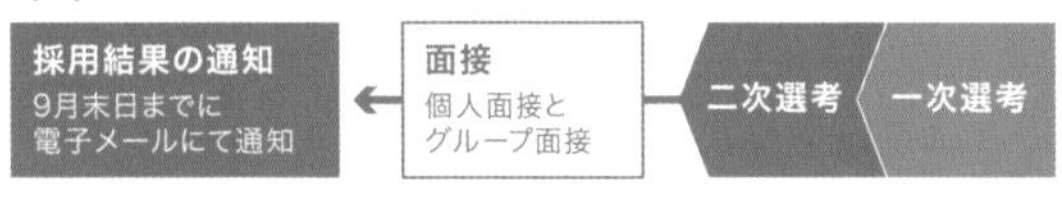

〇 左から右

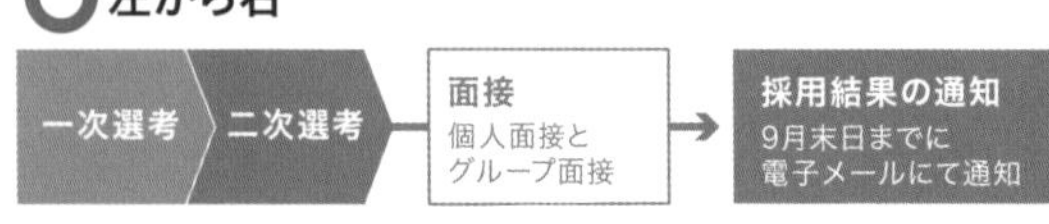

図解の流れ ■ 自然な目線の流れに合わせます。

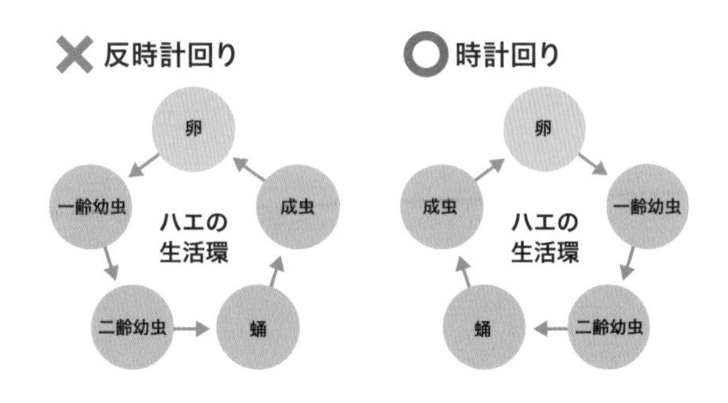

■ フローチャートは位置と大きさを揃える

フローチャートを作るときに、語句や文章を枠で囲って矢印で結ぶとわかりやすくなります。このとき、枠の大きさや位置が揃っていないとバランスが悪く見映えが悪いので、文字数にかかわらず、**枠の幅や形を揃えましょう。**また、**矢印を控えめにする**こともきれいな図解を作るコツです。

×
つまづいて転ぶ
メガネが傾く
前が見えなくなる

○
つまづいて転ぶ
メガネが傾く
前が見えなくなる

文字の囲み方 ■ 同じ形で揃えるときれいになります。

× 文字を矢印で結ぶ

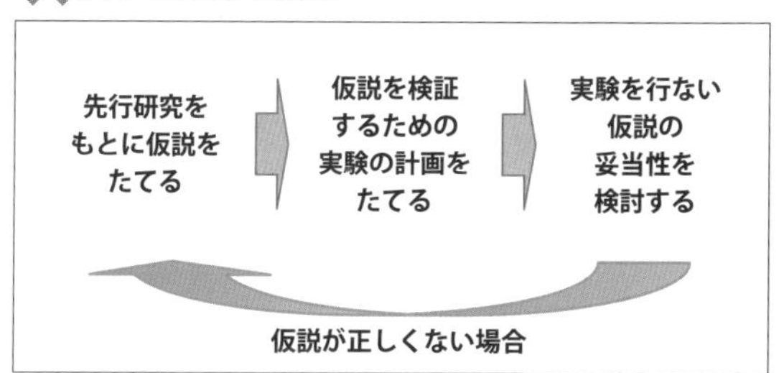

○ ボックスで囲み、形を揃える

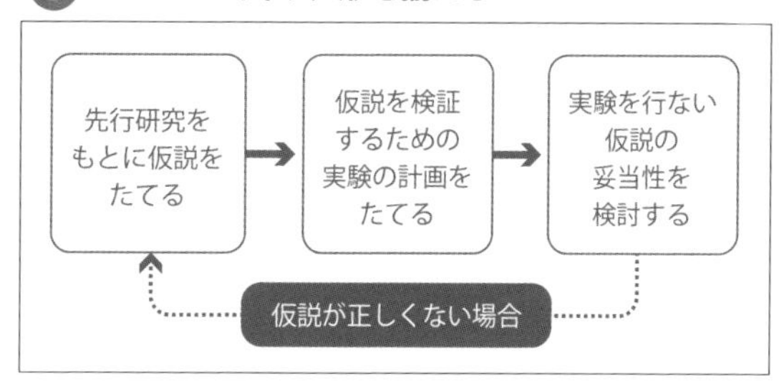

× ボックスの位置・大きさがバラバラ

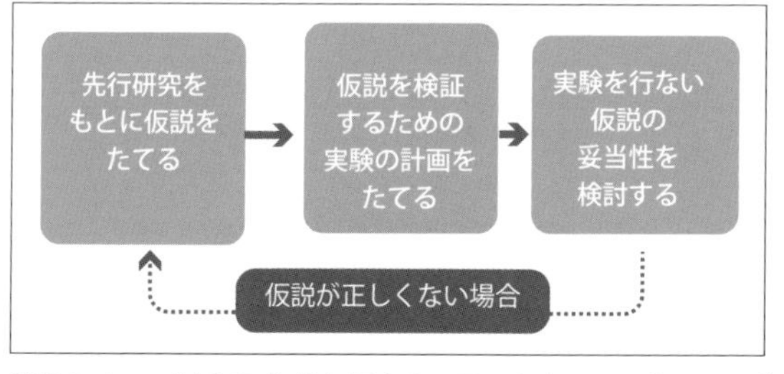

○ ボックスの位置・大きさを揃える

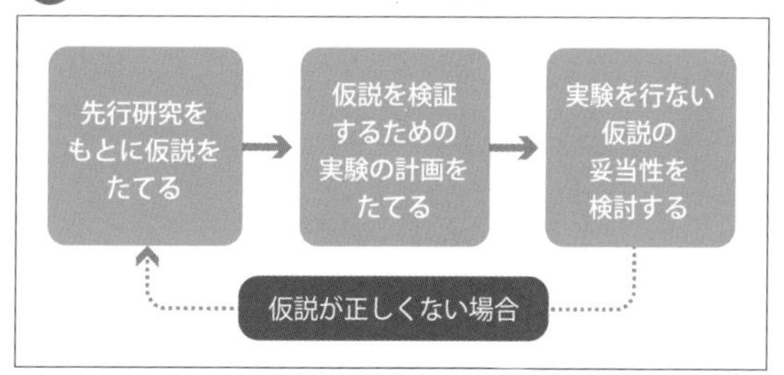

複雑なチャート図 ■ 複雑な場合も、囲みをきれいに並べ、オブジェクト作成の注意点(枠と塗りの両方に色を付けない、丸みをつけすぎない、形を統一、矢印を目立たないようにするなど)を守って作りましょう。

■ 視線の動きを邪魔しない配色

目線を誘引する力は、色(詳細はp.182参照)によってさまざまです。鮮やかで明るい色は、淡く暗い色より目を引きますし、赤は、普通、緑や青よりも誘引力の強い色です。そのため、右の図のようにフローチャートの下流の囲みの色が赤だと、最初に下流の赤い囲みに目が誘引され、上流の囲みを読み飛ばしそうになります。色自体に意味がない場合や、それぞれの項目の重要度に差がない場合は、**流れの上流側に、誘引力の強い色を配置**しましょう。

× 右から見てしまう

○ 左から読みたくなる

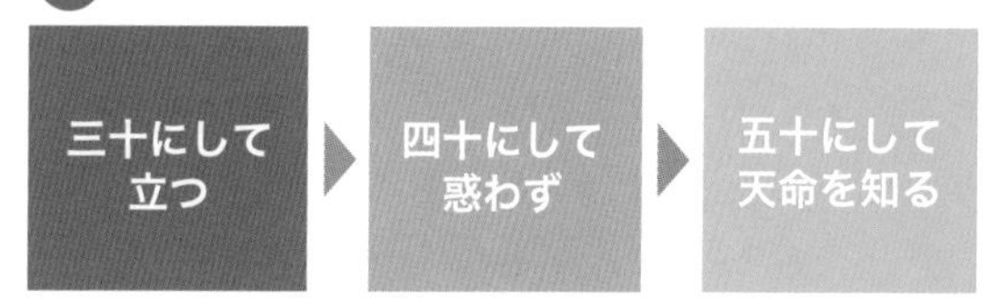

色の誘引 ■ 誘引力の強い色を使うときは、流れに逆らわないように。

3-8 画像の基本知識

パソコンを使って作成したり、編集したりする画像にはラスター形式とベクター形式の2種類があります。それぞれの特徴や長所・短所を理解して画像を使いこなしましょう。

■ ラスター画像とベクター画像

画像にはラスター形式(ビットマップ形式)とベクター形式の2種類があります。**ラスター形式はピクセルの集合として画像を表現する**方法です(拡張子はjpg, png, bmp, tiffなど)。ピクセルごとに色が定義され、面積当たりのピクセル数(ppiなどで表される)が多いほど解像度の高い鮮明な画像になります。デジタルカメラで撮った写真やウェブページ上のイラストはラスター形式での画像です。

ベクター形式は、座標とそこを起点とする線の角度や長さの情報から輪郭線をその都度計算し、色情報と合わせて画像を表現する方法です(拡張子はeps, aiなど)。WordやPowerPointで使われる丸や四角のオブジェクトはベクター形式です。文字やExcelのグラフもベクター形式の情報です。

ラスター画像　ベクター画像

2つの画像の形式 ■ ラスター形式とベクター形式の画像は拡大表示したときに見た目の違いが現れます。

■ 長所と短所

ラスター画像はピクセル情報ですので、拡大しすぎると右図のように個々のピクセルが見えて輪郭がぼやけてしまいます。一方、ベクター画像は拡大しても輪郭が粗くならないので、いくらでも拡大・縮小できます。ベクター画像は何度でも輪郭線の形や、線や塗の色などを修正することが可能です。

データサイズについても差があります。一般に、ラスター形式は、画像の大きさと解像度によってデータサイズが決まります。一方、ベクター形式は、座標によって画像が表示されるので、複雑な画像ほど描画に必要な座標の数が増え、データサイズが大きくなります。

なお、ラスター形式のうちjpgは非可逆圧縮であり、画像を開いて「保存」するたびに圧縮処理が行われて画質が悪くなります。必ず元のデータは残しておきましょう。

写真はラスター形式 ■ 拡大時にピクセルが見えます。

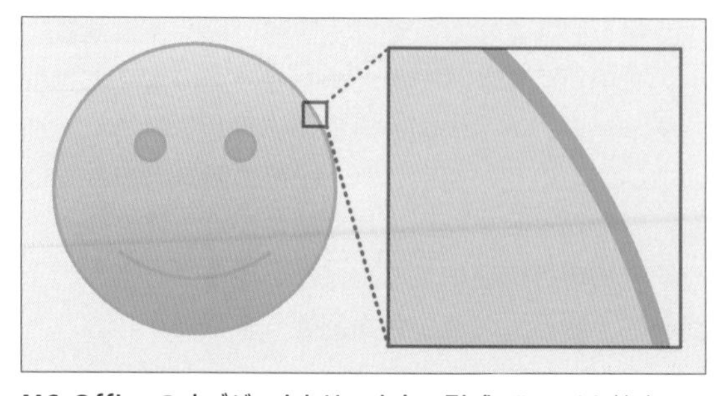

MS Officeのオブジェクトはベクター形式 ■ いくら拡大しても粗くなりません。

テクニック 画像編集のソフトウェア

ラスター画像の編集

写真やすでに画像化されているイラストなどは、ラスター画像を加工するためのソフトで編集します。Photoshopがもっとも高機能のソフトで、ラスター画像の編集についてあらゆることができます。手軽に加工、編集をしたい場合は、パソコンに標準搭載されているフォトやペイント、プレビューといったソフトが便利です。いずれも、画像のトリミングや簡単な色の編集などを行うことができます。

Photoshopに似て高性能のラスター画像の編集ソフトにGIMPというフリーソフトがあります。

ベクター画像の編集

簡単なイラストや挿絵を作成する場合は、通常、ベクター形式(eps, ai形式など)で作ります。もっとも本格的なソフトは、Illustratorです。PowerPointやWord、Keynoteなどでも簡単なベクター形式のイラストを作成することができます(p.117参照)。

Illustratorに似て高い性能をもったベクター画像の編集のためのフリーソフトにInkscapeやVector Stylerというものがあります。

テクニック 解像度が勝手に下がらないようにする

WordやPowerPointに、高解像度のビットマップ画像やデータサイズの大きいベクター画像を挿入したり貼り付けたりしたとき、その瞬間は問題ないのですが、ファイルを一度閉じてから改めて開いたときなどに画像の解像度が著しく低下していることがあります。この問題を解決するには、それぞれのソフトが行っているファイルサイズの自動圧縮をOFFにする必要があります。Windowsなら、Word/PowerPointとも、[ファイル]→[オプション]→[詳細設定]→[イメージのサイズと画質]で[ファイル内のイメージを圧縮しない]のチェックをいれます。Macの場合、Wordなら[ファイル]→[ファイルサイズの圧縮]と進み、[元の品質を使用する]を選びます。PowerPointなら、[ファイル]→[図の圧縮]と進み、[元の品質を使用する]を選びます。

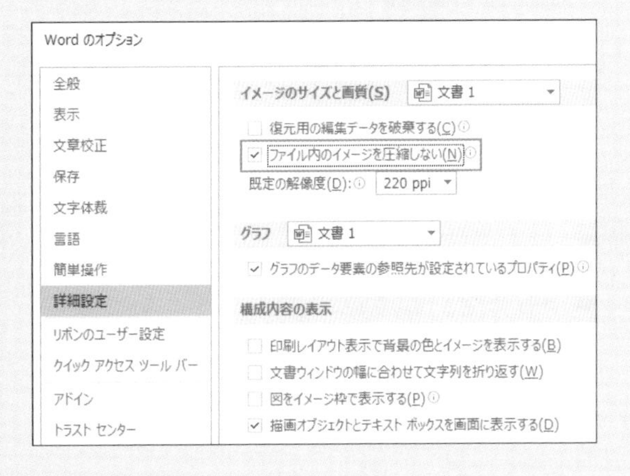

3-9 ラスター画像の扱い方

ラスター画像は、十分な解像度を確保したり、色合いを調整すると美しく示すことができます。トリミングなどで余計な部分を除去するのも効果的です。

■ 適切な解像度

ラスター画像は、**解像度が不十分だときれいに見えません。**画面やスクリーンに投影する場合は、拡大して(倍率100%以上で)使うのは避けましょう。印刷する資料の場合は、解像度の高い画像を用いるようにしましょう。ただし解像度が高すぎるとファイルサイズが大きくなりすぎるので、印刷所に出す(300ppiが求められる)などではない限り、ピクセルが見えなければ問題ないでしょう。

高解像度の画像

低解像度の画像

解像度 ■ 解像度が足りないと、図が鮮明に見えません。

■ 彩度や明度の変更

生き物や食べ物の写真は、彩度や明度で印象が大きく変わります。p.113で挙げたラスター画像の加工のためのソフトではもちろん、WordやPowerPointでも**色合いの調整を行う**ことができます。コントラストを変えたり、カラー写真をセピア色やグレースケールに変えることも簡単です。

彩度低い ←→ 彩度高い

明度低い ←→ 明度高い

彩度と明度 ■ 鮮やかさや明るさを変えて、見やすい画像に編集しましょう。

■ トリミングと背景の削除

ラスター画像、特に写真には背景などの余計な要素がたくさん含まれています。余計な情報はノイズになるため、理解の妨げになることもあります。

　このような場合、**画像の一部だけを切り出したり**(トリミング、あるいはクリッピング)、**背景を除去したり**して、できるだけノイズをなくすことができます(次ページ参照)。

トリミング →

背景の削除 →

一部を切り取る ■ トリミングや背景の削除により、必要な部分だけを切り取りましょう。

テクニック〈 MS Officeでトリミングと背景の削除

トリミング

MS Officeでは画像のトリミングを行うことができます。切り出す範囲は何度でも変更可能です。

①画像をダブルクリックし、[図ツール]の[書式]にある[トリミング]を選択する

②黒いバーを動かして残す範囲を調整する

③調整が終わったら、画像の外側をクリック

①[トリミング]を選択

②残す部分を調整する

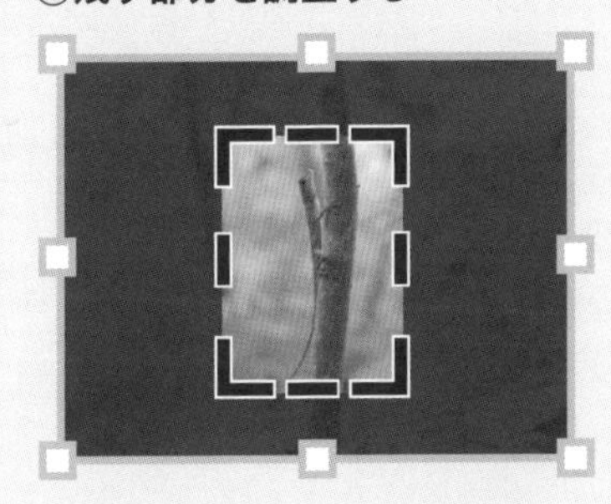

③完成！（右は拡大図）

背景の削除

MS Officeでは、単純な背景であれば、画像の背景を除去することができます。

①図を選択した状態で[背景の削除]を選択する

②背景が自動認識され、削除される予定の領域が紫色になる。この領域が正しくない場合は、[保持する領域としてマーク]機能あるいは[削除する領域としてマーク]機能で領域を微調整する

③削除したい部分がすべて紫色になったら、[変更を保持]をクリック

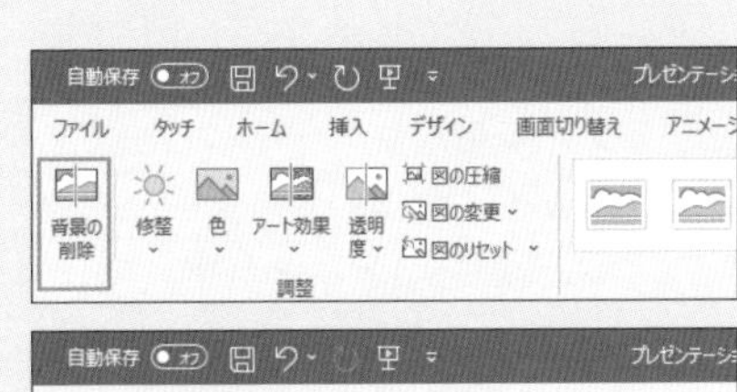

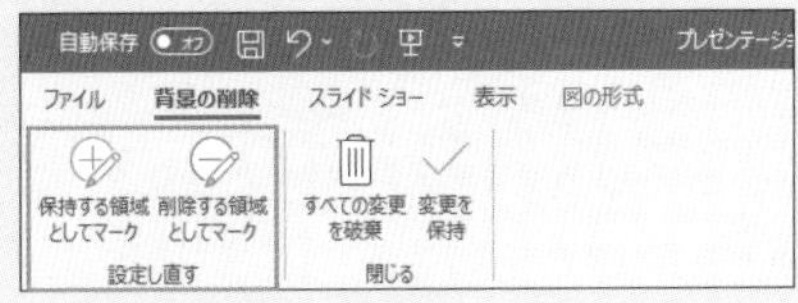

①[背景の削除]を選択

②残す範囲を調整する

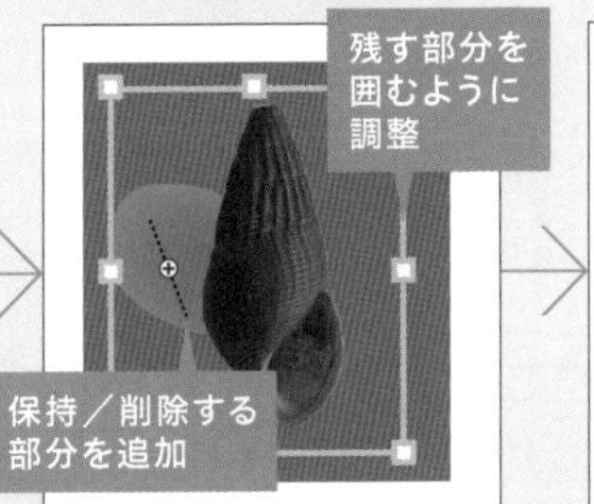

③削除する部分を確定

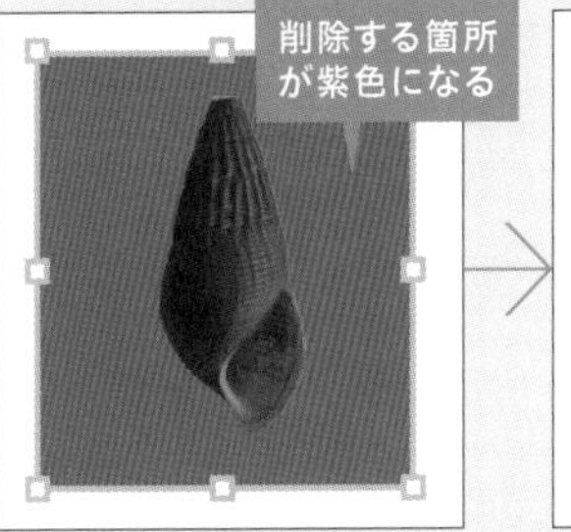

④完成！

背景の削除 ■ 背景の複雑さによっては、背景が正しく認識されないので、微調整が必要です。

3-10 ベクター画像の構造

ベクター形式の画像の構造と、PowerPointやWord、Keynote、Illustratorなどに共通する画像の作り方を紹介します。

■ 点と角度で線が決まる

ベクター形式の線は、**頂点とそれを起点とする線の角度や長さ**によって定義されています。線の角度と長さは、右の図のように、ハンドルの角度と長さで指定することができます。そのため、頂点の位置やハンドルの向きや長さを調整して図形を作ることになります。

線の形を変えるには、①線上にある頂点のハンドルを回せば線の方向が変わり、②ハンドルの長さ(引っ張り方)を変えれば、湾曲の程度(線の長さ)が変わります。③頂点の位置を動かすことで輪郭線の形を変えることもできます。**点の位置やハンドルの角度は何度でも編集が可能です。**

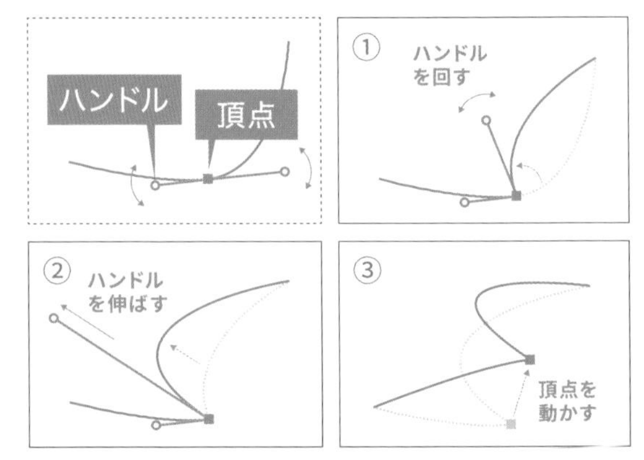

ベクター画像の基本 ■ 点とハンドルの角度を線を編集することができます。

■ 重ねて描く

ベクター形式のイラストは、**パーツをバラバラに作って重ねていく**ことで、複雑な絵を作ることができます。例えば、下図のように電球のイラストであれば、ガラスと光沢、ネジの部分などをそれぞれ作り、それらを上下の順番(前面から背面)に注意しながら重ねていきます。隠れて見えなくなる部分(電球の下部など)はどんな形になっていても構いません。

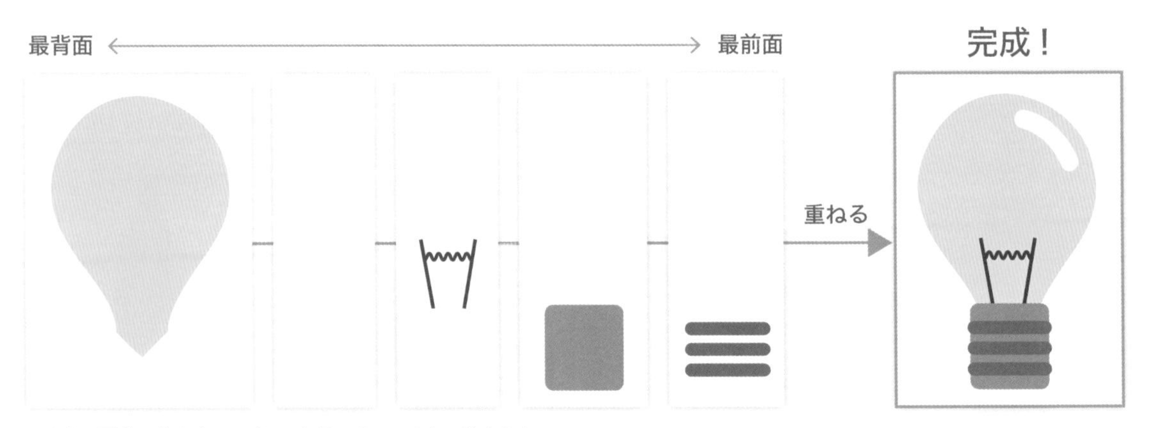

ベクター画像の作り方 ■ パーツを組み立てるように描きます。

テクニック　MS Officeでベクター形式の絵を描く

実際に描いてみよう

真っ白のキャンバスから始めることもできますが、下絵があるほうが描きやすいです。描きたいものの写真を撮ったり、スケッチをスキャン(あるいは撮影)して下絵にしても構いません。いずれにせよ、下絵となる画像をPowerPointに貼り付けたところからスタートです。

今回はスケッチを元に鳥のベクター画像を作ることにします。下絵をPowerPointに貼り付けたら、[図形]から[線とコネクタ]を選択し、[フリーフォーム]を選びます。では描いてみましょう。

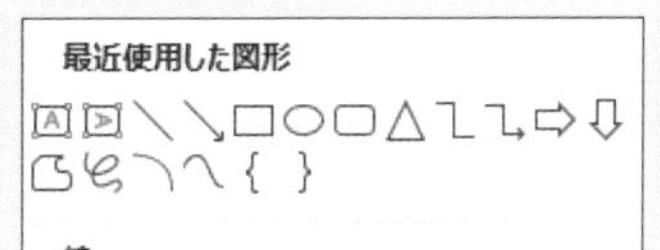

フリーフォーム ■ 図形描画からフリーフォームを選びます。

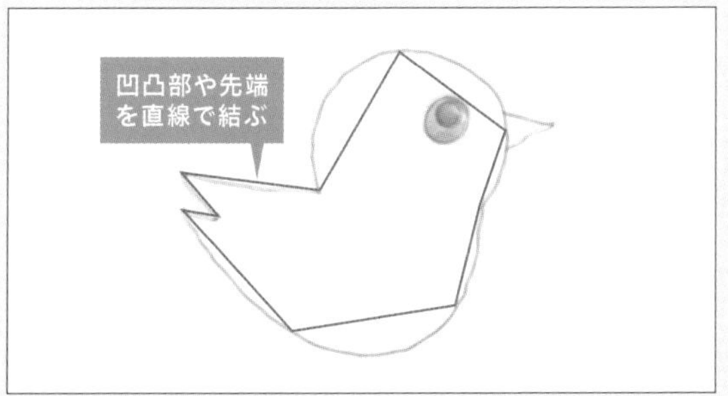
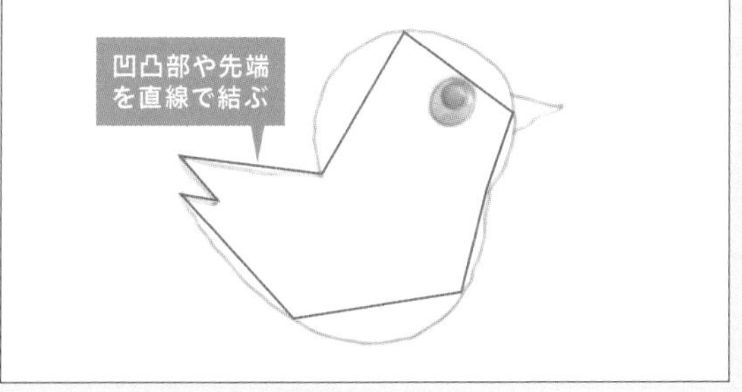

①頂点を描く

尖った部分や凹凸部をクリック(注:ドラッグではない)し、頂点を作っていきます。ルールはないですが、頂点が少ないほうがベターです。頂点は後から加えたり位置を調整したりできるので、思い切って頂点数を少なくしましょう。描画の最後に、最初の頂点をクリックすると閉じた図形を作ることができます。

補足 図形の閉じ方

図形をうまく閉じることができない場合は、図形を閉じる一歩手前でダブルクリックをして描画を終了し、その後、線の上で[右クリック]→[頂点の編集]→[閉じたパス]として図形を閉じることができます。

②頂点を調整する

閉じた図形が完成したら、各頂点を編集します。まず、線を右クリックし、[頂点の編集]を選びます。すると、頂点が■で表示されるので、必要に応じて、頂点の位置を調整します。

③直線を曲線にする

編集する頂点をクリックするとハンドルが現れます。これを回したり、伸ばしたりして、描いた線が下絵に沿うように調整します。尖った角では両サイドのハンドルを個別に動かします。

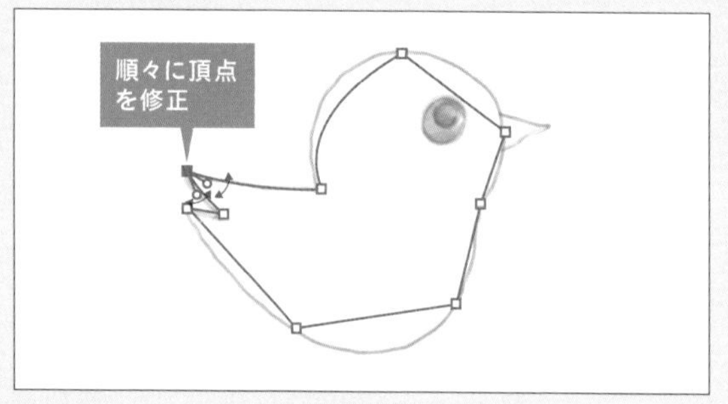

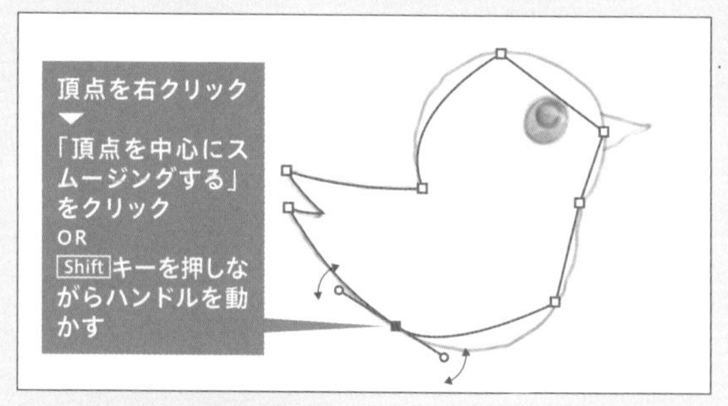

④下絵に合わせて線を調整する

1つの点が終わったら次の点を編集します。頂点の位置やハンドルを動かして、線の形を整えます。点が多すぎて困るようなら、頂点の上で右クリックし、[頂点の削除]を選択します。追加したいなら、追加したい位置で、右クリック後、[頂点の追加]を選びます。

⑤スムージングで滑らかに

滑らかな曲線の場合は、両サイドのハンドルを連動させる必要があります。例えば鳥のお腹の部分を修正する場合には、頂点を右クリックしたあとに[頂点を中心にスムージングする]を選択しましょう。あるいは、Shiftキーを押しながら、ハンドルを動かします。そうすると、滑らかな曲線が描けます(下図)。

補足 尖った角をスムーズに

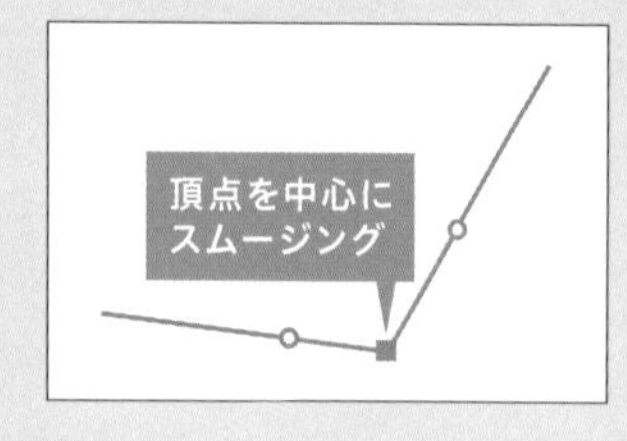

角をスムージングすると…

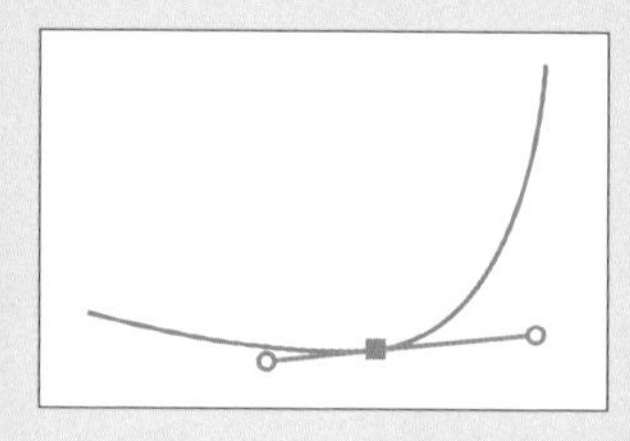

滑らかな線になります。

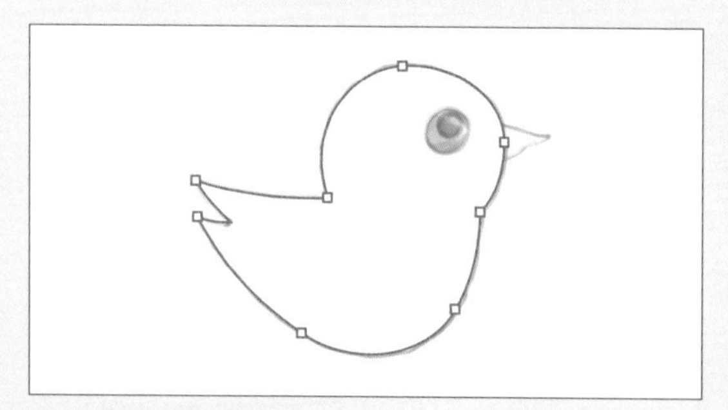

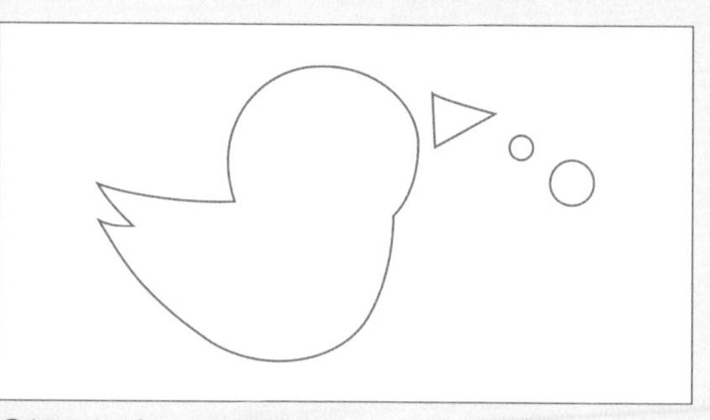

⑥1つ目の部品が完成

すべての頂点の修正が終われば、下絵の通りのベクター形式の線ができあがります。体の部分は完成です。もちろん、必要に応じて何度でも形を調整することができます。

⑦細かなパーツも準備する

同様の方法で、目やクチバシなどの色の違うパーツを描いていきます。丸い目は、フリーフォームで描いても良いですが、既存のオブジェクトを使っても構いません。

⑧色をつける

各パーツに色をつけていきます。色は後からでも自由に変更可能です。必要に応じて枠に色をつけたり、塗に色をつけたりします。

⑨重ねてできあがり

配色が終わったら、パーツを重ねていきます。パーツの重ね順は、[配置]→[オブジェクトの順序]で、変更しましょう。

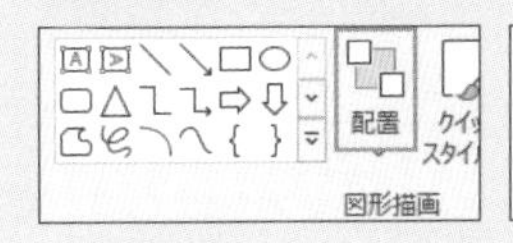

難しい図形も描ける

たくさんのパーツを作れば、難しいイラストも作ることができます。下のような図の場合は、写真をなぞって作ると良いでしょう。

完成品

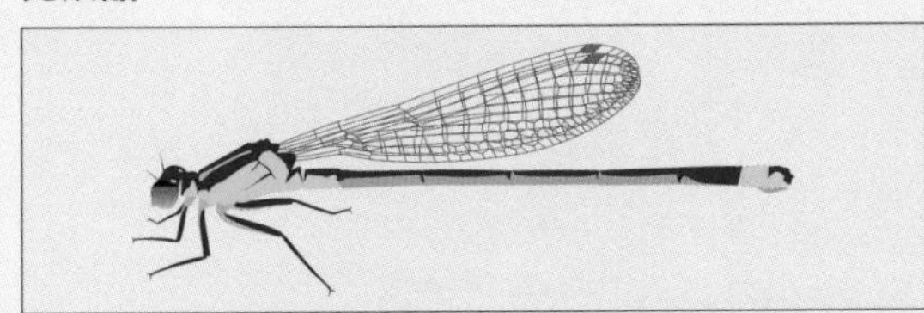

パーツごとに分解してみると…

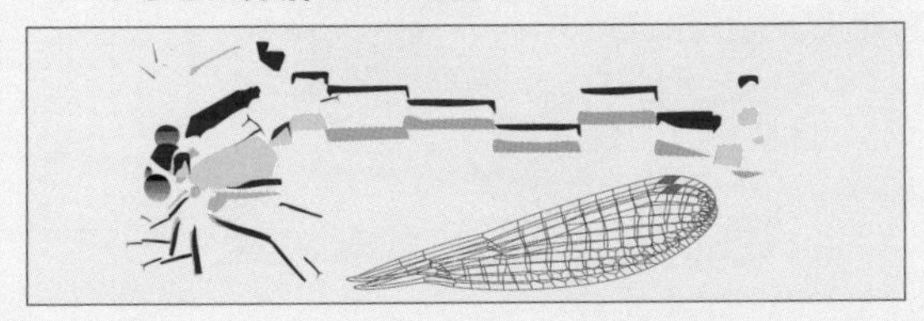

補足 Keynoteでのベクター描画

MacのKeynoteならば、[カーブのデフォルトをベジェ曲線にする]をONしましょう。PowerPointより楽に(Illustratorと同じように)ベクター画像が描けます。

TIPS ベクター画像の合成

PowerPointでは、複数のベクター画像の結合や、重複部分の切り抜きができます。合成したい図形を選択した状態で結合方法を選ぶと、さまざまな結果が得られます。図形を選択する順序で結果が少しだけ変わります。

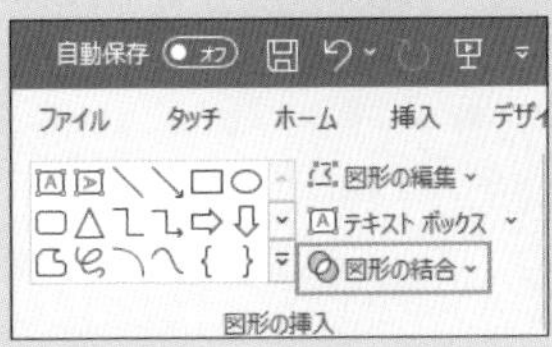

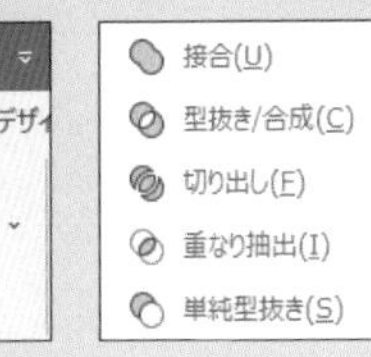

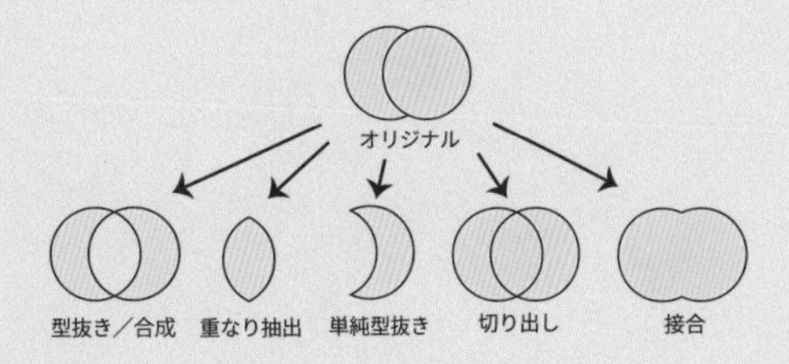

3-11 図に説明を入れる

資料の中の図に説明を入れることがありますが、このとき図の上に直接文字を重ねると見にくくなってしまいます。引き出し線や袋文字をうまく使って、説明が邪魔にならないようにしましょう。

■ 引き出し線と袋文字

写真や模式図と文字を組み合わせて図を作ることがあります。このとき、なんの工夫もなく、図の中に文字を書き込むと、とても読みにくくなります。

　このような場合、**文字を外に出して、引き出し線を引くか、図の中の文字を袋文字に**(p.53のTechnic参照)すると見やすい図を作ることができます。

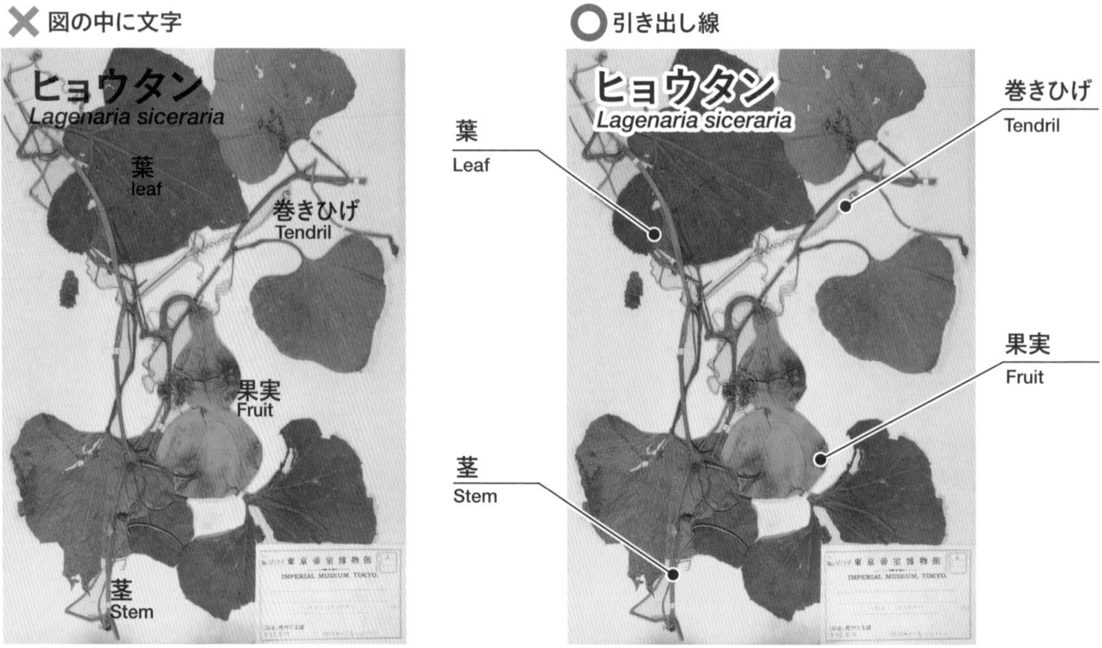

✕ 図の中に文字

○ 引き出し線

引き出し線と袋文字 ■ 写真や図解の中に文字を書き入れるとき、引き出し線や袋文字が有効です。

■ グラフの作成に関するルール

先述のように、グラフは直感的理解を促すためのツールです。そのため、見た瞬間に理解できるようなグラフが理想的です。次の①～④は、デザインを工夫する前に知っておくべき基本的なルールです。これらを踏まえ、グラフの作成にとりかかりましょう。

①円グラフでも積み上げグラフについてもいえることですが、項目数が概ね6つを超えると理解するときに負担がかかります。項目が多い場合は、パターンがわかりやすくなるように、必要に応じて**項目をまとめて示しましょう**。

②目盛りの範囲が広すぎると、値の比較が難しくなります。これでは、直感的に理解できません。0から始まる必要がないときは、**目盛りの範囲を適切に**設定することが大切です。

③グラフでは、横軸の要素の違いによって、縦軸の要素がどのように変化するのかを示すのが普通です。そのため、特に散布図などのグラフでは、**「横軸が原因」**、**「縦軸が結果」**になるように描きます。逆になっていると、誤解を招くこともあります。

④横軸の項目の順序にも注意が必要です。時間順や場所順、内容順のように「意味のある順序」にすることや、縦軸の大きさ順のように**「理解しやすい順序」**にすることが大切です。円グラフの項目順についても同じことがいえます。

✕ 項目数が多すぎる

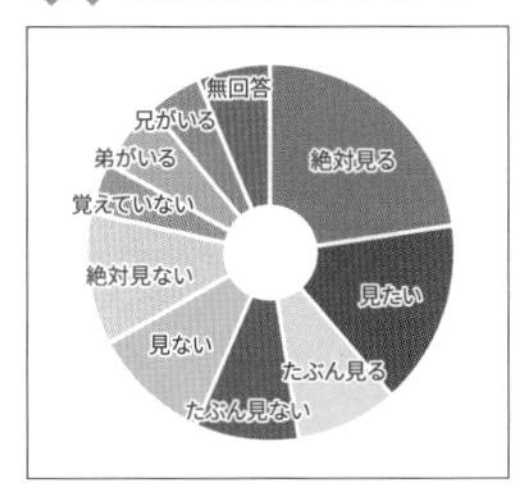

○ 項目をまとめる

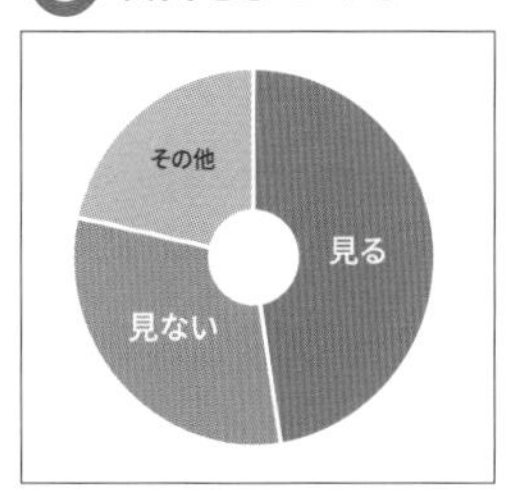

✕ 目盛が不適切

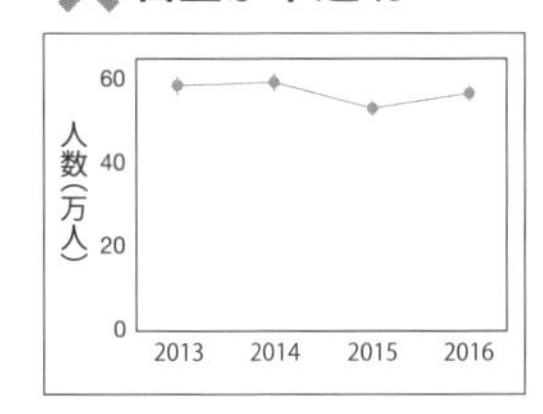

○ 目盛りが適切

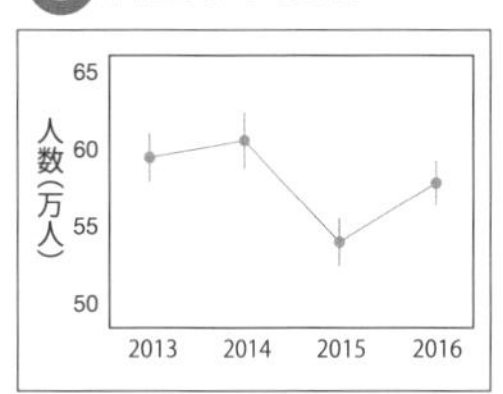

✕ 結果が横軸

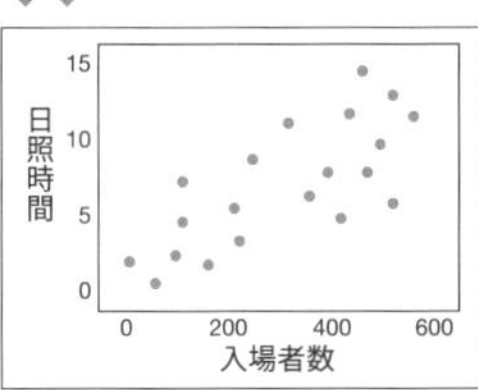

○ 原因が横軸

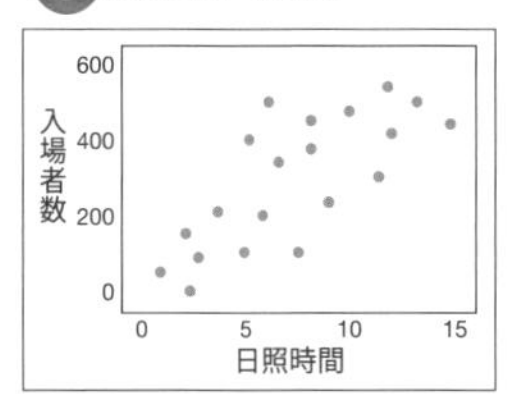

✕ 意味のない順序

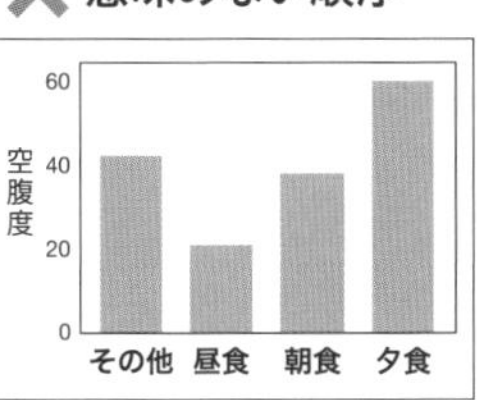

○ 意味のある順序

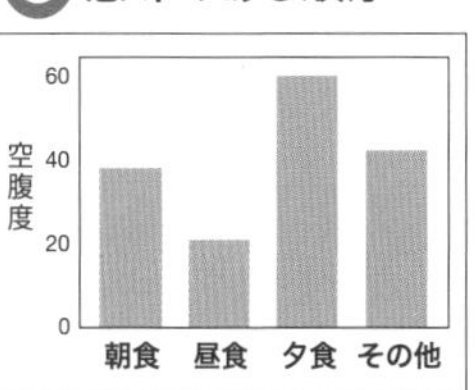

グラフを直感的に ■ グラフの目的はパターンを直感的に示すことです。

■ グラフでは色の使いすぎに注意

色数が増えると、グラフは直感的に理解しにくくなります。同系色や類似色のみで塗り分けをしたり、注目すべきところだけに色をつけたりすることが大切です。グラフの色を資料のテーマカラーに合わせることでも、データが複雑に見えるのを防ぐことができます。配色についての詳細は、次ページ以降やp.182以降を参照して下さい。

✕ 色数が多すぎる

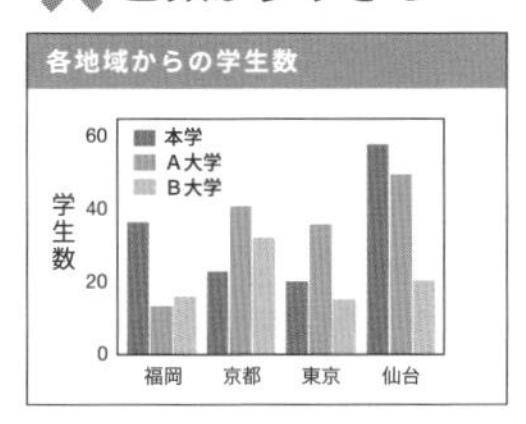

○ 色数を減らす

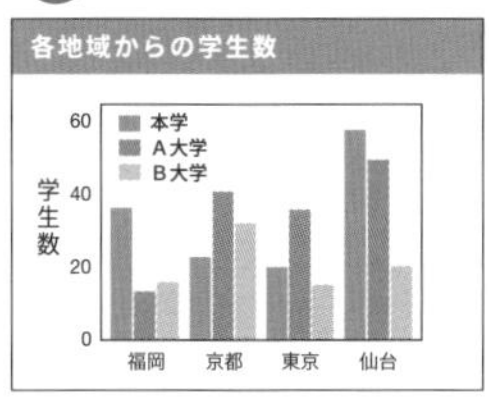

グラフの配色 ■ 色を使い過ぎないようにしましょう。

3-13 グラフの作り方

データは資料の核となるものです。データの示し方は、グラフや表などがありますが、まずは「グラフ」から解説します。どんな種類のグラフでもシンプルに見やすく編集することが大切です。

■ Excelのグラフは必ず編集する

Excelの初期設定で出力されるグラフは、見栄えがよくありません。Microsoft365では、きれいなグラフが描けるようになってきましたが、それでも初期設定のままでは見にくかったり、手抜きに見えてしまったりします。

どのバージョンのExcelでも共通の問題を抱えているので、ここでは、より問題点が多い古いバージョンのExcelのグラフを例に、見やすいグラフの作成例を紹介します。

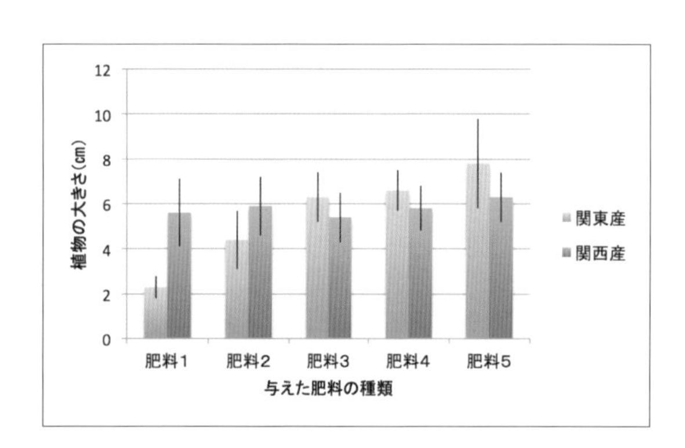

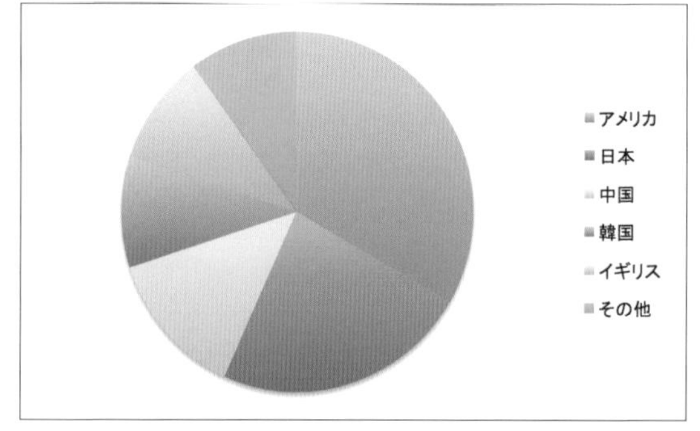

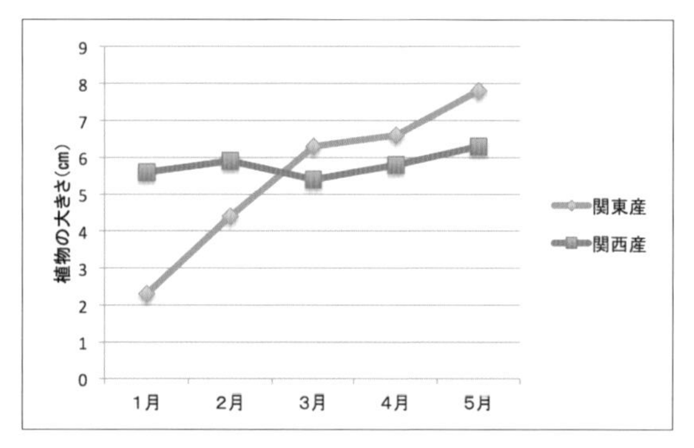

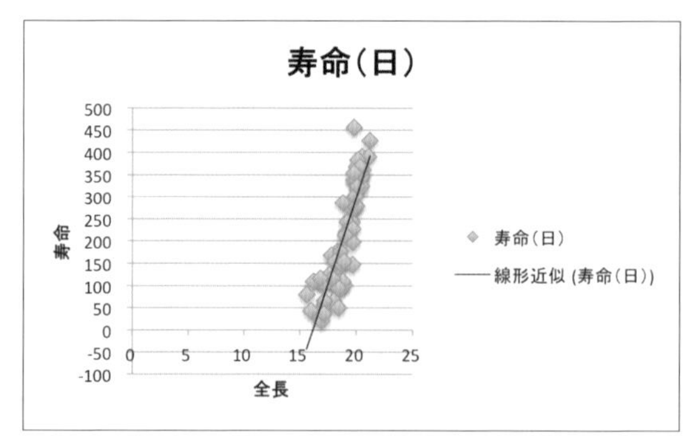

Excelのグラフはかっこ悪い ■ Excelで初期設定(本例はMac版 Excel 2011)のまま作ったグラフは、プロット(マーカー)が目立ちすぎたり、余計な線が多かったり、グラデーションや影が付いたりしているせいで、煩雑な印象を受けます。フォント(MS Pゴシック)も読みやすくありません。このまま使ってしまうと、きれいな資料も台無しです。

■ 棒グラフの作成

初期設定の棒グラフの問題点を挙げます。

主な問題

①各棒の「グラデーション」と「影」が余計
②フォントがよくない（すべてMSPゴシック）
③棒が細くて弱々しい
④グラフの補助線（横線）が目立ちすぎ
⑤横軸と縦軸の色が薄くて見えにくい
⑥凡例がグラフから飛び出ている
⑦グラフの周りの枠線は不要

細かな問題

①軸の数字が小さい
②軸のタイトルが読みにくい
③縦軸の範囲が無駄に広い

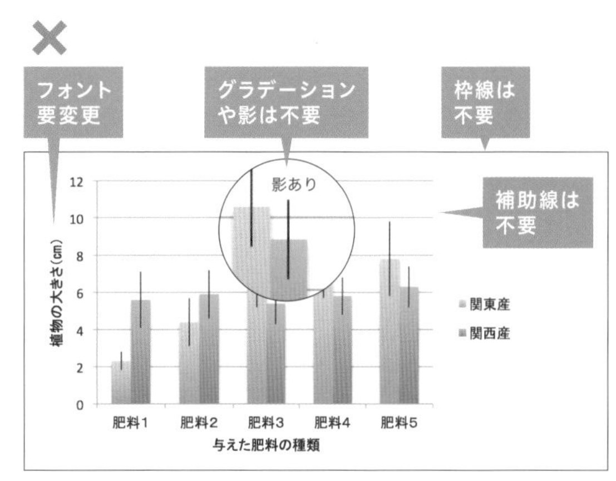

初期設定のままの棒グラフ ■ 影やグラデーション、目立つ線など、装飾が多すぎます。初期設定のままの色は手抜きに見えるので、色を変えるだけでも印象は大きく変わります。なお棒の上部の線は、誤差範囲を示す「誤差バー」です。

受け手は、データを知りたいだけなので、**データの理解を助ける要素以外は削除し、できるだけシンプルに**しましょう。フォントを変え（和文には和文フォント、英数字には欧文フォント）、グラデーションと影を削除し、棒を太くする（p.132参照）だけで棒グラフの印象は大きく変わります。

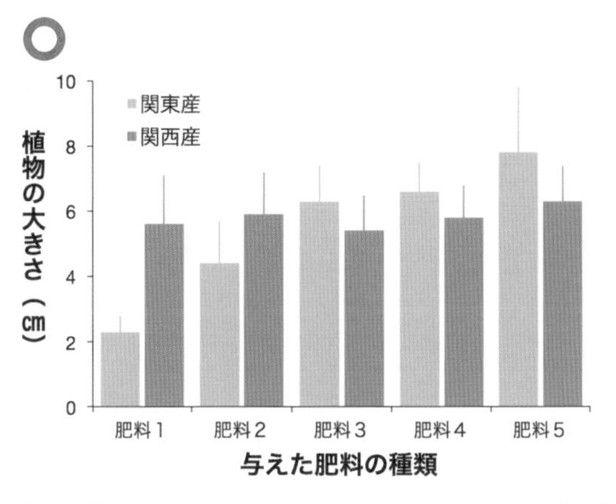

装飾は控えめに ■ 周囲の枠を取り、棒の影を取り、グラデーションをなくし、棒の色を変え、軸の色を黒くし、余計な補助線を取り、誤差バーの色も棒に合わせ、棒を太くし（要素の間隔を変更）、縦軸を適切な長さにし、凡例をグラフの中に入れ、フォントを変えました。これでずいぶんと印象が良く見やすいグラフになるはずです。

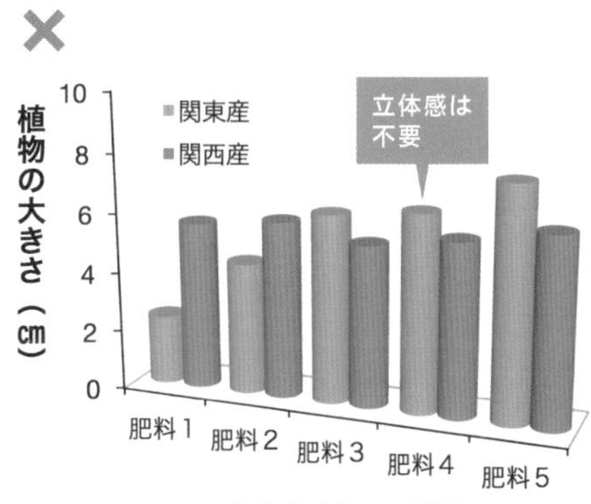

ありがちな悪い例 ■ 状況にもよりますが、立体感などの装飾も、グラフを複雑に見せる要因になってしまいます。シンプルなグラフ作りを心がけましょう。

■ 折れ線グラフの作成

初期設定の折れ線グラフの問題点を挙げます。

主な問題
①プロットの塗りと枠の両方に色が付いている
②プロットに影とグラデーションがある
③プロットの形がかっこ悪い
④横軸と縦軸の色が薄い
⑤補助線が目立っている
⑥フォントが読みにくい
⑦凡例がグラフから飛び出ている
⑧グラフの周りの枠は不要
細かな問題
①縦軸の数字が小さい
②軸のタイトルが読みにくい
③縦軸の数値が小刻みすぎる

基本的には棒グラフの場合と同じです。影とグラデーションをなくし、プロットを●にし、線の色を[なし]（あるいは塗りの色を[白]）にしましょう。

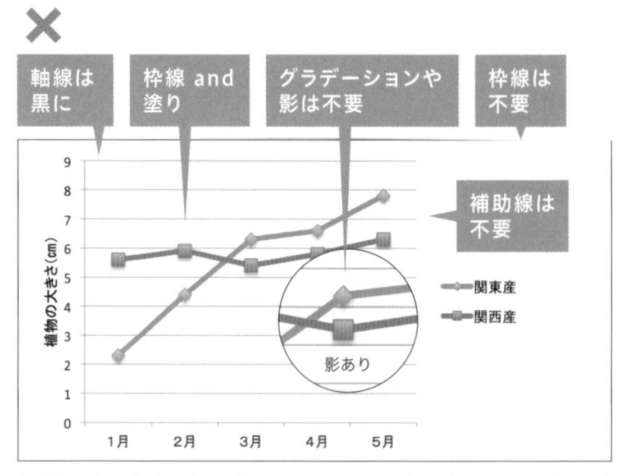

初期設定のままの折れ線グラフ ■ 影やグラデーション、太すぎる折れ線、補助線、影など、装飾が多すぎます。

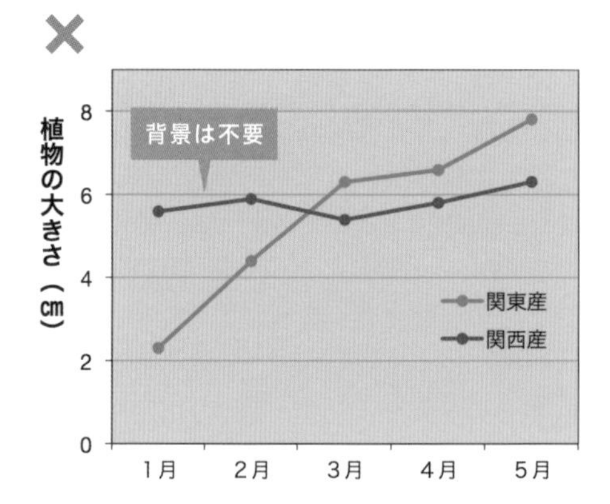

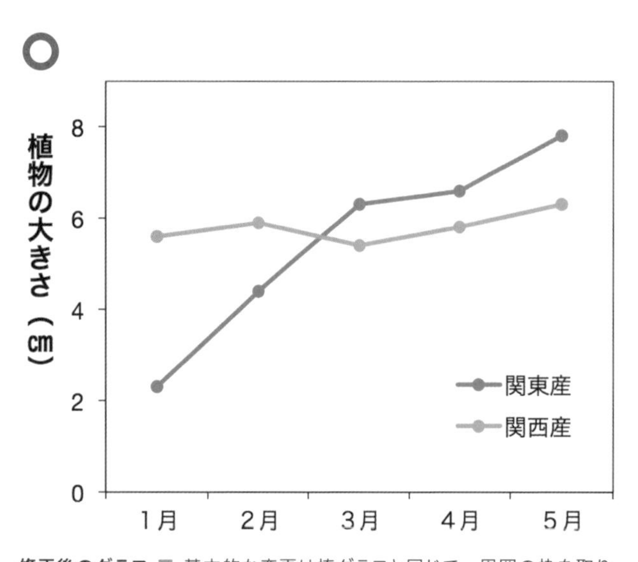

修正後のグラフ ■ 基本的な変更は棒グラフと同じで、周囲の枠を取り、影とグラデーションをなくし、プロットをシンプルに●にし、線の色を変え、軸の色を黒くし、余計な補助線を取り、凡例をグラフの中に入れ、フォントを変えました。これでずいぶんと印象が良く見やすい折れ線グラフになるはずです。

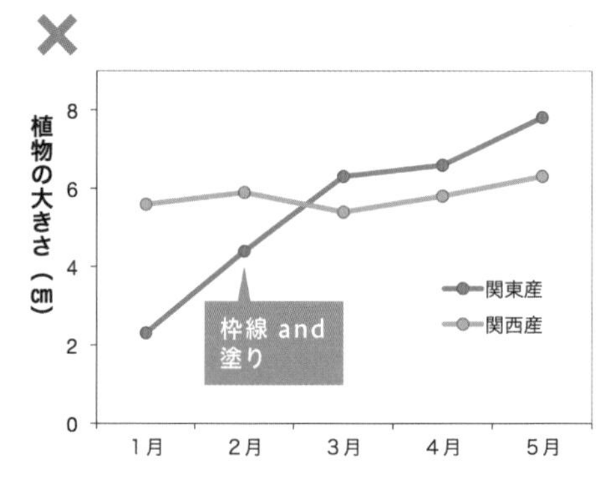

ありがちな悪い例 ■ Excelのバージョンによっては初期設定の状態で、背景に色の付いたグラフが作られる場合があります。この背景色は削除しましょう。また、プロットの枠線と塗りの両方に色を付けないように、枠に色を付けるなら「塗りは白」、塗りに色を付けるなら枠線は「なし」にしましょう。

■円グラフの作成

初期設定の円グラフの問題点を挙げます。

主な問題
①グラフ全体に不要な影が付いている
②グラデーションが付いている
③色が派手すぎる
④凡例が見にくい
⑤フォントがよくない
⑥グラフの周りの枠は不要

いずれも[データ系列の書式設定]から手動で簡単に修正できます。ただし、円グラフならではの注意点もあります。それは、色と色が互いに接しあうことです。色数が多いと、どうしても相性の悪い色が接してしまったり、似た色同士が接して境目がわかりにくくなったりすることもあります。このような場合は、各項目に白い枠線を付けるとよいでしょう。

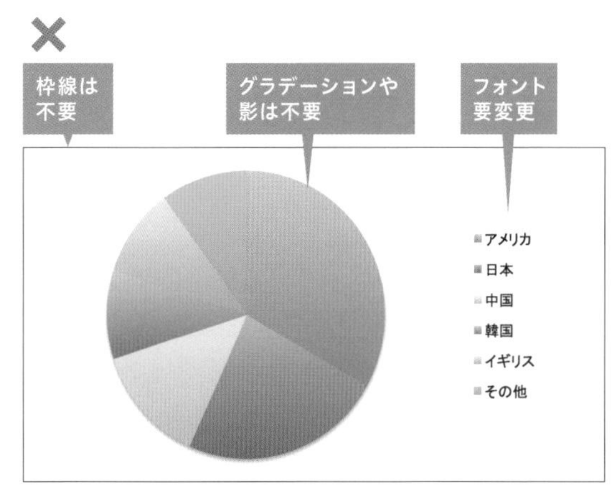

初期設定のままの円グラフ ■ 影やグラデーションがあるだけで煩雑な印象になります。

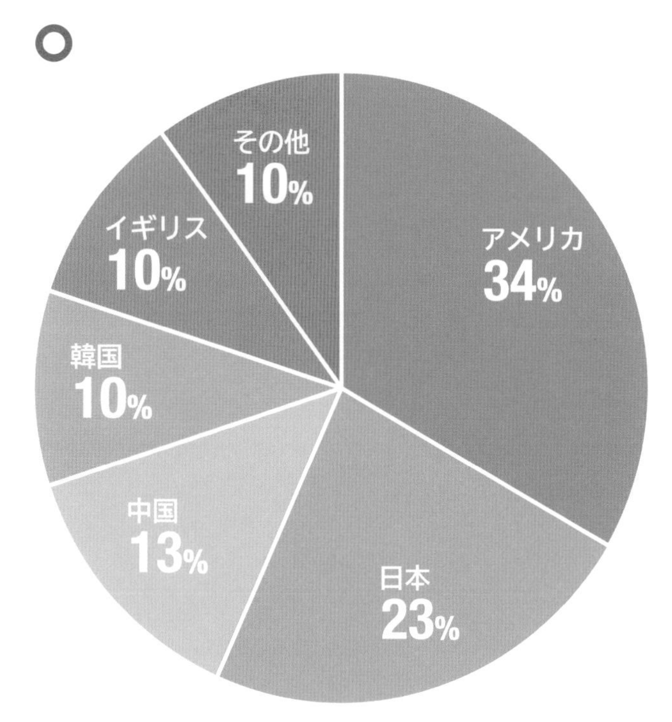

修正後のグラフ ■ 余計な要素である影やグラデーションをなくし、凡例をグラフの中に入れ、フォントを変えました。白い枠線を加えると、さらに見やすくなります。数値が重要な場合は、凡例と一緒に数値を入れることもできます。もちろん、数字は欧文フォントで。

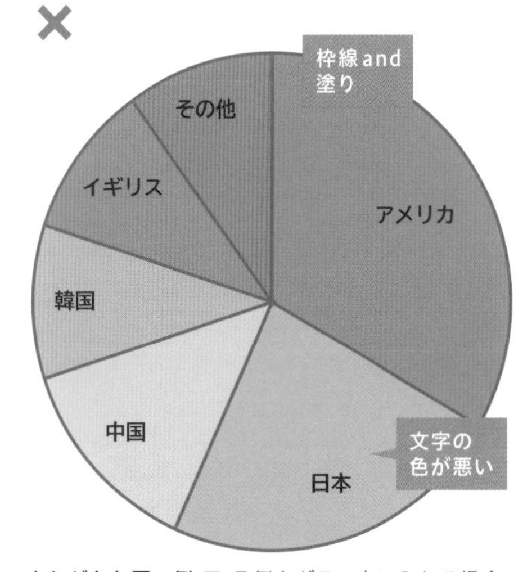

ありがちな悪い例 ■ 凡例をグラフ内に入れる場合、背景色が濃いと黒い文字は読みにくくなります。また、それぞれの項目の塗りと枠の両方に色を付けるのは避けましょう。

■散布図の作成

初期設定の散布図の問題点を挙げます。

主な問題
①プロットに影やグラデーションが付いている
②プロットの塗りと枠の両方に色が付いている
③補助線が目立ちすぎる
④縦軸と横軸の色が薄い
⑤グラフの上のタイトルは不要(or不適切)
⑥フォントがよくない
細かな問題
①凡例は不要(右の例の場合)
②縦軸と横軸の数字が小さい
③縦軸の数値が小刻みすぎる
④横軸の値の最小値が不適切
⑤グラフの周りに無駄な枠が付いている

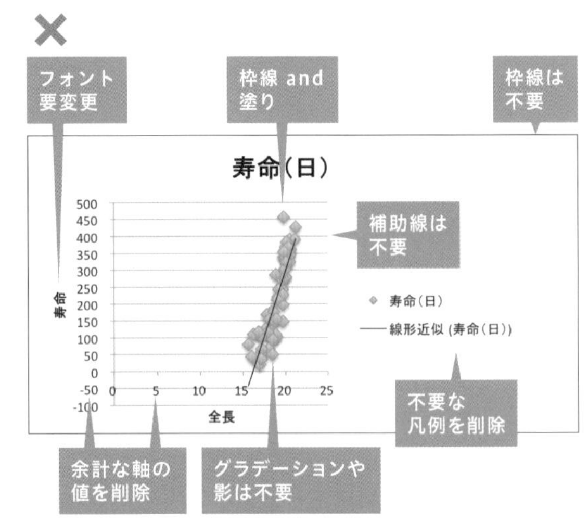

初期設定のままの散布図 ■ 影やグラデーション、補助線など、装飾が多すぎます。初期設定のままの色は手抜きに見えます。

基本的には棒グラフの場合と同じです。余計な装飾は取り、データに応じて適切な値の範囲でグラフを作成します。

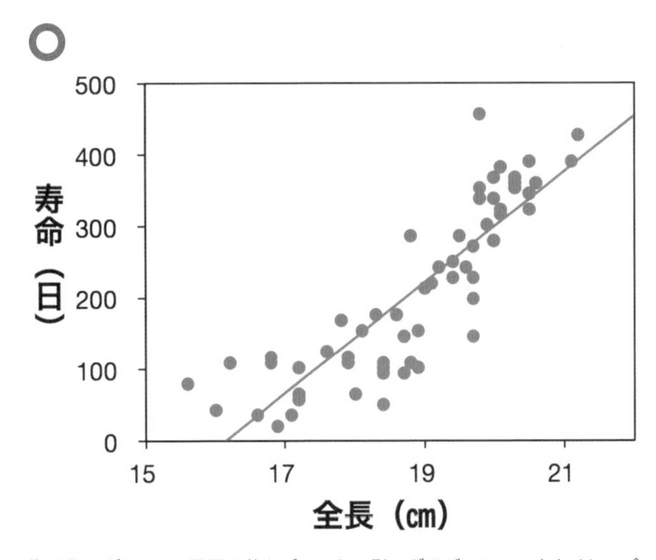

修正後のグラフ ■ 周囲の枠とプロットの影、グラデーションをなくし、プロットと回帰直線の色を統一し、余計な補助線を取り、横軸を適切な範囲にし、フォントを変えました。これだけでずいぶんと見やすいグラフになるはずです。

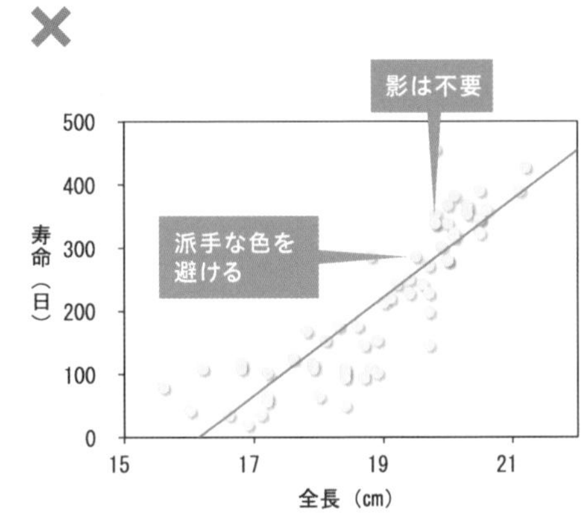

ありがちな悪い例 ■ 初期設定の状態ではすべてのプロットに影が付いています。影があるとプロットが滲んで見えますし、シンプルさにも欠けます。また、プロットに鮮やかすぎる色を使用するのも避けましょう。軸の数字に和文フォントを使うのも良くないです。

■ 直感的にわかるように

グラフでは凡例が多ければ多いほど、理解に時間がかかります。時間をかけて読むことのできる資料ならそれでも構いませんが、プレゼンのように、見ているグラフがすぐに消えてしまう場合は、一瞬で理解できる受け手に優しいデザインにすべきです。例えば、**凡例は線の近くに配置し、色を統一する**などして、直感的に理解できるようにするとよいでしょう。なお、この作業は、Excel上ではなく、PowerPoint上などで行ったほうが楽かもしれません。

円グラフの場合も、凡例を使わずに項目名をラベルとしてパイの中に書いたほうが直感的にわかりやすくなります。棒グラフなどで値を直感的にわかりやすくするには、値とラベルとしてバーの上などに書いてしまうのもよいでしょう。ただし大小関係が重要なときは、煩雑になるだけですので数値はないほうがよいかもしれません。

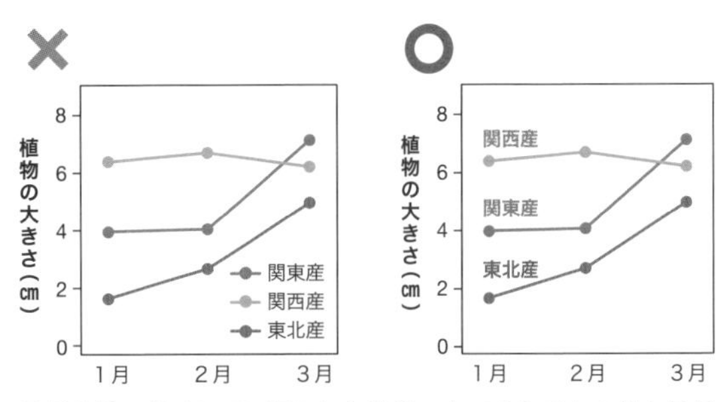

凡例は線の近くに ■ 限られた時間の中でそれぞれの線と凡例を対応させるのは受け手にとって大変な作業です。凡例を線の近くに配置して、直感的にわかるグラフにしましょう。

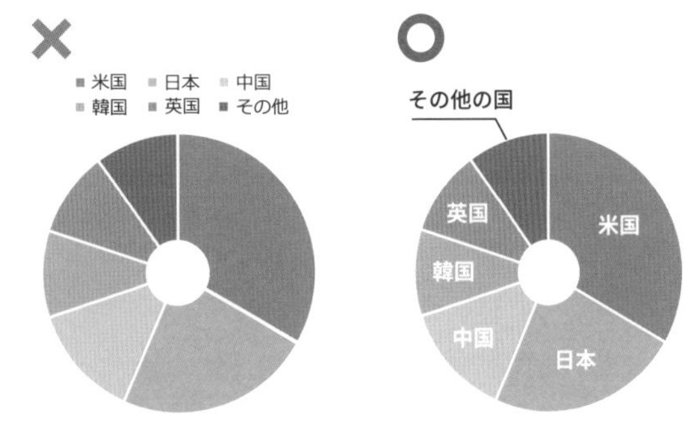

凡例はパイの中に ■ 円グラフでは、凡例を付けるのではなく、各パイの中に文字を書き込むと直感的に理解しやすくなります。パイが狭すぎる場合は、引き出し線を使うとよいでしょう。

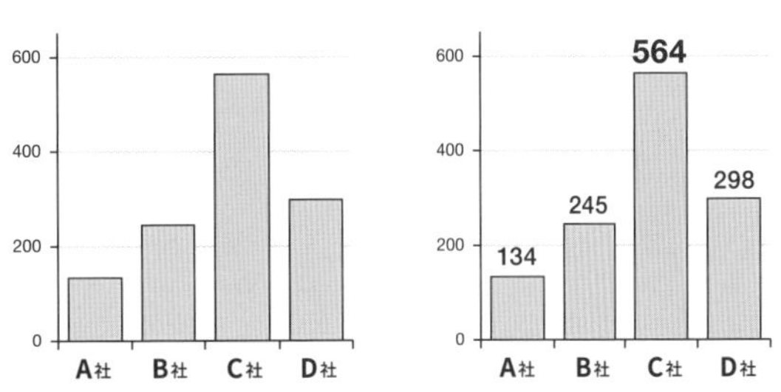

値を書き込む ■ 棒グラフや折れ線グラフには、値を書き入れたほうが直感的に理解しやすくなる場合があります。

3-14 応用的なグラフ

資料の種類によっては、見やすいだけではなく、アトラクティブなグラフや真面目なグラフが求められることがあります。Excelでもそのようなグラフを作れます。

■ アトラクティブなグラフ

より興味を引くグラフにするためには、グラフを少し華やかにするのがよいでしょう。**背景を付けたり、白い補助線を付けたり**する方法が効果的です。ここに示すのはその一例です。いずれのグラフもExcelの標準的な機能を使うことで作成可能です。

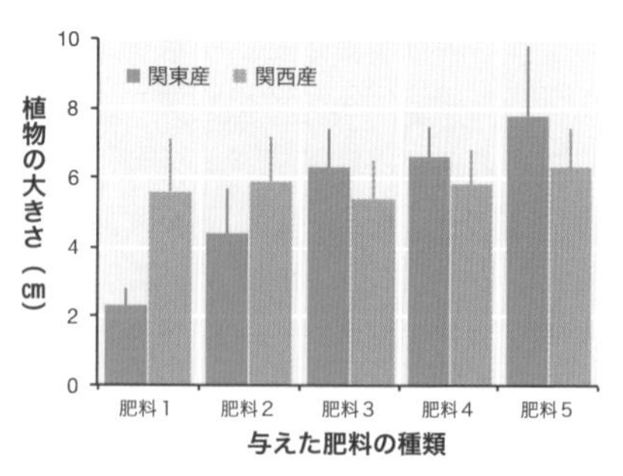

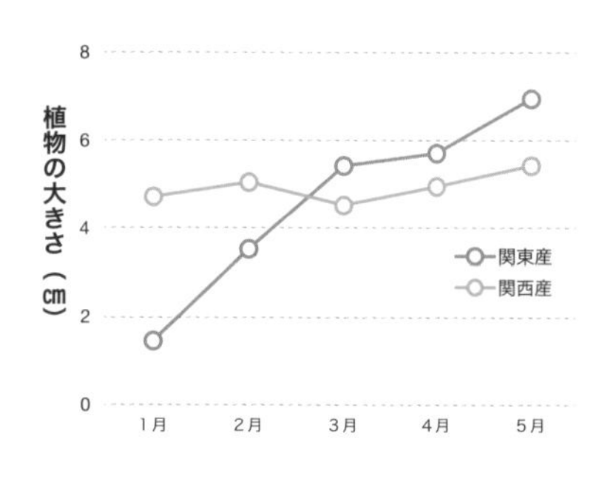

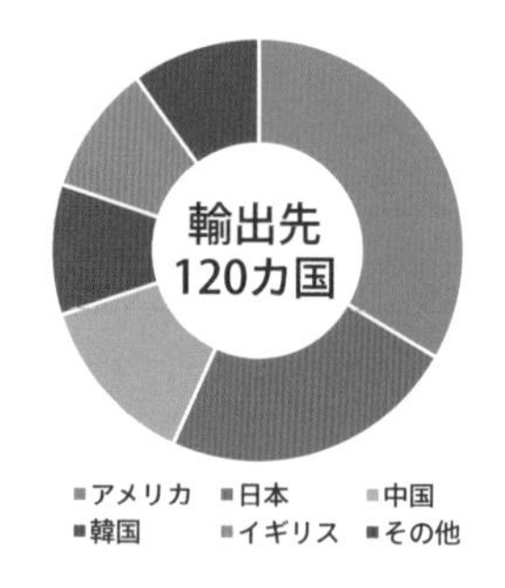

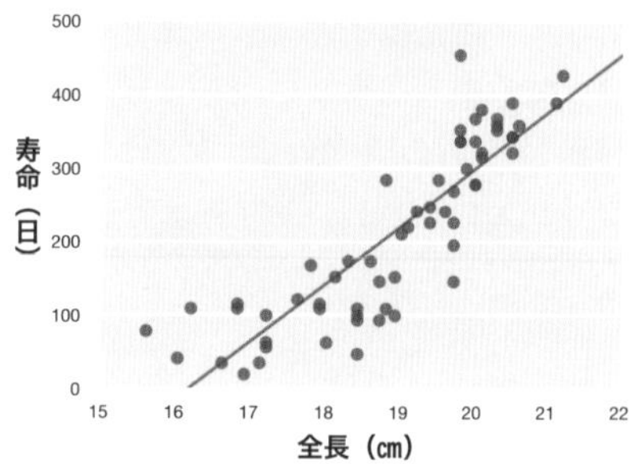

■ 真面目なモノクログラフ

事務的な書類や論文に使えるモノクロの真面目なグラフもExcelだけで簡単に作ることができます。この場合も**塗りと枠の両方に色を付けない**(同じ色ならOK)ことなどに注意し、グラフを編集しましょう。

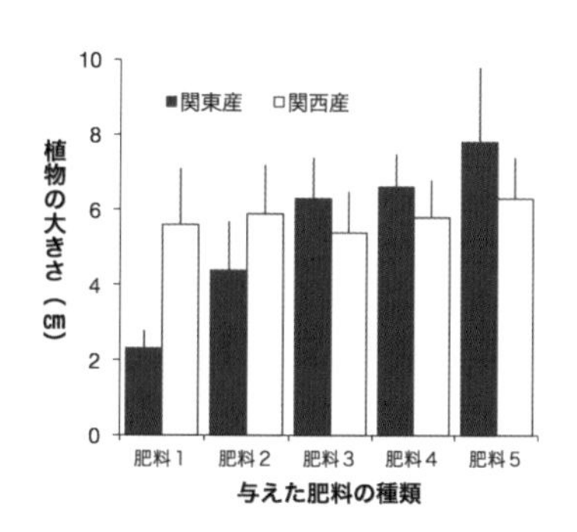

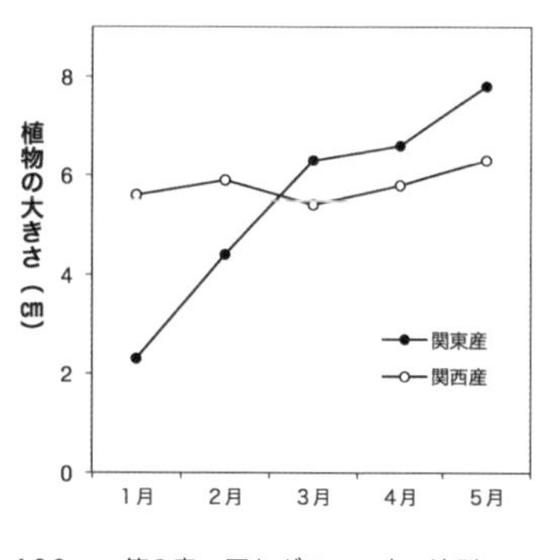

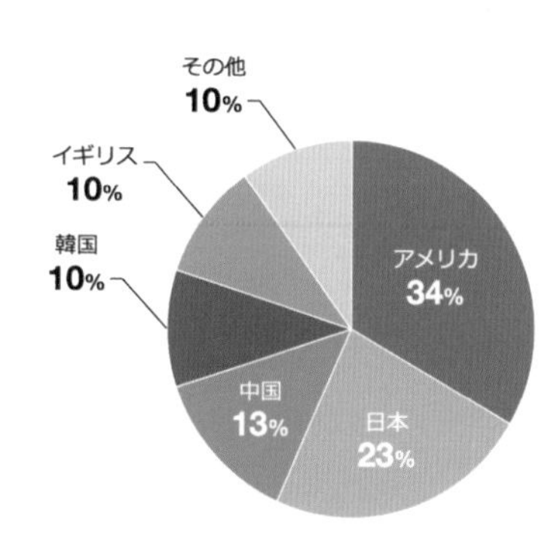

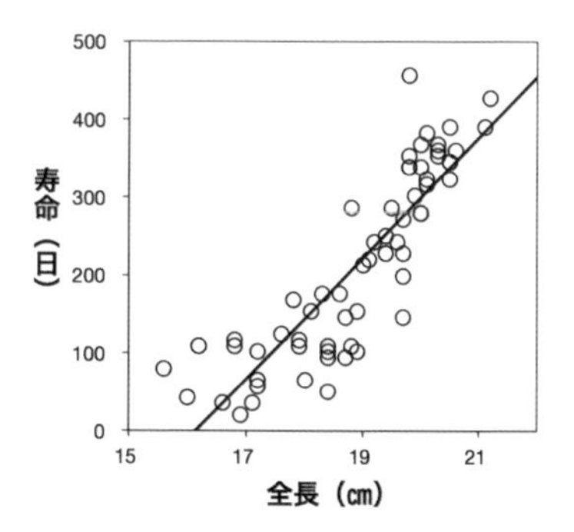

■ 発展的なグラフ

ここまでに紹介した典型的なグラフ以外にも、さまざまなスタイルのグラフをExcelで作ることができます。下のグラフはその一例です。

また、Excelで作ったグラフも、Illustratorなどの別のソフトで編集するとさらに発展的なグラフを作ることも可能です。ただし、以下で述べるように少し注意が必要です。

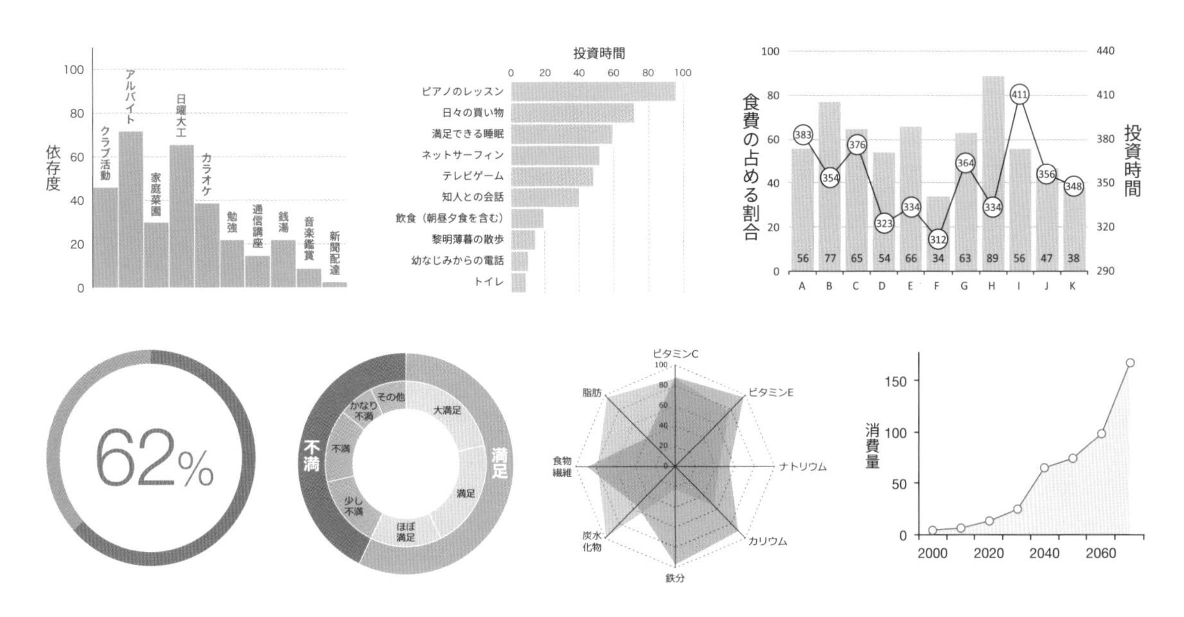

TIPS Excelのグラフを Illustratorで編集する

Excelで作ったグラフをIllustratorで編集する場合、互換性の問題でやや面倒なことが起こります。貼り付けたときにクリッピングマスクが自動的に作られてしまうので、選択したい文字や線が選択しにくくなったり、文字化けが生じたりします。そのような場合、右のような操作で、Illustrator上でグラフを編集できるようになります。ただし、①〜⑤の作業をすると、編集しているグラフ以外のクリッピングマスクも削除されてしまう可能性があるので、これらの作業は、新規作成したファイル上で行うほうがよいでしょう。

①Excel上でグラフ内のすべての文字を小塚ゴシックか小塚明朝（Adobeのフォント）にする
②グラフ全体をコピーし、Illustratorに貼り付ける（自動的にクリッピングマスクが作られる）
③Illustrator上のグラフとは別の場所に、[長方形ツール]で「四角」を描き、[線]と[塗り]の色をいずれも[なし]（透明）にする
④四角を[選択]ツールで選択し、ツールバーの[選択]から[共通]→[塗りと線]を選ぶ
⑤見えていなかったものがたくさん選択されるので、Deleteキーで削除する

テクニック Excelグラフを編集する

Excelの主な操作方法

p.124で述べたように、Excelの初期設定のまま出力されるグラフは、あまり見やすくありません(Excelのバージョンにもよります)。ここでは、右の図のようにグラフを修正する場合を想定し、修正ポイントと操作方法を①〜⑫に分けて簡単に紹介します。この作業は折れ線グラフでも、散布図でも、円グラフでもほとんど同じです。
注：Excelのバージョンにより操作法は多少異なります。Excel 2013／2016では修正したい要素をダブルクリックすると書式設定の作業ウインドウが表示されます。うまく表示できない場合、要素を右クリックし、各書式設定の項目を探して下さい。ここでは作業ウインドウが表示されているものとして説明します。

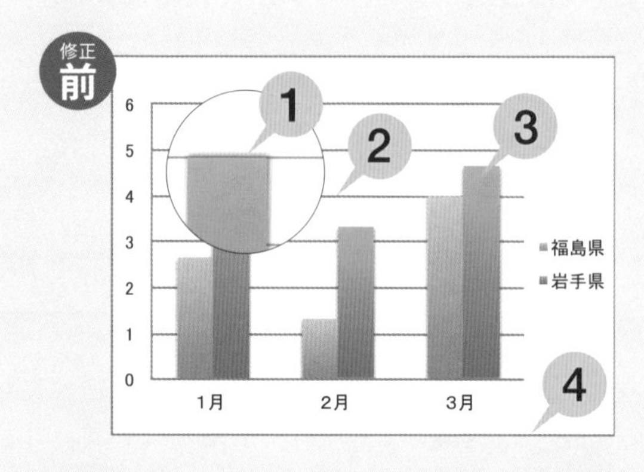

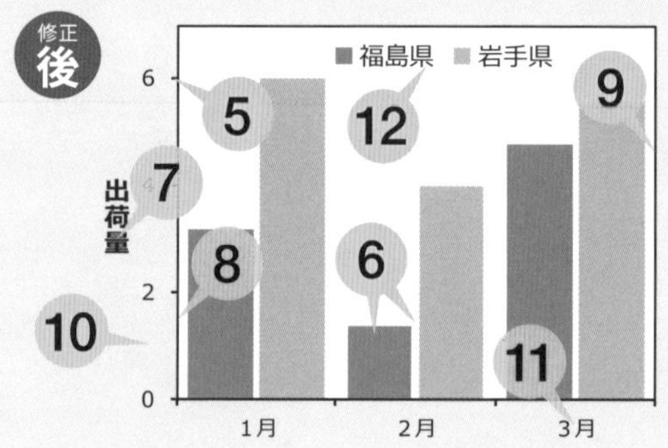

グラフの編集 ■ 編集したいところはたくさんあります。

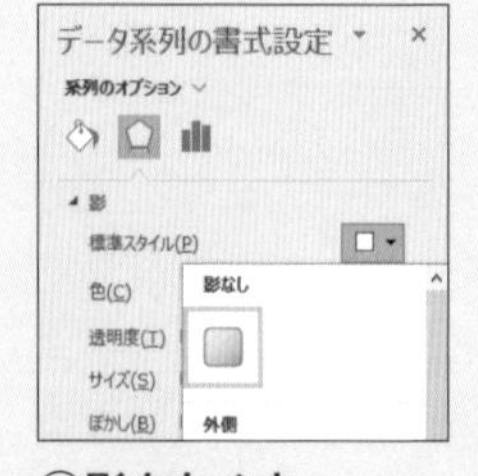

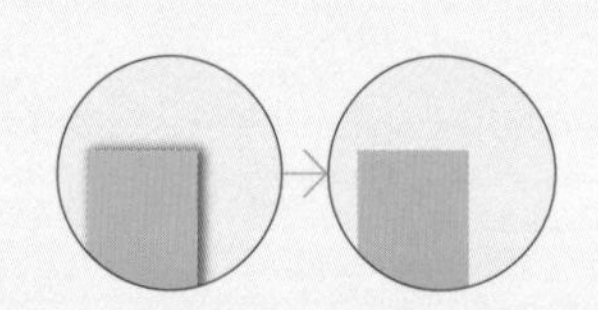

①影をなくす

影があると輪郭がぼやけて見にくくなります。基本的には、グラフには影がないほうがよいでしょう。影を消すには、棒グラフのバーをクリックします。[系列のオプション]の[効果]から[影]を選んで、[標準スタイル]から[影なし]を選択します。

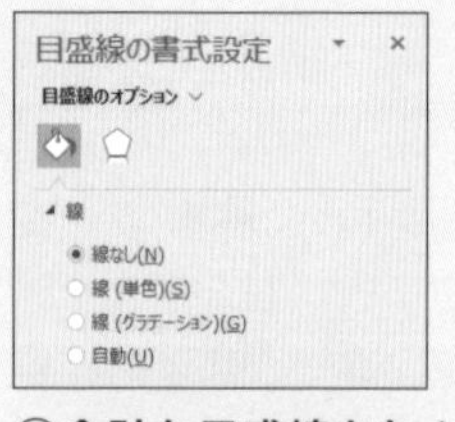

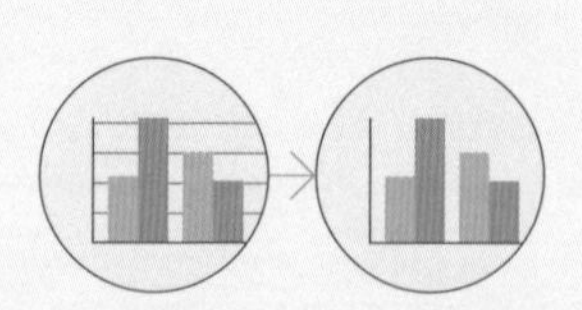

②余計な目盛線をなくす

目盛線が多いと、グラフが目立ちにくくなったり、ノイズが多くなり、見にくくなります。目盛線を消すには、目盛線をクリックします。[目盛線のオプション]の[塗りつぶしと線]の[線]の中から[線なし]を選びます。目盛線を消したくない場合は、目盛線の色を薄くしたり、点線にすることで、目立ちにくくすると良いでしょう。

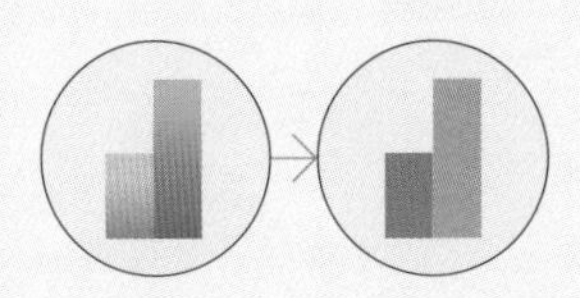

③グラデーションをなくす

グラデーションをなくし、バーをベタ塗りにするには、バーをクリックし、[塗りつぶしと線]から[塗りつぶし]→[塗りつぶし(単色)]を選択します。

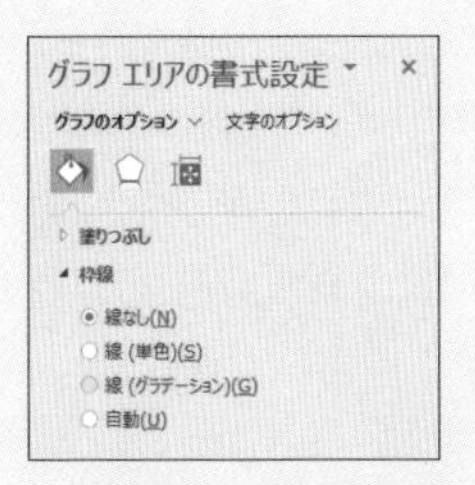

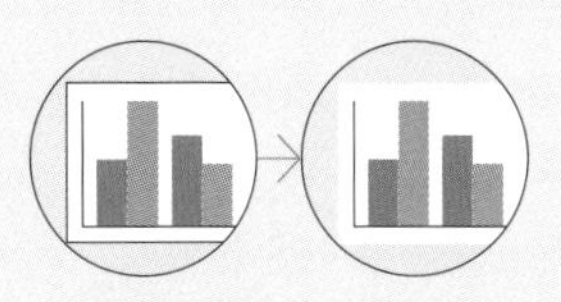

④グラフエリアの編集

初期設定では、グラフエリアに枠線がついています。グラフエリア(グラフの外側の余白)をクリックし、[塗りつぶしと線]から[枠線]の[線なし]を選びます。

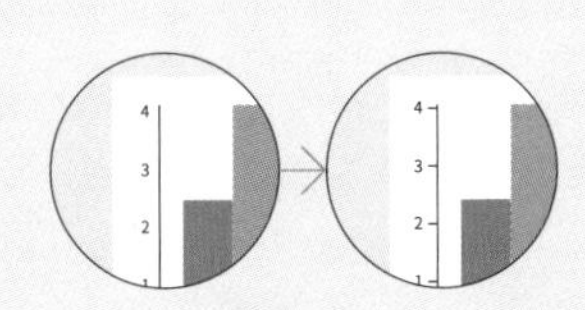

⑤目盛りを加える

軸に目盛りを加える場合や、目盛りを加工する場合は、まず、軸周辺をクリックします。その後、[軸の書式設定]→[軸のオプション]→[目盛]→[目盛の種類]で、[外向き]や[内向き]を選択します。

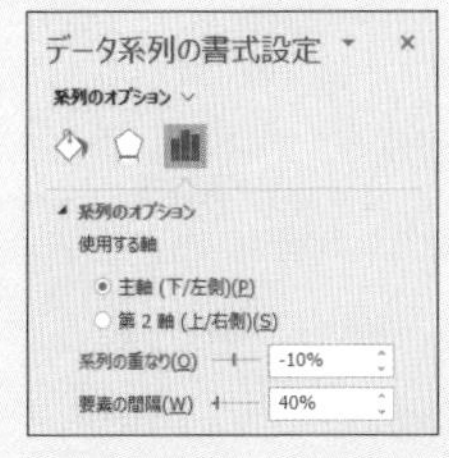

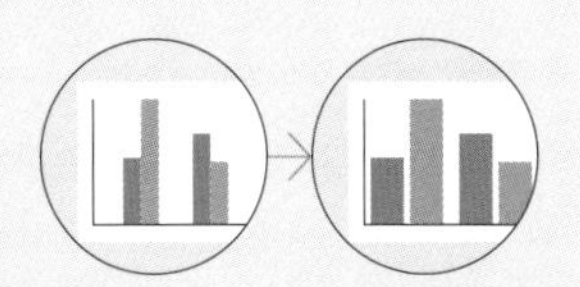

⑥バーの太さと間隔

初期設定では、バーが細すぎます。また、バーが互いに接していると、色が干渉し、見にくくなります。バーをクリックして[データ系列の書式設定]の[系列のオプション]で[系列の重なり]を負の値にすると、バーの間にスペースが生まれます。[要素の間隔]の値を小さくすると、バーが太くなります。

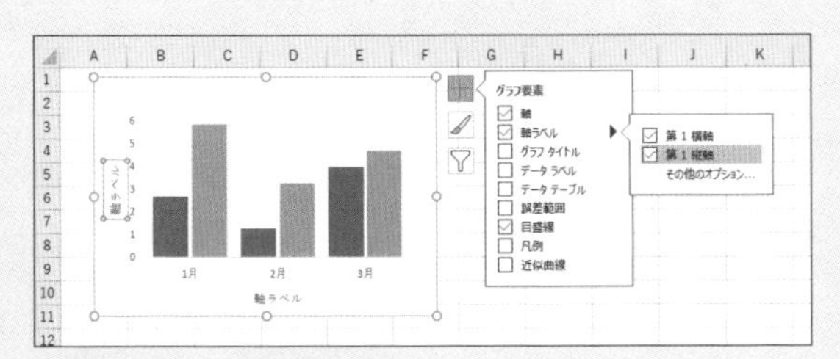

⑦縦軸のラベルを加える

グラフエリアをクリックしたときに右上に表示される[+]ボタンを押し、[軸ラベル]→[第1縦軸]をチェックすると、縦軸のテキストボックスが表示されます。中の文字を書き換えて縦軸を作ります。なお、縦軸の文字を縦書きにしたい場合は、縦軸ラベルを

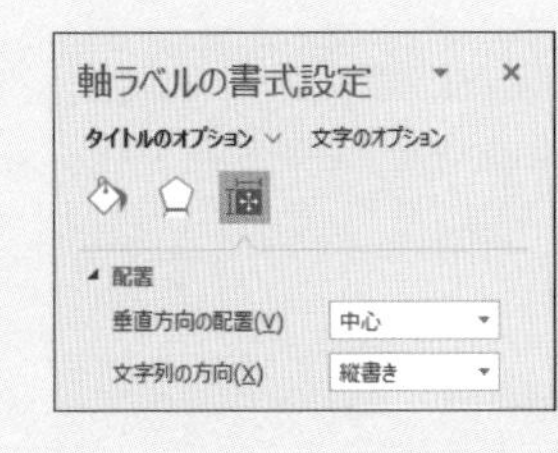

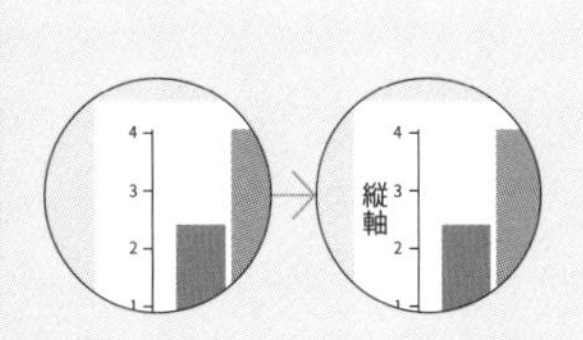

クリックし、[軸ラベルの書式設定]→[サイズとプロパティ]→[配置]→[文字列の方向]を[縦書き]とします。日本語ならば、縦書きのほうが断然読みやすいです。

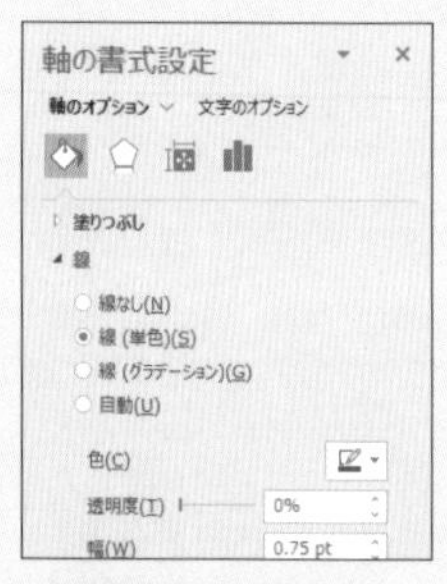

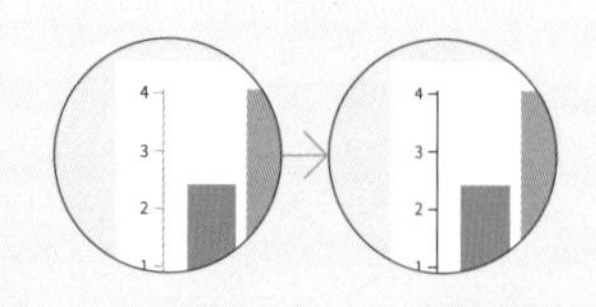

⑧軸の色を変える

初期設定では、軸が灰色になっていることが多いです。そのままでも悪くありませんが、ややぼやけて見えます。軸をクリックし、[軸の書式設定]→[軸のオプション]→[塗りつぶしと線]→[線]と進み、[線(単色)]を選びましょう。色を黒にするとはっきりと見やすい軸になります。

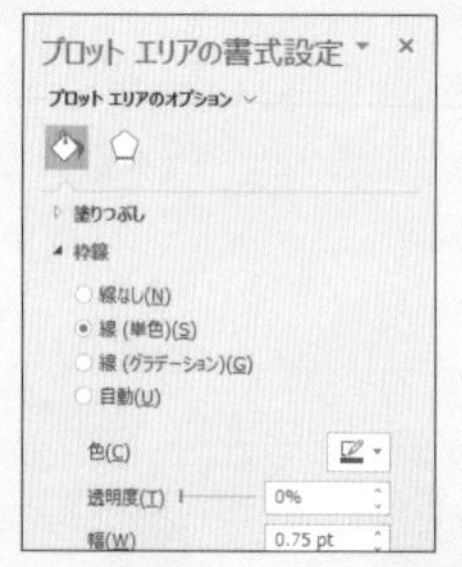

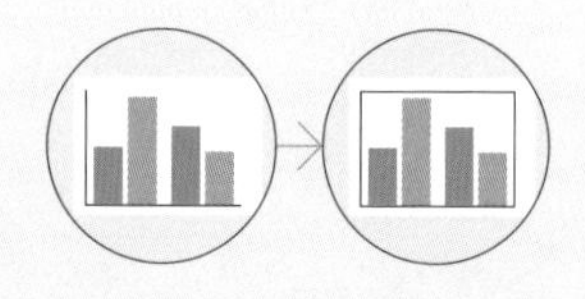

⑨プロットエリアの枠線

初期設定では、プロットエリアには枠線はありません。プロットエリアに枠線をつける場合は、プロットエリアをクリックし、[プロットエリアの書式設定]→[プロットエリアのオプション]→[塗りつぶしと線]→[枠線]と進み、[線(単色)]を選んだ後に、色を設定しましょう。

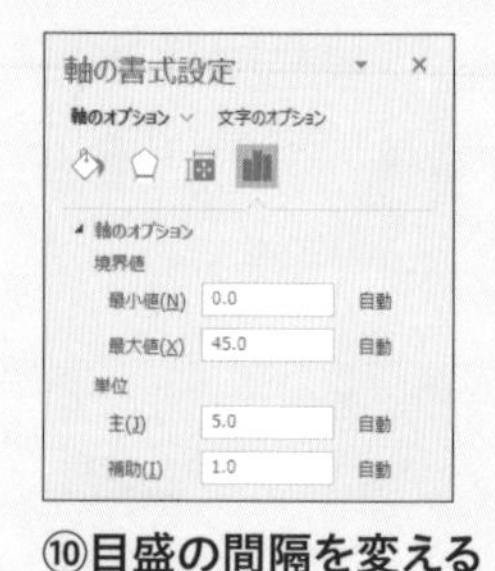

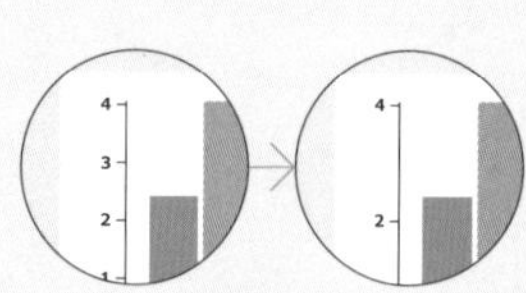

⑩目盛の間隔を変える

縦軸の目盛りが細かすぎると見にくくなることがあります。目盛りの間隔を変えるには、縦軸をクリックし、[軸の書式設定]→[軸のオプション]→[単位]→[主]と進み、この数値を変えます。

⑪フォントを変える

軸のフォントは、縦軸と横軸をそれぞれ変えることもできますが、全体を一括して変更する場合は、グラフエリアを選択した状態で右クリックし、[フォント]でフォントを変更しましょう。数字は欧文フォントにするとよいでしょう。

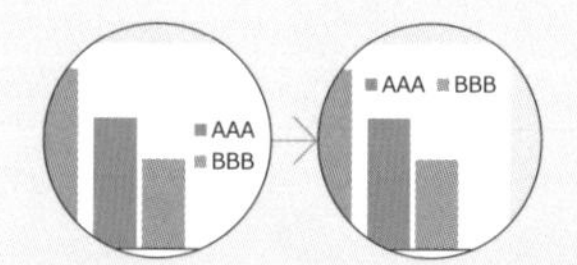

⑫凡例のレイアウトを変える

凡例は、テキストボックスの中に入っています。テキストボックスを動かせば場所を変えることができますし、テキストボックスを横に伸ばせば、凡例を横に並べることができます。[凡例の書式設定]の[凡例のオプション]でも変更できます。

補足 **複数のグラフの書式**

グラフが複数ある場合は、書式のコピーやテンプレート化で効率よく統一できます。p.135ページを参照して下さい。

テクニック Excelグラフのデザインを統一

複数のグラフを示す場合、体裁やデザインをすべてのグラフで統一したいのですが、一つひとつ設定するのは労力がかかります。とはいえ、p.87で解説した「書式のコピー/貼り付け」機能は、残念ながらグラフに対して使うことができません。グラフのデザインを統一するときには、以下のような方法を使いましょう。今回は、グラフを2つ作る場合を想定します。

①Excel上で2つのグラフを作成する
②1つ目のグラフを編集し、デザインを決める(これをコピー元のグラフとする)
③コピー元のグラフのグラフエリア(グラフの余白)を選択し、グラフをコピーする
④貼り付け先のグラフを選択し、[貼り付け]→[形式を選択して貼り付け]→[書式]と進んで書式を貼り付ける

補足 デザインを統一する際の注意点

グラフのサイズを統一する場合、[書式]の[サイズ]で、縦と横の長さを指定できます。複数のグラフを選択した状態ならば一括して変形させることもできます。

縦軸の最大値などの情報も書式の貼り付けにより引き継がれるため、グラフ間で最大値が異なる場合、コピー元のグラフの最大値は、[自動]に設定しておきましょう。

グラフを右クリックし、[テンプレートとして保存]とすると、好みのグラフをテンプレートとして保存できます。保存したテンプレートを使用する場合は、[グラフの種類]からテンプレートを選びます。

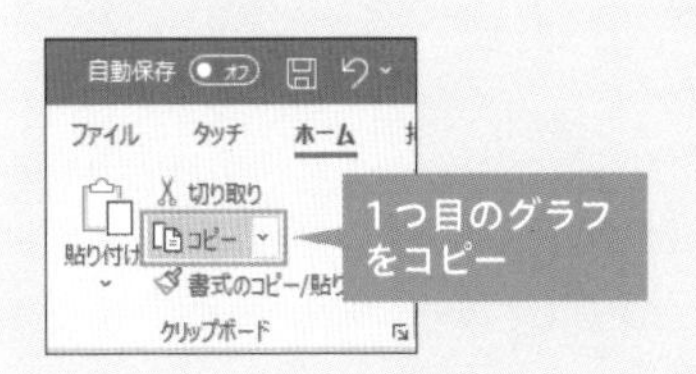

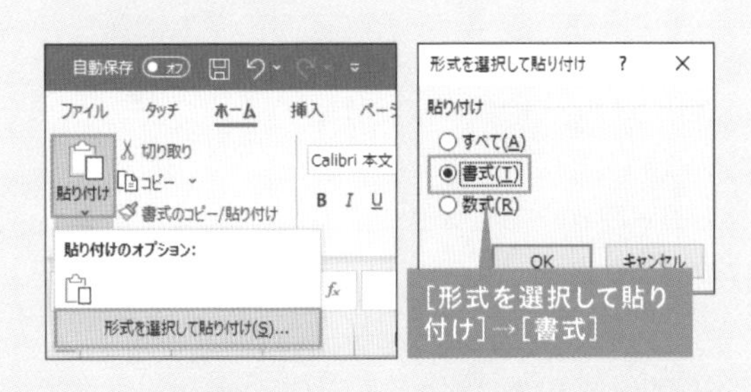

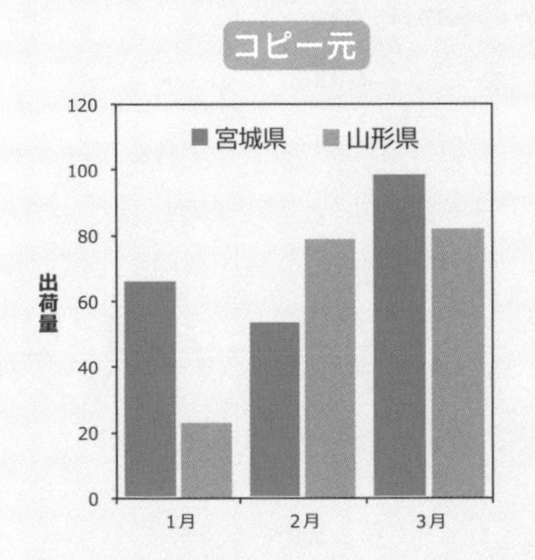

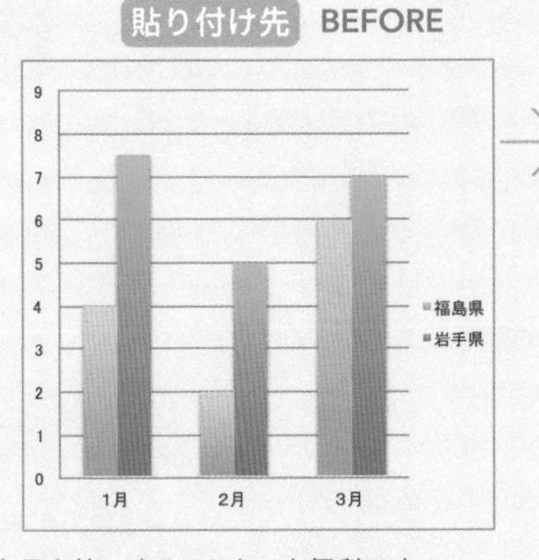

貼り付け先 AFTER

福島県 岩手県

出荷量

1月 2月 3月

グラフの書式のコピー ■ 複数のグラフの見た目を統一するのにとても便利です。

3-15 表の作り方

プレゼンスライドや報告書などで数値データを示すときには、表も重要なアイテムです。「余白」や「揃え」を意識し、少し気を配って作るだけで、見違えるように見やすく美しくなります。

■ まずは、フォントを選ぶ

右図はExcel 2013で作った表です。このままではやはり、あまり見栄えはよくありません。

まずはフォントを変更しましょう。当然ながら、英数字は欧文フォント(ArialやHelvetica、Segoe UIなど)、日本語は読みやすい和文フォント(メイリオやヒラギノ角ゴなど)にすることが第一です。これで、数値が読み取りやすくなります。

✕ Excelの初期設定のまま

学校名	人数	平均睡眠時間	テストの平均点数
県立A高校	583	7.5	89.9
私立B高校	81	10.2	79.2
C高校	1190	8.9	84.2
D高校	49	7.2	90.1

■ 余計な線をなくし、行間を広く

表はExcelでも、Wordでも、PowerPointでも作ることができます。どのソフトで作る場合にも注意しなければならないのは、線を目立たせすぎないということです。余計な線が多いとデータに注目しにくく、受け手に負担がかかります。

列間の黒い縦線は不要です。最低限必要な線は、表の一番上と一番下の線、そして1行目(項目名)と2行目(データ)の間だけです。また、行間をゆったりさせるほうがデータを読み取りやすくなります。線の太さにも気を付けましょう。

○ フォント・線・行間・揃えを調節

学校名	人数	睡眠時間	テストの平均点数
県立A高校	583	7.5	89.9
私立B高校	81	10.2	79.2
C高校	1190	8.9	84.2
D高校	49	7.2	90.1

見やすい表 ■ 重要なのは中身ですので、余計な線をなくし、見やすくしましょう。数値が入っている列は右揃え、単語だけの列は左揃えが基本です。

■ 数値は右揃え、単語や文は左揃え

桁数の違う数字を書く場合は、桁を合わせるために、右揃えにするとよいでしょう。このとき、小数点以下の桁数を揃えておく必要があります。したがって、数値の含まれる列は右揃えにするのが基本です。整数の桁も小数の桁もバラバラの場合は、右図のようにWordのタブ機能を使うと小数点を揃えることができます。

なお、単語や文の入っている列は、左揃えにするほうが読みやすくなります。ただし、短い単語の場合は、中央揃えでもOKです。

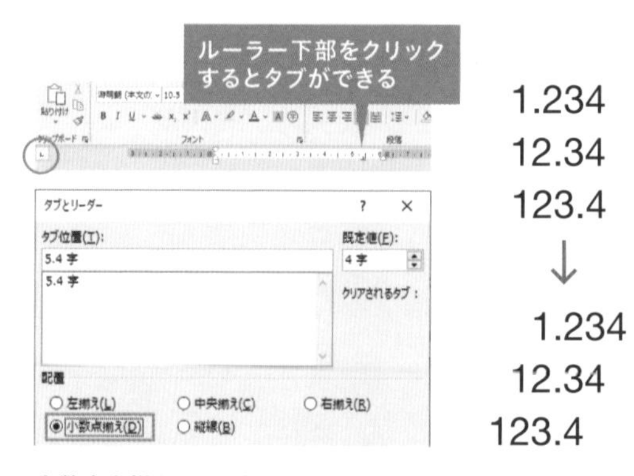

小数点を揃える ■ 桁を合わせたい複数の行を選択し、ルーラー下部をクリックするとタブを作れます。種類を[小数点揃え]に設定すれば小数点が合います。作成するタブの種類は、○で示したボタンで事前に設定しておくことも可能です。

■「見せる表」では背景色が効果的

真面目な場面や「読ませる資料」なら、前ページのような単調な表でもよいですが、プレゼンやポスターなどの「見せる資料」の場合、これでは少し野暮ったいです。「見せる表」にするには、**背景色を利用**して、さらに余計な線をなくしましょう。こうすることで、見た目のよい表が作れます。横線を入れるならば、**白い線にする**とあまりうるさくなりません。

○背景色を付ける

学校名	人数	睡眠時間	テストの平均点数
県立A高校	583	7.5	89.9
私立B高校	81	10.2	79.2
C高校	1190	8.9	84.2
D高校	49	7.2	90.1

塗りを使って線をなくす ■ セル内に色を付けると、罫線が不要になるので、よりシンプルで、よりとっつきやすい表ができます。プレゼンなどで重宝します。

■横に長い場合は1行おきに背景

表の列数が多い場合、1つの行を正確に目でたどるのが困難になるという問題が生じます(下図の例でいえば、高校名と世界史の値を対応させるのが難しくなるということ)。このような場合は、**行の背景に1行おきに薄い色を付ける**ことで、同じ行の情報を対応させやすくなります。

✕行が認識しにくい

学校名	人数	平均睡眠時間	国語	数学	生物	化学	物理	世界史
A高校	583	7.5	89.9	89.9	89.9	76.7	89.9	98.3
B高校	81	10.2	79.2	79.2	79.2	66.6	79.2	84.2
C高校	1190	8.9	84.2	90.1	84.2	77.9	84.2	77.9
D高校	49	7.2	90.1	90.1	83.3	84.2	90.1	83.3
E高校	583	7.5	89.9	89.9	84.2	89.9	77.9	84.2
F高校	66	9.9	79.2	79.2	66.6	77.9	66.6	79.2
G高校	345	6.6	84.2	84.2	84.2	84.2	83.3	68.8
H高校	1221	7.1	90.1	90.1	77.9	66.6	90.1	90.1

読み取りやすく ■ 1行おきに背景を付けると、罫線が不要になるのと同時に、行を認識しやすくなります。横に長い表では、このような工夫が大切になります。

○1行おきの背景で行が認識しやすい

学校名	人数	平均睡眠時間	国語	数学	生物	化学	物理	世界史
A高校	583	7.5	89.9	89.9	89.9	76.7	89.9	98.3
B高校	81	10.2	79.2	79.2	79.2	66.6	79.2	84.2
C高校	1190	8.9	84.2	90.1	84.2	77.9	84.2	77.9
D高校	49	7.2	90.1	90.1	83.3	84.2	90.1	83.3
E高校	583	7.5	89.9	89.9	84.2	89.9	77.9	84.2
F高校	66	9.9	79.2	79.2	66.6	77.9	66.6	79.2
G高校	345	6.6	84.2	84.2	84.2	84.2	83.3	68.8
H高校	1221	7.1	90.1	90.1	77.9	66.6	90.1	90.1

■ 表の中にも余白が必要

セルの中に数値や単語が入るだけなら、セル内が窮屈になることはありませんが、セル内に文章を入れたい場合は、**セル内の上下左右に余白を設ける**必要があります。

右の例のように、Excelで初期設定のままで作った表は、余白がなく、窮屈な印象を与えます。また、セル間で文字が近接しすぎるので、非常に読みにくいです。セル内に余白を作って(p.139のテクニック参照)、見やすい表を作りましょう。セル内の文章が多い場合は、表内に枠線があってもあまりうるさくなりませんが、線を用いるときはなるべく細い線を使うようにしましょう。

もちろん、文字が多い場合には、細めのフォントを使うとよいでしょう。また、文章に関しては、セル内で左上に寄せるのがよいでしょう。読みやすくするためには上下中央揃えや、左右中央揃えは避けたほうが無難です。

✕ 初期設定のまま

エリア	相場（前年）	一言コメント
千葉市北区	53,000 (53,000)	相場は高いが、最近数年間は安定している
千葉市青葉区	45,000 (41,000)	市内としては低めだが昨年以降は増加傾向にある
千葉市みなと区	48,000 (48,000)	やや高めだが、安定して人気のあるエリア
千葉市横川区	40,000 (41,000)	横川駅の周辺だけは家賃相場は北区並み
四街道市東町	55,000 (33,000)	都心へのアクセスがよく、相場が増加傾向にある
四街道市水沼町	49,000 (39,000)	海も近く、公園なども多いので人気急上昇のエリア

○ 線・余白・フォントを調節

エリア	相場(前年)	一言コメント
千葉市北区	53,000 (53,000)	相場は高いが、最近数年間は安定している
千葉市青葉区	45,000 (41,000)	市内としては低めだが昨年以降は増加傾向にある
千葉市みなと区	48,000 (48,000)	やや高めだが、安定して人気のあるエリア
千葉市横川区	40,000 (41,000)	横川駅の周辺だけは家賃相場は北区並み
四街道市東町	55,000 (33,000)	都心へのアクセスがよく、相場が増加傾向にある
四街道市水沼町	49,000 (39,000)	海も近く、公園なども多いので人気急上昇のエリア

○ 背景色をつける

エリア	相場(前年)	一言コメント
千葉市北区	53,000 (53,000)	相場は高いが、最近数年間は安定している
千葉市青葉区	45,000 (41,000)	市内としては低めだが昨年以降は増加傾向にある
千葉市みなと区	48,000 (48,000)	やや高めだが、安定して人気のあるエリア
千葉市横川区	40,000 (41,000)	横川駅の周辺だけは家賃相場は北区並み
四街道市東町	55,000 (33,000)	都心へのアクセスがよく、相場が増加傾向にある
四街道市水沼町	49,000 (39,000)	海も近く、公園なども多いので人気急上昇のエリア

セル内に余白を作る ■ セル内には余白を作りましょう。ゆとりができて、見やすい表になります。また、線が太くなりすぎないように注意しましょう。

テクニック　セルの中に余白を作る

MS Officeの場合の3つの方法

Excelで表を作ると、枠内に余白が設けられないので、窮屈で読みにくくなります。特に、文字を右や左に揃えるときや、枠内に長めの文が入る場合に困ることが多いです。解決策は3つあります。

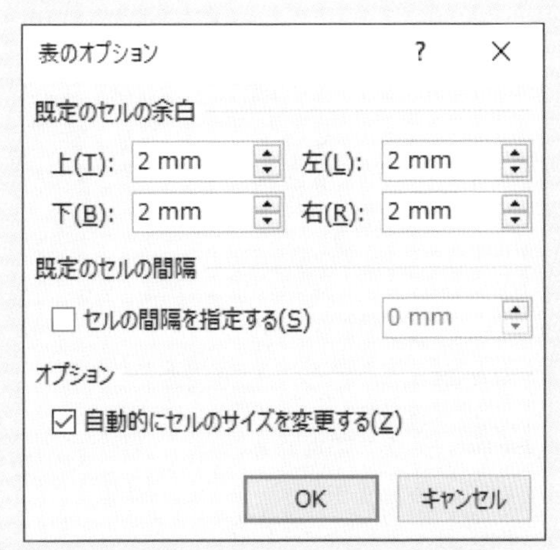

余白の設定 ■ Wordなどでは、セル内の余白を設定できるので、ゆとりのある表を作ることができます。

①WordやPowerPointで加工する

多くの場合、Excelで作成した表は、最終的にWordやPowerPointに貼り付けて使います。その場合、表は<u>WordやPowerPointに貼り付けてから修正する</u>のがよいでしょう。貼り付けた表を選択して右クリックし、[表のプロパティ]→[オプション]から、セル内の余白を設定します。セル内の文字サイズと同じくらいの余白を設けましょう。WordやPowerPointの表作成機能を使う場合も、操作手順は同じです。

②Excelでインデントを入れる

Excelのホームタブの[配置]の(インデントを増やす)で、<u>セル内の文字にインデント</u>を入れることができます。ただ、インデント幅の調整はできません。

③Excelで空白の列を追加する

下図のように、<u>空白の列</u>を加えることでも対処できます(右の表のGとN列)。両端以外でも、セル間で文字が接近する場合は、適宜空白の列を挿入しましょう(右の表のJ列)。

	A	B	C	D	E	F	G	H	I	J	K	L	M	N	O
1	学校名	人数	出身中学	睡眠時間	得点			学校名	人数		出身中学	睡眠時間	得点		
2	伊達高校	154	広瀬中学	7.5	89.9			伊達高校	154		広瀬中学	7.5	89.9		
3		134	青葉中学	9.8	76.6				134		青葉中学	9.8	76.6		
4	政宗高校	194	支倉中学	8.7	89.6			政宗高校	194		支倉中学	8.7	89.6		
5		67	子平町中学	7.5	93.2				67		子平町中学	7.5	93.2		
6															

空白列の挿入 ■ Excel上でセルの端に文字が寄りすぎてしまう場合は、右の例のように空白の列を付け足しましょう。

スキルアップ 表とグラフ、図解のユニバーサルデザイン

「伝わらない」を避ける

表やグラフ、図解は文章ではなく図として理解を促すツールです。**視覚多様性に配慮しなければ、一部の人にデータが伝わらない**事態が起きてしまいます。色についてはp.194の配色のユニバーサルデザインで詳しく述べますので、ここではそれ以外の注意点を紹介します。

余計な要素をなくしてシンプルに

数値データを表やグラフで見せるとき、必要のない要素が含まれていると重要なデータが読み取りにくくなってしまいます。時折、1枚のスライドに同じデータのグラフと表が両方示してあることがありますが、グラフの利点、表の利点を考えて、どちらか一方を示すようにしましょう。

　また、表やグラフの枠線や罫線が多すぎて煩雑なことがあります。線は少ない方がシンプルになりますので、**データの読み取りに必要な最低限の罫線だけ残す**ようにしましょう。

✕ 余計な要素が多い

〇 余計な要素が少ない

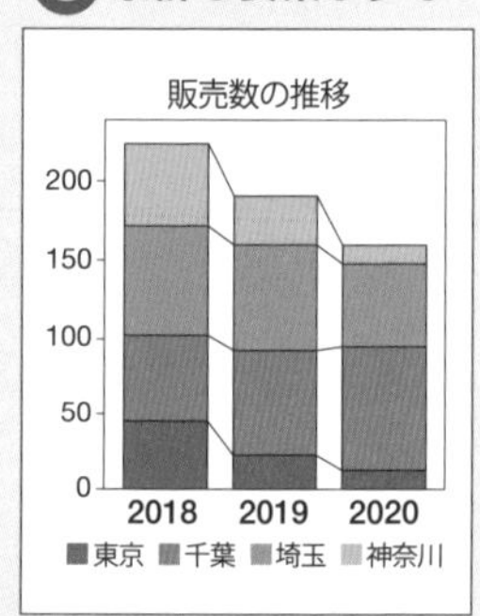

データはシンプルに示す ■ グラフや表は、できるだけシンプルに示すことが大切です。

重要なデータを読み取りやすく

表やグラフは、どれだけシンプルに見やすくしたとしても、データの重要な部分を一瞬で把握することは簡単ではありません。データ量が多かったり、理解が追いつかなかったりすると、どの部分に注目すればよいのかわからないまま終わってしまうこともあります。そうならないために、プレゼンスライドなどでは、**データの重要な部分を強調**して示しておくとよいでしょう。

　また、グラフの作り方の項でも述べましたが、凡例はデータの近くに配置することで、データの読み取りが容易になります。**誰にとっても理解しやすいユニバーサルデザイン**を目指しましょう。

✕ 注目する部分がわかりにくい

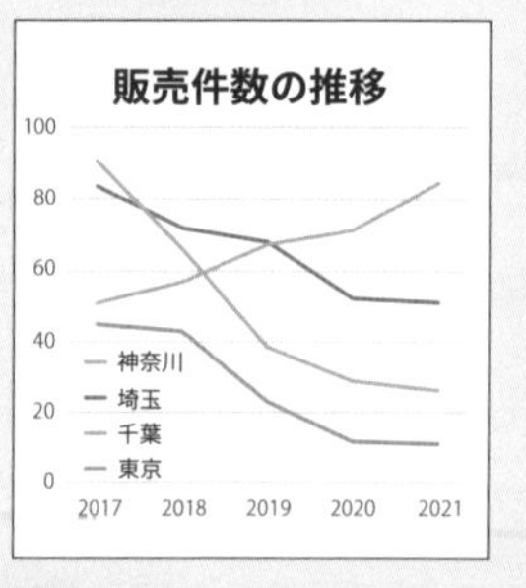

〇 注目する部分がわかりやすい

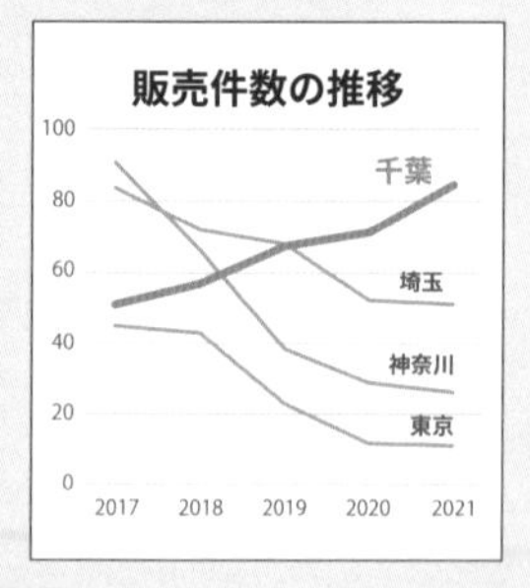

重要なポイントを示す ■ グラフや表では、伝えたいデータを明確に示すと受け手も内容を理解しやすくなります。

三角矢印はわかりにくい

三角形を矢印代わりに使うことがあります。人によっては、**三角の矢印はどちらを指しているかわかりにくい**ようです。正三角形は確実に向きがわかりにくいですし、細く尖らせてみたり、太く鈍角にしてみたりしても、やはり、向いている方向はわかりにくいものです。

基本的には、**ふつうの矢印を使うのがよい**でしょう。PowerPointなら図形一覧にある矢印がよいです。また、線の先端に矢じりをつけてもよいでしょう。ただし、図形オブジェクトの矢印を大きく歪めて使うのは避けましょう。矢印に見えなくなってしまいます。

× 方向性がわかりにくい

○ 方向性がわかりやすい

栄養を増やす　日光にあてる　大きく育つ

三角矢印はわかりにくい ■ 三角矢印はシンプルでおしゃれなのですが、どこを指しているかわからなくなることもあります。シンプルなふつうの矢印を使うようにしましょう。

多様な図形・色を使いすぎない

上で述べたように、矢印一つとってもいろいろな形があります。このとき、同じ意味で使用する図形であれば、同じ図形を使うのが基本です。同じ意味なのに違う形や種類のオブジェクトの矢印を使ったりすると、混乱を招きます。反対に、違う意味なのに同じ矢印を使うのも好ましくありません。**「意味」と図形の「見た目」を揃えることが大切**です。

色も同様で、いろいろな色をむやみに使用するのではなく、似た意味のものには似た色を塗ると、複雑な情報も理解しやすくなります。

× 多様な矢印を使わない

○ 同じ意味なら同じ矢印

八百屋　映画館　大学　スーパー

矢印を統一する ■ 同じ意味で使用する矢印は、同じ形で統一しないと、混乱を招きます。

× 矢印の意味がわかりにくい

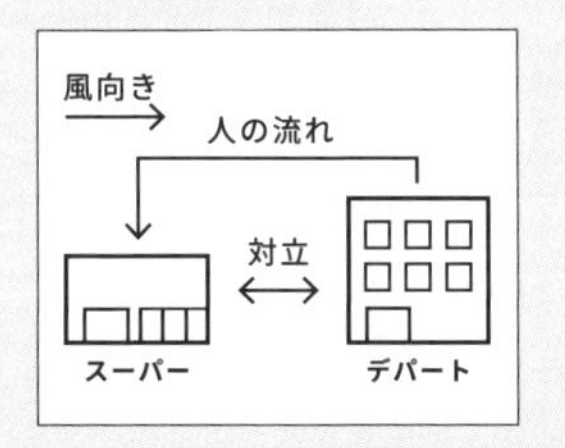

○ 矢印の意味がわかりやすい

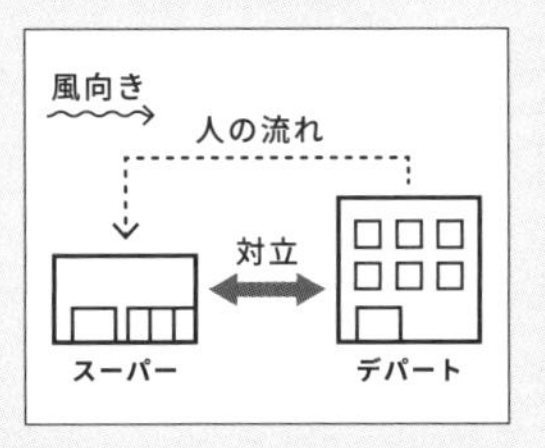

意味の異なる矢印は形を変える ■ 異なる意味で矢印を使う場合は、矢印の種類も変えると理解がしやすくなります。

× 内容と色が対応していない

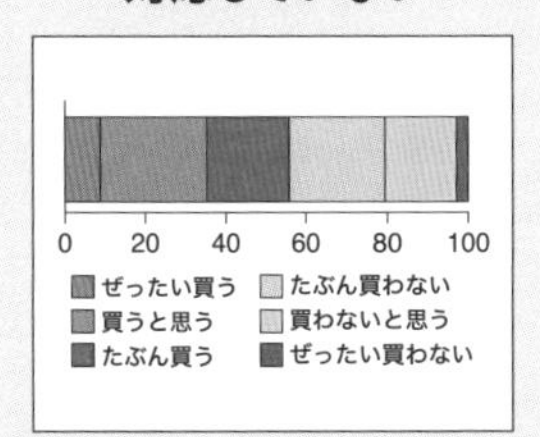

○ 内容と色が対応している

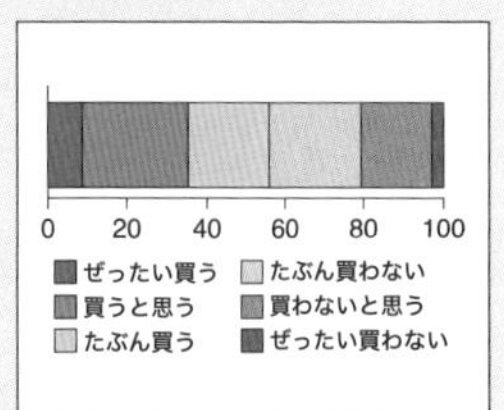

似た意味には似た色 ■ 似た意味のものに似た色を使うと色が増えた印象にならず理解もしやすいです。

第3章 チェックポイント

1 図解はできるだけシンプルにする

- □ オブジェクトの色は「枠線」と「塗り」のどちらかだけにした。
- □ オブジェクトの「影」「グラデーション」「立体感」を取り除いた。
- □ オブジェクトの内側に文字を入れるとき、余白をとった。
- □ 角丸四角に丸みをつけすぎていない。
- □ 楕円を避け、四角や角丸四角を使った。
- □ 引き出し線は、太すぎず、長さや角度が揃っている。
- □ 矢印は目立ちすぎていない。

2 図は見やすく加工する

- □ ラスター画像は歪めていない。
- □ ラスター画像の解像度は十分である。
- □ 必要に応じてトリミングや切り抜きをした。

3 グラフや表は、直感的に理解できるように編集する

- □ 影やグラデーション、余計な補助線などの不必要な要素は取り除いた。
- □ グラフのプロットや棒の色は、線と塗りのどちらか一方だけになっている。
- □ 視認性の高いフォントを使った。
- □ グラフや表の英数字は欧文フォントになっている。
- □ 凡例は直感的にわかりやすく配置されている。
- □ 表の余計な罫線を取り除いた。

4 レイアウトと配色の法則

見やすいレイアウト、わかりやすいレイアウトをするときの重要なポイントは、「ストーリー」や「事柄と事柄の関係性」に即して文字や絵などの要素を配置することです。関連の強いもの同士は、近くに配置したり、同じ色を使ったり、大切な事柄を目立つ色にしたり、目立つ場所においたりして、「ストーリーや理論をレイアウトする」ことが大切です。

4-1 レイアウトの目的と5つの法則

どんな資料でも内容に即してレイアウトすることが一番大切です。秩序のないレイアウトは、受け手を混乱させるだけでなく、資料の印象、さらには発信者の印象をも悪くしてしまいます。

■ レイアウトの目的は情報の構造の明確化

ここまでは、文字や文章、箇条書き、図、表、グラフなどの個々の要素の作り方について見てきましたが、実際に資料を作成するときは、これらの要素を整理し、レイアウトしなければなりません。

情報の整理とは、情報の構造や情報同士の関係を明確にすることです。盛り込みたい要素(情報)について、各要素の従属関係(親子にあたる関係)・並列関係(対等な関係)、さらには情報の優先度や因果関係なども明確にすることで、情報が「伝わりやすく」なります。これがレイアウトの目的です。

✕ 適当に配置

MU 宮城県立大学　環境科学研究科
保全生物学研究室

テクニカルアドバイザー
宮城拓郎
Takuro Miyagi
〒980-0000 宮城県仙台市青葉区 1-11
電話 0123-456-789
lmiyagia@mu.ac.jp

○ 情報を整理

MU
宮城県立大学　環境科学研究科
保全生物学研究室

テクニカルアドバイザー
宮 城 拓 郎
Takuro Miyagi

〒980-0000 宮城県仙台市青葉区 1-11
電話 0123-456-789
lmiyagia@mu.ac.jp

名刺の例 ■ レイアウトのルールを守って情報を整理すると、見やすく、美しいレイアウトになります。

■ 5つの法則

情報の構造を明確にするためには、**「余白をとる」「揃える」「グループ化する」「強弱をつける」「繰り返す」**という5つの法則を守る必要があります。

まず全体の圧迫感をなくすために、紙面に「余白」をとります。また、従属関係・並列関係を明確化するために、各要素を「揃え、グループ化し、強弱をつけ」ます。強弱をつけることで、優先度も明示されます。そして、一定のルールの下で、資料全体を通じて4つの法則を守り続け、同じパターンを「繰り返す」ことで、スムーズな理解につながります。

一見手間のかかる作業に思えるかもしれませんが、ルールを一度覚えれば、レイアウトで悩まなくてすむので時間の短縮にもつながります。本章では、これら5つの法則に加え、いくつかのテクニックを紹介します。

なお、このような法則はデザインの基本原則として知られており、R. Williams氏の『ノンデザイナーズ・デザインブック』の中でも解説されています。

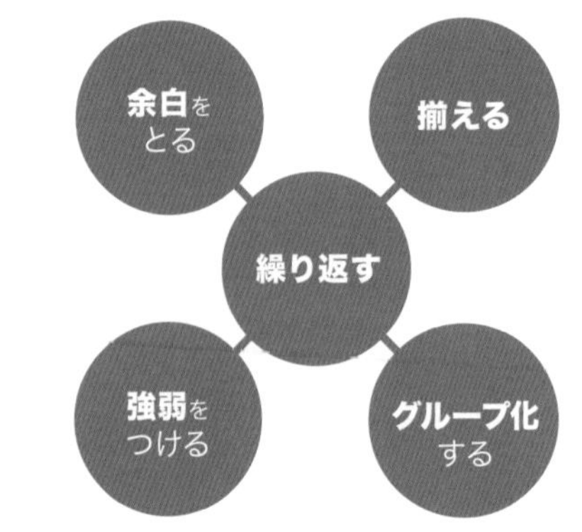

5つの法則 ■ 情報の構成が伝わりやすくなります。

×

すべての配置に必然性を

現在の課題

・文字が多くとも文字が小さくとも見やすい資料は作れる。

・フォントなどと同時に全体のレイアウトが肝心。

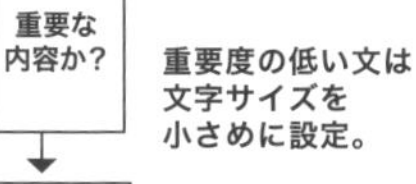

重要な内容か？
重要度の低い文は文字サイズを小さめに設定。

解決法と効能

・すべての要素を法則に従って配置することがポイント。

・レイアウトが良ければ複雑な内容が伝わりやすくなって、発信者の信頼度も高まる。

要素が全て整列？

すべての要素は何かしらと整列させて配置。

余白は充分か？

グループ化しているか？

すべての配置に必然性を

現在の課題

●文字が多くとも文字が小さくとも見やすい資料は作れる。

●フォントなどと同時に全体のレイアウトが肝心。

解決法と効能

●すべての要素を法則に従って配置することがポイント。

●レイアウトが良ければ複雑な内容が伝わりやすくなって、発信者の信頼度も高まる。

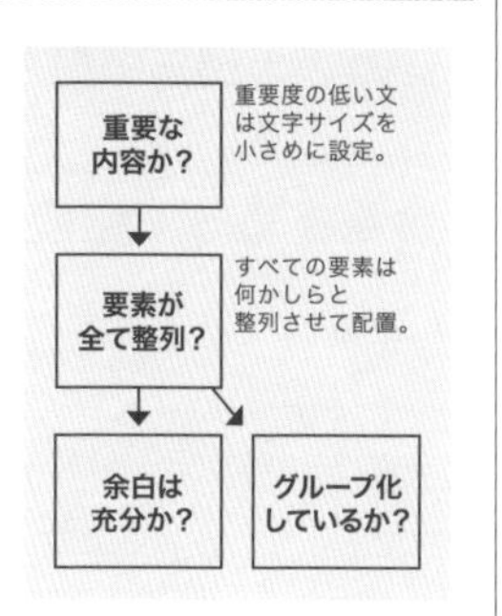

×

スターヒルズ市ヶ山の防災対策

スターマンション市ヶ山　理事長　市ヶ谷 真

【防災倉庫の整備】

政府の検討会の報告により、国の防災基本計画が見直され、各家庭につき1週間分の食糧・水などの備蓄が求められることとなった。食品アレルギーの問題・賞味期限管理の問題・備蓄スペースの問題などもあり、共同住宅で一括管理するには水・食糧はなじまないものと考える。本提案ではそれらについては各家庭の責任において備蓄するものとする。ただ、共同一括購入などの便宜をはかり、各家庭での備蓄を支援したい。

共同住宅で備蓄すべきなのは、非常時に共同で使用でき、かつ使用期限が比較的長いものが考えられる。すなわち、救出用のバールやのこぎり・ロープ・ハンマー・スコップ・ジャッキ・担架・カラーコーンなど、広報用のハンドマイク・ホワイトボードなどがそれである。なお広報用の用具は1階に配置するものとするが、救出用の用具については、当マンションは14階建てであるので、エレベータの停止などの事態も考慮し、1階に加え中間層の5階・10階の3か所に設置するのが望ましい。

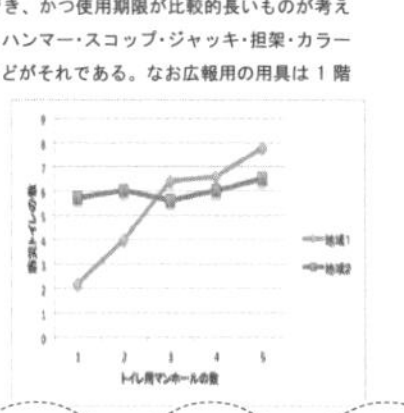

【共用部の地震保険への加入】

当マンションは新耐震基準以降に建築されているので、一般的には最低限の耐震性は確保されているものと考えられる。しかし、東日本大震災においては、新耐震・旧耐震で被災状況には差がつかなかったという報告もある。

スターヒルズ市ヶ山の防災対策

スターヒルズ市ヶ山　理事長　市ヶ谷真

防災倉庫の整備

政府の検討会の報告により、国の防災基本計画が見直され、各家庭につき1週間分の食糧・水などの備蓄が求められることとなった。食品アレルギーの問題・賞味期限管理の問題・備蓄スペースの問題などもあり、共同住宅で一括管理するには水・食糧はなじまないものと考える。本提案ではそれらについては各家庭の責任において備蓄するものとする。ただ、共同一括購入などの便宜をはかり、各家庭での備蓄を支援したい。

共同住宅で備蓄すべきなのは、非常時に共同で使用でき、かつ使用期限が比較的長いものが考えられる。救出用のバールやのこぎり・ロープ・ハンマー・スコップ・ジャッキ・担架・カラーコーンなど、広報用のハンドマイク・ホワイトボードなどがそれである。なお広報用の用具は1階に配置するものとするが、救出用の用具については、当マンションは14階建てであるので、エレベータの停止などの事態も考慮し、1階に加え、中間層の5階・10階の3か所に設置するのが望ましい。

共用部の地震保険への加入

当マンションは新耐震基準以降に建築されているので、一…には最低限の…保されている…られ

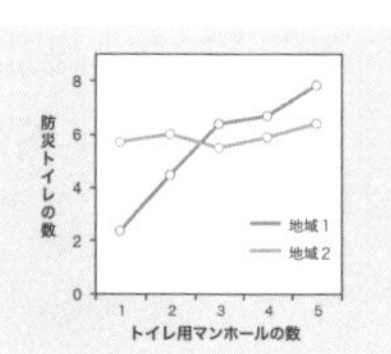

エレベータ内緊急用品の設置

当マンション設置のエレベータは旧式であり、地震を感知すれば自動的に最寄りのフロアにストップする仕組みがないため、地震発生時に閉じ込められる恐れがある。また、そのような事態が発生した場合、同時に広範囲にわたり数万カ所のエレベータで、同様の事態が発生する可能性があり、救護要請をしても救助に数日以上の日数を要する恐れがある。

×

森林伐採後の昆虫相の変化と伐採地の回復プロセス

東東大学

森 林太郎・加藤俊朗（東京森林大・フィールド科学研究科）

導入　緑へ減るとハチの数は増えるか

近年の森林伐採によって緑地の面積が急激に減少しています。このような伐採は、その場所に生息する生物を直接的に減少させるだけでなく、隣接する地域の生物を間接的に減少させる可能性がある。森林伐採の影響評価と、森林の回復は急務の課題である。

150 → 75

実験1　肥料により森林は回復するか？

一度伐採された森林を回復するためには、自然回復を待つ、植樹する、肥料を散布した上で自然回復を待つという方法がある。しかし近年は、苗木の不足が深刻化している。本研究では、肥料散布が森林回復に与える影響を調べた。

関東では、肥料の種類によって回復速度に差が見られた。

関西では、肥料の種類は森林の回復速度に影響しなかったように見える。

実験3　種や季節は個体の移動に影響する？

伐採された森林と、自然林の間での個体の交流の程度は、伐採されていない地域における昆虫相の変化を推定する際に重要である。

目視

目視によって森林間を移動するハチと、各森林に居座るハチの個体数を調べた。

調査日	居座り数	移動数
8/1	10	100
8/15	22	25
8/20	43	12
8/22	95	8

調査日によってハチの行動パターンは異なっており、季節が進むほどい同じ場所に居座る個体の割合が増加した。

発見した個体の追跡

種の判定　性の判定

種3　種1　種2

各個体の種と性を判定したところ、移動する種のほとんどが種1であり、全ての個体が雌であった。

○

森林伐採後の昆虫相の変化と伐採地の回復プロセス

東東大学

森 林太郎・加藤俊朗（東京森林大・フィールド科学研究科）

導入　緑へ減るとハチの数は増えるか

近年の森林伐採によって緑地の面積が急激に減少しています。このような伐採は、その場所に生息する生物を直接的に減少させるだけでなく、隣接する地域の生物を間接的に減少させる可能性がある。森林伐採の影響評価と、森林の回復は急務の課題である。

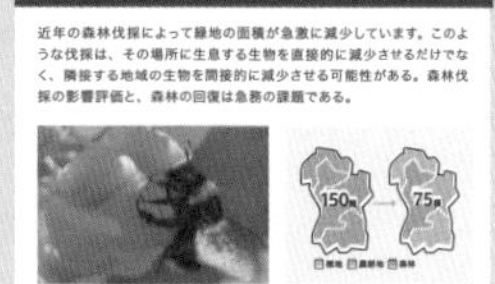

実験1　肥料により森林は回復するか？

一度伐採された森林を回復するためには、自然回復を待つ、植樹する、肥料を散布した上で自然回復を待つという方法がある。しかし近年は、苗木の不足が深刻化している。本研究では、肥料散布が森林回復に与える影響を調べた。

関東では、肥料の種類によって回復速度に差が見られた。

関西では、肥料の種類は森林の回復速度に影響しなかったように見える。

実験3　種や季節は個体の移動に影響する？

伐採された森林と、自然林の間での個体の交流の程度は、伐採されていない地域における昆虫相の変化を推定する際に重要である。

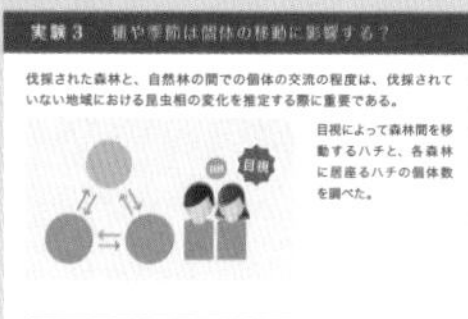

目視によって森林間を移動するハチと、各森林に居座るハチの個体数を調べた。

調査日	居座り数	移動数
8/1	10	100
8/15	22	25
8/20	43	12
8/22	95	8

調査日によってハチの行動パターンは異なっており、季節が進むほどい同じ場所に居座る個体の割合が増加した。

発見した個体の追跡

種の判定　性の判定

種3　種1　種2

各個体の種と性を判定したところ移動する種のほとんどが種1であり、全ての個体が雌であった。

レイアウト例 ■ 図表を含む資料だけでなく、文字だけで構成される事務書類や申請書などの文書も、ルールを守って見やすくレイアウトすることが大切です。

4-2 余白を十分にとる

3-6節の「囲みと文字の組み合わせ方」と同様に、資料全体のレイアウトでも余白が重要です。資料の端の端まで何かが書いてあると窮屈に感じ、とても見にくく読みにくい資料になります。

■ 余裕をもって配置する

どんな資料であっても、紙面の端まで、あるいは枠内のギリギリまで文字や図を配置するのは避け、上下左右に余白(マージン)を設けましょう。プレゼン用のスライドであれば、右図の薄い赤色で示したように本文の文字で1文字分くらいの余白を設けるとよいです。この領域には見出しや本文、オブジェクトなどを配置しないように心がけましょう。また、図や写真などのオブジェクトと文字の間にも余白を設け、これらが密着しないように注意して下さい。

下や右ページの例を見てみましょう。スライドの周囲やオブジェクト間に余白がないと、とても窮屈で、非常に読みにくくなることがわかると思います。むやみに文字を大きくするのではなく、ゆとりをもって配置できるような文字サイズにしましょう。

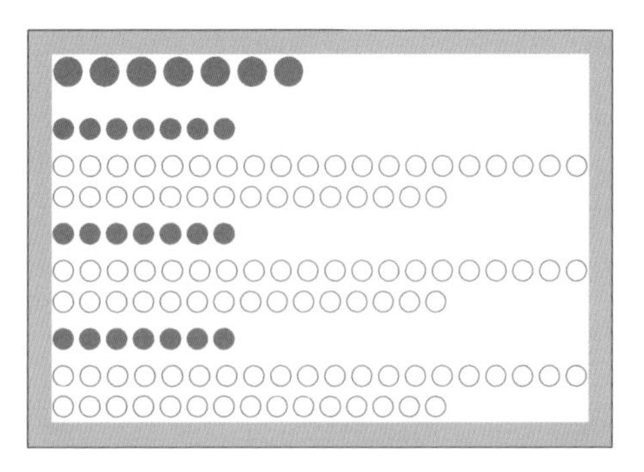

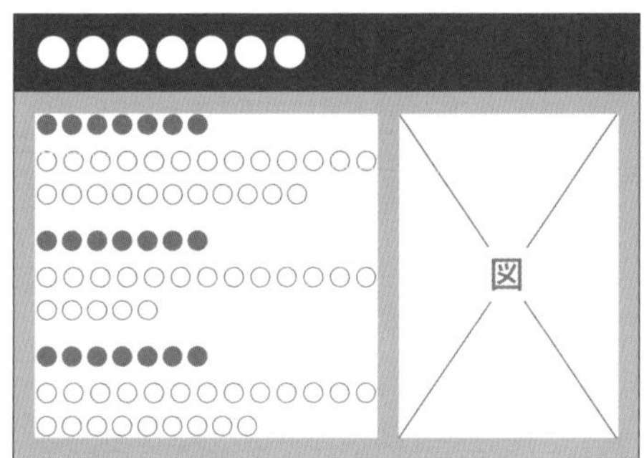

余白をとる ■ 資料やオブジェクトの周りに余白をとって余裕のあるレイアウトにしましょう。

✕ 余白がない

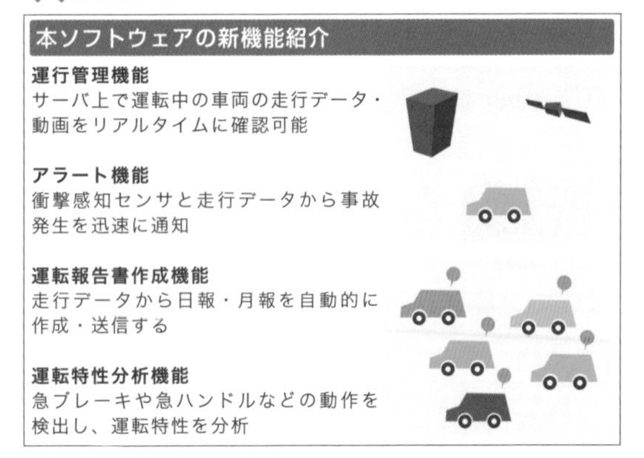

〇 余白をとる

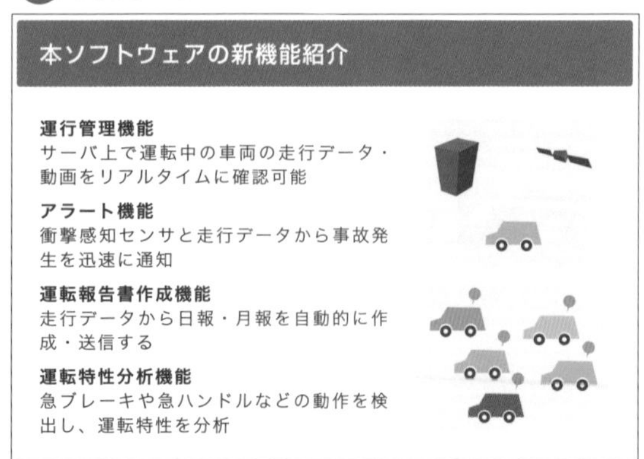

プレゼンスライド ■ 資料やオブジェクトの周りだけでなく、枠に入れた文字の周囲や、文と文の間にも余白が必要です。

✕ 余白がない

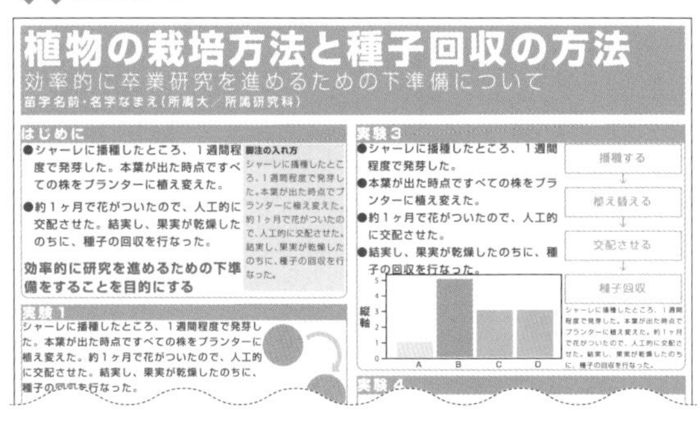

○ 余白をとる

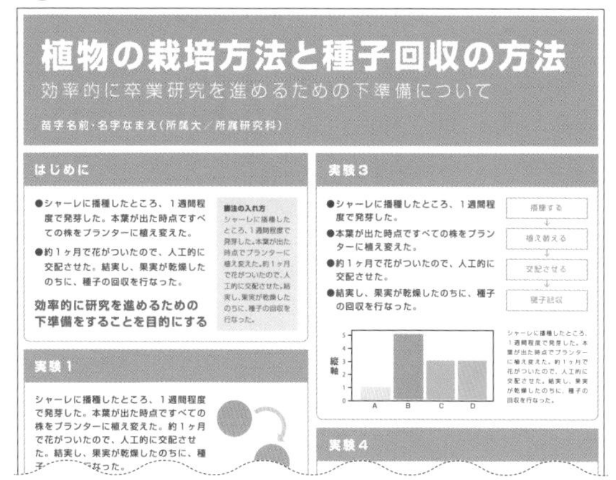

発表用ポスター ■ タイトルや項目を枠に入れるときも、それぞれの枠の中で忘れずに余白を十分にとりましょう。

✕

○

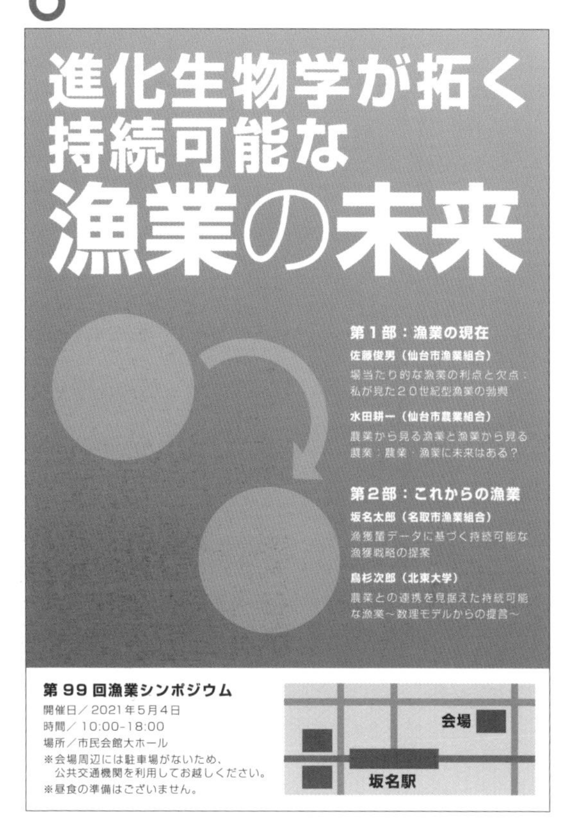

告知ポスター ■ 余白を設けてレイアウトするのが基本です。余白がないほうが迫力のあるデザインになることもありますが、高い技術が必要になるので、周囲に一定の余白をとるほうが無難です。

4-3 揃えて配置する

文字やオブジェクトなどを美しく作っても、要素同士がバラバラに配置されていては、資料は混沌としてしまいます。資料全体のレイアウトの際も、左揃えを基本にして要素同士を揃えましょう。

■ すべての要素を揃える

要素の配置を考えるとき、**仮想のグリッド線**(要素を揃えるための格子状のガイドライン)を設けてレイアウトするとよいでしょう。右の例であれば、赤い点線をイメージしながら、テキストと図をぴったり合わせるように配置すれば、ずいぶんと整理されます。文章のみの資料だけでなく、図や写真などが入る資料でも**揃えられるものは揃えて配置**しましょう。こうするだけで、バラバラした印象がなくなり、違和感なく見たり読んだりできます。

なお、短い文を多用するスライドなどでは、改行の位置の配慮(p.80参照)を優先したほうがよいので、文章は必ずしも右端に合わせなくても問題ありません。同様に、文字数によっては、文が下側のグリッドに達しないこともあります。したがって、上と左のグリッドを第一優先にレイアウトすることが重要です。

身のまわりの雑誌や広告をよく見てみると、すべての要素が揃えて配置されていることに気付きます。

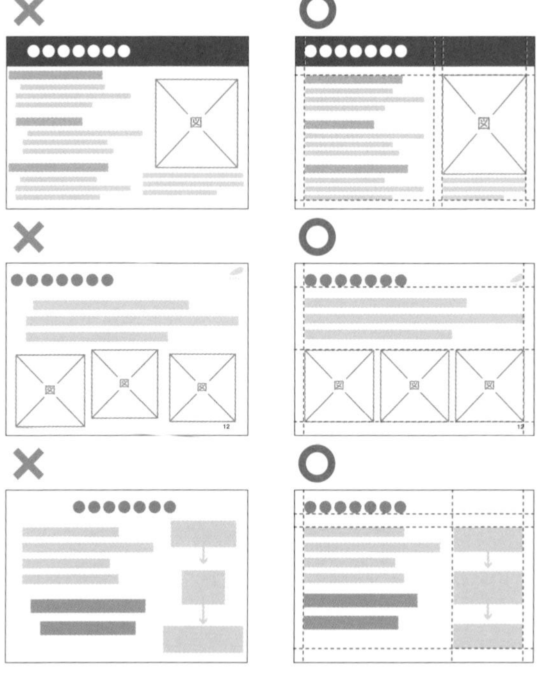

上下左右を揃える ■ 資料中の仮想のグリッドを意識して、見出しや文、図の上下左右を揃えましょう。特に左と上は必ず揃えます。

× 要素がバラバラ

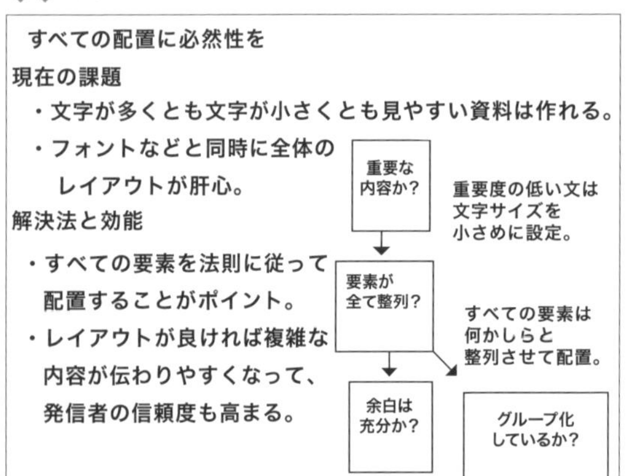

○ 要素を揃える

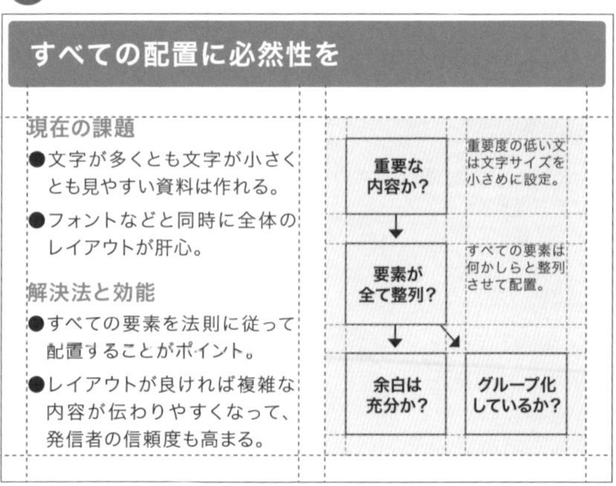

すべて揃える ■ 小見出しと本文はもちろん、文字とオブジェクトの位置も揃えましょう。

✕ 要素がバラバラ

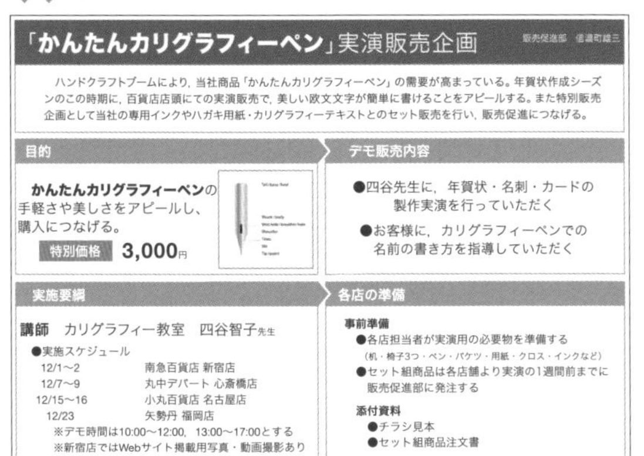

「かんたんカリグラフィーペン」実演販売企画　販売促進部　信濃町雄三

ハンドクラフトブームにより，当社商品「かんたんカリグラフィーペン」の需要が高まっている。年賀状作成シーズンのこの時期に，百貨店店頭にての実演販売で，美しい欧文文字が簡単に書けることをアピールする。また特別販売企画として当社の専用インクやハガキ用紙・カリグラフィーテキストとのセット販売を行い，販売促進につなげる。

目的

かんたんカリグラフィーペンの手軽さや美しさをアピールし、購入につなげる。

特別価格　3,000円

デモ販売内容

●四谷先生に，年賀状・名刺・カードの製作実演を行っていただく

●お客様に，カリグラフィーペンでの名前の書き方を指導していただく

実施要綱

講師　カリグラフィー教室　四谷智子先生

●実施スケジュール

12/1～2　南急百貨店 新宿店
12/7～9　丸中デパート 心斎橋店
12/15～16　小丸百貨店 名古屋店
12/23　矢勢丹 福岡店

※デモ時間は10:00～12:00，13:00～17:00とする
※新宿店ではWebサイト掲載用写真・動画撮影あり

各店の準備

事前準備

●各店担当者が実演用の必要物を準備する
（机・椅子3つ・ペン・バケツ・用紙・クロス・インクなど）

●セット組商品は各店舗より実演の1週間前までに販売促進部に発注する

添付資料

●チラシ見本
●セット組商品注文書

○ 要素を揃える

「かんたんカリグラフィーペン」実演販売企画　販売促進部　信濃町雄三

ハンドクラフトブームにより，当社商品「かんたんカリグラフィーペン」の需要が高まっている。年賀状作成シーズンのこの時期に，百貨店店頭にての実演販売で，美しい欧文文字が簡単に書けることをアピールする。また特別販売企画として当社の専用インクやハガキ用紙・カリグラフィーテキストとのセット販売を行い，販売促進につなげる。

目的

かんたんカリグラフィーペンの手軽さや美しさをアピールし、購入につなげる。

特別価格　3,000円

デモ販売内容

●四谷先生に，年賀状・名刺・カードの製作実演を行っていただく

●お客様に，カリグラフィーペンでの名前の書き方を指導していただく

実施要綱

講師　カリグラフィー教室　四谷智子先生

●実施スケジュール

12/1～2　南急百貨店 新宿店
12/7～9　丸中デパート 心斎橋店
12/15～16　小丸百貨店 名古屋店
12/23　矢勢丹 福岡店

※デモ時間は10:00～12:00，13:00～17:00とする
※新宿店ではWebサイト掲載用写真・動画撮影あり

各店の準備

事前準備

●各店担当者が実演用の必要物を準備する
（机・椅子3つ・ペン・バケツ・用紙・クロス・インクなど）

●セット組商品は各店舗より実演の1週間前までに販売促進部に発注する

添付資料

●チラシ見本
●セット組商品注文書

複雑になるほど揃えは重要 ■ 企画書や大判のポスターのように内容が複雑になるほど、揃えることが大切です。他のどの要素とも揃っていない文字や図形はなるべくなくすようにしましょう。

✕ 要素がバラバラ

提案書

スターマンション市ヶ山の防災について

スターマンション市ヶ山　理事長　市ヶ谷真

日本列島は地震活動期に入ったと言われている。また，南海トラフ巨大地震への備えも求められているところである。資産価値の維持のためにも，防災・減災のためにも，多様な手段で巨大地震に備えることが必要である。以下に，当マンションの防災について，提案を述べる。

【提案１　防災倉庫の整備】

政府の検討会の報告により，国の防災基本計画が見直され，各家庭につき１週間分の食糧・水などの備蓄が求められることとなった。食品アレルギーの問題・賞味期限管理の問題・備蓄スペースの問題などもあり，共同住宅で一括管理するには水・食糧はなじまないものと考える。本提案ではそれらについては各家庭の責任において備蓄するものとする。ただ，共同一括購入などの便宜をはかり，各家庭での備蓄を支援したい。

共同住宅で備蓄すべきなのは，非常時に共同で使用でき，かつ使用期限が比較的長いものが考えられる。すなわち，救出用のバールやのこぎり・ロープ・ハンマー・スコップ・ジャッキ・担架・カラーコーンなど，広報用のハンドマイク・ホワイトボードなどがそれである。なお広報用の用具は１階に配置するものとするが，救出用の用具については，当マンションは14階建てであるので，エレベータの停止などの事態も考慮し，１階に加え，中間層の５階・10階の３か所に設置するのが望ましい。

【提案２　共用部の地震保険への加入】

当マンションは新耐震基準以降に建築されているので，一般的には最低限の耐震性は確保されているものと考えられる。しかし，東日本大震災においては，新耐震・旧耐震で被災状況には差がつかなかったという報告もある。

根本的な対策のためには耐震診断をし，必要な耐震補強をすべきであるが，耐震診断でも数百万円の費用がかかり，また時間的にも数か月の期間を要する。

耐震補強の例

【提案３　エレベータ内緊急用品の設置】

当マンション設置のエレベータは旧式であり，地震を感知すれば自動的に最寄りのフロアにストップする仕組みがないため，地震発生時に閉じ込められる恐れがある。また，そのような事態が発生した場合，同時に広範囲にわたり数万カ所のエレベータで，同様の事態が発生する可能性があり，救護要請をしても救助に数日以上の日数を要する恐れがある。

このため，万一に備え，エレベータ内に最低限の水・食料・懐中電灯・簡易トイレ・簡易毛布などを備えておき，数日間の閉じ込めに対応できるようにすべきである。そのような用具を収納でき，エレベータのデッドスペースにコンパクトに収納できる備蓄ボックスが市販されている。

【提案４　防災トイレ設置用マンホールの設置】

当マンションの給水はポンプによる組み上げ式であり，地震により停電や断水などが発生した場合，各家庭のトイレは使用できなくなる。当マンションには庭がなく，また他のマンションと隣接しているため，土に埋めて処分することもできない。このため，当マンションに引き込まれている下水道のマンホールを改修し，防災用トイレ設置可能なタイプに変更したい。また，マンホールの上に設置する防災用簡易トイレを，１階防災倉庫への備蓄品として加えたい。

○ 要素を揃える

提案書

スターマンション市ヶ山の防災について

スターマンション市ヶ山　理事長　市ヶ谷真

日本列島は地震活動期に入ったと言われている。また，南海トラフ巨大地震への備えも求められているところである。資産価値の維持のためにも，防災・減災のためにも，多様な手段で巨大地震に備えることが必要である。以下に，当マンションの防災について，提案を述べる。

【提案１　防災倉庫の整備】

政府の検討会の報告により，国の防災基本計画が見直され，各家庭につき１週間分の食糧・水などの備蓄が求められることとなった。食品アレルギーの問題・賞味期限管理の問題・備蓄スペースの問題などもあり，共同住宅で一括管理するには水・食糧はなじまないものと考える。本提案ではそれらについては各家庭の責任において備蓄するものとする。ただ，共同一括購入などの便宜をはかり，各家庭での備蓄を支援したい。

共同住宅で備蓄すべきなのは，非常時に共同で使用でき，かつ使用期限が比較的長いものが考えられる。すなわち，救出用のバールやのこぎり・ロープ・ハンマー・スコップ・ジャッキ・担架・カラーコーンなど，広報用のハンドマイク・ホワイトボードなどがそれである。なお広報用の用具は１階に配置するものとするが，救出用の用具については，当マンションは14階建てであるので，エレベータの停止などの事態も考慮し，１階に加え，中間層の５階・10階の３か所に設置するのが望ましい。

【提案２　共用部の地震保険への加入】

当マンションは新耐震基準以降に建築されているので，一般的には最低限の耐震性は確保されているものと考えられる。しかし，東日本大震災においては，新耐震・旧耐震で被災状況には差がつかなかったという報告もある。

根本的な対策のためには耐震診断をし，必要な耐震補強をすべきであるが，耐震診断でも数百万円の費用がかかり，また時間的にも数か月の期間を要する。

耐震補強の例

【提案３　エレベータ内緊急用品の設置】

当マンション設置のエレベータは旧式であり，地震を感知すれば自動的に最寄りのフロアにストップする仕組みがないため，地震発生時に閉じ込められる恐れがある。また，そのような事態が発生した場合，同時に広範囲にわたり数万カ所のエレベータで，同様の事態が発生する可能性があり，救護要請をしても救助に数日以上の日数を要する恐れがある。

このため，万一に備え，エレベータ内に最低限の水・食料・懐中電灯・簡易トイレ・簡易毛布などを備えておき，数日間の閉じ込めに対応できるようにすべきである。そのような用具を収納でき，エレベータのデッドスペースにコンパクトに収納できる備蓄ボックスが市販されている。

【提案４　防災トイレ設置用マンホールの設置】

当マンションの給水はポンプによる組み上げ式であり，地震により停電や断水などが発生した場合，各家庭のトイレは使用できなくなる。当マンションには庭がなく，また他のマンションと隣接しているため，土に埋めて処分することもできない。このため，当マンションに引き込まれている下水道のマンホールを改修し，防災用トイレ設置可能なタイプに変更したい。また，マンホールの上に設置する防災用簡易トイレを，１階防災倉庫への備蓄品として加えたい。

報告書などの文書でも揃えを意識 ■ 余計なインデントを入れず左側を揃えたり、挿絵や写真などもグリッド線を意識して配置すると、読みやすさが格段に上がります。

テクニック 要素を揃える

配置／整理機能を活用する

文字や写真、図などの要素を揃えることはとても大切です。ただ、手動で一つひとつ揃えるのは手間がかかりますし、ズレも生じてしまいます。そこで便利なのがMS Officeはもちろん、Illustratorにも Keynoteにもある「配置」機能です。PowerPointならば、複数のオブジェクト（テキストボックスや図形）を選択した状態で、Windowsなら［配置］→［配置］へ、Macなら［配置］→［配置／整列］と進むと、この機能を使うことができます。**左揃えや上揃えをはじめ、さまざまな位置を基準にして、複数のオブジェクトを一括して揃えられます。**袋文字を作る際（p.53）も、左揃えと上揃えを組み合わせて、2つのテキストを完璧に重ねることができます。

　また、等間隔にオブジェクトを整列させる機能（整列機能）もあります。フローチャートなど、図形を等間隔に並べたいときに役立ちます。

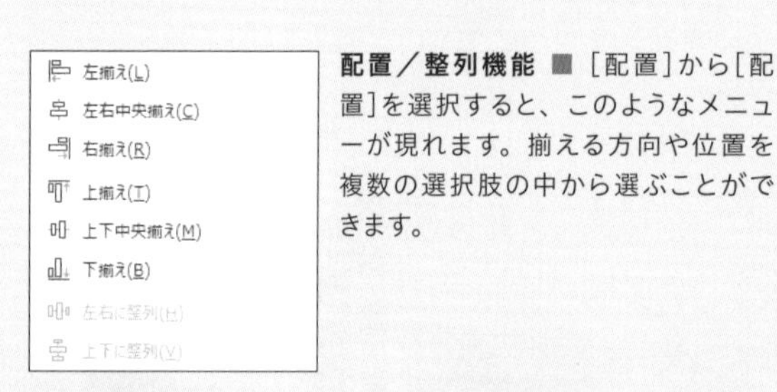

配置／整列機能 ■ ［配置］から［配置］を選択すると、このようなメニューが現れます。揃える方向や位置を複数の選択肢の中から選ぶことができます。

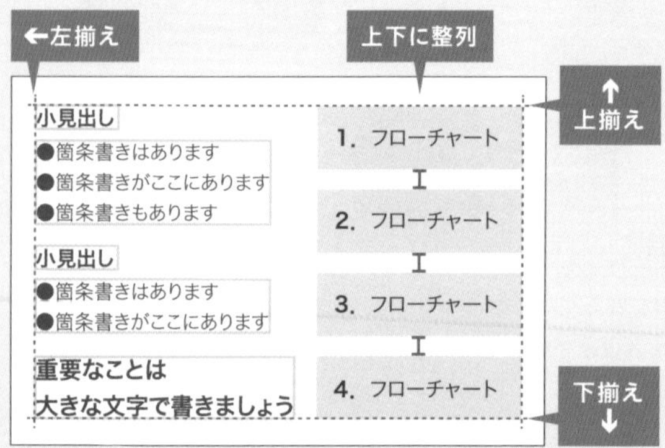

配置／整列 ■ このような例であれば、配置／整列機能を4回使えば、図形とテキストボックスをきれいに配置できます。

配置／整列のバリエーション ■ 多くのソフトで、8つの方法で配置／整列を行うことができます。

テクニック

ガイド線を利用する

レイアウトを統一するためのガイド線

図やテキストボックスを配置するときや、すべてのスライドで上下左右の余白を統一したいときは「ガイド線」を利用すると便利です。

PowerPointの場合、[表示]にある[ガイド]をONにすると、垂直と水平のガイドが1本ずつ表示されます。ガイドをドラッグしたり、Ctrlキーを押したままドラッグしてコピーしたりして、スライド内にガイド線を配置しましょう。通常のスライド内でガイドを設定すると、ポインターで触れたときにガイドが動いてしまって不便なので、**マスタースライド(p.211参照)でガイドを設定**するのがおすすめです。マスタースライドで設定したガイド線は、オレンジの破線で表示されます。

Keynoteの場合、マスタースライドの編集画面で、[表示]→[ルーラーを表示]とした上で、[表示]→[ガイド]→[ガイドを表示]を選択し、ガイドを表示します。ガイド線を追加するには、ルーラ上でスライド方向にドラッグすると線が追加されます。

PowerPoint

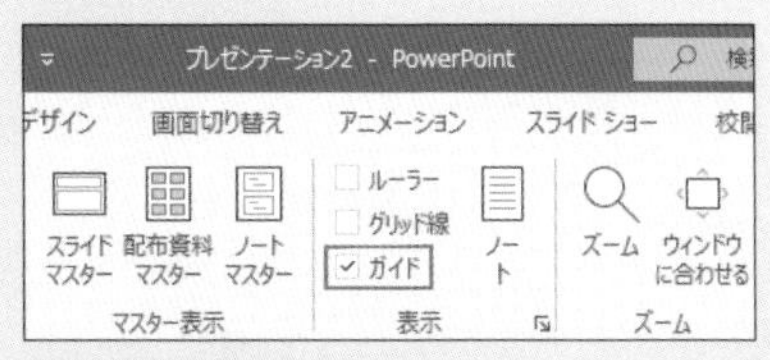

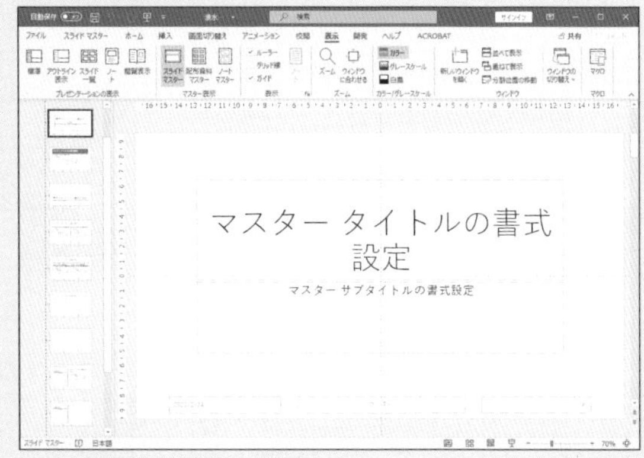

Keynote

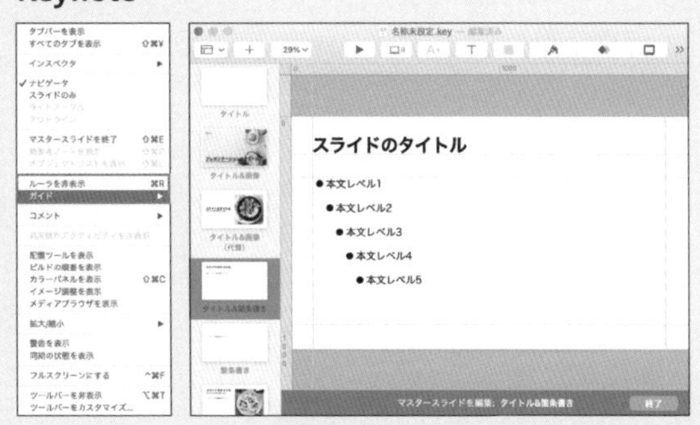

ガイド線の位置

ガイド線は上下左右に設ける余白のために設定してもよいですし、もっと計画的にレイアウトしたければ、上下2等分、左右3等分にすることも可能です。

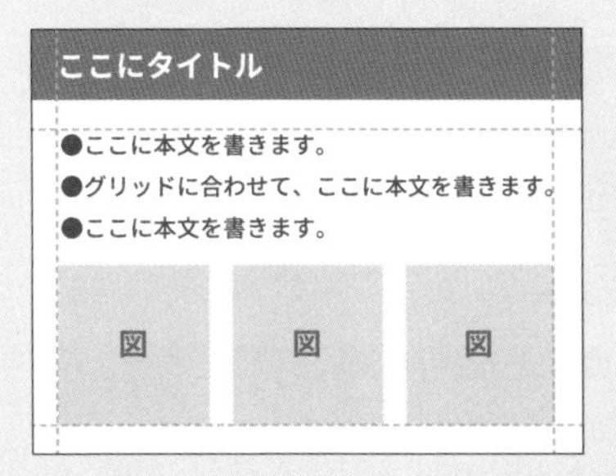

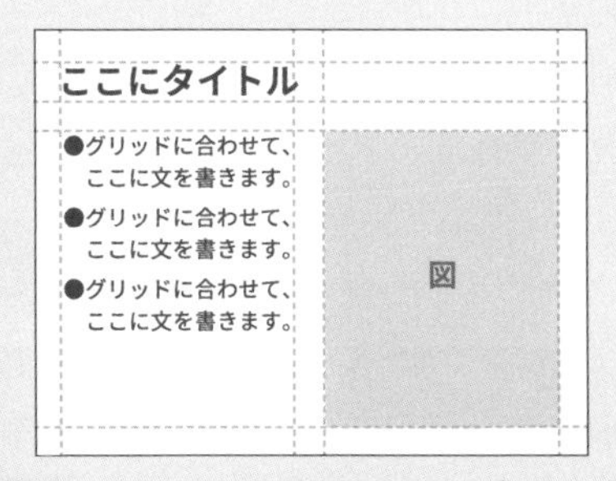

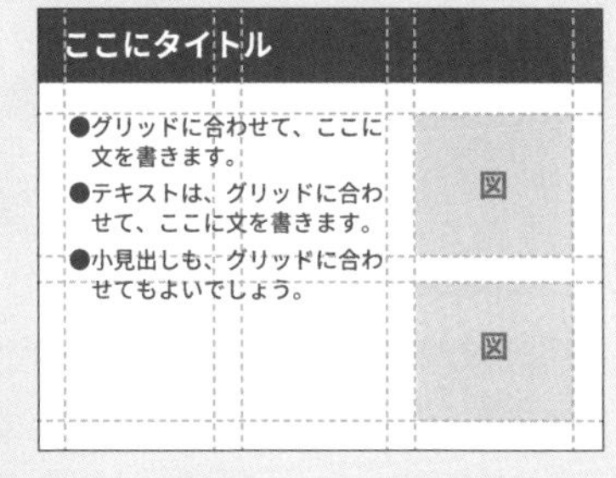

ガイド線のいろいろ ■ ガイド線の引き方次第で、色々なレイアウトをすることができます。

スキルアップ 輪郭のはっきりしない図を揃える

囲んで揃える

写真などの輪郭のはっきりしたオブジェクトは、輪郭を他のオブジェクト(文章や写真)に揃えればよいので、位置合わせはとても簡単です。厄介なのは、輪郭のはっきりしない(あるいは輪郭が複雑な)イラストやグラフなどのオブジェクトです。こういったオブジェクトは、他と位置を合わせようにも、収まりが悪く、フワフワと宙に浮いて見えたり、妙に左に寄ってしまったりして、煩雑に見えてしまいます。

こんなときは、問題のオブジェクトを**四角で囲んだり、四角い背景を付けたりする**とよいでしょう。この輪郭を基準に他のオブジェクトと揃えると、中のオブジェクトがどんなものであろうと、オブジェクト同士が整然と並んでいるように見えます。なお、このとき、枠や背景の四角に、**薄い灰色や既出の色の同系色などを使う**と美しいレイアウトになります(配色に関する詳細はp.182)。

✕ 収まりが悪い

図や文字の配置がしっくりこないとき

- 写真のように輪郭のはっきりとした図ならスライドに配置することは比較的簡単です。
- グラフや、挿絵、図解は配置に悩みます。
- 無駄に悩んでもしかたがないので、薄い色の四角で囲むというテクニックを覚えておくと便利です。
- 文字や箇条書きの配置にも使えます。

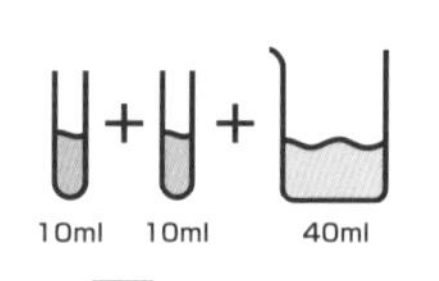

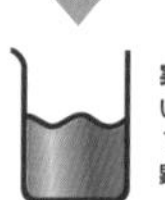

実験方法
いろいろ混ぜてみた。
1時間待ってみた。
顕微鏡で観察した。

○ 背景を付ける

図や文字の配置がしっくりこないとき

- 写真のように輪郭のはっきりとした図ならスライドに配置することは比較的簡単です。
- グラフや、挿絵、図解は配置に悩みます。
- 無駄に悩んでもしかたがないので、薄い色の四角で囲むというテクニックを覚えておくと便利です。
- 文字や箇条書きの配置にも使えます。

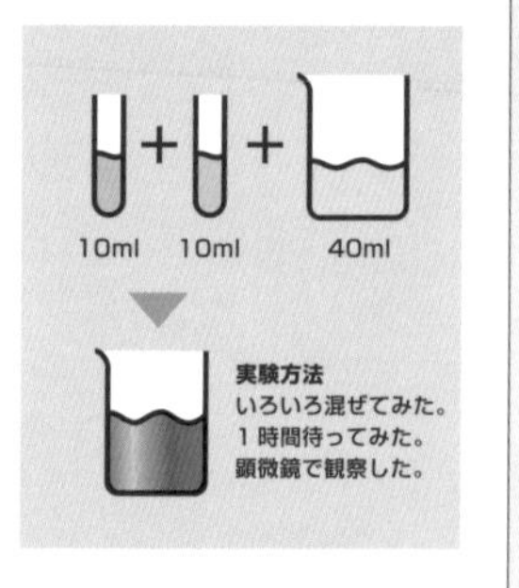

輪郭のはっきりしない図

- 写真のように輪郭のはっきりとした図なら配置することは比較的簡単ですが、グラフや、挿絵、図解は配置に悩みます。
- 無駄に悩んでもしかたがないので、四角で囲むというテクニックを覚えておくと便利です。文字の配置にも使えます。

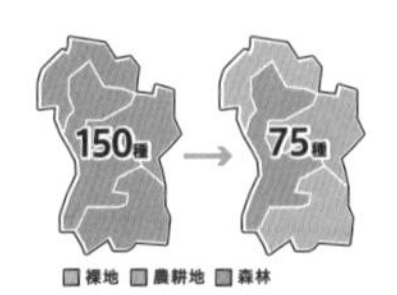

図や文字の配置がしっくりこないとき

○

輪郭のはっきりしない図

- 写真のように輪郭のはっきりとした図なら配置することは比較的簡単ですが、グラフや、挿絵、図解は配置に悩みます。
- 無駄に悩んでもしかたがないので、四角で囲むというテクニックを覚えておくと便利です。文字の配置にも使えます。

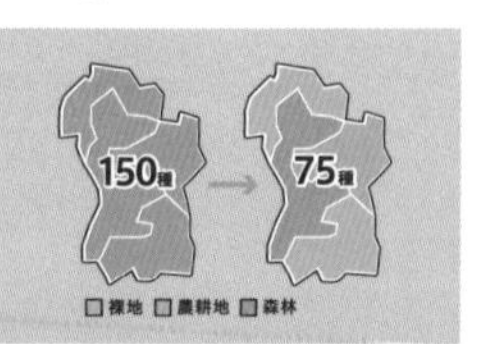

図や文字の配置がしっくりこないとき

背景を付けて揃える ■ 輪郭のないオブジェクトを囲むと、揃えやすいだけでなく、図のまとまりもはっきりします。

研究発表における情報デザインの必要性について

情報は伝わりやすくなる

プレゼンテーションなどの資料におけるデザインには、大きく2つの役割があります。一つは、情報を洗練・整理して、理解しやすい形にすることで、聞き手にストレスを与えず、効率的に情報を伝えるという役割。このようなデザインを、聞き手に優しいデザインという意味で、「研究発表のユニバーサルデザイン」と呼ぶことにします。もう一つは、美しい資料を作成することで、人の目を引くための役割です。いずれにしろ、デザインは意見や気持ちを相手に伝える強力なツールとなります。

見た目と中身のフィードバック

デザインの役割は、「情報を効果的に伝えること」と「聞き手に関心を持ってもらうこと」だけではありません。期待されるもう一つの重要な効果は、美しい資料を作成する過程で、本人の頭が整理され、資料の内容が洗練されることです。パッと見て整理されていない発表資料は、中身も整理されていないことが多いですよね。そう、「見た目を整理すること」と「内容を洗練させること」は、切っても切り離せない関係にあるのです。例えば、スペースの問題で文章を短くしなければならない場合、無駄に長い文章から洗練された文章ができ上がります。あるいは、文章が長くなるのを避けるため内容を図解化することがあります。図解化は、他でもなく自身の理解を促進させるものです。つまり、内容や理論展開に即したデザイン・レイアウトを考えることは、自らの発表内容に正面から向き合い、正確に理解することに他なりません。

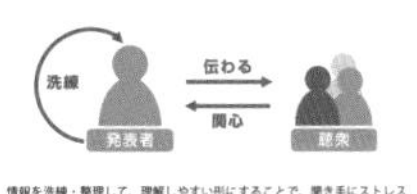

情報を洗練・整理して、理解しやすい形にすることで、聞き手にストレスを与えず、効率的に情報を伝えるという役割。

発表者は情報をデザインすることで、自らの考えを洗練させていくことができると考えられます。さらに、研究内容の発展とコミュニケーションの円滑化は、当然、研究室全体、セミナー全体、学会全体の発展に繋がるはずです。情報をデザインするということは、「より伝わる」「聴衆により関心をもってもらう」「自分のアイデアを洗練させる」「グループ全体を発展させる」という4つの効果があると言えます。

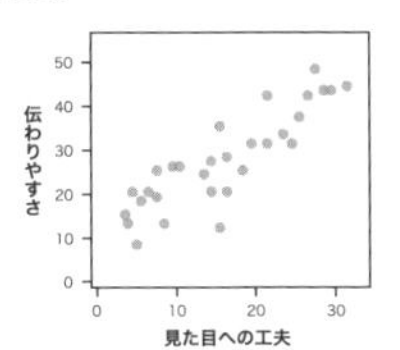

情報を洗練・整理して、理解しやすい形にすることで、聞き手にストレスを与えず、効率的に情報を伝えるという役割。

デザインにはルールがある

さて、学会発表やプレゼンに関する優れたハウツー本は、数多く出版されています。実際、これらの解説書に習って論理展開やスライドのレイアウトに気をつけると、格段にわかりやすい発表ができます。一方で、これらの資料はケーススタディー的、あるいは実践的であり、発表資料（スライドやレジュメ）の質を高めるために必要不可欠となる「デザインの基礎的なテクニック」を解説したものがほとんどないのが現状です。デザインにはルールがあります。わかりやすい・読みやすいと感じたポスターをマネたり、カッコいいと思ったスライドをマネたりしても、大抵はうまくいきません。それは、ルールを理解せずに表面的にマネているだけからです。

また、モノの本には、1枚のスライドでは「言いたいことは一つだけ」とか、1枚のスライドに何行以上の文章を書いてはいけないとか、1枚のスライドに一つのメッセージだけを書くとか、とにかく大きな文字が良いとか、極端

研究発表における情報デザインの必要性について

情報は伝わりやすくなる

プレゼンテーションなどの資料におけるデザインには、大きく2つの役割があります。一つは、情報を洗練・整理して、理解しやすい形にすることで、聞き手にストレスを与えず、効率的に情報を伝えるという役割。このようなデザインを、聞き手に優しいデザインという意味で、「研究発表のユニバーサルデザイン」と呼ぶことにします。もう一つは、美しい資料を作成することで、人の目を引くための役割です。いずれにしろ、デザインは意見や気持ちを相手に伝える強力なツールとなります。

見た目と中身のフィードバック

デザインの役割は、「情報を効果的に伝えること」と「聞き手に関心を持ってもらうこと」だけではありません。期待されるもう一つの重要な効果は、美しい資料を作成する過程で、本人の頭が整理され、資料の内容が洗練されることです。パッと見て整理されていない発表資料は、中身も整理されていないことが多いですよね。そう、「見た目を整理すること」と「内容を洗練させること」は、切っても切り離せない関係にあるのです。例えば、スペースの問題で文章を短くしなければならない場合、無駄に長い文章から洗練された文章ができ上がります。あるいは、文章が長くなるのを避けるため内容を図解化することがあります。図解化は、他でもなく自身の理解を促進させるものです。つまり、内容や理論展開に即したデザイン・レイアウトを考えることは、自らの発表内容に正面から向き合い、正確に理解することに他なりません。

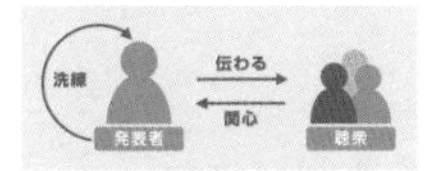

情報を洗練・整理して、理解しやすい形にすることで、聞き手にストレスを与えず、効率的に情報を伝えるという役割。

発表者は情報をデザインすることで、自らの考えを洗練させていくことができると考えられます。さらに、研究内容の発展とコミュニケーションの円滑化は、当然、研究室全体、セミナー全体、学会全体の発展に繋がるはずです。情報をデザインするということは、「より伝わる」「聴衆により関心をもってもらう」「自分のアイデアを洗練させる」「グループ全体を発展させる」という4つの効果があると言えます。

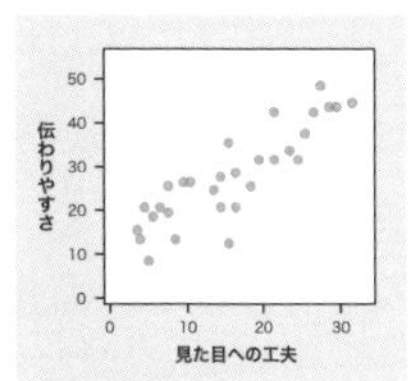

情報を洗練・整理して、理解しやすい形にすることで、聞き手にストレスを与えず、効率的に情報を伝えるという役割。

デザインにはルールがある

さて、学会発表やプレゼンに関する優れたハウツー本は、数多く出版されています。実際、これらの解説書に習って論理展開やスライドのレイアウトに気をつけると、格段にわかりやすい発表ができます。一方で、これらの資料はケーススタディー的、あるいは実践的であり、発表資料（スライドやレジュメ）の質を高めるために必要不可欠となる「デザインの基礎的なテクニック」を解説したものがほとんどないのが現状です。デザインにはルールがあります。わかりやすい・読みやすいと感じたポスターをマネたり、カッコいいと思ったスライドをマネたりしても、大抵はうまくいきません。それは、ルールを理解せずに表面的にマネているだけからです。

また、モノの本には、1枚のスライドでは「言いたいことは一つだけ」とか、1枚のスライドに何行以上の文章を書いてはいけないとか、1枚のスライドに一つのメッセージだけを書くとか、とにかく大きな文字が良いとか、極端

囲んで揃える ■ 主張の少ない色を使って囲んで揃えれば、かっこよくもなります。

進化と群集構造

局所群集内の系統関係と生態的形質の関係

ランダムから期待されるより異なった系統が同じ群集内に混じりあう場合  系統的に遠縁な群集

このような群集では…
類似した生態的特性をもつ近縁種間での競争により、競争排除が生じ、異なる生態的特性をもつ系統的に遠縁な種が共存する。

進化と群集構造

局所群集内の系統関係と生態的形質の関係

ランダムから期待されるより異なった系統が同じ群集内に混じりあう場合

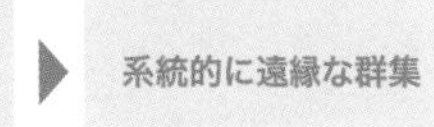

このような群集では…
類似した生態的特性をもつ近縁種間での競争により、競争排除が生じ、異なる生態的特性をもつ系統的に遠縁な種が共存する。

文も囲むと揃えやすい ■ 輪郭のはっきりしない文字列も枠で囲んだり、背景を付けたりすると、他のオブジェクトと揃えることができるようになるので、レイアウトの煩雑さがなくなります。ただし、囲みや背景を付けすぎないように注意しましょう。

4-4 グループ化する

資料の各要素をレイアウトするとき、「グループ化」が重要になります。
内容に即してグループ化すると、資料全体の構成やロジックが理解しやすくなります。

■ 関連のある項目同士を近づける

資料の中で関連の強い文章と図を近くに配置（＝グループ化）したり、関連の強い文章同士を近くに配置したりすると、全体の構造が明確になり、内容を直感的に理解しやすくすることができます。**関連の弱いものの間には思い切って余白を**設けましょう。グループ化ができていない書類は、読む順番に迷いが生じるので、目線が泳いでしまい、受け手に負担をかけてしまいます。例のように、名刺やスライド、ポスターや文書まで、どんなものでも「グループ化」で見違えるほど変わります。

なお、p.174でも述べるように、枠で囲ってグループ化するという手段はできるだけ避け、余白によるグループ化を心がけましょう。

✕ グループ化なし

宮城県立大学 環境科学研究科
保全生物学研究室
テクニカルアドバイザー
宮 城 拓 郎
Takuro Miyagi
〒980-0000 宮城県仙台市青葉区 1-11
電話 0123-456-789
lmiyagia@mu.ac.jp

○ グループ化あり

宮城県立大学 環境科学研究科
保全生物学研究室

テクニカルアドバイザー
宮 城 拓 郎
Takuro Miyagi

〒980-0000 宮城県仙台市青葉区 1-11
電話 0123-456-789
lmiyagia@mu.ac.jp

グループ化 ■ 右の名刺を例にとると、大学名と研究室名は関連の強い要素です。肩書きと名前、ローマ字名も関連の強い要素です。さらには、その下の住所等の要素も内容的に近いものです。したがって、この名刺の例であれば、ロゴ以外の要素を大きく3つのグループに分けることができます。

訪花したハチ

マメ科の植物に黒いハチが訪れて、蜜や花粉を集めています。一つひとつの花は、ハチと同じくらいの大きさでした。

訪花される花

こちらもマメ科の植物です。シロツメクサの仲間です。一つひとつの花は少し小さめで、花の基部の赤い色が目立ちます。

訪花したハチ

マメ科の植物に黒いハチが訪れて、蜜や花粉を集めています。一つひとつの花は、ハチと同じくらいの大きさでした。

訪花される花

こちらもマメ科の植物です。シロツメクサの仲間です。一つひとつの花は少し小さめで、花の基部の赤い色が目立ちます。

項目ごとにグループ化 ■ 小見出しと本文を相対的に接近させたり、関連の強い文と図を接近させたりしてグループ化することで、直感的に対応関係を把握できます。

■ 文字だけの書類もグループ化で読みやすく

報告書やレポートなどの文字だけの文書でもグループ化は力を発揮します。項目「内」の間隔よりも項目「間」の間隔を大きくとることを心がけましょう。書類が見違えるように変わります。

伝わる情報デザインの意義と方法

南仙台工業大学 工学部 機械工学科　佐藤俊雄

情報は伝わりやすくなる

プレゼンテーションなどの資料におけるデザインには、大きく2つの役割があります。一つは、情報を洗練・整理して、理解しやすい形にすることで、聞き手にストレスを与えず、効率的に情報を伝えるという役割。このようなデザインを、聞き手に優しいデザインという意味で、「研究発表のユニバーサルデザイン」と呼ぶことにします。もう一つは、美しい資料を作成することで、人の目を引くための役割です。いずれにしろ、デザインは意見や気持ちを相手に伝える強力なツールとなります。

見た目と中身のフィードバックが
本当に大切な意義である

デザインの役割は、「情報を効果的に伝えること」と「聞き手に関心を持ってもらうこと」だけではありません。期待されるもう一つの重要な効果は、美しい資料を作成する過程で、本人の頭が整理され、資料の内容が洗練されることです。パッと見て整理されていない発表資料は、中身も整理されていないことが多いですよね。そう、「見た目を整理すること」と「内容を洗練させること」は、切っても切り離せない関係にあるのです。例えば、スペースの問題で

とに他なりません。発表者に
とで、自らの考えを洗練さ
考えられます。さらに、研究
ケーションの円滑化は、当然
全体、学会全体の発展に繋
デザインするということは、
より関心をもってもらう」「
せる」「グループ全体を発展
果があると言えます。

デザインにはルールがあ

さて、学会発表やプレゼン
本は、数多く出版されていま
説書に習って論理展開やス
をつけると、格段にわかりや
一方で、これらの資料はケ
いは実践的であり、発表資料
の質を高めるために必要不可
基礎的なテクニック」を解説
いのが現状です。デザイン
わかりやすい・読みやすい
たり、カッコいいと思ったス

伝わる情報デザインの意義と方法

南仙台工業大学 工学部 機械工学科　佐藤俊雄

情報は伝わりやすくなる

プレゼンテーションなどの資料におけるデザインには、大きく2つの役割があります。一つは、情報を洗練・整理して、理解しやすい形にすることで、聞き手にストレスを与えず、効率的に情報を伝えるという役割。このようなデザインを、聞き手に優しいデザインという意味で、「研究発表のユニバーサルデザイン」と呼ぶことにします。もう一つは、美しい資料を作成することで、人の目を引くための役割です。いずれにしろ、デザインは意見や気持ちを相手に伝える強力なツールとなります。

見た目と中身のフィードバックが
本当に大切な意義である

デザインの役割は、「情報を効果的に伝えること」と「聞き手に関心を持ってもらうこと」だけではありません。期待されるもう一つの重要な効果は、美しい資料を作成する過程で、本人の頭が整理され、資料の内容が洗練されることです。パッと見て整理されていない発表資料は、中身も整理されていないことが多いですよね。そう、「見た目を整理すること」と「内容を洗練させること」は、切っても切り離せ

とに他なりません。発表者に
とで、自らの考えを洗練さ
考えられます。さらに、研究
ケーションの円滑化は、当然
全体、学会全体の発展に繋
デザインするということは、
より関心をもってもらう」「
せる」「グループ全体を発展
果があると言えます。

デザインにはルールがあ

さて、学会発表やプレゼン
本は、数多く出版されていま
説書に習って論理展開やス
をつけると、格段にわかりや
一方で、これらの資料はケ
いは実践的であり、発表資料
の質を高めるために必要不可
基礎的なテクニック」を解説
いのが現状です。デザイン
わかりやすい・読みやすい
たり、カッコいいと思ったス

行間の差でグループを際立たせる ■ 文章だけの書類でも、段落間隔を調節することで、まとまりのある資料が完成します。

エレベータ内緊急用品の設置

当マンション設置のエレベータは旧式であり，地震を感知すれば自動的に最寄りのフロアにストップする仕組みがないため，地震発生時に閉じ込められる恐れがある。また，そのような事態が発生した場合，同時に広範囲にわたり数万カ所のエレベータで，同様の事態が発生する可能性があり，救護要請をしても救助に数日以上の日数を要する恐れがある。

防災マニュアルの整備

大地震発生時は，在宅者のみでの一次対応が求められる。諸問題に迅速に対応するため，発生時のマニュアルやルールを整備しておきたい。理事会の統括のもとに，情報広報班・要介護者救助班・救護衛生班・防火安全班などを設置すること，それぞれの役割分担などをあらかじめ明確にしておきたい。

エレベータ内緊急用品の設置

当マンション設置のエレベータは旧式であり，地震を感知すれば自動的に最寄りのフロアにストップする仕組みがないため，地震発生時に閉じ込められる恐れがある。また，そのような事態が発生した場合，同時に広範囲にわたり数万カ所のエレベータで，同様の事態が発生する可能性があり，救護要請をしても救助に数日以上の日数を要する恐れがある。

防災マニュアルの整備

大地震発生時は，在宅者のみでの一次対応が求められる。諸問題に迅速に対応するため，発生時のマニュアルやルールを整備しておきたい。理事会の統括のもとに，情報広報班・要介護者救助班・救護衛生班・防火安全班などを設置すること，それぞれの役割分担などをあらかじめ明確にしておきたい。

項目間の余白を調節 ■ 直感的に項目がわかるように、項目のタイトルと内容を近づけて配置します。

■ 図形や文字の組み合わせとグループ化

情報量が多いときでも、関連のある文字と図形を近くに配置し、関連の弱い要素同士の間に余白を設けることで、文字と図の関係が明確になります。

✕ 写真と文字が離れている

ハチと花
赤と白の花
スライドやポスターの項目のレイアウトを考える際、先述の箇条書きの例と同様に、「グループ化」という考え方が重要になります。単調にレイアウトされると直感的に理解しにくい場合でも、内容に即してグループ化を行なうことで、全体の構成やロジックが理解しやすくなります。

◯ 写真と文字を近くに配置

ハチと花
赤と白の花
スライドやポスターの項目のレイアウトを考える際、先述の箇条書きの例と同様に、「グループ化」という考え方が重要になります。単調にレイアウトされると直感的に理解しにくい場合でも、内容に即してグループ化を行なうことで、全体の構成やロジックが理解しやすくなります。

写真とそのタイトル ■ 写真とそのタイトルがグループになるので、これらを相対的に近くに配置します。

✕ 要素間に余白がない

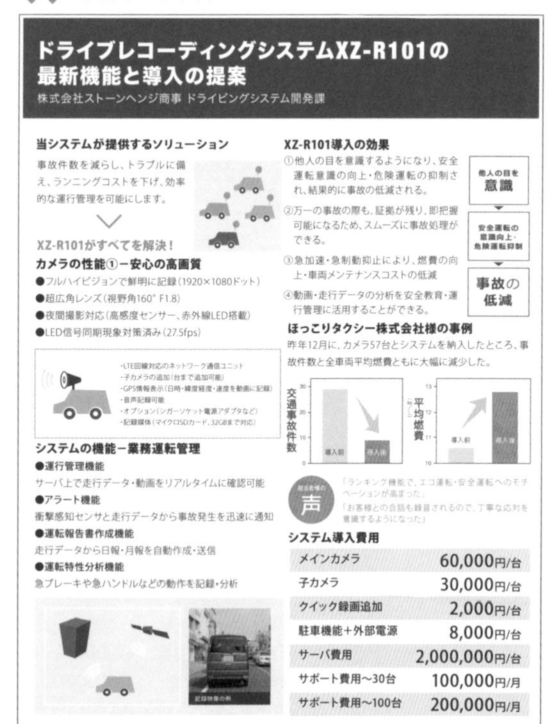

◯ 要素間の余白をとる

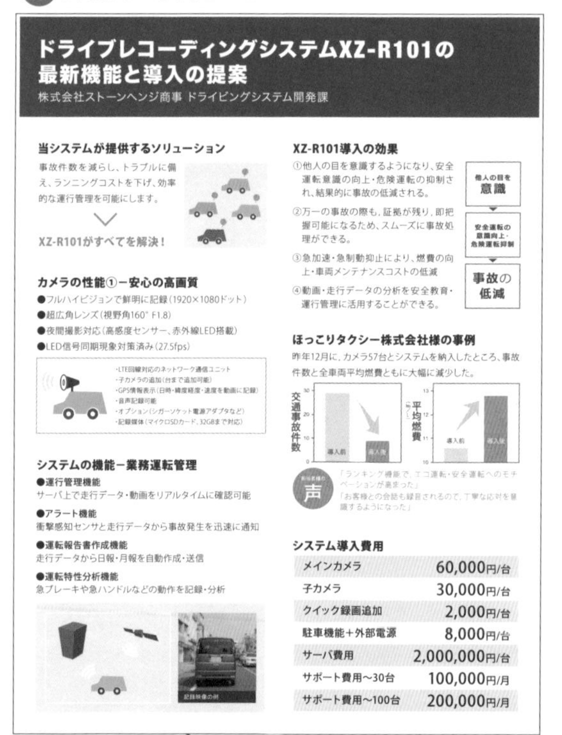

余白でグループ化 ■ 情報量が多いときは、余白をうまく使って項目ごとにグループ化すると、見やすい資料になります。

スキルアップ キャプションを美しく入れる

図との関係を明確に

図に説明文（キャプション）を入れる場合があります。キャプションは図を正確に理解するために重要な要素ですから、ルールに従って規則正しく配置しましょう。

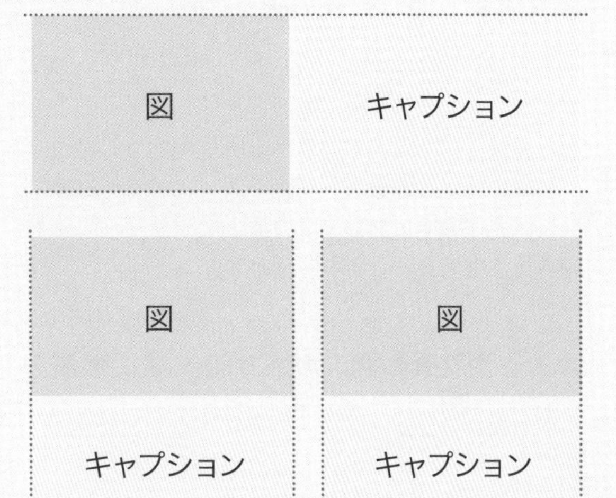

幅や高さを合わせる ■ 図の右側にキャプションを配置するときは、図の上下（特に上）に先頭の行の高さを合わせます。図の下に配置するときは、左右を図の幅に合わせます。

位置を合わせる

キャプションは、ただ単に図の近くに配置してあればいいというわけではありません。最も重要なルールは、**図の幅に「揃える」**というものです。上下や左右の幅を揃えるだけで、図とキャプションの関係性が明確になります。キャプションは左揃えの文章にするのが基本です。

余白をとる

図とキャプションの間には、**行間と同程度の余白**をとりましょう。近すぎると窮屈ですし、遠すぎると図との関連が不明瞭になります。

✕ 位置や余白が不適切

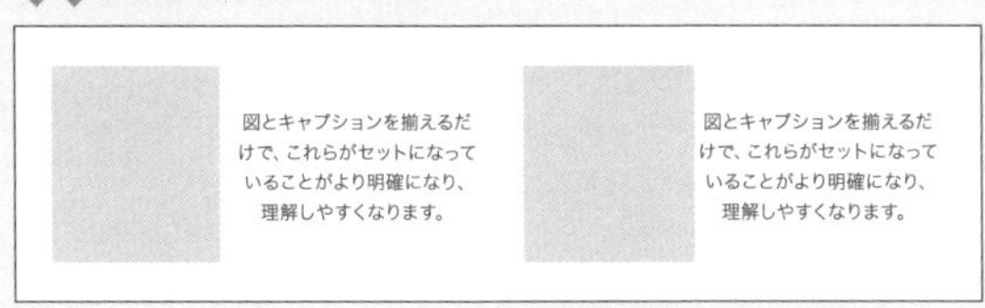

○ 位置や余白が適切

図とキャプションを揃えるだけで、これらがセットになっていることがより明確になり、理解しやすくなります。

図とキャプションを揃えるだけで、これらがセットになっていることがより明確になり、理解しやすくなります。

✕ 幅が不適切

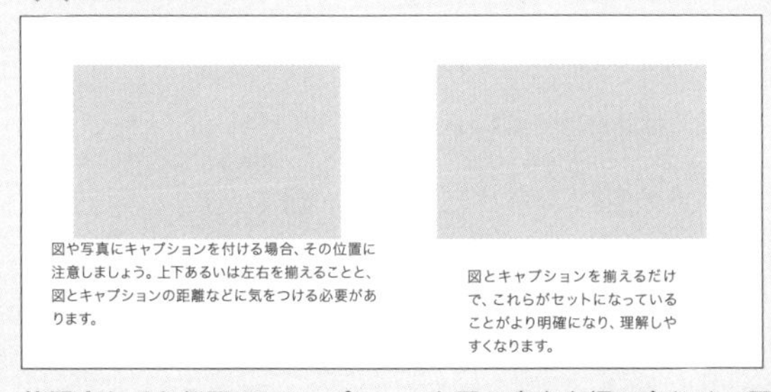

○ 幅が適切

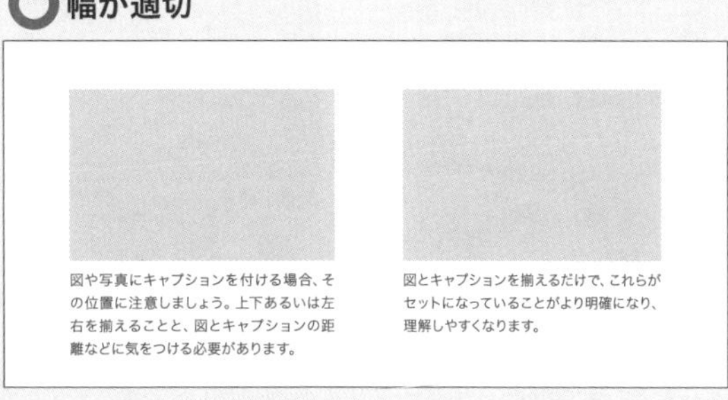

位置合わせと行間 ■ キャプションを図の高さや幅に合わせ、図との間には行間と同じくらいの余白をとりましょう。

4-5 強弱をつける

文や単語はそれぞれの重要性に応じて目立ちやすさを変えましょう。重要な箇所は強調し、読み手の視線を誘導することで、資料の内容を把握しやすくすることができます。

■ 文字にも図にも強弱をつける

抑揚のないしゃべり方と同じで、文字や図が単調に並んでいると、受け手はどこに注目すればよいのかわからなくなります。**重要な箇所とそうでない箇所に、思い切って強弱を**つけましょう。パッと見ただけで、全体の構造や重要な箇所を把握でき、受け手の理解を促進することができます。

■ 太さや背景、色、サイズで文字に強弱

文字の強弱をつける場合、文字の**「サイズ」や「太さ」を変える**という方法が有効です。タイトルや見出しは、いずれかの方法を必ず使うといっても過言ではありません。他には、タイトルや見出しに**「色」を付けたり、背景（囲み）を付ける**という方法があります。この方法はスライドのタイトルなどで重宝します。

図に強弱をつける場合は、**図のサイズを変えましょう。**重要な図や目立たせたい図を思い切って大きくすると良いでしょう。

✕ 強弱がない

強弱をつけて読みやすく

・読みやすいレイアウトは存在する！
行間・字間・書体・改行に注意を払うと同時に、文字のサイズや太さに強弱をはっきりつける。
・答えはひとつではない！
状況によって最適なレイアウトは異なるし、センスやスタンスも人により様々である。
・ルールが分かれば誰でも改善！
個性とルールは相容れないものではないので、これらの両立した発表資料を作る。

◯ 強弱がある

強弱をつけて読みやすく

読みやすいレイアウトは存在する！
行間・字間・書体・改行に注意を払うと同時に、文字のサイズや太さに強弱をはっきりつける。

答えはひとつではない！
状況によって最適なレイアウトは異なるし、センスやスタンスも人により様々である。

ルールが分かれば誰でも改善！
個性とルールは相容れないものではないので、これらの両立した発表資料を作る。

◯ 強弱がある

強弱をつけて読みやすく

読みやすいレイアウトは存在する！
行間・字間・書体・改行に注意を払うと同時に、文字のサイズや太さに強弱をはっきりつける。

答えはひとつではない！
状況によって最適なレイアウトは異なるし、センスやスタンスも人により様々である。

ルールが分かれば誰でも改善！
個性とルールは相容れないものではないので、これらの両立した発表資料を作る。

文字に強弱 ■ 文字の色や太さ、大きさに差をつけましょう。

✕ 強弱がない

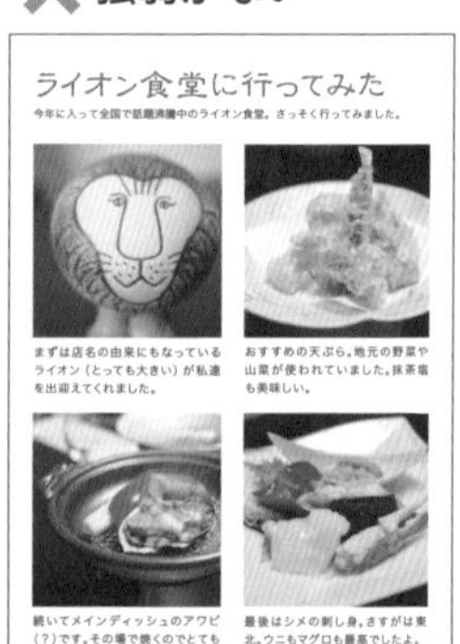

◯ 強弱がある

図に強弱 ■ 重要度に応じて図の大きさを変えてみましょう。

強弱で階層性（優先順位）を明確に

資料の中の情報は、重要な情報からそうでない情報までさまざまです。優先順位に応じて文字の太さやサイズを変えて階層を作りましょう。ただし、階層が多くなりすぎると、強調が不明瞭になり、かえって読みにくくなります。1つの資料に登場する文字の太さやサイズがあまりにも多様にならないようにしましょう。

強弱がない

大学法人 北東大学主催
21世紀のエネルギー技術に関するフォーラム

次世代ABCの開発に向けた研究基盤の創出
～プロジェクト立ち上げからの1年間を振り返って～

日本エナジー大学 エナジー科学研究科 高橋佑磨
北東市国際会議場
令和3年3月27日～4月2日

強弱に階層性がある

大学法人 北東大学主催
21世紀のエネルギー技術に関するフォーラム

次世代ABCの開発に向けた研究基盤の創出
～プロジェクト立ち上げからの1年間を振り返って～

日本エナジー大学 エナジー科学研究科 高橋佑磨
北東市国際会議場
令和3年3月27日～4月2日

優先度に応じた強弱 ■ 文字の太さや大きさ、色に強弱をつけると読みやすくなります。

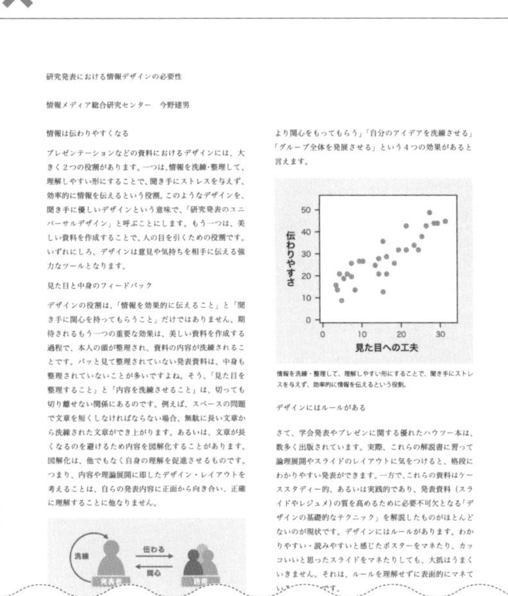

研究発表における情報デザインの必要性

情報メディア総合研究センター　今野建男

情報は伝わりやすくなる

プレゼンテーションなどの資料におけるデザインには、大きく2つの役割があります。一つは、情報を洗練・整理して、理解しやすい形にすることで、聞き手にストレスを与えず、効率的に情報を伝えるという役割。このようなデザインを、聞き手に優しいデザインという意味で、「研究発表のユニバーサルデザイン」と呼ぶことにします。もう一つは、美しい資料を作成することで、人の目を引くための役割です。いずれにしろ、デザインは意見や気持ちを相手に伝える強力なツールとなります。

見た目と中身のフィードバック

デザインの役割は、「情報を効果的に伝えること」と「聞き手に関心を持ってもらうこと」だけではありません。期待されるもう一つの重要な効果は、美しい資料を作成する過程で、本人の頭が整理され、資料の内容が洗練されることです。パッと見て整理されていない発表資料は、中身も整理されていないことが多いですよね。そう、「見た目を整理すること」と「内容を洗練させること」は、切っても切り離せない関係にあるのです。例えば、スペースの問題で文章を短くしなければならない場合、無駄に長い文章から洗練された文章ができ上がります。あるいは、文章が長くなるのを避けるため内容を図解化することがあります。図解化は、他でもなく自身の理解を促進させるものです。つまり、内容や理論展開に即したデザイン・レイアウトを考えることは、自らの発表内容に正面から向き合い、正確に理解することに他なりません。

より関心をもってもらう」「自分のアイデアを洗練させる」「グループ全体を発展させる」という4つの効果があると言えます。

情報を洗練・整理して、理解しやすい形にすることで、聞き手にストレスを与えず、効率的に情報を伝えるという役割。

デザインにはルールがある

さて、学会発表やプレゼンに関する優れたハウツー本は、数多く出版されています。実際、これらの解説書に習って論理展開やスライドのレイアウトに気をつけると、格段にわかりやすい発表ができます。一方で、これらの資料はケーススタディー的、あるいは実践的であり、発表資料（スライドやレジュメ）の質を高めるために必要不可欠となる「デザインの基礎的なテクニック」を解説したものがほとんどないのが現状です。デザインにはルールがあります。わかりやすい・読みやすいと感じたポスターをマネたり、カッコいいと思ったスライドをマネたりしても、大抵はうまくいきません。それは、ルールを理解せずに表面的にマネて

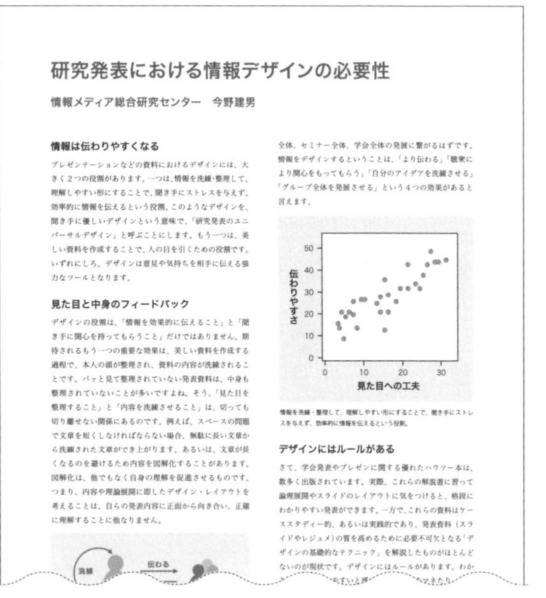

研究発表における情報デザインの必要性

情報メディア総合研究センター　今野建男

情報は伝わりやすくなる

プレゼンテーションなどの資料におけるデザインには、大きく2つの役割があります。一つは、情報を洗練・整理して、理解しやすい形にすることで、聞き手にストレスを与えず、効率的に情報を伝えるという役割。このようなデザインを、聞き手に優しいデザインという意味で、「研究発表のユニバーサルデザイン」と呼ぶことにします。もう一つは、美しい資料を作成することで、人の目を引くための役割です。いずれにしろ、デザインは意見や気持ちを相手に伝える強力なツールとなります。

見た目と中身のフィードバック

デザインの役割は、「情報を効果的に伝えること」と「聞き手に関心を持ってもらうこと」だけではありません。期待されるもう一つの重要な効果は、美しい資料を作成する過程で、本人の頭が整理され、資料の内容が洗練されることです。パッと見て整理されていない発表資料は、中身も整理されていないことが多いですよね。そう、「見た目を整理すること」と「内容を洗練させること」は、切っても切り離せない関係にあるのです。例えば、スペースの問題で文章を短くしなければならない場合、無駄に長い文章から洗練された文章ができ上がります。あるいは、文章が長くなるのを避けるため内容を図解化することがあります。図解化は、他でもなく自身の理解を促進させるものです。つまり、内容や理論展開に即したデザイン・レイアウトを考えることは、自らの発表内容に正面から向き合い、正確に理解することに他なりません。

全体、セミナー全体、学会全体の発展に繋がるはずです。情報をデザインするということは、「より伝わる」「聴衆により関心をもってもらう」「自分のアイデアを洗練させる」「グループ全体を発展させる」という4つの効果があると言えます。

情報を洗練・整理して、理解しやすい形にすることで、聞き手にストレスを与えず、効率的に情報を伝えるという役割。

デザインにはルールがある

さて、学会発表やプレゼンに関する優れたハウツー本は、数多く出版されています。実際、これらの解説書に習って論理展開やスライドのレイアウトに気をつけると、格段にわかりやすい発表ができます。一方で、これらの資料はケーススタディー的、あるいは実践的であり、発表資料（スライドやレジュメ）の質を高めるために必要不可欠となる「デザインの基礎的なテクニック」を解説したものがほとんどないのが現状です。デザインにはルールがあります。わか

タイトル・小見出しには太字 ■ タイトルや小見出しなどに太いフォントを使うと、簡単に強弱をつけることができます。

スキルアップ ジャンプ率を高めて強弱をつける

極端な強弱で人目を引く

「**ジャンプ率**」とは、本文の文字サイズに対するタイトルや見出しの文字サイズの比率のことです。**ジャンプ率が低いと落ち着いた印象**になり、**ジャンプ率が高いと躍動感のある印象**になります。また、注目すべき点が明確になり、読みやすくなります。絶対的な大きさではなく、本文に対する相対的な大きさが、読みやすさや躍動感を決めているのです。すべてをアピールしようとすると、ジャンプ率が低くなるので、重要度の低い文字を勇気をもって小さくすることも大切なことです。スライドの表紙やポスター、チラシではジャンプ率はとりわけ重要です。

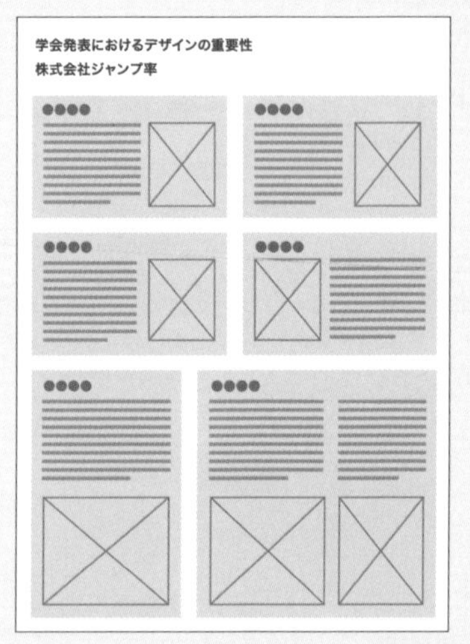

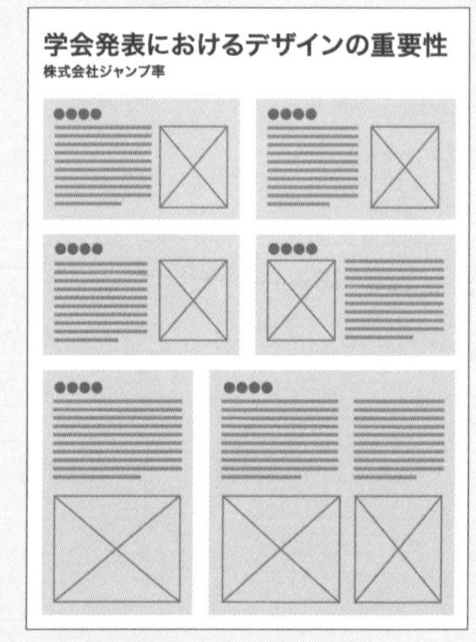

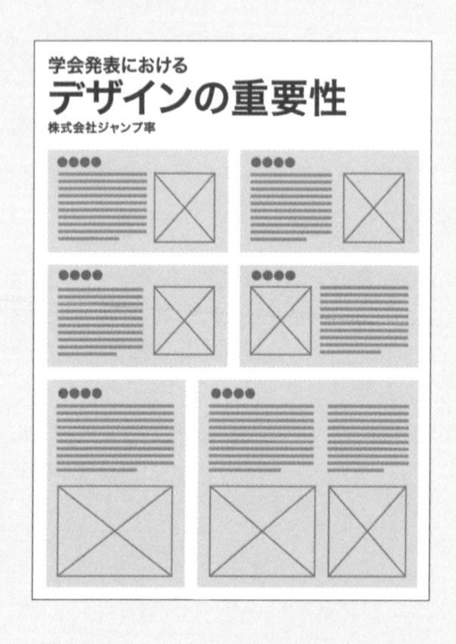

ジャンプ率の違いと目立ちやすさ ■ ジャンプ率が高いほど、人目を引きます。

主催 跳躍大学 環境デザイン研究科 研究者養成コース

次世代研究者育成セミナー

場所 跳躍大学 生物棟 大講義室

令和 3 年 2/29(月)10:00~18:30

ミニシンポジウム：新たな世界を切り拓くための戦略

これからの時代に活躍しうる次世代型の研究者を養成することは、科学さらには国家の発展のために達成すべき課題の一つとして位置づけられています。このような状況の中、本学の研究者養成コースは、次世代を担う先見的な研究者を育成することを目的として平成 28 年に設立されることになりました。今回は設立記念のミニシンポジウムとして、当該分野の第一人者をお招きし、「ジャンプ」をキーワードに、新たな世界を切り拓くための戦略や将来像について講演していただきます。

ゲストスピーカー

○理論の飛躍と成果の研究成果の飛躍の生物学 跳躍太郎
○我々が望むことと若者が望むもの 林 次郎
○教育現場の現状と就職氷河期の再来 佐藤俊男
○ジャンプでタッチ：新たな世界へ飛び込む勇気 高橋和夫
○活躍大学でのテコ入れの功罪：まずはホップとステップ 桜井 源

多数の方の参加をお待ちしています。駐車場がありませんので、公共交通機関でお越しください。

【お問い合わせ先】跳躍大学 ジャンプ学部 コトンラスト学部 TEL: 0123-456-7890

ジャンプ率を高めて見やすく ■ ジャンプ率は、視線の誘導においても大切です。ジャンプ率が低いと、読む順番が明確ではなく、内容を把握するのに時間を要します。

スキルアップ　小見出しと強調の階層性を意識する

なんでもかんでも強調すると…

アピールしたいところがたくさんあるからといって、太字であちこち強調しすぎると、かえって強弱がなくなり、目立ちません。また、本文中の重要な文章の強調の仕方と、見出しなどの構造に関わる部分の強調の仕方に差がないと、全体の構造が見えなくなってしまいます。

強弱を明確にするには、強調する箇所を減らすのが一番です。また、本文中の重要な文章の強調と、タイトルや小見出しなど、資料の構造に関わる部分の強調の仕方を差別化し、重要度に応じた階層性をもたせるという方法が有効です。

✕ 構造がわかりにくい

研究発表における情報デザインの必要性

国見電気大学 佐藤俊男

情報は伝わりやすくなる

プレゼンテーションなどの資料におけるデザインには、大きく２つの役割
一つは、情報を洗練・整理して、理解しやすい形にすることで、聞き手に
与えず、効率的に情報を伝えるという役割。このようなデザインを、聞き
デザインという意味で、「研究発表のユニバーサルデザイン」と呼ぶことに
う一つは、美しい資料を作成することで、人の目を引くための役割です。い
デザインは意見や気持ちを相手に伝える強力なツールとなります。

見た目と中身のフィードバック

デザインの役割は、「情報を効果的に伝えること」と「聞き手に関心を持って
だけではありません。**期待されるもう一つの重要な効果は、美しい資料を**
程で、本人の頭が整理され、資料の内容が洗練されることです。パッと見
ていない発表資料は、中身も整理されていないことが多いですよね。そう
整理すること」と「内容を洗練させること」は、切っても切り離せない関係に
例えば、スペースの問題で文章を短くしなければならない場合、無駄に長
洗練された文章ができ上がります。あるいは、文章が長くなるのを避ける
図解化することがあります。図解化は、他でもなく自身の理解を促進させ
つまり、**内容や理論展開に即したデザイン・レイアウトを考えることは、**
内容に正面から向き合い、正確に理解することに他なりません。発表者は
インすることで、自らの考えを洗練させていくことができると考えられま
研究内容の発展とコミュニケーションの円滑化は、当然、研究室全体、セ
学会全体の発展に繋がるはずです。**情報をデザインするということは、「より**
衆により関心をもってもらう」「自分のアイデアを洗練させる」「グループ
させる」という４つの効果があると言えます。

デザインにはルールがある

さて、**学会発表やプレゼンに関する優れたハウツー本**は、数多く出版さ
実際、これらの解説書に習って論理展開やスライドのレイアウトに気をつ

○ 構造がわかりやすい

研究発表における情報デザインの必要性

国見電気大学 佐藤俊男

▍情報は伝わりやすくなる

プレゼンテーションなどの資料におけるデザインには、大きく２つの役割
一つは、情報を洗練・整理して、理解しやすい形にすることで、聞き手に
与えず、効率的に情報を伝えるという役割。このようなデザインを、聞き
デザインという意味で、「研究発表のユニバーサルデザイン」と呼ぶことに
う一つは、美しい資料を作成することで、人の目を引くための役割です。い
デザインは意見や気持ちを相手に伝える強力なツールとなります。

▍見た目と中身のフィードバック

デザインの役割は、「情報を効果的に伝えること」と「聞き手に関心を持って
だけではありません。期待されるもう一つの重要な効果は、美しい資料を
程で、本人の頭が整理され、資料の内容が洗練されることです。パッと見
ていない発表資料は、中身も整理されていないことが多いですよね。そう
整理すること」と「内容を洗練させること」は、切っても切り離せない関係に
例えば、スペースの問題で文章を短くしなければならない場合、無駄に長
洗練された文章ができ上がります。あるいは、文章が長くなるのを避ける
図解化することがあります。図解化は、他でもなく自身の理解を促進させ
つまり、内容や理論展開に即したデザイン・レイアウトを考えることは、
内容に**正面から向き合い**、正確に理解することに他なりません。発表者は
インすることで、自らの考えを洗練させていくことができると考えられま
研究内容の発展とコミュニケーションの円滑化は、当然、研究室全体、セ
学会全体の発展に繋がるはずです。情報をデザインするということは、「より
衆により関心をもってもらう」「**自分のアイデアを洗練させる**」「グループ
させる」という４つの効果があると言えます。

▍デザインにはルールがある

さて、学会発表やプレゼンに関する優れたハウツー本は、数多く出版さ
実際、これらの解説書に習って論理展開やスライドのレイアウトに気をつ

強調は最低限に ■ 強調するのは最も重要な箇所にとどめましょう。また、強調の仕方を変えることで階層構造をもたせると、構造や重要な場所を簡単に捉えることができます。

4-6 繰り返す

統一感のない資料では、ページ・スライドごとに構造を理解し直さなければならず、受け手にとってストレスになります。同じパターンを繰り返し使えば統一感のある資料ができあがります。

■繰り返しパターン

統一感を出すためには、全体を通じて、同じようなパターンを繰り返し使うとよいでしょう。スライドを例にとると、タイトルの色やサイズ、余白の量、本文の文字の大きさなど、スライドの**すべてのページを通じてスタイルを統一する**ということです。毎ページ毎ページ違うデザインのスライドが出てくると、受け手は知らぬ間に違和感を感じてしまい、内容に集中することができません。「繰り返す」というテクニックを使うことで、安定感のあるスライドを作ることができます。このような配慮により、受け手は無意識のうちに安心し、内容に集中できるようになります。

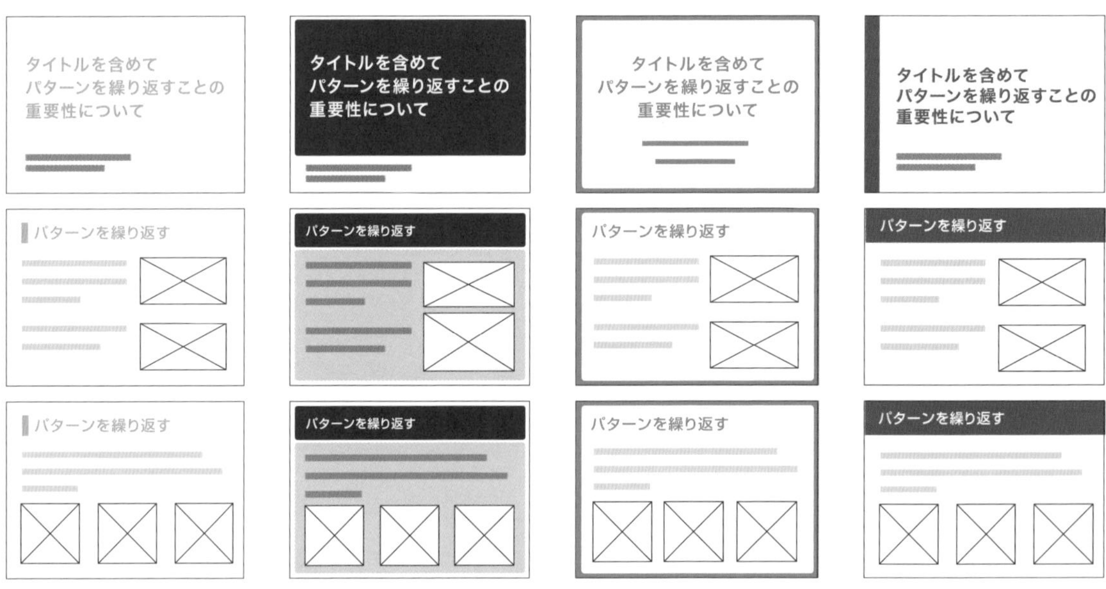

シンプルなパターンで統一 ■ PowerPointなどには、いろいろなスライドデザインが用意されていますが、シンプルなものなら自分で簡単に作ることができます。できるだけシンプルに安心感を与えるような繰り返しパターンを使いましょう。

■ルールを厳守する

プレゼンスライドでは、ページによって情報量が異なることがよくあります。だからといって、**情報量に応じて文字のサイズを変えたり、資料の上下左右の余白の量を変えないように**しましょう。

レイアウトのルールは資料全体を通じて守り続けなければ、統一感が生まれません。統一感がなければ、受け手は内容に集中できなかったり、内容を誤解したりしてしまいます。そればかりか手抜きの資料に見えてしまうこともあります。

もちろん、小見出しが長い場合や文字数が多いときに、文字のサイズや四方の余白の量を変えたくなる気持ちはよくわかります。しかし、まずは小見出しを短く修正したり、文字数を減らす努力をしましょう。**ルールで制限された中で情報を取捨選択していくことで、内容を洗練させる**ことができます。安易に余白や文字サイズを小さくしてはいけません！

補足 統一するための機能

1つの資料全体のレイアウトを統一するには、PowerPointのスライドマスター機能(p.211)やWordのスタイル機能(p.239)が便利です。

✕ルールが守られていない

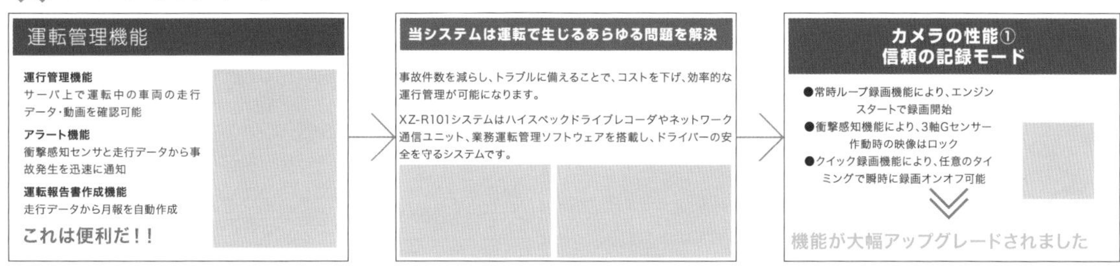

○ルールを守り続ける

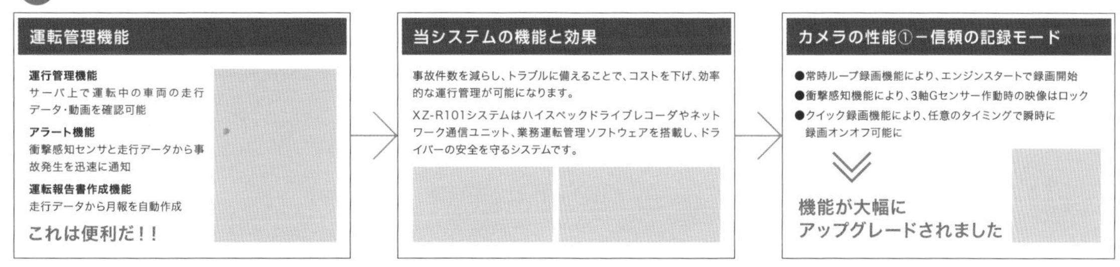

レイアウトのルールを守り続ける ■ 文字のサイズや配色、余白の量などは、資料全体を通じて統一しましょう。

4-7 情報の構造に即したレイアウト

横書きの場合、人の目は左上から右下へと動きます。そのため、左上にタイトルを付けた場合、そのタイトルに関連する内容（中身）はタイトルよりも「右下」にあるほうが、読みやすくなります。

■ タイトルよりも上に内容を書かない

タイトルがある場合は、必ず**タイトルよりも下に内容を書く**ようにしましょう。つまり、右図のように点線で囲んだ部分が内容を書くのに使える領域になるのです。通常は、この領域内に収めるのがベターです。決して、内容をタイトルの横やそれより上の余白に書かないようにしましょう。

タイトルの右下に情報を収めることは、情報の従属関係を明確にするという役割もあります。右下の領域からはみ出すものは、従属関係のないものとみなされてしまいます。下図のように、タイトルより左に内容がはみ出さないようにしましょう。

ここにタイトルなら

内容を書けるのは
この領域だけ

タイトルと内容の位置関係 ■ 内容は必ずタイトルよりも下に収めます。

✕ 内容が左側にはみ出している

本ソフトウェアの新機能紹介

- ●サーバ上で運転中の車両の走行データ・動画・音声をリアルタイムに確認可能
- ●衝撃感知センサと走行データから事故発生を迅速に通知
- ●走行データから日報・月報を自動的に作成・送信する
- ●急ブレーキや急ハンドルなどの動作を検出し、運転特性を分析

〇 内容が右下に収まっている

本ソフトウェアの新機能紹介

- ●サーバ上で運転中の車両の走行データ・動画・音声をリアルタイムに確認可能
- ●衝撃感知センサと走行データから事故発生を迅速に通知
- ●走行データから日報・月報を自動的に作成・送信する
- ●急ブレーキや急ハンドルなどの動作を検出し、運転特性を分析

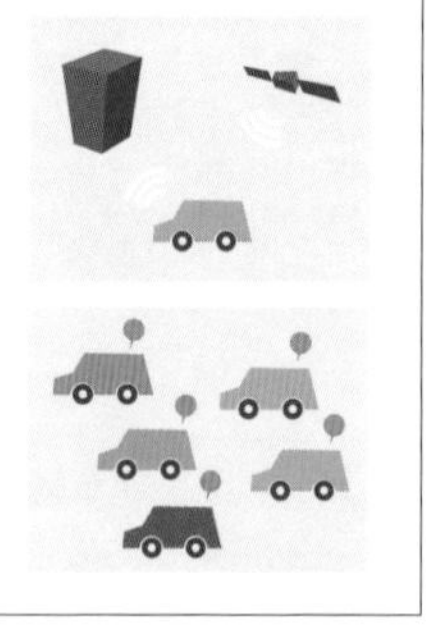

左にもはみ出さない ■ 内容がタイトルより左に飛び出るのも避けたほうが無難です。

■ 小見出しの場合も従属関係を明確に

このルールは、どんな小さな小見出しの場合にも当てはまります。小見出しの横に余白があるからといって、ここに文章や図を入れてはいけません。

このルールを守らないと、下図左のように、構造が曖昧になってしまいます。右側のように改善すると、一つひとつの項目のまとまりがはっきりとして、全体の構造が明確になり、難なく資料を読み進めることができます。タイトルの横に余白ができたおかげで、窮屈な印象がなくなると同時に、グループ化を強化しています。

ここまでの例でわかるように、レイアウトをするときには**余白ができることを恐れず、むしろ余白をうまく使っていく**ことが重要になります。ギュウギュウ詰めの資料では、読む前から頭がクラクラしてきてしまいます。情報量が多いときにこそ、余白を使って内容を整理しましょう。

タイトル

大見出し
大見出し以下の内容は
この領域だけ
小見出し
小見出し以下の内容は
この領域だけ

大見出し
小見出し
小見出し以下の内容は
この領域だけ

大見出し
小見出し
小見出し以下の内容は
この領域だけ
小見出し
小見出し以下の内容は
この領域だけ

大見出し
大見出し以下の内容は
この領域だけ
小見出し
小見出し以下の内容は
この領域だけ

小見出しと本文 ■ 入れ子構造を見た目に反映させましょう。

✕ 従属関係が不明瞭

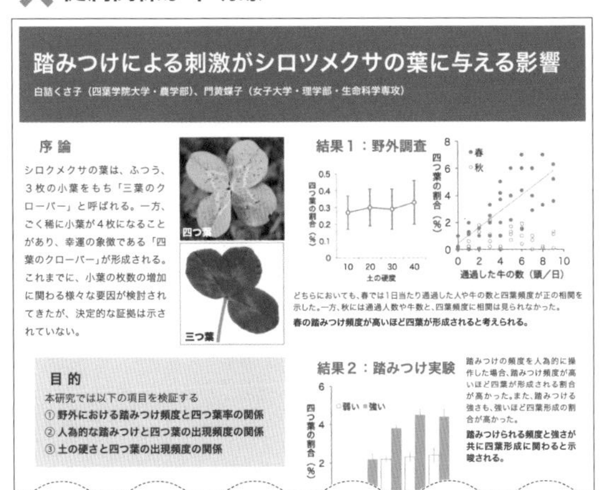
踏みつけによる刺激がシロツメクサの葉に与える影響
白詰くさ子（四葉学院大学・農学部）、門黄蝶子（女子大学・理学部・生命科学専攻）
序 論
シロクメクサの葉は、ふつう、3枚の小葉をもち「三葉のクローバー」と呼ばれる。一方、ごく稀に小葉が4枚になることがあり、幸運の象徴である「四葉のクローバー」が形成される。これまでに、小葉の枚数の増加に関わる様々な要因が検討されてきたが、決定的な証拠は示されていない。
四つ葉
三つ葉
結果1：野外調査
土の硬度
通過した牛の数（頭/日）
春
秋
春の踏みつけ頻度が高いほど四葉が形成されると考えられる。
目 的
本研究では以下の項目を検証する
① 野外における踏みつけ頻度と四つ葉率の関係
② 人為的な踏みつけと四つ葉の出現頻度の関係
③ 土の硬さと四つ葉の出現頻度の関係
結果2：踏みつけ実験
弱い
強い
踏みつけられる頻度と強さが共に四葉形成に関わると示唆される。

○ 従属関係が明確

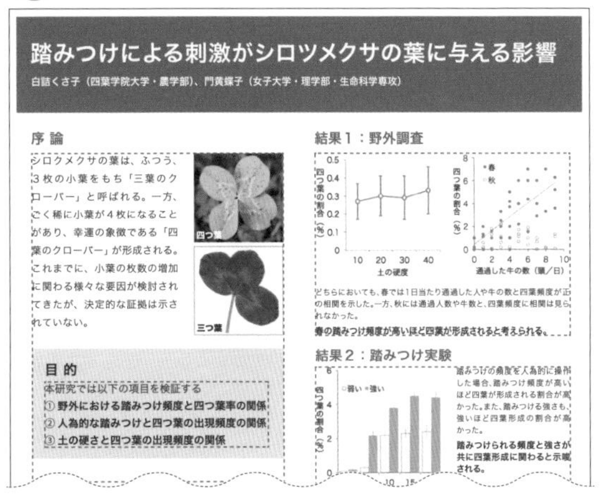
踏みつけによる刺激がシロツメクサの葉に与える影響
白詰くさ子（四葉学院大学・農学部）、門黄蝶子（女子大学・理学部・生命科学専攻）
序 論
シロクメクサの葉は、ふつう、3枚の小葉をもち「三葉のクローバー」と呼ばれる。一方、ごく稀に小葉が4枚になることがあり、幸運の象徴である「四葉のクローバー」が形成される。これまでに、小葉の枚数の増加に関わる様々な要因が検討されてきたが、決定的な証拠は示されていない。
四つ葉
三つ葉
結果1：野外調査
土の硬度
通過した牛の数（頭/日）
春
秋
春の踏みつけ頻度が高いほど四葉が形成されると考えられる。
目 的
本研究では以下の項目を検証する
① 野外における踏みつけ頻度と四つ葉率の関係
② 人為的な踏みつけと四つ葉の出現頻度の関係
③ 土の硬さと四つ葉の出現頻度の関係
結果2：踏みつけ実験
弱い
強い
踏みつけられる頻度と強さが共に四葉形成に関わると示唆される。

小見出しでも… ■ 項目ごとの小見出しの横にも、中身を書いてはいけません。内容は赤線の中に書くようにしましょう。

4-8 視線の流れを意識したレイアウト

複数の項目や要素をレイアウトする場合には、人の目の動きを意識してレイアウトしましょう。横書きならばZ、縦書きならNのような順序で配置すると読みやすいレイアウトになります。

■ 直感に合わない流れはNG

個々の項目だけでなく、資料全体のレイアウトを考えるときも、視線の動きを意識しましょう。日本語は横書きなら左上、縦書きなら右上から文章が始まるので、読み手の視線は左から右、あるいは上から下に動きます。1ページにいくつかの項目が入るような資料では、「Z」「N」のような形に視線が動きます。そのため、この**視線の自然な動きを邪魔しないように各項目を配置**するように心がけるとよいでしょう。直感から外れるレイアウトは読み手の負担になってしまいます。

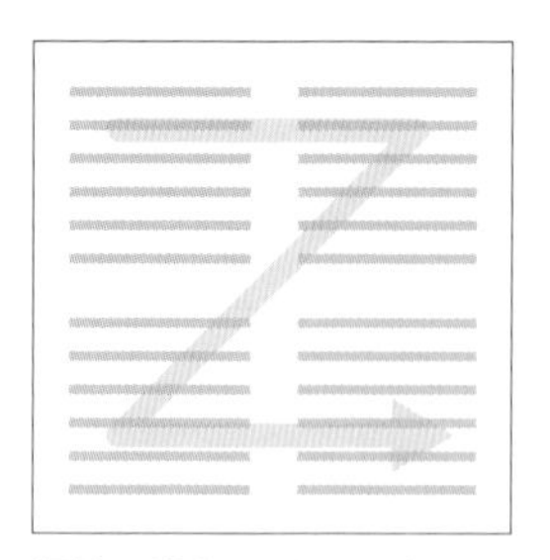

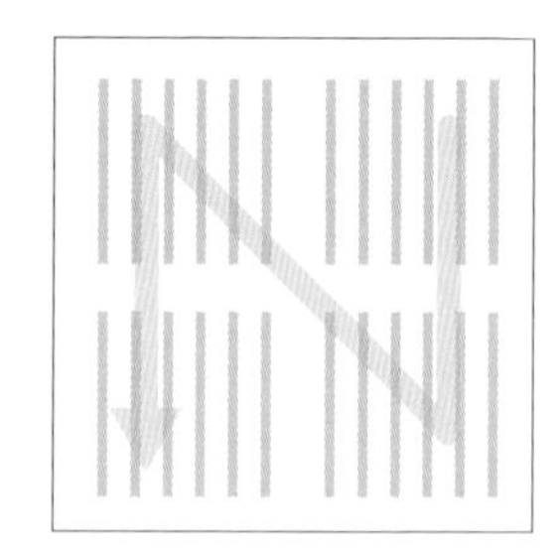

視線の動き ■ 人の目線は横書きならば「Z」のように、縦書きならば「N」のように動くのが普通です。

✕ 読む順序が不明

○ 自然に読める

○ 自然に読める

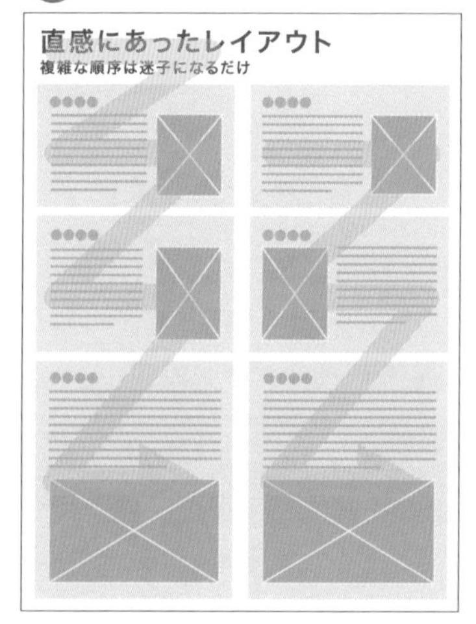

視線を誘導 ■ 人の直感に合わない順序を読み手に求めてはいけません。自然な順番で全体のレイアウトを決めましょう。Z型に情報が並んでいると、多くの人が自然に読むことができます。

■ 囲みや矢印、番号で順序を明確に

自然な順序に配置しても、情報量が多いと読む順序を間違えそうになることもあります。そのような場合は、**囲みや背景を付けてグループ化をすると順序が明確に**なります。それでもわかりにくい場合は、矢印や番号を使うこともできますが、まずはこれらの手段に頼らないレイアウトを心がけましょう。

✕ 読む順序が不明

○ 縦方向に進む

○ 横方向に進む

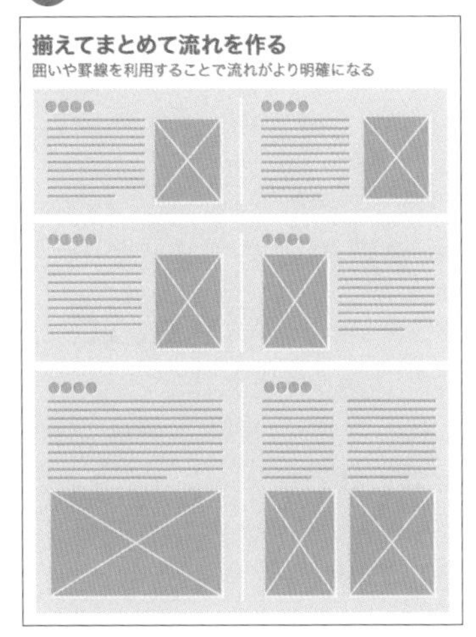

囲みで誘導 ■ 枠や塗りの付け方を工夫するだけで、読む順序が明確になります。グループ化の考え方に則り、より順序の近いものを近づけたり、同じ枠に入れたりすることで、順序で迷うことが少なくなります。

✕ 読む順序が不明

○ 矢印などで順序を指示

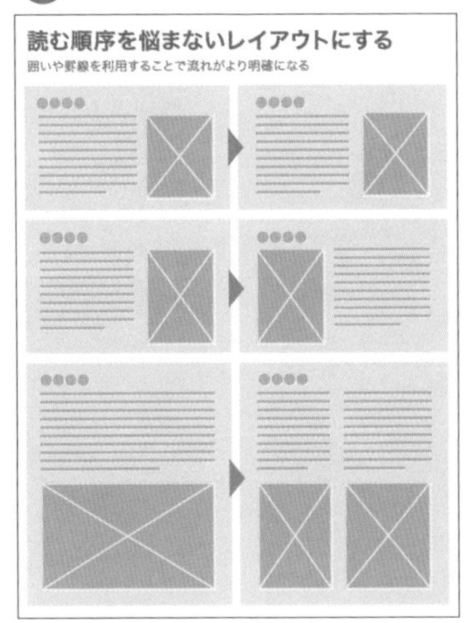

○ 番号で順序を明確に

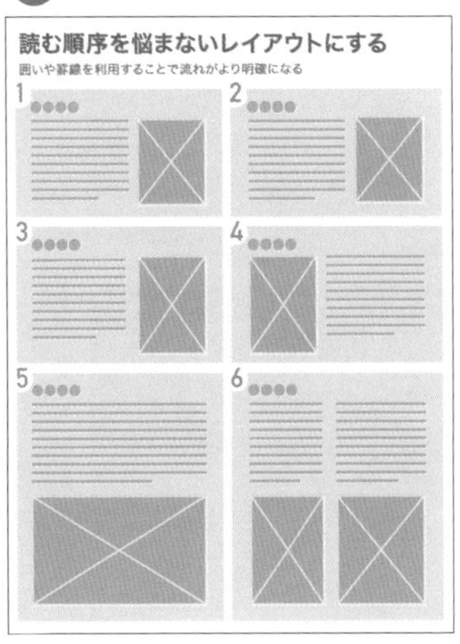

矢印や番号で誘導 ■ やや強制的ではありますが、矢印や番号を使えば、読む順番を間違えにくくなります。

4-9 写真や図の扱い方

写真や図は歪んでいたり、位置や形が揃っていなかったりすると印象が悪くなります。トリミングなどを使いながら、位置揃えを意識してレイアウトしましょう。

■ 写真を歪めない

写真の配置の際に最も避けたいのは、写真を歪めることです。意図的に写真を歪めるのは論外ですが、写真を拡大、縮小するときにも**縦横比が変わらないように**注意しましょう（通常、Shiftキーを押しながら拡大縮小すれば縦横比は変わりません）。写真の形を変えたいときは「トリミング」を使いましょう（p.114参照）。

✕ 歪めた場合

〇 トリミングした場合

写真を歪めない ■ 写真を歪めてしまってはかわいそうです。歪めずに、トリミングで形を整えましょう。

■ 写真の形をできるだけ揃える

1枚の資料に写真や図を複数配置するときは、できるだけ**同じ形にトリミング**して、写真の形を揃えましょう。また、常に、上下左右に写真の位置を揃える努力は怠らないようにしましょう。写真を「正方形」にトリミングすると、レイアウトしやすく、かつ美しい資料になります。

✕ 形も配置もバラバラ

〇 形を揃えて整列

写真を揃える ■ 写真同士をできるだけ同じ形に整えて、上下左右をきっちり揃えると、きれいに並べることができます。

テクニック Shiftキーできれいに移動と変形

Shiftキーを押しながら移動、回転、変形

多くのソフトでは、Shiftキーを押しながらオブジェクトを移動や回転すると、移動先や回転角度が8つの方向に制限されます。これは図形の水平移動などでとても便利です。また、真横や真上に同じ図形をコピーしたいときには、ShiftキーとAltキーを押しながら図形を配置します。

図や写真の縦横比を変えずに拡大・縮小したい場合も、Shiftキーを押しながらサイズを変えましょう。図形が相似変形されます（ソフトによってはShiftキーを押さなくても相似変形になります）。

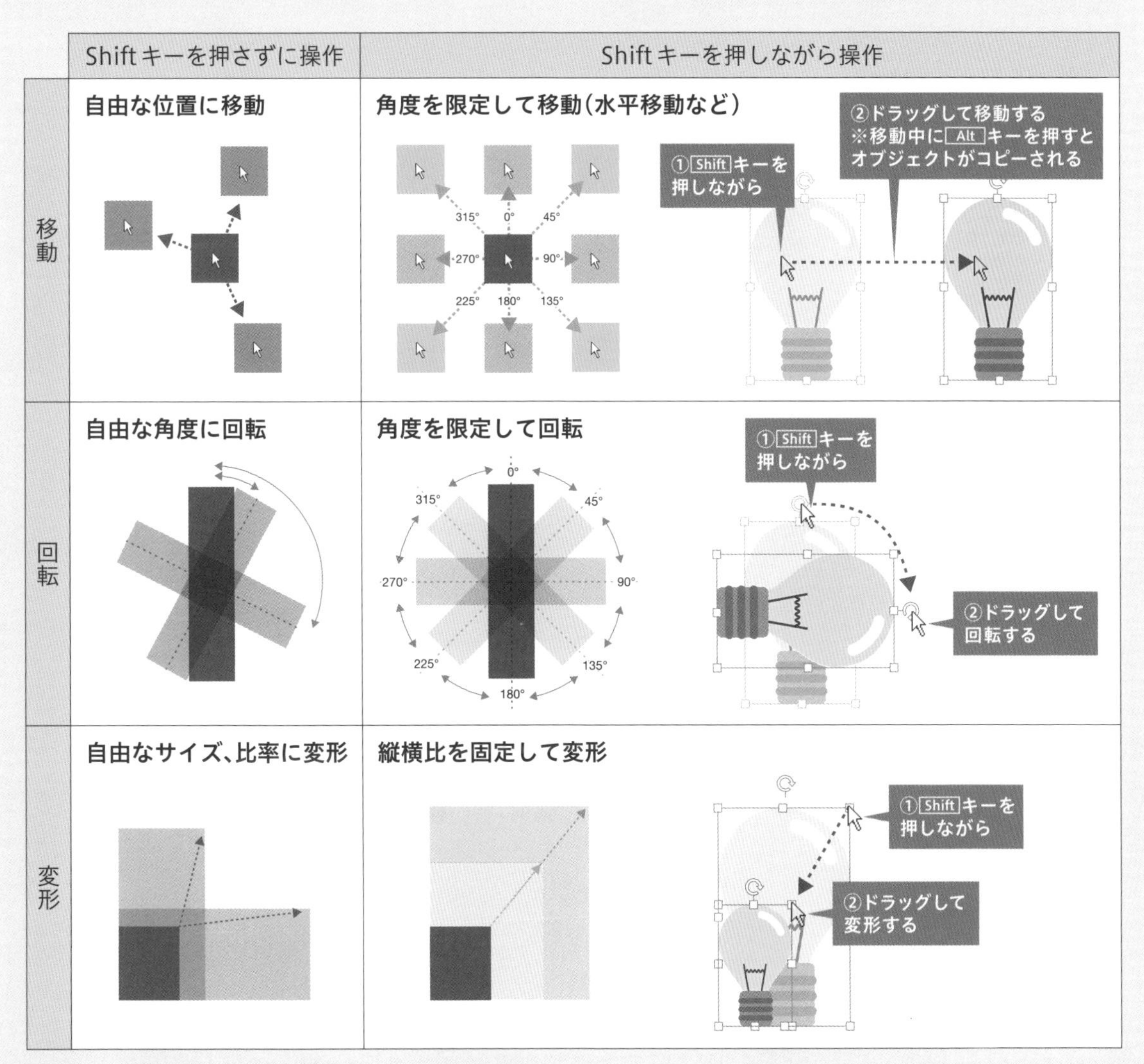

Shiftキーの機能 ■ Shiftキーを押さない場合と押した場合

テクニック 図の貼り付けと文字の折り返し

図の配置のいろいろ

写真やイラストをWord書類に貼り付けて配置するにはいろいろな方法(行内・上下・四角・外周・内部や、前面・背面)があります。

行内・上下・四角・外周・内部では画像の輪郭に応じて、テキストの配置が変わってきます(テキストの回り込み)。画像の輪郭が四角いラスター画像なら、四角と外周、内部で違いはありませんが、輪郭の複雑なベクター画像では、外周と内部では輪郭に沿ってテキストが配置されます。外周と内部は、画像の貼り付け後に折り返し点の編集をすると違いがでてきます(詳細後述)。

行内

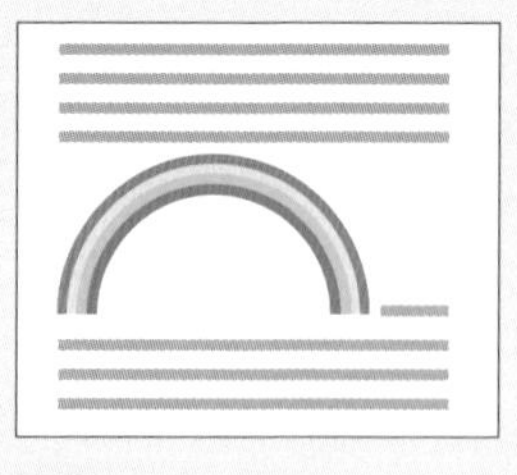

上下

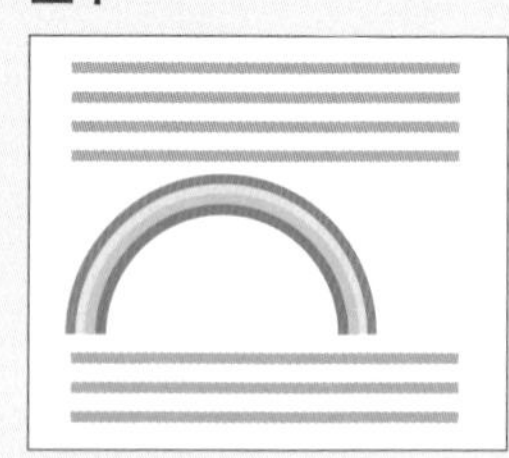

四角

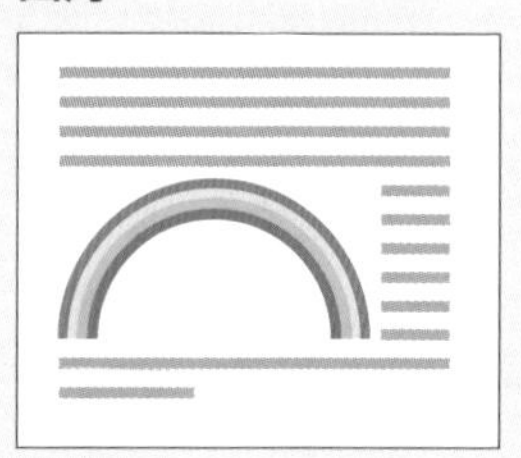

外周or内部

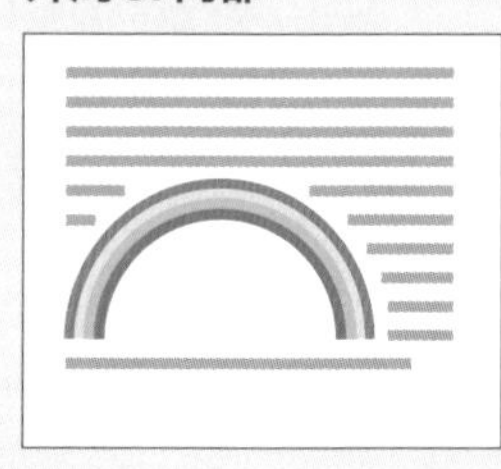

前面

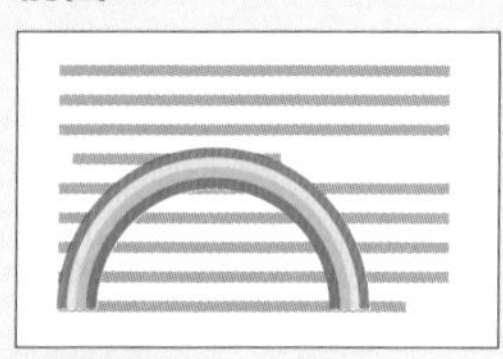

背面

図の貼り付け方 ■ 貼り付け方法によって図と文章の配置を変えることができます。

輪郭の修正をする

ラスター画像でも、ベクター画像でも、輪郭を修正し、テキストの回り込みを調整することができます。回り込みの輪郭を編集する作業は少しややこしいので、説明します。

①貼り付けた画像を選択し、[文字列の折り返し]で[外周]か[内部]を選択する
②画像を選択した状態で、[文字列の折り返し]で[折り返し点の編集]を選択する
③黒い頂点を移動させ、輪郭を修正する(赤い線の上をクリックすると、頂点を追加も可能)
④線以外の部分をクリックし、編集を終了する
※必要に応じて、画像を選択し、[テキストの前面へ移動]を行って下さい。

①折り返しを設定

②折り返し点を表示

③輪郭を修正

④完成！

図の輪郭の編集 ■ 図の輪郭を好きな形に編集して、文章との配置を変えることができます。

外周と内部の違い

少し応用的ですが、外周と内部には違いがあります。外周の場合、テキストの折り返し点の修正を行っても、凹んだ輪郭(図の虹の内側)が反映されず、凹みは無視されます。一方、内部の場合は、凹みに沿って文字が並び、図の内側にも文字が侵入してきます。要は、内部のほうが自由度が高いといえます。なお、文の折り返しが複雑になるほど可読性は低下してしまいます。

外周の場合

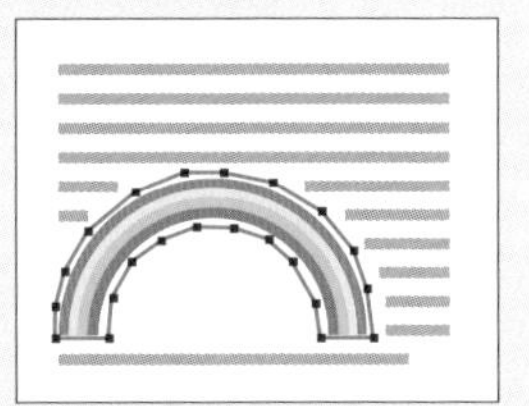

内部の場合

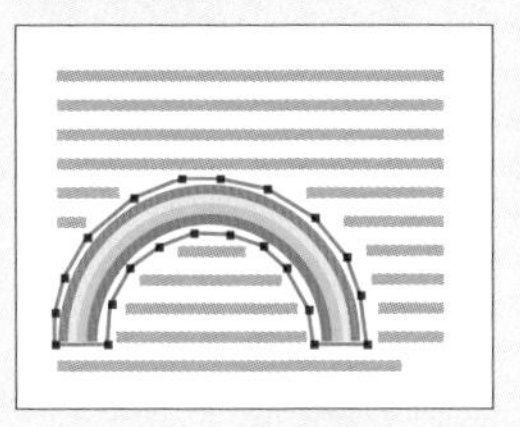

外周と内部 ■ 外周では図の外側にのみ文字が配置され、内周では図の内部まで文字が入り込みます。

グラフやベクター画像の貼り付け

Excelで作成したグラフは、図として貼り付けるのが鉄則です。そうしないと、PowerPoint上でサイズを変えたときや、別のパソコンで開いたときに、体裁が崩れてしまう危険性があります。ただし、PNGやJPG、GIF、BMPなどのラスター形式で貼り付けると、解像度が足りず、画像が荒く見える可能性が高いので、**拡張メタファイルかWindowsメタファイルという形式**(ベクター形式)で貼り付けましょう。MacならPDF形式での貼り付けが可能です。いずれも[形式を選択して貼り付け]から行います。

PowerPointで作成したベクター画像をWordに貼り付けるときにも、同様の形式で貼り付けるのがベストです。

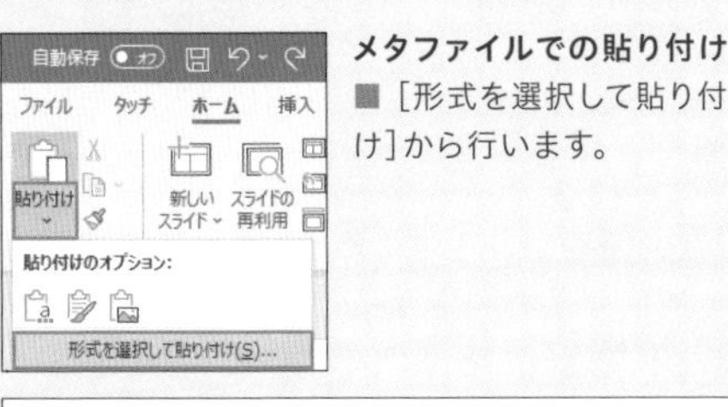

メタファイルでの貼り付け ■ [形式を選択して貼り付け]から行います。

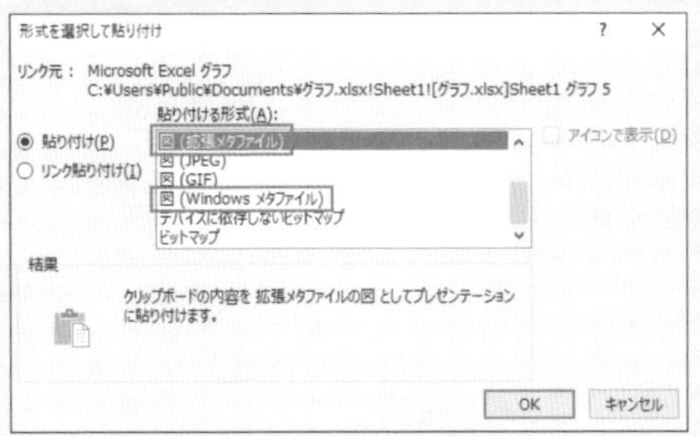

✖ ラスター形式で貼り付けたグラフ

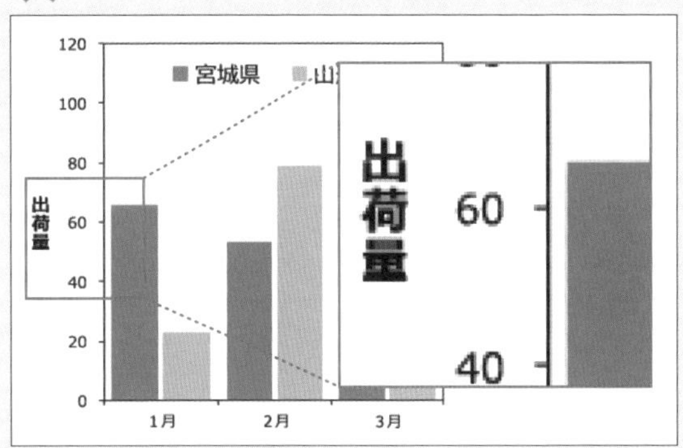

○ ベクター形式で貼り付けたグラフ

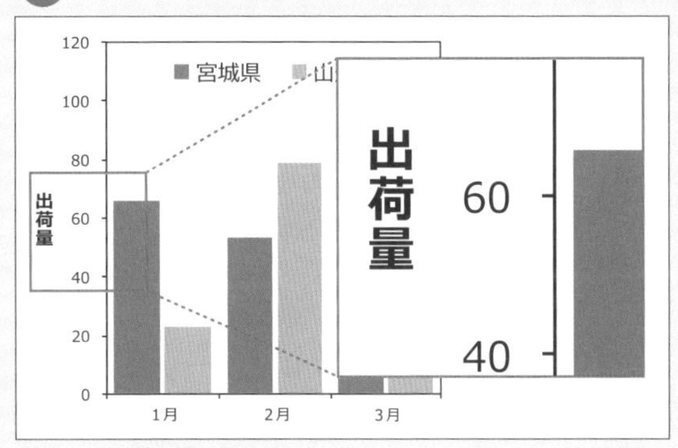

ベクター画像の貼り付け ■ グラフやベクター画像をラスター形式で貼り付けると解像度が足りなくなることも。そんなときはWindowsメタファイル形式やPDF形式で貼り付けましょう。

4-10 余計な要素やノイズを減らす

資料の中に余計な要素があると、ノイズとなって情報伝達の邪魔をします。図や文章などの個々の要素だけでなく、紙面全体もシンプルにして、ノイズになるような要素を減らしましょう。

■ ノイズは理解の邪魔をする

「え〜」「あの〜」という口癖の多いプレゼンテーションは、時間を有効に使えていない上に、雑音となり、聴衆が内容に集中しにくくなります。同じように、資料の中に余計な要素が含まれていると、スペースが無駄になるだけでなく、受け手にとってはノイズとなり、理解の妨げとなります。**不必要な情報はできるだけ排除しましょう。**

例えば、日付やロゴマーク、会議の名称、その他諸々の情報は、表紙に載せるだけで十分な場合が多いです。ページ番号も必須ではありません。

ルールやテンプレートとして決まっていて削除できない場合には、重複をなくしたり、できるだけ小さくしたりし、一箇所にまとめて揃えて表示するとよいでしょう。

■ テンプレートやルールも見直す

ロゴマークや日付など、たくさんの情報を載せなければいけないというルールや伝統があったり、そのようなテンプレートが用意されているとすれば、それはルールやテンプレートが悪いと言わざるを得ません。受け手にとっては、すべての情報がすべてのページに必要なわけではありません。「とりあえずテンプレートに従っておけば大丈夫」という考えはなくして、情報を取捨選択し、必要に応じてテンプレートの見直しをしましょう。

✖ 余計な要素が多い

野菜開発部報告2　18/28　PLAB

アンケート調査の手法と結果

目的と内容

●新規作物の開発にあたり、ピーマンに対する嗜好性などに関するアンケートを実施した。

●2021年1月15日から4月30日にかけて、ランダムに選定した20〜30代の男女各500人に対し、以下の3つの質問をし、回答を得た。

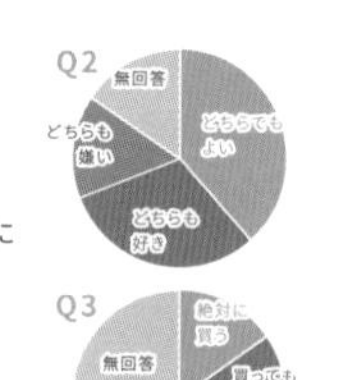

1. 私は誰だと思いますか？

2. ピーマンは大きめと小さめのどちらが好きか？

3. 中くらいのピーマンがあったら買うか？

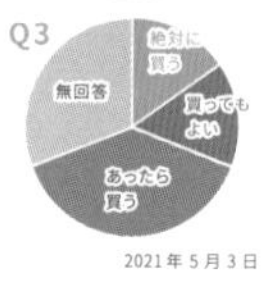

定例報告会　P-MANLAB　2021年5月3日

◯ 余計な要素を取る

アンケート調査の手法と結果

目的と内容

●新規作物の開発にあたり、ピーマンに対する嗜好性などに関するアンケートを実施した。

●2021年1月15日から4月30日にかけて、ランダムに選定した20〜30代の男女各500人に対し、以下の3つの質問をし、回答を得た。

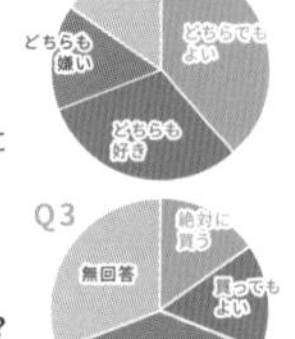

1. 私は誰だと思いますか？

2. ピーマンは大きめと小さめのどちらが好きか？

3. 中くらいのピーマンがあったら買うか？

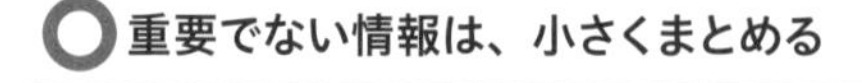

◯ 重要でない情報は、小さくまとめる

アンケート調査の手法と結果　野菜開発部報告2 定例報告会 2021年5月3日 PLAB

目的と内容

●新規作物の開発にあたり、ピーマンに対する嗜好性などに関するアンケートを実施した。

●2021年1月15日から4月30日にかけて、ランダムに選定した20〜30代の男女各500人に対し、以下の3つの質問をし、回答を得た。

1. 私は誰だと思いますか？

2. ピーマンは大きめと小さめのどちらが好きか？

3. 中くらいのピーマンがあったら買うか？

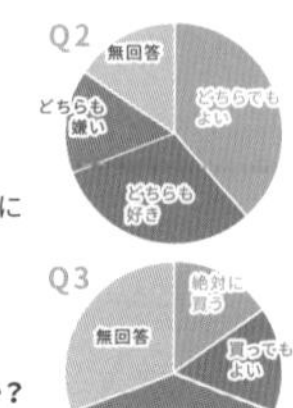

■ アニメーションもノイズ

プレゼンテーションで効果的に使える場合もありますが､アニメーションは基本的にノイズになります。

特に右の図のような文字が動いたり変形するアニメーションは読むには邪魔なだけです。また、スライドの切り替えの際に、派手なアニメーションを使う人もよく見かけます。こういったカッコいいアニメーションが使えると、嬉しくて使ってしまいがちですが、いずれも内容に集中するのを妨げるものです。それだけではなく、派手さが際立ち、真面目さにも欠けます。使い所には注意が必要です。

プレゼンテーションは、話を聞いて理解する人もいれば、自分のペースで読んだり、見たりして理解する人もいます。各スライドの結論だけを知りたい人もいます。聴衆の多様さに対応するには、**アニメーションを使わず、はじめからすべての情報を示す**のがよいでしょう。

●新規作物の開発にあたり、ピーマンに対する嗜好性や購買行動に関するアンケートを実施した。

●ランダムに選定した20～30代の男女各500人に対し、以下の3つの質問をし、回答を得た。

アニメーションは必要？ ■ かっこいいアニメーションも発表の集中を妨げます。

■ 写真にはノイズがたくさん

写真には被写体以外にさまざまなものが写り込みます。そのため、被写体への注目度が下がったり、詳細を確認できなかったりします。写真を使う場合は、必要に応じてトリミングや背景除去により**余計な部分を取り除きましょう。**ノイズとなる要素が減るので、見やすくなります。PowerPointでのトリミングと背景除去の方法については、p.115を参照して下さい。

なお、ノイズを減らすという意味では、写真よりイラストのほうがよいでしょう。正確性を欠きますが、イラストのほうがシンプルに情報を示すことができ、より伝わりやすくなります。

写真もシンプルに ■ 写真の背景も必要最低限にしましょう。右の画像ほどノイズの少ない画像です。

4-11 囲みすぎない、丸めすぎない

項目ごとに枠で囲んでグループ化することは、資料の構造が明確になるので良いことです。ただし、枠の付け方や枠の配置の仕方によって見栄えが大きく変わりますので、注意しましょう。

■ 囲みすぎは絶対ダメ!!

いくつかの文章や図を枠で囲むことで「グループ化」したり、小見出しを枠で囲んで強調することは良いことですが、度がすぎるのはよくありません。なんでもかんでも枠で囲むと、要素が増えすぎて雑然とするので、内容に集中できません。**枠を付けるのは最低限に**しましょう。囲みを使うにしても、むやみに「枠線」に色を付けないようにしましょう。

余白を使ってグループ化したり、小見出しなどは、フォントの種類や色、大きさを変えて強調するとよいでしょう。

✕ 枠を使いすぎ

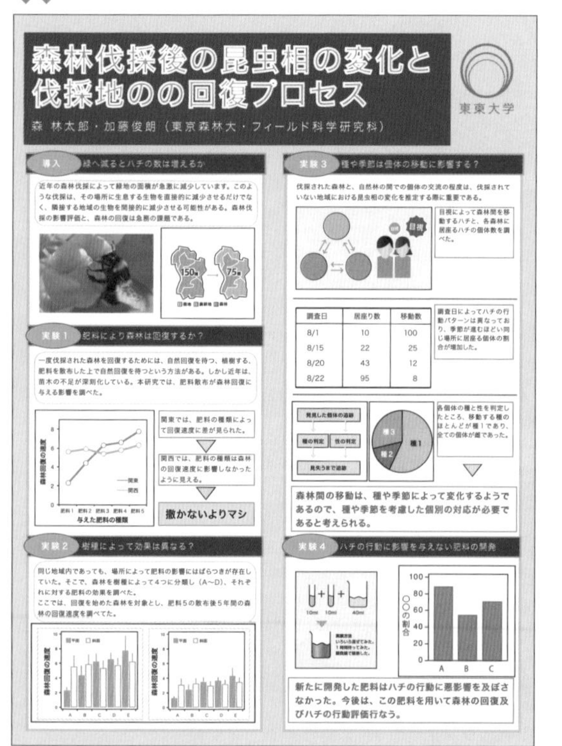

〇 枠は最低限

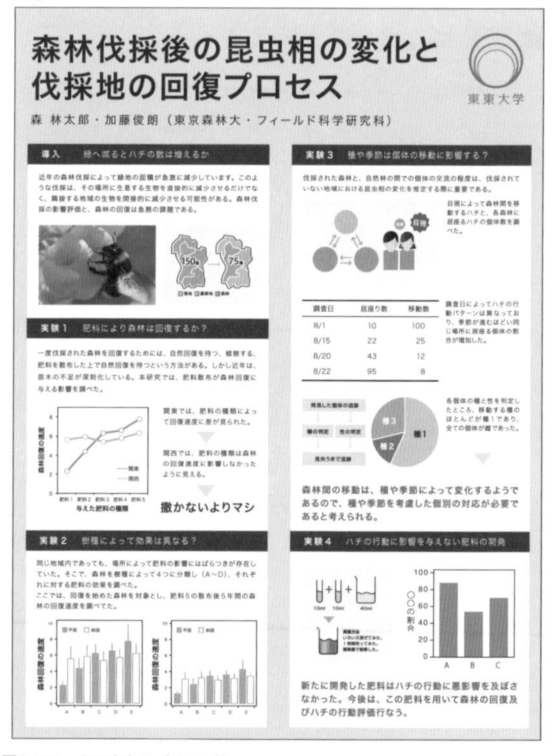

余白を使ってレイアウト ■ 枠を使いすぎず、余白や太字をうまく利用してレイアウトしましょう。

■ 枠は揃えて配置

枠を雑に配置すると、余白の大きさが場所によって異なってしまい、印象が良くありません。近傍の枠と位置を揃え、**間隔が均一になるように**心がけて、枠を配置しましょう。

■ 角を丸くしすぎない

第3章でも述べた通り、角丸四角で枠を作るとき、角が丸すぎると、角のところで文字と枠が接近してしまいます。しかも、角の外側の隙間が広くなってしまいます。角丸四角を使う場合は、**角を丸めすぎないように**しましょう。もちろん、角の尖った四角を使えばこのような心配はありません。

✕ 角が丸すぎ

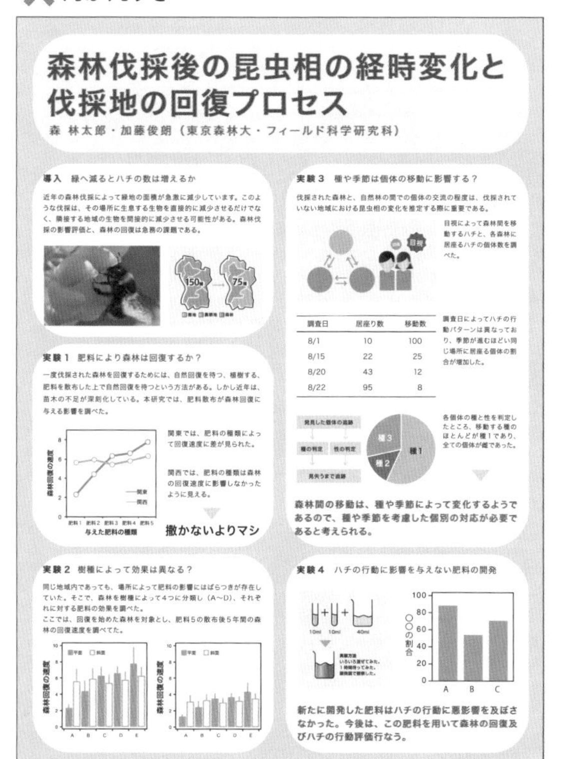

○ 適切な丸み

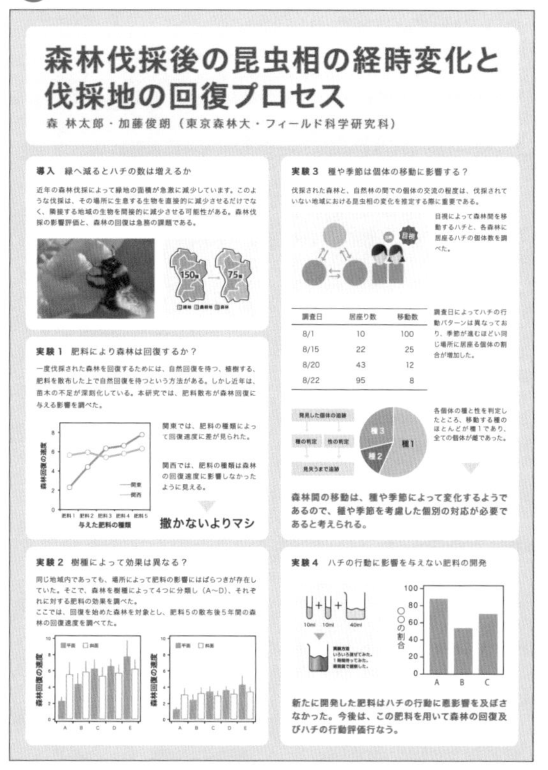

枠のレイアウト ■ 項目を枠で囲むときは、枠間の間隔が均等になるようにしましょう。角丸四角は、角に丸みをつけすぎないように注意が必要です。

スキルアップ アイキャッチャーで魅力もプラス

人目を引くことも大切

例えばイベント告知のポスターやチラシ、学会でのポスター発表では、内容を見てもらうために、まず人の目を引かなければなりません。しかし、ポスターなどの掲示物は、ただ目立たせればいいというわけではありません。あまりに派手な色にしてしまうと、いざ読もうとしたときに読みにくいからです。

そこで、可読性を損なわずに、一瞬で人の目を捉えるための要素が必要になります。このような要素は「アイキャッチャー」と呼ばれます。文字や図形、イラストなどは効果的なアイキャッチャーになります。文字の邪魔にならない範囲で背景に大きな絵を入れたり、内容を象徴するような絵を大きめに配置することで、人の目を引くことができます。下の例ではハチの絵が効果的なアイキャッチャーになっています。

✕ アイキャッチャーなし

主催 跳躍大学 環境デザイン研究科
研究者養成コース

送粉昆虫育成セミナー

場所 跳躍大学 生物棟 大講義室

令和３年2/29月10:00~18:30

ミニシンポジウム：送粉昆虫の将来を再考する

マルハナバチを始めとするハチ類は、植物の花粉のやりとりにおいて重要な役割を担っており、野菜や果物の生産において欠かすことのできない有用動物である。しかし、近年の不景気による野生生活の困窮により、ハチ類の個体数や多様さが失われつつある。このような時代背景から、ハチ類に関して量より質が求められるようになってきたといえよう。本シンポジウムでは、教育の専門家や蜂の生態の専門家、経済学の専門家を集め、多角的視座から蜂の教育・育成に関して緊急提言を行なう。

ゲストスピーカー

○昆虫への教育がもたらす社会的、生物学的影響　跳躍太郎
○数と質の経済学：昆虫の世界から見えてくるもの　林　次郎
○養蜂場からのお願い：ミツバチもいます　佐藤俊男
○景気の動態とマルハナバチの生活　丸花武志
○視力を鍛える：効果的な送粉者の開発に向けて　宮崎花子

多数の方の参加をお待ちしています。駐車場がありませんので、公共交通機関でお越しください。

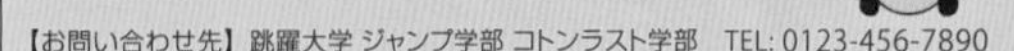

【お問い合わせ先】跳躍大学 ジャンプ学部 コトンラスト学部　TEL: 0123-456-7890

○ アイキャッチャーあり

アイキャッチャー ■ 全ての項目を目立たせるよりも、１つの項目を極端に大きくするほうが目を引きます。ここではイラストをアイキャッチャーにしています。

もちろん、**写真もアイキャッチャー**となります。また、大きな文字も人の気持ちをつかむにはもってこいのアイテムなので、タイトルなどの重要な文字を大きくするのも効果的です。円やギザギザの円を入れ込むと、ポスターやチラシの注目度をさらにアップさせます。

さらなるアイキャッチ ■ 丸などのオブジェクトは第二のアイキャッチャーとなります。

写真や文字によるアイキャッチ ■ 写真や文字をアイキャッチャーにすることも可能です。思い切って大きくすることが大切です。赤い丸にも視線を集める効果があります。アイキャッチャーを利用すれば、受け手の視線を誘導することも可能です。

4-12 見やすいデジタル書類の作り方

2020年COVID-19の影響によりさまざまな仕事がオンライン化されました。オンライン会議で使用するデジタル資料では、印刷することを想定した資料とは異なる注意点があります。

■ オンライン会議資料はゴシック体で準備

オンライン会議等で使用される資料は、パソコンやタブレットで読むことが前提となります。これらの媒体は印刷ほど解像度が高くないので、**一般的な明朝体は横線が細く、文字がかすれて読みにくくなる**ことがあります。そのため、画面上で読まれることを想定する書類（以降、デジタル書類）では、Wordで作成するレポートなどの**文書でも、ゴシック体を使用する**ほうがよいかもしれません。横線が太めのUD明朝体もデジタル書類向けのフォントです。

×明朝体
明朝体は横線がかすれがち
↓ 低解像度に
明朝体は横線がかすれがち
多少文字が小さくてもゴシック体なら読めます
○ゴシック体
ゴシック体はかすれに強い
↓ 低解像度に
ゴシック体はかすれに強い
多少文字が小さくてもゴシック体なら読めます

ゴシック体はかすれに強い ■ 明朝体は画面上ではかすれがちなので、オンライン会議資料ではゴシック体がおすすめです。

■ スライドはワイド比率

最近のPowerPointではスライドサイズの初期設定がワイドサイズ（16:9）となっていた一方で、実際の現場ではワイドサイズを効果的に投影できるプロジェクターは稀でした。そのため、4:3比のスライドのほうが好ましい状況が続いていました。しかし、オンラインでのプレゼンテーションでは、受け手はパソコンの画面でスライドを見ることが多くなります。パソコンの画面のほとんどはワイド画面なので、**オンライン会議でのプレゼン資料はワイドサイズで作成**する方が、画面を有効に使うことができます。また、Zoomなどのオンライン会議システムで画面共有される場合には、たとえスライドを全画面表示しなくとも、ワイドサイズのほうが与えられたスペースを有効に活用することができます。なお、16:9は横に長すぎると感じる人もいますし、パソコンの画面は16:10比のことも多いので、16:10比でスライドを作るのもおすすめです。

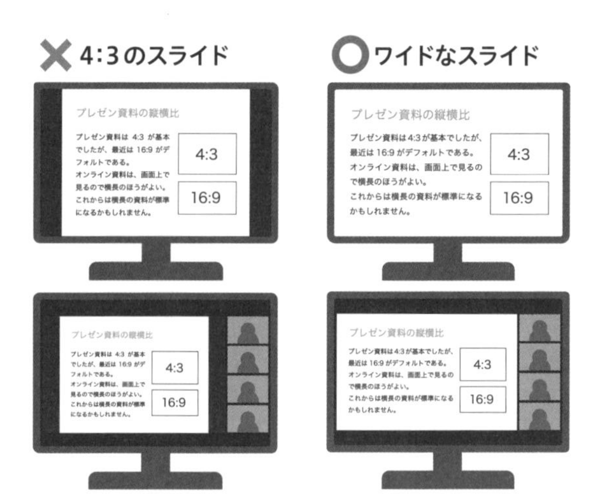

×4:3のスライド
○ワイドなスライド
プレゼン資料の縦横比
4:3
16:9

ワイドサイズがおすすめ ■ 16:9や16:10のワイドサイズのスライドなら、画面に目一杯スライドを表示することができます。

■ ワイドサイズを使う場合の注意点

ワイドサイズのスライドは横幅が長いので、行長(一行の文字数)が長くならないような工夫が必要です。**左右のどちらかに画像を配置**したり、**左側をタイトルスペースにする**など、レイアウトを工夫するとよいでしょう。オンライン会議の普及とともに、ワイドサイズのプレゼンスライドが標準となる可能性があります。4:3スライドのレイアウトをそのまま移行させるのではなく、ワイド画面を有効活用できるように**レイアウトを見直してみましょう。**

✕ 行長が長すぎる

プレゼン資料の縦横比

- プレゼン資料は4:3が基本でしたが、最近は16:9がデフォルトである。
- オンライン資料は、基本的に画面上で見るので横長のほうがよい。
- これからは横長の資料が標準になっていくかもしれません。

4:3	16:9

〇 左右に図を配置して行長を減らす

プレゼン資料の縦横比

- プレゼン資料は4:3が基本でしたが、最近は16:9がデフォルトである。
- オンライン資料は、基本的に画面上で見るので横長のほうがよい。
- これからは横長の資料が標準になっていくかもしれません。

4:3

16:9

〇 タイトルを左に配置して行長を減らす

- プレゼン資料は4:3が基本でしたが、最近は16:9がデフォルトである。
- オンライン資料は、基本的に画面上で見るので横長のほうがよい。
- これからは横長の資料が標準になっていくかもしれません。

4:3	16:9

ワイドサイズは一行が長すぎる ■ 横幅に目一杯本文を書くのではなく、一行が長くなりすぎないように工夫しましょう。

■ オンラインで読む資料は縦スクロール

画面上で資料を読む場合、スマートフォンでもタブレットでもパソコンでも、**スクロールしながら読むことが多い**でしょう。そのため、デジタル資料においても一般的なウェブページのように、拡大縮小をする必要がなく、しかも縦スクロールだけで読めるレイアウトが好ましいといえます。具体的には次ページのような注意が必要です。

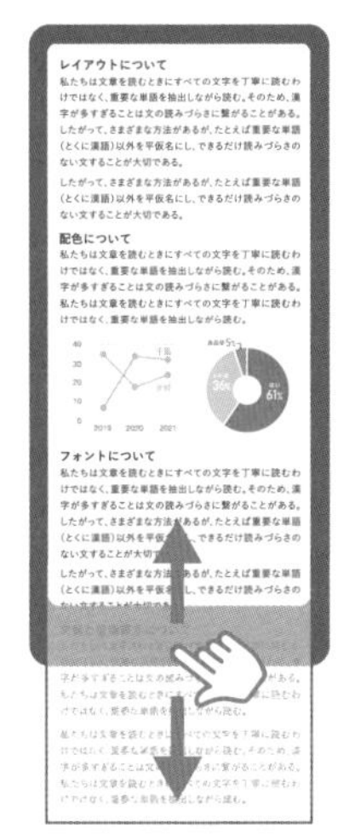

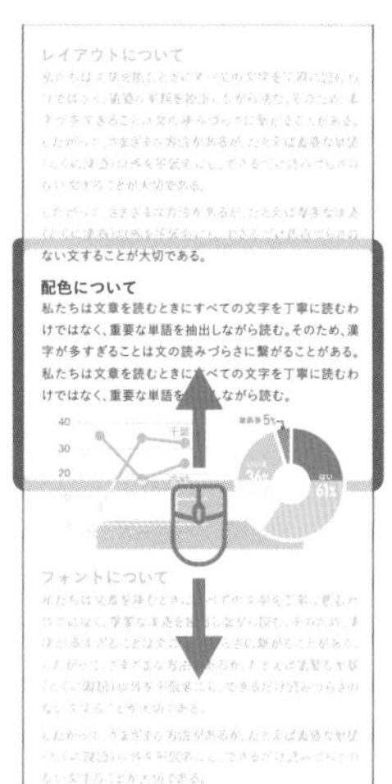

縦スクロールで読む ■ パソコンなどの画面上では、縦にスクロールして読める資料が読みやすい。

■ オンラインでは一段組が基本

印刷物では、一段組の文章よりも二段組の文章の方が可読性が高いのですが、デジタル書類ではそうでもありません。左の段を下まで読んだあと、再度ページの上までスクロールしてまた下がるということをしなければならないためです。デジタル書類では、たとえ文量の多い**文書でも一段組で作成**する方がよいかもしれません。

× 二段組

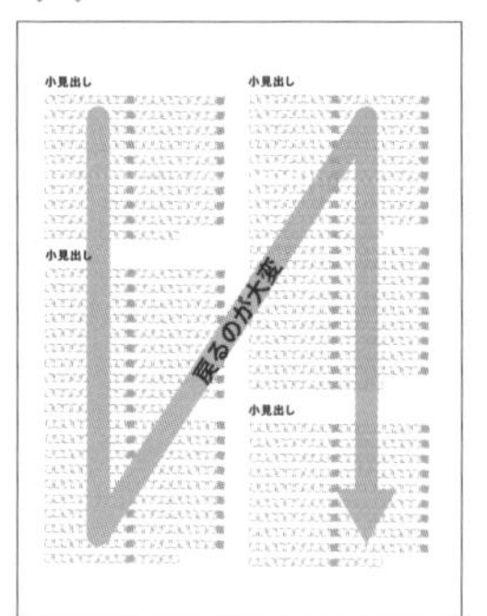

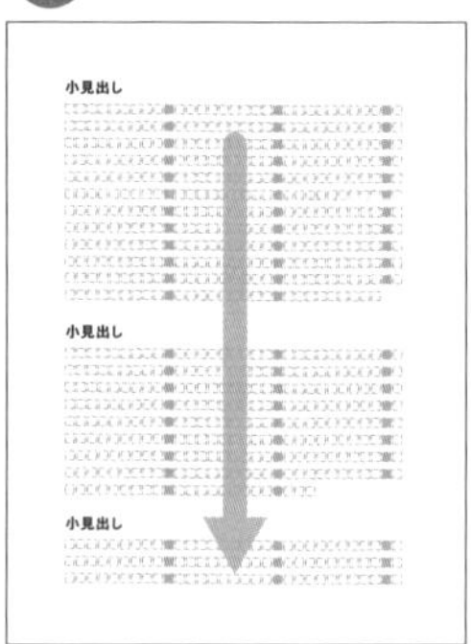

一段組が読みやすい ■ 縦スクロールで読みやすいように、資料は一段組のレイアウトにしましょう。

■ 学会発表ポスターもスクローラブルに

学会や企業展示などで使われてきた大判資料は、A1やA0サイズ(1:√2のサイズ規格)が推奨されてきました。しかし、PC等の画面上で見る場合、これらのサイズで作られた資料は、本文を読むときに拡大縮小や上下左右への移動をしなければならず、とても不便です。資料サイズに制限がないならば、ポスター発表資料も、**拡大縮小せずに縦スクロールだけで読めるよう、より細く長いサイズ**を採用するとよいでしょう。

× 1:√2（白銀比）のサイズ規格

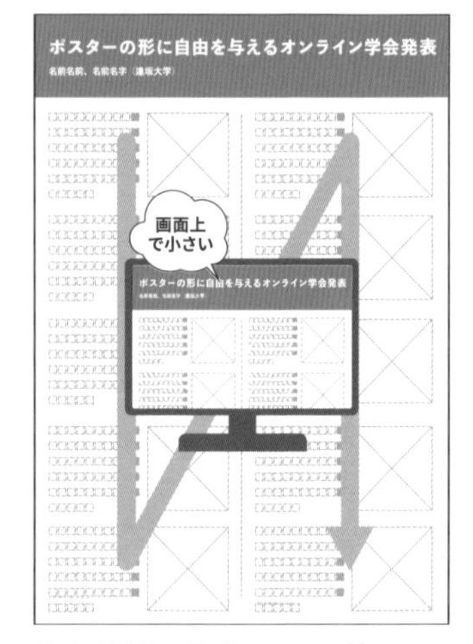

サイズ規格の見直し ■ 1:√2のサイズ規格では、画面上では読みにくいので、細く長いサイズ規格がおすすめです。

○ 細く長く

○ スクローラブル

○ スクローラブル

ポスター発表資料の例 ■ このように縦スクロールのみで読めるようなサイズとレイアウトにしましょう。

スキルアップ 資料全体のユニバーサルデザイン

余白を十分にとる

資料全体のユニバーサルデザインを考えるとき、**余白を十分にとってゆとりのあるレイアウト**にすることが大切です。例えば、視覚過敏の人には目に見えるもの全てが刺激となりうるので、情報量の多い資料はストレスになり、とても見にくく、情報を読み取りにくくなってしましいます。**ゆとりのある目に優しい資料作り**を心がけましょう。余白をとるための方法を以下に紹介します。

情報を減らしてシンプルに伝える

プレゼンスライドなら1スライド1メッセージといわれるように、情報は取捨選択して、必要なメッセージを伝えるために**必要な情報のみを載せる**ようにしましょう。まずは、内容面での情報過多を回避するようにしましょう。

文章よりも箇条書きや図で示す

長々と文章を書くのではなく、**できるだけ箇条書き**にしましょう。図解することができるなら、**箇条書きより図の方が好ましい**です。箇条書きや図に置き換えることで、文字数や紙面の節約にもなります。

きれいに並べる

文章や図などが、きれいに配置されていることも重要です。情報が資料中に乱雑に配置されていては、必要な情報を探すことが難しくなってしまいます。視覚過敏やディスレクシアの症状をもつ人であれば、その苦労はさらに大きくなり、資料を読むことが苦痛にさえなります。4章で紹介してきた、**余白・揃え・グループ化・強弱の原則を守ることは、視覚多様性への配慮にもつながります。**

✕ 文字が多い

プレゼンの第一歩：情報を削る

- 「わかりやすくしよう」と思い丁寧な解説を書いてしまう。
- 「書いておかないと突っ込まれるかも」と心配になって本題と関係ないことや、余計な情報まで書いてしまう。
- ある程度は仕方のないことですが、実は視覚過敏の人の中には、情報量が多くなってくると処理することが難しくなる場合があります。
- そのため、どんな資料においても、できるだけ文章を減らすことは、ユニバーサルデザイン化の有効な手段のひとつとなります。
- プレゼンスライドなど自分のペースで読むことのできないものでは特に、文章量（情報量）を減らすことが大切です。
- 文章を減らすためには、重要なところを効果的に強調し、写真やイラスト、図解などを使用するなどすると良いでしょう。

○ 文字を減らす

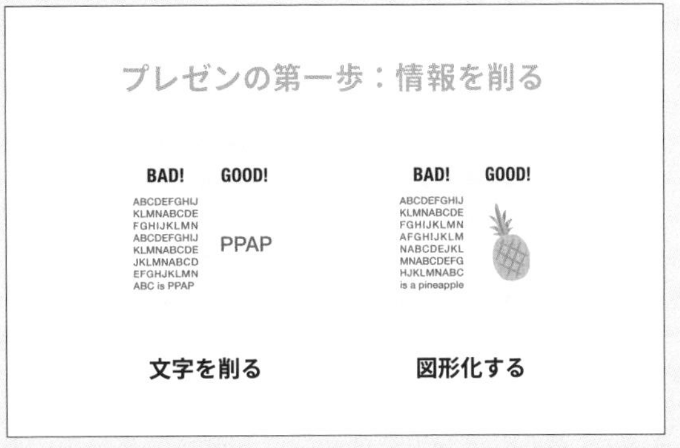

ゆとりのあるレイアウトにする ■ 可能な限り文章を減らし、図を使うなどして伝えたいことをシンプルに伝える工夫をしましょう。余白も十分に確保することが大切です。

4-13 配色の基本

さて、資料の印象を左右する重要な要素が、色です。白黒の単調な資料よりも、色を使ったもののほうが魅力的ですし、理解を助けてくれますが、色を使いすぎても、見にくい資料になります。

■ 色彩の基本知識

色を客観的に表す方法はいくつかありますが、直感的に理解しやすいのが、HSV色空間です。これは、色相(Hue)、彩度(Saturation)、明度(Value)の3つの要素で色を表そうというものです。

色相とは、赤や黄、緑、青などの色味を表す要素です。彩度とは、鮮やかさを表す要素です。同じ色相の色でも、彩度が高い色ほど鮮やかで、低い色ほど灰色に近くなります。彩度がゼロの場合、色味がないので、無彩色(黒や白、灰色)になります。明度とは、明るさを表す要素です。色相や彩度が同じであっても、明度が低いほど黒っぽく、高いほど明るい色になります。

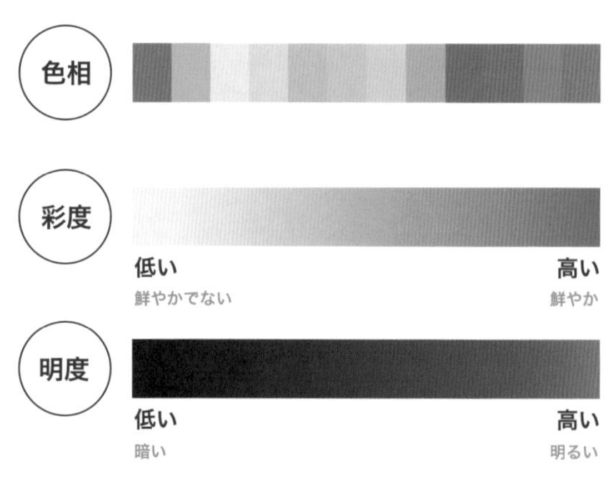

HSV色空間 ■ 色を色相(H)、彩度(S)、明度(V)の3つの要素で直感的に理解することができます。

■ 色のもつイメージ

色にはそれぞれ異なったイメージがあり、どの色にも良いイメージと悪いイメージがあります。代表的な色のもつイメージについては右にまとめてみました。例えば赤には「情熱的」という良いイメージがありますが、同時に「危険」という悪いイメージもあります。このような色のイメージを理解した上で、TPOに合わせて慎重に色を選ぶ必要があります。言うまでもなく、黒は子供向けの製品チラシにはあまり適さないですし、食品関係には青や紫は適さないでしょう。

良いイメージ	色の種類	悪いイメージ
情熱・熱い	赤	危険・派手
活発・元気	オレンジ	幼い・派手
大人っぽい	茶	暗い・汚い
元気・軽快	黄	眩しい・チープ
平和・若さ	緑	未熟さ
理性的・涼しい	青	冷たい・冷酷
高貴・高級	紫	霊的・不安
清潔・潔癖	白	冷たい・軽薄
重厚感・豪華さ	黒	恐怖・憂鬱

色がもつイメージ ■ どの色にも良いイメージと悪いイメージがあります。彩度や明度によってもイメージが大きく変わるので、常にこのようなイメージが当てはまるわけではありません。

■ 色の使い方には注意が必要

色の使い方次第で、資料の印象は大きく変わります。スライドなどの「見せる」資料では、色が使われていないと、重要な箇所がわかりにくい上に、悪く言えば手抜きの資料に見えてしまいます。一方で、色を使いすぎてもわかりにくくなってしまいます。**色数は少なすぎても、多すぎてもよくありません。**次ページ以降で説明するように、背景色を含めて4色程度にするのがよいでしょう。

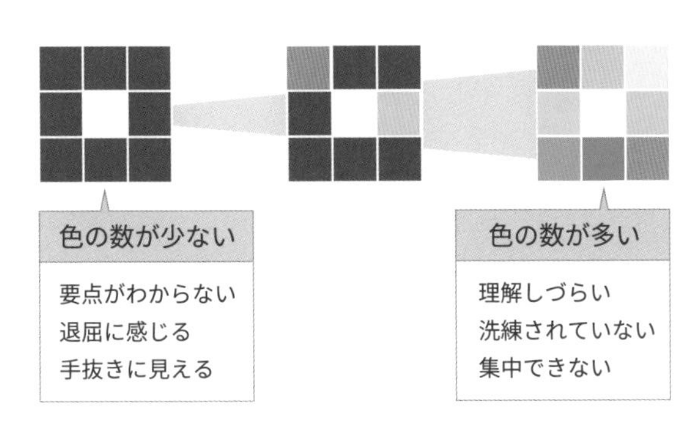

また、色の組み合わせ方によっても、文字が読みにくくなることがあります。さらには、色覚多様性に配慮した配色が求められるようにもなってきました。したがって、**色を効果的に機能させるためには、ある程度のルールを守る**必要があります。次のページ以降で、色の使い方、選び方、組み合わせ方の基本的な考え方を紹介していきます。

✕ 色が少なすぎる

オブジェクトや挿絵も改善

- 図表やオブジェクトの初期設定は必ずしも見やすいものではありません。
- ほんの少しの工夫とほんの少しの労力で、見やすく美しいものが作れます。

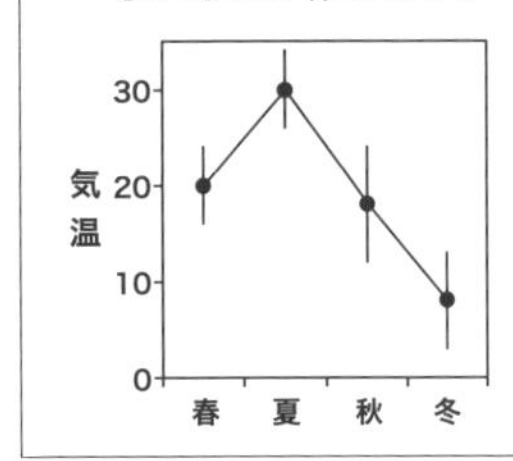

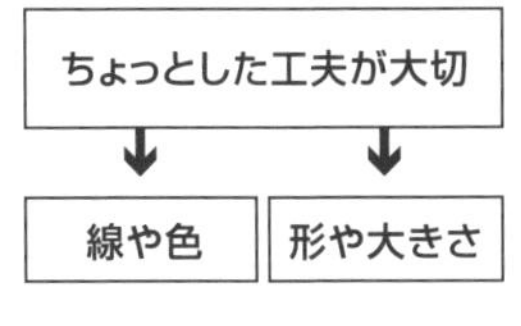

相性の良い色を選ぶ

○ 適切

オブジェクトや挿絵も改善

- 図表やオブジェクトの初期設定は必ずしも見やすいものではありません。
- ほんの少しの工夫とほんの少しの労力で、見やすく美しいものが作れます。

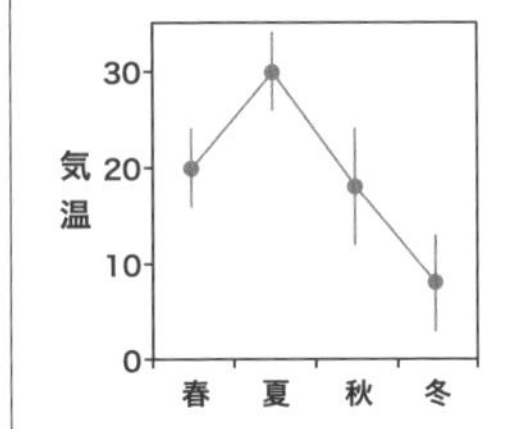

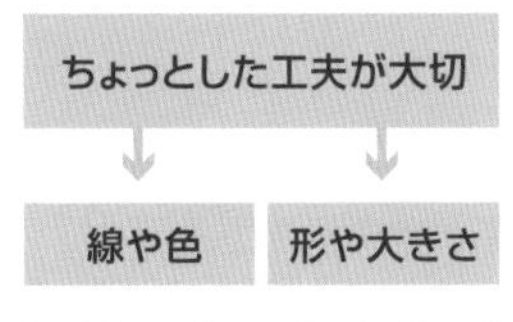

相性の良い色を選ぶ

✕ 色が多すぎる

オブジェクトや挿絵も改善

- 図表やオブジェクトの初期設定は必ずしも見やすいものではありません。
- ほんの少しの工夫とほんの少しの労力で、見やすく美しいものが作れます。

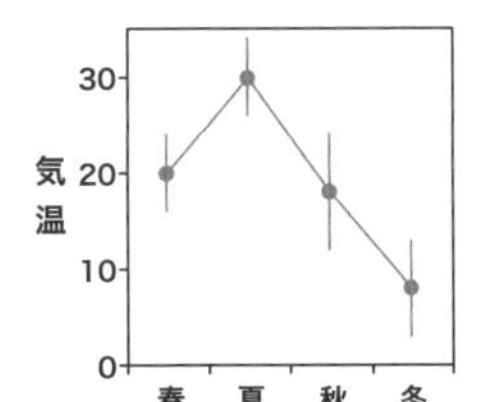

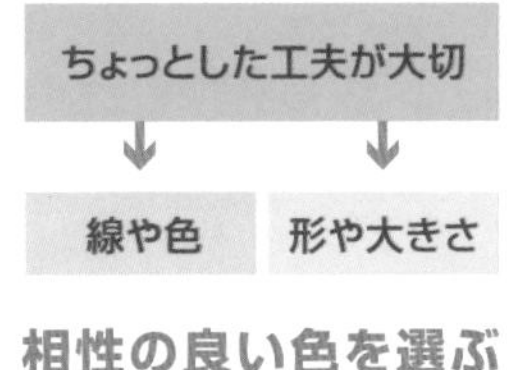

相性の良い色を選ぶ

色は少なすぎず、多すぎず ■ 資料は、色数が少なすぎても多すぎてもよくありません。

4-14 色の選び方の基本

むやみにたくさんの色を使うと、資料が煩雑で見にくく読みにくくなってしまいます。色の正しい使い方を覚えて、快適で見やすい資料を作成しましょう。

■彩度の高すぎる標準色は使わない

使用する色は、どんな色でもよいわけではありません。特にプロジェクターで映したり、パソコンの画面で見るような資料の場合、彩度の高すぎる標準の色は目に優しくありませんし、色を安易に選んでいることがまるわかりです。WordやPowerPointで標準的に用意されている色(とくに黄、赤、青、明るい緑などの標準色)を避け、少し落ち着いた色を選ぶのがベターです。

✕ 標準色

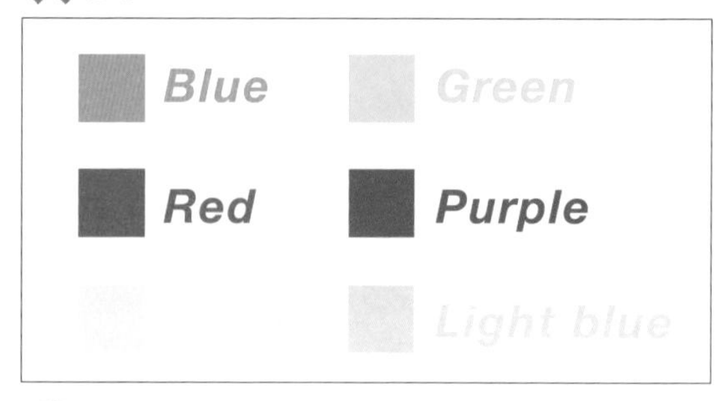

Mac

Mac

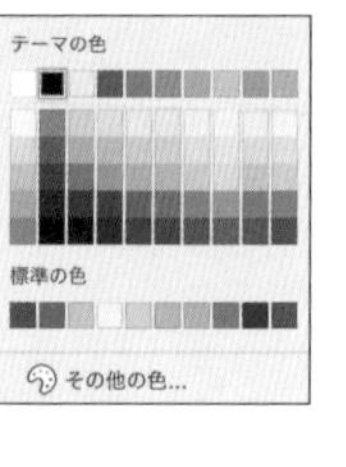

Windows

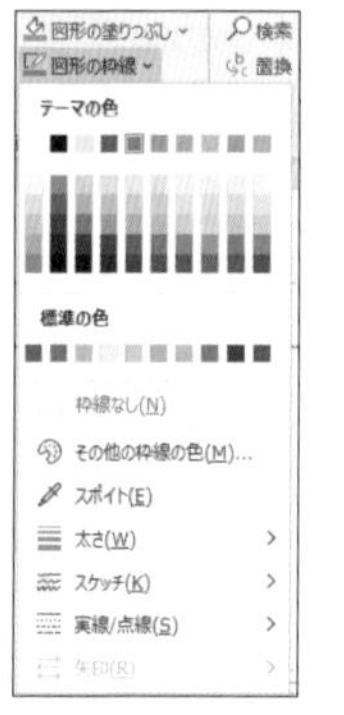

標準色は派手すぎる ■ MS Officeの「標準の色」は彩度が高すぎます。

〇 落ち着いた色

トーンを抑える ■ 少しトーン(彩度や明度)を抑えた落ち着きのある色を使うのがベターです。なお、鮮やかな色は画面上でしか表現できないので、すべて近似的な色になっています。

✕ 標準色

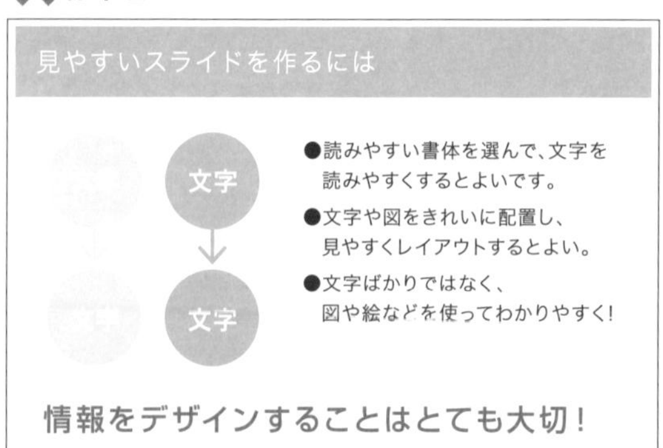

〇 落ち着いた色

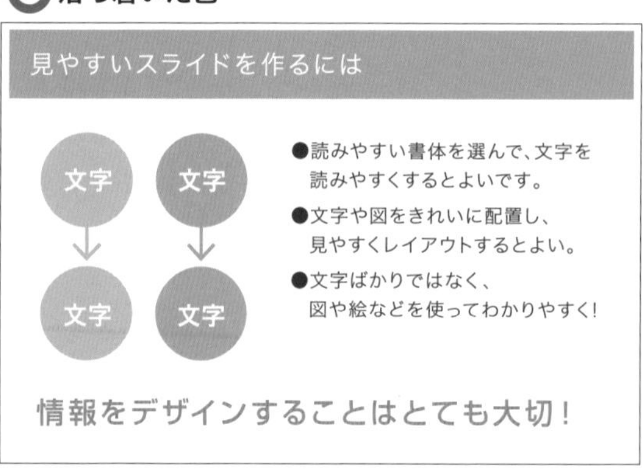

落ち着いた色使い ■ トーンを抑えた色を使えば、落ち着いた見やすい資料ができあがります。

■同系色を使って色数を減らす

資料を目立たせよう、魅力的にしようと思うと、知らず知らずのうちに必要以上の色を使ってしまうことがあります。しかし、先述の通り、色数が多いとそれだけで見にくい資料になってしまいます。こんなときは、色数を減らす工夫をしましょう。

色数を減らすためには、**すでに使用している色と同じ色あるいは同系色を使う**という方法があります。右の例ならば、すでに青(タイトル部分)が登場しているので、青を使うのがよいでしょう。同系色ならば、色数が増えた印象を与えないので、派手になるのを防ぐことができます。

■灰色を使って色数を減らす

同系色の代わりに灰色を使うという方法もあります。灰色は、無彩色といって、色数が増えた印象を与えません。同系色を使うとやや派手になるという場合には、**灰色をうまく使う**とよいでしょう。

TIPS 色の抽出

MS Officeなら[スポイト]機能を使ってスライド内の文字や画像から好きな色を抽出できます。これらの機能により、色の調整や統一が楽になります。

Windows

テーマの色

標準の色

枠線なし(N)

その他の枠線の色(M)...

スポイト(E)

Mac

カラー

キャンセル

OK

✕ 色が多い

オブジェクトや挿絵も改善

- 図表やオブジェクトの初期設定は必ずしも見やすいものではありません。
- ほんの少しの工夫とほんの少しの労力で、見やすく美しいものが作れます。

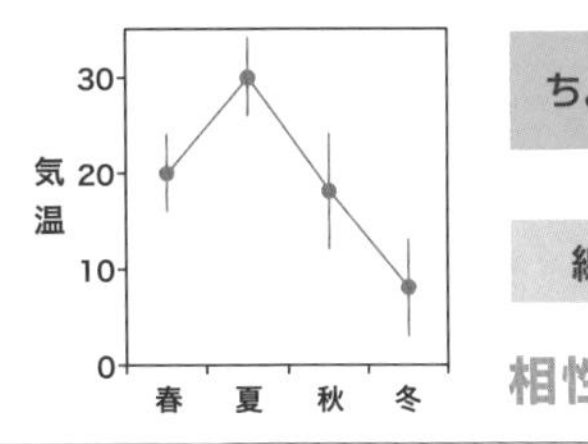

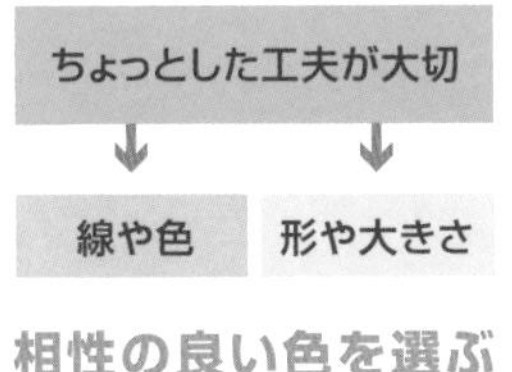

〇 同系色を使う

オブジェクトや挿絵も改善

- 図表やオブジェクトの初期設定は必ずしも見やすいものではありません。
- ほんの少しの工夫とほんの少しの労力で、見やすく美しいものが作れます。

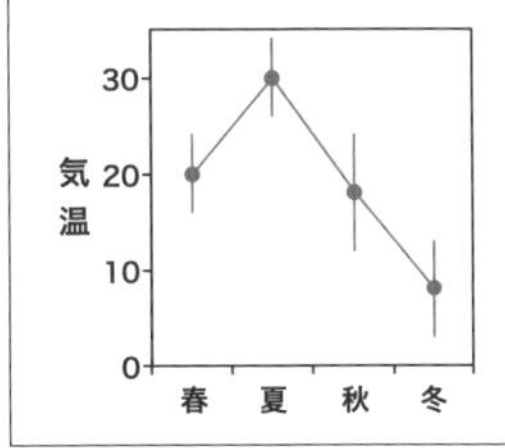

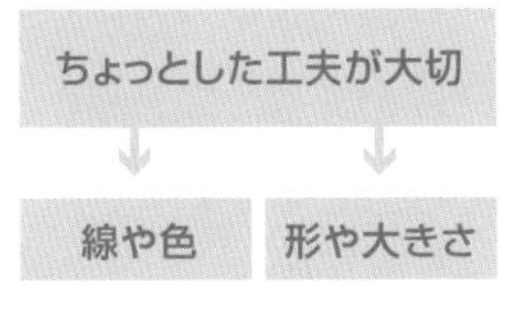

〇 灰色を使う

オブジェクトや挿絵も改善

- 図表やオブジェクトの初期設定は必ずしも見やすいものではありません。
- ほんの少しの工夫とほんの少しの労力で、見やすく美しいものが作れます。

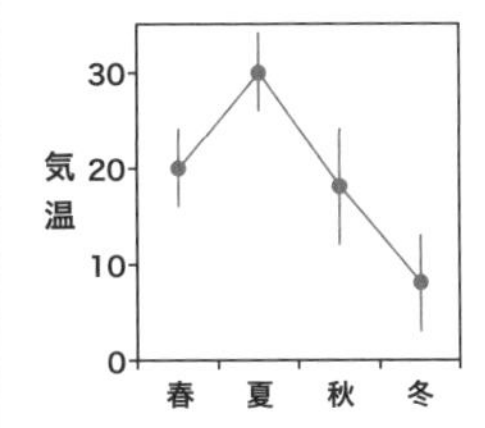

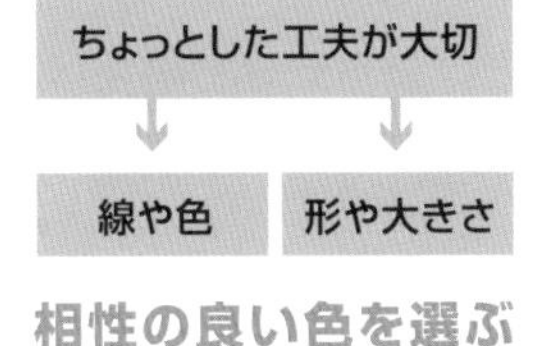

4-15 色の組み合わせ

資料中で複数の色を使わなければならない場合、色の組み合わせを決めるのはとても難しい作業です。ここでは、2色の組み合わせの決め方を解説します。

■ 同一色相でトーンを変える

2つの色を組み合わせるには、いくつかの方法があります。ここでは代表的なものを紹介します。

1つ目は、同一の色相で、トーン(彩度や明度)の異なる2色を組み合わせる方法です。**見かけの色数が増えないので、シンプルな配色**をしたいときに使える組み合わせです。2、3色なら、同じ色相の中で、色を使い分けることができます。

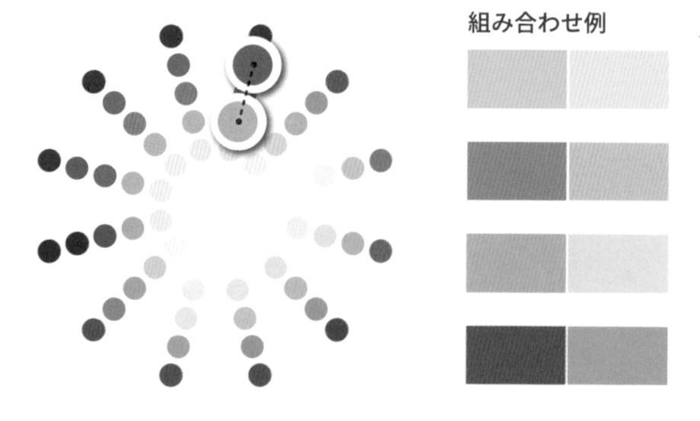

■ 同じトーンで色相を変える

2つ目は、**トーンを変えずに色相環で近い色を組み合わせる**方法です。同一色相の色を組み合わせるときと同様、色数が増えた印象を与えにくいので、シンプルで洗練されながらも、**鮮やかさも兼ね備えた資料**を作るときにおすすめです。このように、色相かトーンのどちらかを合わせると調和しやすくなります。

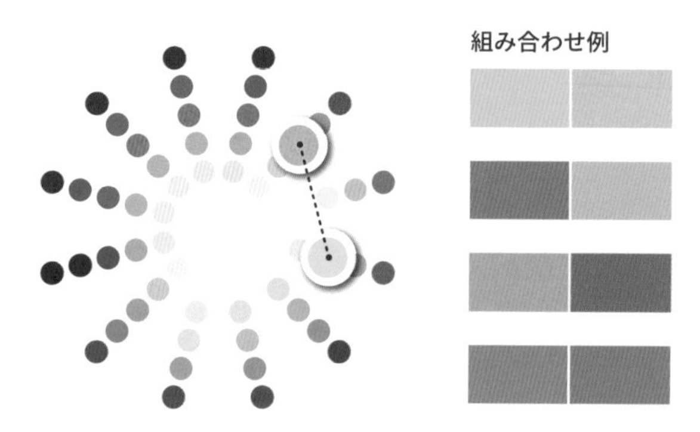

■ 補色を組み合わせる

3つ目は、**トーンの似た補色(色相環の反対側の色同士)を組み合わせる**という方法です。全く異なる色を組み合わせることになるので、色の弁別は楽になると同時に、資料が賑やかな印象になります。一方で、書類上で補色関係にある2つの色がどちらも同じくらいの面積や頻度で登場すると、まとまりのない印象になりがちです。このような2色は、p.190で述べる**「テーマの色」と「強調の色」として使うとよい**かもしれません。

3色を組み合わせる場合は、色相環を3等分するように組み合わせる方法もあります(トライアド)。

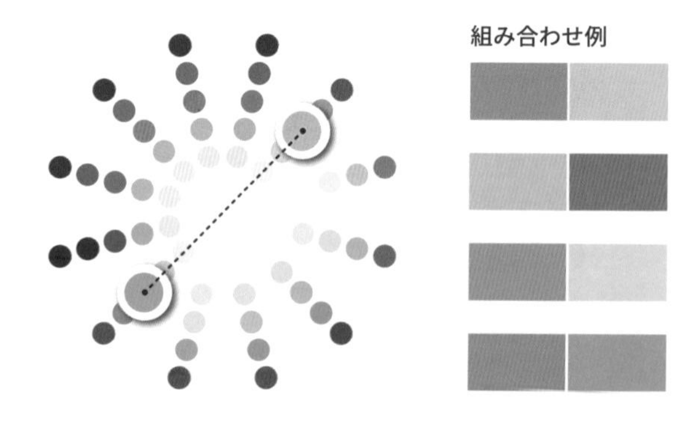

資料の印象

同じ資料の中でたくさんの色を使うと賑やかで元気な印象になりますが、これは言い換えると、騒がしく、まとまりのない印象ともいえます。また、鮮やかな色ほど、賑やかで若々しい印象になりますが、同時に、幼い印象を与えてしまうこともあります。

すなわち、落ち着いた知的な印象を与えるには、色数を減らし、鮮やかさを低くするとよいでしょう。とはいえ、モノクロだったり、極端に彩度の低い色ばかりでは、暗くて退屈な資料になりかねません。

状況によって異なりますが、一般的なビジネス書類や研究発表の資料の場合は、**色を使いつつも、色の数を増やしすぎない**ことや、**鮮やかすぎる色を避ける**ように気をつける必要があると言えます。

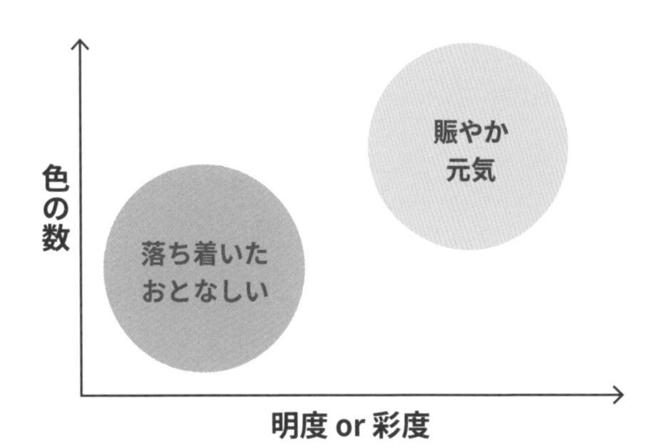

色の影響 ■ 資料中の色は資料全体の印象を大きく左右します。

TIPS Webサイトを使って色を探す

配色には数多くのルールがあり、かなり奥深いものです。このような背景もあって、適切な色の組み合わせを提案してくれるウェブページがたくさん作られています。Adobe Color CC(https://color.adobe.com)では、直感的な操作で、おすすめの組み合わせを提案してくれます。組み合わせ方には、類似色、補色、シェード、モノクロマティック、トライアド、コンパウンドを選ぶことができるのも便利です。同ページの「探索」というタブから、お気に入りの組み合わせを選ぶこともできます。

いずれの場合も、組み合わせが決まれば画面下部に、RGBやCMYK、HSBの値が表示されます。PowerPointやWordでは、RGBやHSBの値で色の指定をすることができるので、お気に入りの色をすぐに使うことが可能です。

ただし、プリンターやプロジェクター、ディスプレイの質によって、思ったような色が表現できないこともあるので、注意して下さい。

Adobe Color CCの画面

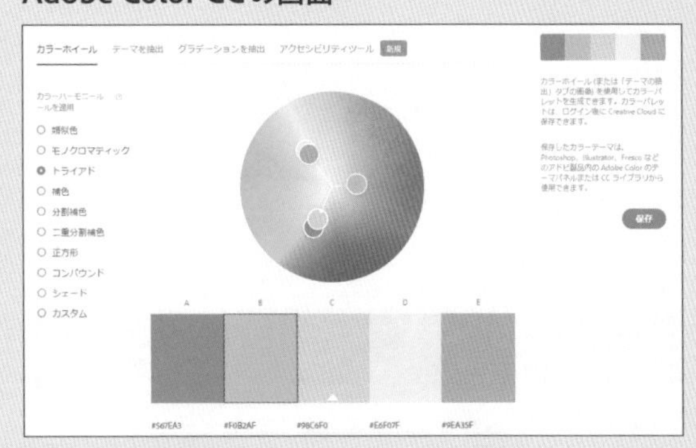

組み合わせ方

類似色：同一の色相
補色：色相環で反対側の色
シェード：同一色相の明度を変えた色
モノクロマティック：同一色相の明度と彩度を変えた色
トライアド：色相環の3分割
コンパウンド：補色と類似色の中間

4-16 文字色と背景色の組み合わせ

注意しなければならないのが、文字と背景の色の組み合わせです。とても重要なことなのですが、これがなかなかに難しいので、誰でも簡単に色を選ぶポイントを紹介します。

■ 背景と文字の色の明度にコントラスト

見やすさを向上するためには、コントラストがとても重要になります。右図のように背景色と文字の明度にコントラストがないと、文字が読みにくくなります。**背景が暗い色ならば、文字はできるだけ明るい色を**使う必要があります。当然、**背景が白などの明るい色のとき**は、灰色の文字を使ったりせず、できるだけ**濃い色、暗い色を**使いましょう。

文字と背景 ■ コントラストの強さで、読みやすさが変わります。

✕ 明度に差がない

オブジェクトや挿絵も改善

●図表やオブジェクトの初期設定は必ずしも見やすいものではありません。

●ほんの少しの工夫とほんの少しの労力で、見やすく美しいものが作れます。

30 20 10 0 気温 春 夏 秋 冬

ちょっとした工夫が大切

線や色　形や大きさ

相性の良い色を選ぶ

〇 コントラストがある

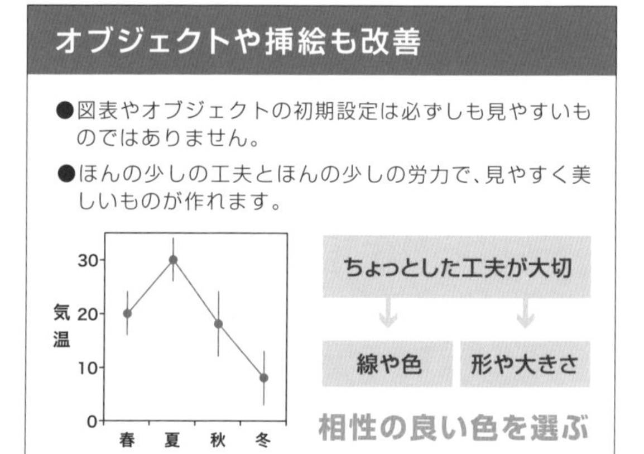

✕

オブジェクトや挿絵も改善

●図表やオブジェクトの初期設定は必ずしも見やすいものではありません。

●ほんの少しの工夫とほんの少しの労力で、見やすく美しいものが作れます。

30 20 10 0 気温 春 夏 秋 冬

ちょっとした工夫が大切

線や色　形や大きさ

相性の良い色を選ぶ

〇

オブジェクトや挿絵も改善

●図表やオブジェクトの初期設定は必ずしも見やすいものではありません。

●ほんの少しの工夫とほんの少しの労力で、見やすく美しいものが作れます。

30 20 10 0 気温 春 夏 秋 冬

ちょっとした工夫が大切

線や色　形や大きさ

相性の良い色を選ぶ

文字と背景の色 ■ 常にコントラストをつけて、見やすく読みやすくなるようにしましょう。

■明度が近い色の組み合わせは避ける

背景と文字の色を全く別の色にしたからといって読みやすくなるとは限りません。右図のように、色相が大きく異なっていても、明度が互いに似ていると文字がチカチカしてしまうので、**明度に差をつけた配色をする**ように心がけましょう。背景が灰色の場合も同様です。

明度と彩度が共に似ていると、さらに文字がチカチカして見えます。このような現象を**ハレーション**といいます。ハレーションが起きている状況は、絶対に避けましょう。

明度に注意 ■ 明度のコントラストの違いで、読みやすさが大きく異なります。明度だけでなく彩度も似ていると、真ん中の列のようにハレーションを起こしてしまいます。

✕ **明度に差がない**

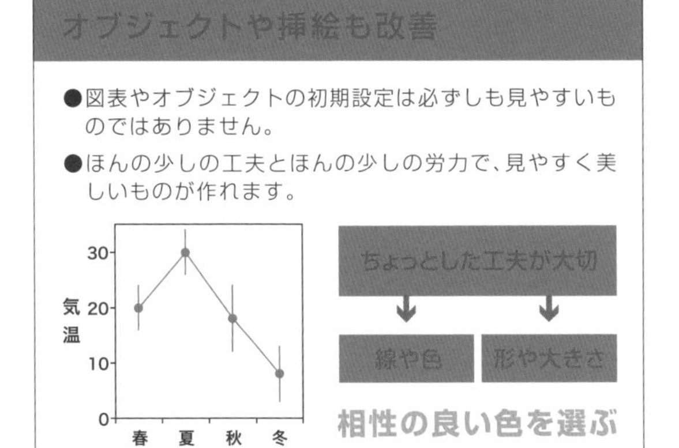

○ **コントラストがある**

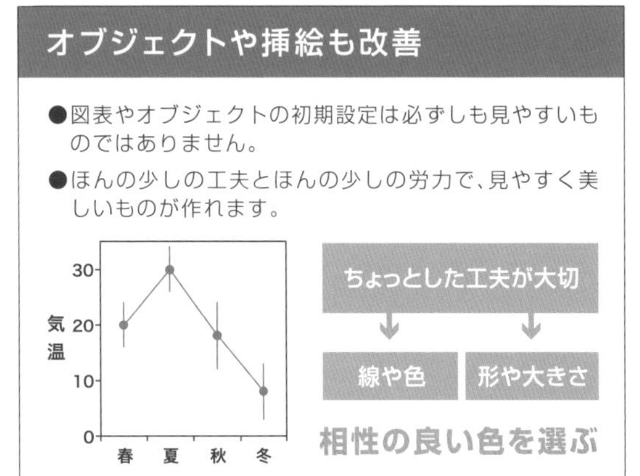

濃い背景に白い文字 ■ 濃い色の背景を使う場合は、重ねる文字の色に白を使うのがおすすめです。

✕

オブジェクトや挿絵も改善

●図表やオブジェクトの初期設定は必ずしも見やすいものではありません。

●ほんの少しの工夫とほんの少しの労力で、見やすく美しいものが作れます。

30 20 10 0 気温 春 夏 秋 冬

ちょっとした工夫が大切

線や色　形や大きさ

相性の良い色を選ぶ

○

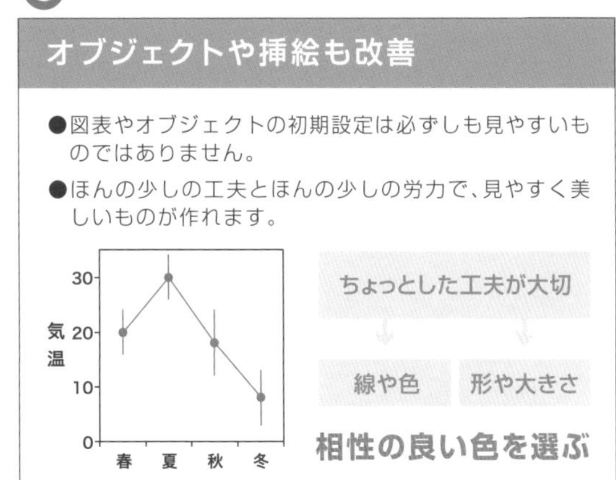

背景に灰色 ■ 灰色の濃さは慎重に決めましょう。濃いめの灰色には白い文字、薄めの灰色には濃い色の文字を使いましょう。

4-17 色の決め方

色の選び方や色の組み合わせ方について理解したところで、ここからは、実際の場面でどんなふうにどれだけの色を使うべきかについて解説します。

■ ルールを作り、色に意味をもたせる

1つの資料で、あるページでは強調箇所に赤を使い、別のページでは青を使うなどのように、色の使い方に一貫性がないと、受け手は混乱します。また、同じ赤い色を強調箇所に使ったり、「B社」などの特定の意味に使ったりして、ある色に複数の意味をもたせると、さらなる混乱を招きます。**1つの色には1つの意味をもたせて配色する**必要があります。

なお、「温かい」に青、「冷たい」に赤を使ったりするなど、**イメージと異なる色を使うのも混乱の元**です。色のもつ印象やイメージを使いこなすことで、伝わりやすさがアップします。

✕ 赤に複数の意味

● A社では、12,500円
● B社では、14,200円
弊社が業界最安値！

○ 各色に1つの意味

● A社では、12,500円
● B社では、14,200円
弊社が業界最安値！

✕ イメージと異なる

高温注意！

安心と信頼の実績！

○ イメージに合う

高温注意！

安心と信頼の実績！

色のもつ印象に合わせた色使い ■ 色のもつイメージと異なる色使いをしてしまうと、誤解や混乱を招くことがあります。

■ 合計4色まで

きれいな色でも色数が増えすぎると読みにくくなります。かといって色をあまりに使わないと、手抜きのスライドに見えてしまいます。

1つのスライドや文書、ポスターの中で使う色は、**「背景色」「文字の基本色」「メインの色」「強調の色」の4色**にするとよいでしょう。見やすさの観点から考えて、背景は白、文字は黒（あるいは灰色）とするのが基本です。つまり、資料を作る前に、**「メインの色」と「強調色」を決めればよい**といえます。

もちろん、ページごとに闇雲に4色を使っていては、受け手が混乱してしまうので、ルールに則って戦略的に配色することになります。右の例のように、例えばメインの色を水色、強調の色を赤と決めれば、迷うことなく、配色することができます。

背景色
印刷物の場合、ふつうは白。
スライドの場合は、
白や黒、青などもある。

メインの色
全体を通じたイメージカラー。
タイトルや小見出しなどの
色として使う。

文字の基本色
重要度が低い、
あるいは中程度の文章や
単語に用いる色。

強調の色
重要度の高い単語
あるいは文章に用いる色。
目立つ色を用いる。

テーマ色 ■ 資料を作り始める前に決めましょう！

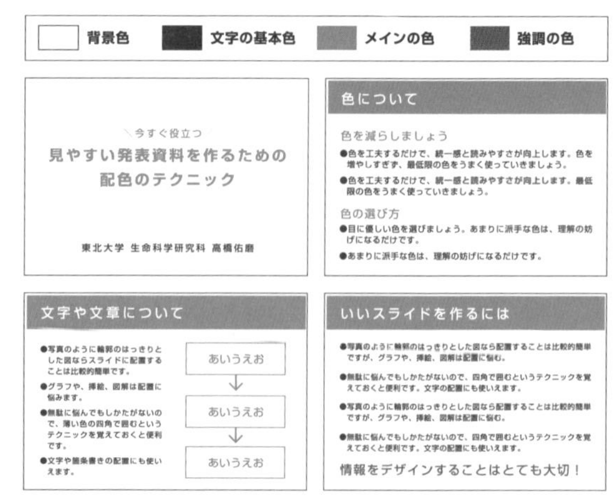

4色で資料作成 ■ 安定感のある資料ができます。

■ルールを守ってバリエーション

背景色、文字の基本色、メインの色、強調色という4つの色を意識するだけで、図のように一貫性のある配色のさまざまなパターンを作ることができます。

メインの色と強調の色を自分の好みの色にすることで、自分らしい配色が可能です。もちろん、図や写真に、指定の4色以外の色が出てきてしまうかもしれません。煩雑になるようなら次ページで説明するように、写真などの色をもとにメインの色や強調の色を決めるのも有効なテクニックです。

■背景が白以外でもルールは同じ

背景に色を使いたい場合でも、もちろんこのルールを適用することができます。この場合も使用する色を合計4色にするだけで、まとまりのあるプレゼンスライドを作ることができます。ただし、背景に濃い色を使う場合、文字色やメインの色や強調の色をセンスよく選ぶのが難しくなります。背景に色が付いていると画像を美しく配置することが難しくなることもあるので、**白い背景を利用するのが「伝わる・美しいデザイン」の基本**になります。

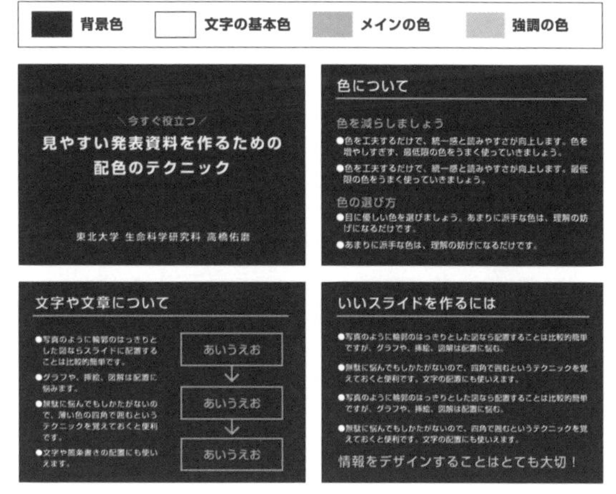

暗い背景色 ■ 背景色を暗い色にしても、4色で!!

■ さらにシンプルに

テーマ色が4色（背景色、文字色、メイン色、強調色）ならば、色が多すぎるということはありませんが、選ぶ色によっては、シンプルさを欠き、まとまりのない印象を与えるかもしれません。相性の良い4色を考えるのも一苦労です。そんなときは思い切って、**4つのテーマ色のうち2つを同じ色にして、合計3色だけに**するとよいでしょう。

背景色　文字の基本色　メインの色　強調の色

＼今すぐ役立つ／
見やすい発表資料を作るための
配色のテクニック
東北大学 生命科学研究科 高橋佑磨

いいスライドを作るには
●写真のように輪郭のはっきりとした図なら配置することは比較的簡単ですが、グラフや、挿絵、図解は配置に悩む。
●無駄に悩んでもしかたがないので、四角で囲むというテクニックを覚えておくと便利です。文字の配置にも使いえます。
●写真のように輪郭のはっきりとした図なら配置することは比較的簡単ですが、グラフや、挿絵、図解は配置に悩む。
●無駄に悩んでもしかたがないので、四角で囲むというテクニックを覚えておくと便利です。文字の配置にも使いえます。
情報をデザインすることはとても大切！

3色でOK ■ メインと強調の色を同じにするとよりシンプルに。

■ 図や写真から色を抽出

図や写真には多くの色が出てきて、資料全体の色のイメージを決定づけてしまいます。そのため、図や写真の色と関係なく新たな色を選択すると、色数が増え、散漫なイメージになります。

そこで、**図や写真で使われている主要な色**を選び、資料のメインカラーあるいは、強調の色にすると、楽に統一感のある配色をすることができます。

✕ 写真とメインカラーが無関係

白鳳の森公園の自然

白鳳の森公園は多摩丘陵の南西部に位置しています。江戸時代は炭焼きなども行われた里山の自然がよく保たれています。園内には、小栗川の源流となる湧水が5か所ほど確認されています。地域の人々の憩いの場になるとともに、希少な植物群落について学習できる公園として愛されています。

植物は四季折々の野生の植物が500種類以上が記録されており、5月には希少種であるムサシノキスゲも観察することができます。動物もタヌキやアナグマ、ノネズミなど、20種類の生息が確認されています。

白鳳の森公園の自然

白鳳の森公園は多摩丘陵の南西部に位置しています。江戸時代は炭焼きなども行われた里山の自然がよく保たれています。園内には、小栗川の源流となる湧水が5か所ほど確認されています。地域の人々の憩いの場になるとともに、希少な植物群落について学習できる公園として愛されています。

植物は四季折々の野生の植物が500種類以上が記録されており、5月には希少種であるムサシノキスゲも観察することができます。動物もタヌキやアナグマ、ノネズミなど、20種類の生息が確認されています。

○ 写真からメインカラーを選ぶ

白鳳の森公園の自然

白鳳の森公園は多摩丘陵の南西部に位置しています。江戸時代は炭焼きなども行われた里山の自然がよく保たれています。園内には、小栗川の源流となる湧水が5か所ほど確認されています。地域の人々の憩いの場になるとともに、希少な植物群落について学習できる公園として愛されています。

植物は四季折々の野生の植物が500種類以上が記録されており、5月には希少種であるムサシノキスゲも観察することができます。動物もタヌキやアナグマ、ノネズミなど、20種類の生息が確認されています。

白鳳の森公園の自然

白鳳の森公園は多摩丘陵の南西部に位置しています。江戸時代は炭焼きなども行われた里山の自然がよく保たれています。園内には、小栗川の源流となる湧水が5か所ほど確認されています。地域の人々の憩いの場になるとともに、希少な植物群落について学習できる公園として愛されています。

植物は四季折々の野生の植物が500種類以上が記録されており、5月には希少種であるムサシノキスゲも観察することができます。動物もタヌキやアナグマ、ノネズミなど、20種類の生息が確認されています。

イメージからの色の抽出 ■ 写真や図の中の印象的な色をメインカラーやイメージカラーにすると、統一感が生まれると同時に、色数の増加を抑えることができます。この例の場合は、写真に緑や茶色の要素が多いので、これらの色をうまく利用すると、たとえいくつか色を使ったとしても、統一感は失われません。

スキルアップ 灰色の文字で可読性アップ

画面やスクリーンの文字を読みやすく

先述の通り、文字を読みやすくするためには、背景色と文字色のコントラストが大きいことが重要です。しかし、スクリーン上では、白い背景に真っ黒の文字ではコントラストが強すぎるために、読みにくくなることもあります。

このような場合は、背景とのコントラストを少しだけ下げた「灰色」の文字を使うことで、可読性を高めることができます。多くのウェブサイトも文字の色は黒ではなく灰色を使用しています。**数%だけ明度を上げる**とちょうどいいでしょう。明らかに灰色に見えるようでは明度が高すぎて、色が薄くなってしまいます。なお、プロジェクターの性能によっては、灰色も文字が思ったよりも薄く表示されてしまうことがありますので、注意しながら挑戦してみて下さい。ちなみに、灰色の文字は、読みやすさと同時に、「かっこよさ」も増すという特典付きです！

✕ 真っ黒の文字

文字や文章について

- 写真のように輪郭のはっきりとした図ならスライドに配置することは比較的簡単です。
- グラフや、挿絵、図解は配置に悩みます。
- 無駄に悩んでもしかたがないので、薄い色の四角で囲むというテクニックを覚えておくと便利です。
- 文字や箇条書きの配置にも使います。

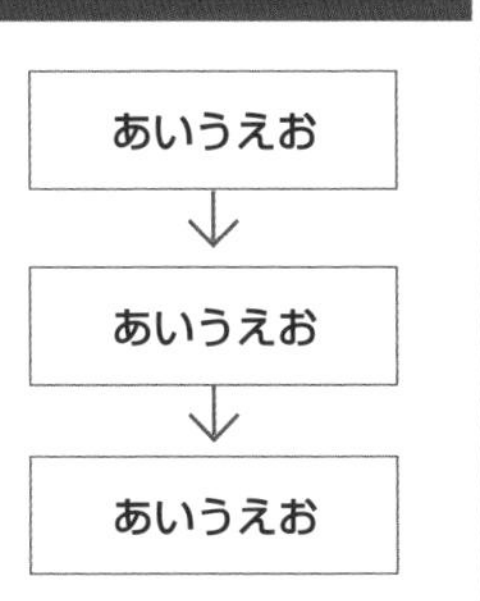

〇 灰色の文字

文字や文章について

- 写真のように輪郭のはっきりとした図ならスライドに配置することは比較的簡単です。
- グラフや、挿絵、図解は配置に悩みます。
- 無駄に悩んでもしかたがないので、薄い色の四角で囲むというテクニックを覚えておくと便利です。
- 文字や箇条書きの配置にも使います。

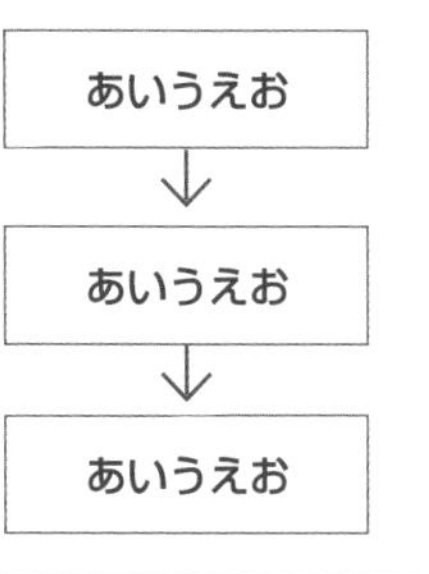

見やすいスライドを作るには

- 写真のように輪郭のはっきりとした図なら配置することは比較的簡単ですが、グラフや、挿絵、図解は配置に悩みます。
- 無駄に悩んでもしかたがないので、四角で囲むというテクニックを覚えておくと便利です。文字の配置にも使えます。
- 写真のように輪郭のはっきりとした図なら配置することは比較的簡単ですが、グラフや、挿絵、図解は配置に悩みます。
- 無駄に悩んでもしかたがないので、四角で囲むというテクニックを覚えておくと便利です。文字の配置にも使えます。

情報をデザインすることはとても大切！

〇

見やすいスライドを作るには

- 写真のように輪郭のはっきりとした図なら配置することは比較的簡単ですが、グラフや、挿絵、図解は配置に悩みます。
- 無駄に悩んでもしかたがないので、四角で囲むというテクニックを覚えておくと便利です。文字の配置にも使えます。
- 写真のように輪郭のはっきりとした図なら配置することは比較的簡単ですが、グラフや、挿絵、図解は配置に悩みます。
- 無駄に悩んでもしかたがないので、四角で囲むというテクニックを覚えておくと便利です。文字の配置にも使えます。

情報をデザインすることはとても大切！

灰色の文字 ■ 黒い文字の明度を数%だけ上げると見やすくなります。

スキルアップ 配色のユニバーサルデザイン

色覚の多様性

ここまで、視覚多様性への配慮として、主に視覚過敏とディスレクシアの方への配慮を紹介してきましたが、配色については、色覚の多様性(色覚多型)への配慮も必要となります。

わかりやすい資料を作るとき、色を使った強調や事柄同士の関連付けは、とても有効な手段です。それに、色をある程度使ったほうが、資料が魅力的になります。しかし、その色を識別できないと、途端にわかりにくい資料になってしまいます。

色覚多型には、主にP型・D型の2種類があり、男性では20人に1人、女性では500人に1人ほどといわれ、100人の聴衆がいれば色弱者が数人含まれる計算になります。**より多くの人にとってわかりやすい資料を作るには、多様な色覚に対応する必要があります。**

色覚に関するバリアフリー化

P型・D型の色覚には見え方にわずかに違いがあるものの、共通する部分もあります。色を暖色系と寒色系に分類した場合、右図のように**寒色系同士の組み合わせや、暖色系同士の組み合わせだと識別しにくくなります。**寒色系はいずれも青色系に見え、暖色系はいずれも黄色系に見えてしまいます。ですので、「赤と緑」や「青と紫」を見分けることが難しくなります。

一般色覚の色相環

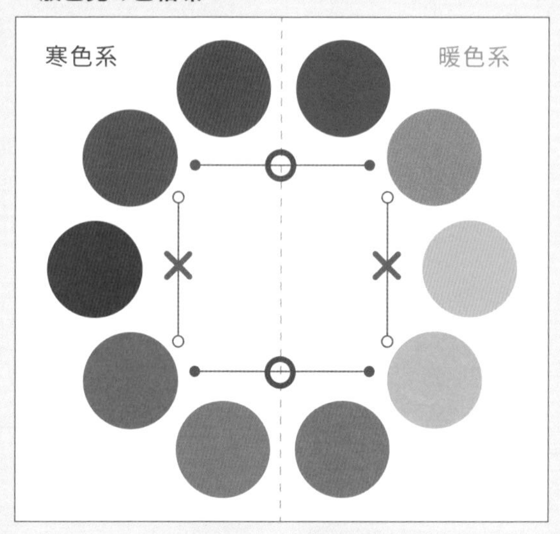

P型色覚の色相環

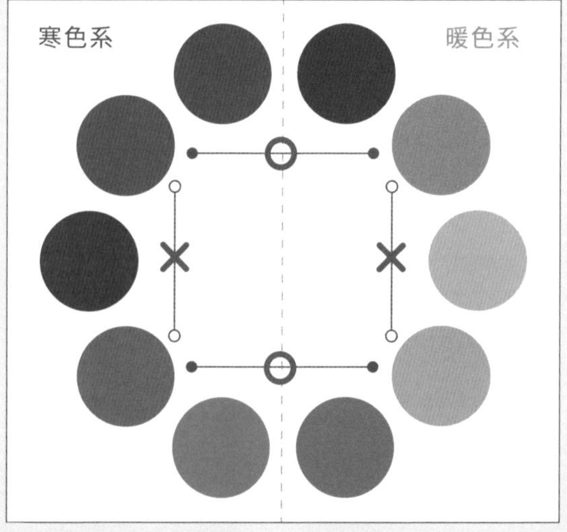

色覚多様性 ■ P型色覚の場合、寒色と暖色系中性色の組み合わせや、暖色と寒色系中性色の組み合わせが区別しにくくなります。

色を組み合わせるときの注意

先述のように、明度の似た暖色同士、あるいは寒色同士の組み合わせは、色弱者にとって識別しにくい組み合わせです。色相環でいうと、縦方向の組み合わせです。逆に言えば、①「暖色系と寒色系」を組み合わせると、バリアフリーな配色になります。色相環で言えば、横方向の組み合わせです。

また、似た色相の色の組み合わせでも、②「明度に差」をつけるとよいでしょう。濃い青と水色の組み合わせや、黒と灰色の組み合わせが見分けられるのと同じ原理です。①と②を両方行うと、さらにバリアフリーになります。

より詳細な情報は専門の書籍やウェブサイトをご覧下さい。東京大学分子細胞生物学研究所の「カラーユニバーサルデザイン推奨配色セット ガイドブック」では、色の組み合わせに関するより詳細な情報を見ることができます。

参考：http://jfly.iam.u-tokyo.ac.jp/colorset/

赤や緑を避け、オレンジや青を使う

色弱者がとりわけ見分けにくい色は、赤や緑と言われています。これらの色は、互いに見分けにくいのは先述のとおりですが、さらに黒とも見分けにくい色です。強調の色に「緑」や「赤」を使うのは避けましょう。一方で、一般色覚と同程度に認識しやすいのは、「オレンジ」や「青」です。黒とも明確に区別できます。また、互いに区別しやすい色ですので、組み合わせとしてもおすすめです。

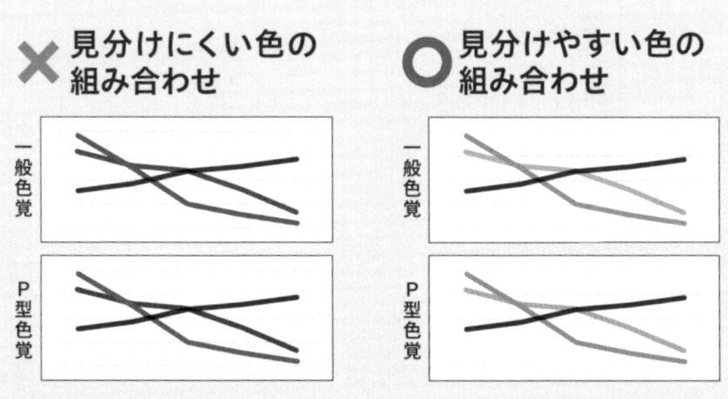

赤や緑を避ける ■ オレンジや青を使ってバリアフリーに。

✕ 暖色同士 or 寒色同士の組み合わせ

一般色覚

P型色覚

〇 暖色系と寒色系の組み合わせ

一般色覚

P型色覚

〇 明度に差をつけた組み合わせ

一般色覚

P型色覚

色の組み合わせ ■ 暖色同士や寒色同士はNG。

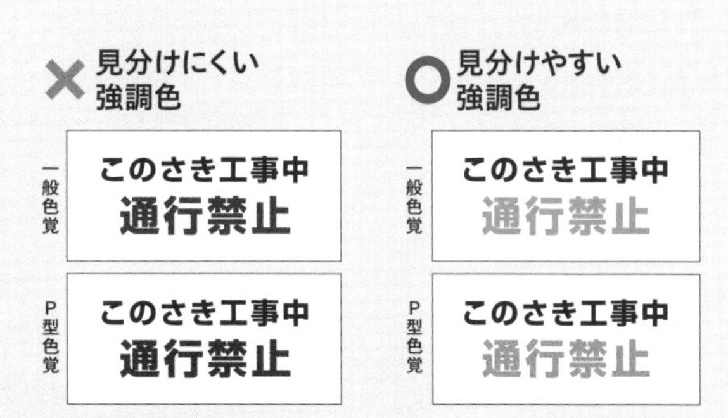

赤で強調は避ける ■ 色弱者にとって、赤は色が識別できないだけでなく、沈んだ色に見えるので、強調には向いていません。

配色のユニバーサルデザイン

配色に関しては、色覚多型への配慮に加えて、視覚過敏の症状への配慮も必要となってきます。大切なことは、「**色を使いすぎない**」ことと「**色のみに頼らない**」ことです。**この2点は、すべての人にとって資料を見やすくするためにも重要で、必ず押さえておきたいポイント**です。

色を使いすぎない

色弱者でなかったとしても、人が容易に区別できる色はそれほど多くありません。また、プリンターやプロジェクターの発色が悪いことはよくあります。つまり、色数が多いことは、どんな受け手にとっても親切ではないのです。資料を作るときは、まず、色を増やしすぎないことを心がけましょう。**同系色の色だけを使ったり、無彩色(グレーや白、黒)を使うと色数を減らすことができます。**

むやみに色を使うと、視覚過敏の人にとっては刺激が強くなり、色覚多型を考慮すると色を見分けることが難しくなります。また、視知覚困難の症状をもたない人にとっても、たくさんの色を一度に把握し、区別することは容易ではありません。色は、強調したり区別したりするのに役立つツールである一方、**使いすぎるとどんな人にとっても理解の妨げ**になる諸刃の刃なのです。

× 色数が多すぎる

○ 色を減らしてシンプルに

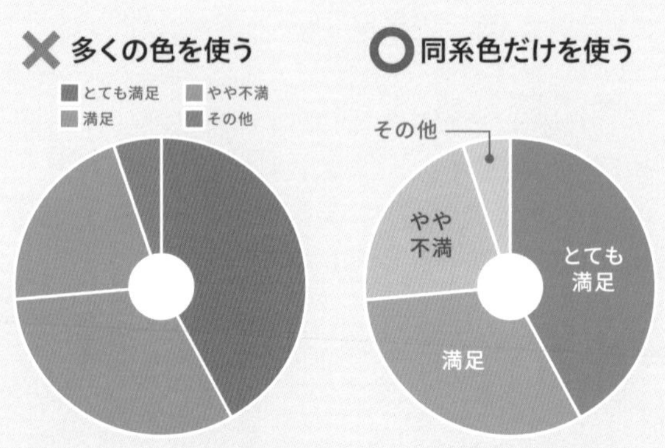

色の減らし方 ■ 同系色の濃淡や無彩色を使うと区別しやすくなります。

× 色数が多すぎる

たとえ重要度の階層性に応じて強調色を使い分けたとしても、たくさんの色で強調すると本当に大切な部分がどこなのかわかりづらくなる。強調の色を複数使わない。

○ 強調箇所がわかりやすい

たとえ重要度の階層性に応じて強調色を使い分けたとしても、たくさんの色で強調すると本当に大切な部分がどこなのかわかりづらくなる。強調の色を複数使わない。

× 色数が多すぎる

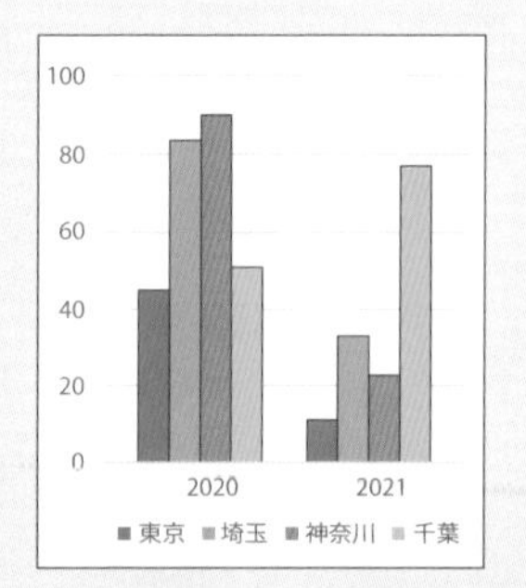

○ 注目すべきところがわかる

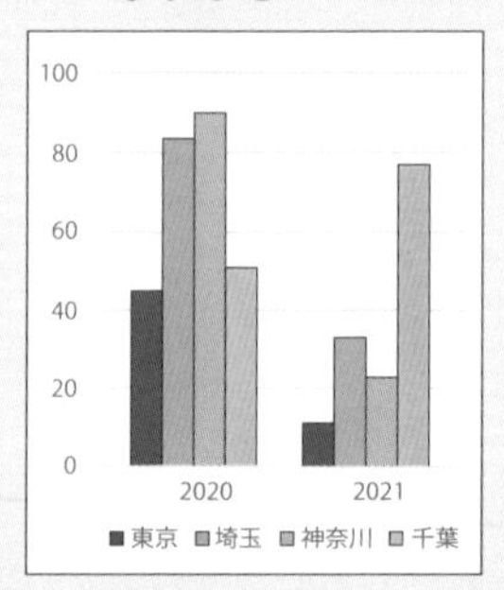

色数を減らして、効果的に目立たせる ■ 色数が多すぎると注目箇所が不明確になります。同系色や無彩色を使ってシンプルにしましょう。

色のみに頼らない①｜色以外の強調

文中の文字の強調の定番といえば赤色の使用ですが、先述の通り、色覚多型を考慮すると、あまりおすすめできません。また、色弱者にとっては赤や緑以外の色も、黒との区別が難しい場合もあります。そういった意味で、色による強調以外の方法を使ったり、**色による強調と色以外の強調を併用したりすることが大切**です。背景色（Wordなら「文字の網かけ」）や下線を使うなどの方法があります。色が表現されにくい印刷物の場合は、特にこのような注意が必要です。

✕ 赤文字だけで強調

一般色覚	P型色覚
個人番号の申請は 市民総合窓口へ	個人番号の申請は 市民総合窓口へ

〇 太字やアンダーラインを使う

一般色覚	P型色覚
個人番号の申請は 市民総合窓口へ	**個人番号**の申請は 市民総合窓口へ

〇 太字や背景色を使う

一般色覚	P型色覚
個人番号の申請は 市民総合窓口へ	**個人番号**の申請は 市民総合窓口へ

色覚多型を考慮した強調の仕方 ■ 色のみに頼る強調ではなく、太字や下線、背景などを併用するとバリアフリーになります。

色のみに頼らない②｜パターン

グラフでは色によって項目を分けることがよくあります。このような場合、配色に細心の注意を払わないと、色弱者にデータが読み取れなくなってしまうことがあります。

　また、気をつけて配色したとしても、実際に区別できるかどうか判断が難しい場合もあります。より確実に色覚バリアフリーを達成するには、ベタ塗りではなく、**パターン塗りにしたり、プロットの形を変えたりする**などの対応をするとよいでしょう。

✕ 色で塗り分け

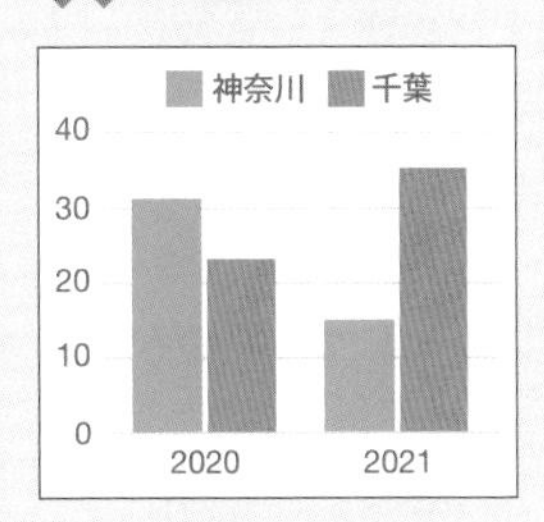

〇 色とパターンで塗り分け

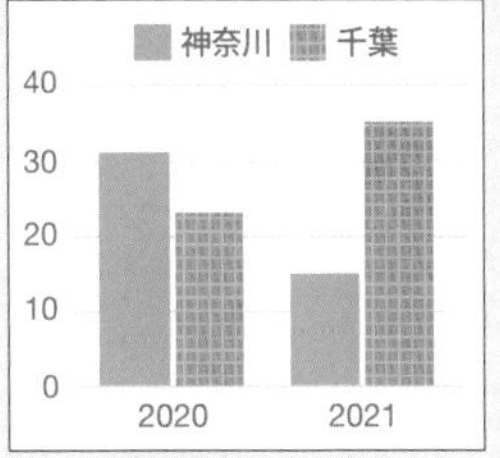

✕ 色で塗り分け

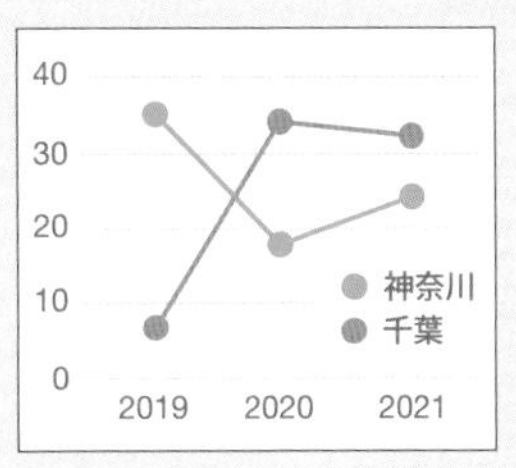

〇 色とパターンで塗り分け

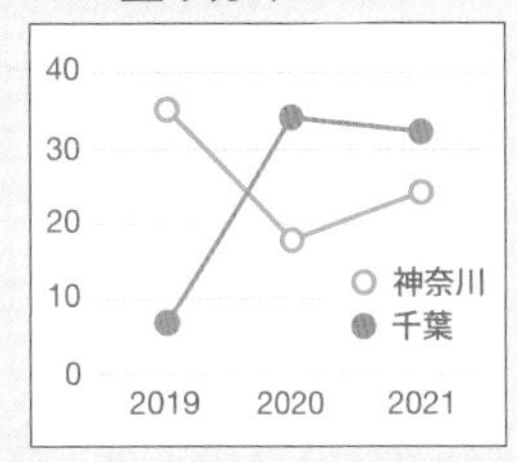

パターンを使う ■ グラフなどでは、色だけでなくパターンを併用するとよいでしょう。

色のみに頼らない③｜凡例

グラフの作り方の項目でも述べていますが、**凡例をグラフの中に組み込むことは、視覚多様性への配慮の観点からも非常に重要**です。凡例では、色を見分けて、対応するデータを探すという作業が必要になりますが、配色に注意したとしても、色弱者にとって実際に見やすいかどうか判断が難しい場合もあり、データの読み取りが困難になることも少なくありません。項目名をデータの近くに配置することで解決できます。

✕ 凡例を使用

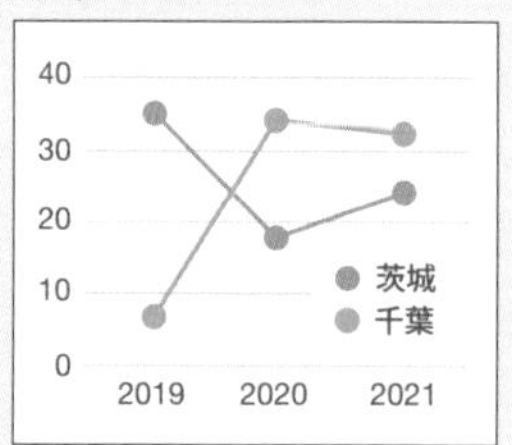

○ 凡例を使わない

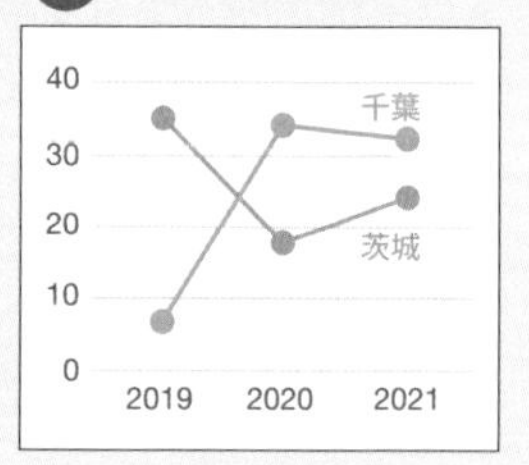

✕ 凡例を使用

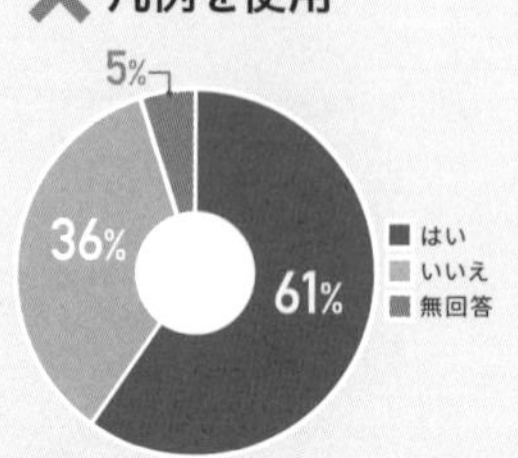

○ 凡例を使わない

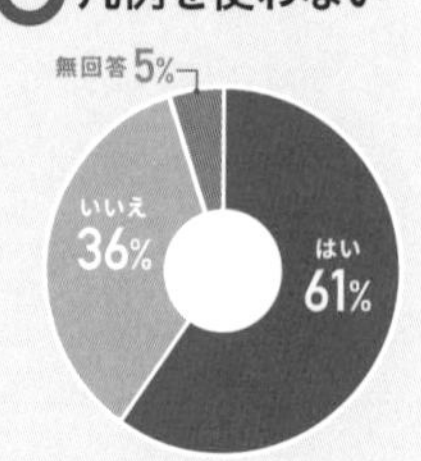

凡例を使わない ■ グラフなどでは、項目名はデータの近くに配置しましょう。

コントラストと明るさに注意する

文字の背景に色がついている場合には、背景色と文字の色の**明度にコントラストをつける**ことが大切です。コントラストがないと色覚の問題と関係なく、誰にとっても読みにくくなります。背景が薄い色なら文字は濃い色、背景が濃い色なら文字は白などの明るい色にするのが基本です。

その一方で、視覚過敏の人にとって、明るい色や強すぎるコントラストは、悩みの種です。例えば、ノートやプリントの白い紙も眩しく感じられ、そこに書いてある文字や線が見ることができなかったりします。印刷する場合には、**真っ白な紙は避ける**、プロジェクターやディスプレイでは**背景を白ではなく薄い灰色**にする、**文字も黒ではなく10%ほど明度を上げた灰色**を使う(p.193のコラム参照)など眩しさを軽減するような工夫ができます。

	コントラストが弱い		コントラストが強い	
一般色覚	文字色	文字色	文字色	文字色
	▼	▼	▼	▼
P型色覚	文字色	文字色	文字色	文字色

背景と文字色のコントラスト ■ コントラストが弱いと、誰にとっても読みにくくなります。

テクニック 色の組み合わせの評価

色覚のシミュレーション

Illustrator ならば[校正設定]という機能を使って色覚異常の方の見え方をシミュレーションすることができます。必ずしも正確なわけではないかもしれませんが、とても役立つ機能です。

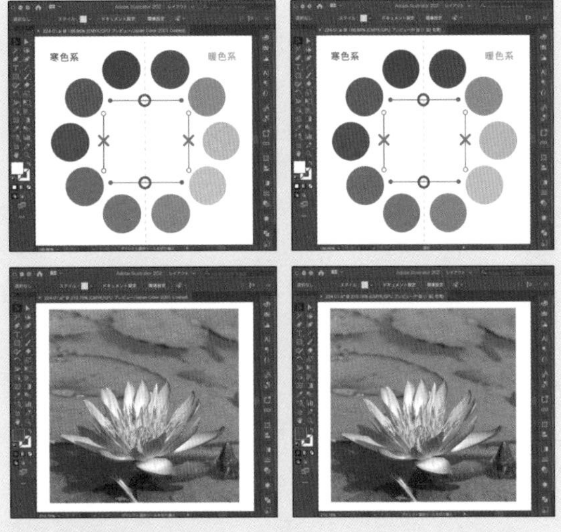

色覚変異のシミュレーション ■ Illustratorでは色覚障害の人の見え方を確認できます。右がP型色覚の場合です。

なお、どんな資料(もちろん写真も)でも、画像として保存すれば、色覚障害の人にどのように見えるのかをウェブ上で確認することができます。
参考：http://www.vischeck.com/vischeck/

最近では、便利なスマートフォンのアプリケーションもあります。例えば「色のシミュレータ」というiPhone / Android用のアプリケーションは、風景や印刷物、パソコンの画面などをカメラで撮影するだけで、さまざまなタイプの色覚障害の人々の見え方を簡単に再現することができます。

スマートフォンアプリでも ■ スマホでも簡単に各型の色覚を確認できます。

第4章 チェックポイント

1 基本のレイアウト

- □ ページの上下左右、あるいは各要素の内側に充分な余白をとった。
- □ すべての要素をグリッドに、あるいは互いに揃えて配置した。
- □ 関連の強い物同士をグループ化した。
- □ 内容や優先順位に合わせてサイズや色に強弱をつけた。
- □ すべてのページで同じルールを繰り返している。

2 流れを妨げないレイアウト

- □ 読みやすい配置や順序で各要素を配置した。
- □ 囲みを多用しすぎていない(枠線の数が多すぎないか？)。
- □ ノイズをできる限り減らした。

3 配色に気をつける

- □ 原色(MS Officeの標準色)を避けた。
- □ 背景色と文字色以外の色は2色以内になっている。
- □ 色の組み合わせには気を付けた。
- □ 文字と背景のコントラストは十分ある。
- □ 視覚多様性に配慮した。

5 実践

スライドやビジネス文書、チラシ、掲示用ポスターなどの実際の例を使って、これまで紹介してきたルールやテクニックをBefore-After形式で振り返ります。
1〜4章で紹介できなかったテクニックもお見逃しなく！

5-1 ルールを守り通す

ここまでに、スライドやポスター、レジュメ、配布資料を作るためのルールやテクニックを紹介してきました。実践編では、具体例を見ながら、ルールを守ることの大切さを実感して下さい。

■ ルール通りにいかないのには原因がある

第１章から第４章まで、資料作成に役立つさまざまなルールを紹介してきましたが、文字数やデータ量によっては、ルール通りにいかないことも多々あります。しかし、安易にルールを破ることは良くありません。ルール通りにいかないのは、多くの場合、**情報が多すぎたり、内容が洗練されていないことが原因**です。

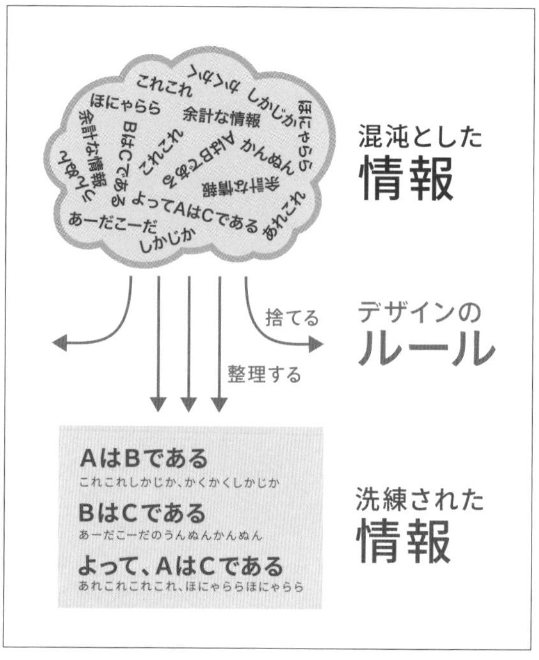

ルールを守る ■ 情報はルールに則って整理することで洗練されます。

■ ルールは良い資料を作るための「制約」

何の制約もなく思いのままに資料を作ってしまうと、情報過多で、秩序のない資料ができてしまいます。ルールというのはそういった**暴走を食い止め、秩序あるものにするための「制約」**なのです。ですので、うまくレイアウトできないときは、図表の数やサイズを変えたり、文字数を減らしたり、ページを分割したりして、ルールを守り続ける工夫をすることが大切です。情報を取捨選択したり、重要度の低い情報は文字サイズを小さくしたりしてレイアウトを整えていくうちに、自然と「伝わるデザイン」が達成されます。

■ 必ず解決策はある

ルールに従って情報を一定のスペースに収めることは難しく感じるかもしれません。しかし、解決策は必ずあります。この章では、ルールを守りながらもオリジナリティのある資料を作ることができると実感してもらえるように、**1つの例に対して複数の改善例を示していきます。**

■ 特に注意すべき5つのポイント

Officeソフトで資料を作成していて、よくやってしまうミスは、「余白が足りない」、「揃っていない」、「フォントがよくない」、「行間が狭い」、「文字に強弱がない」の5つです。ソフトの初期設定ではこれらが最適な状態になっていないのです。どんな資料を作るときでも、ここに挙げた5つのポイントには十分注意するようにしましょう。

余白を設け、要素同士を揃えるためには、グリッドを想定することが有効です。すべての要素を右下の図に示したような仮想のグリッド（赤い破線）に揃えて配置すると美しい資料を作ることができます。

■ いざ、実践へ!!

ここからは、さまざまな資料をBefore-After形式で紹介します。まずはスライドから実践例を見ていきましょう。スライドは、ページあたりの情報量がそれほど多くなく、資料作成のルールを学ぶには最適の材料です。スライドを作ることができれば、情報量の多い資料も比較的簡単に作ることができるようになります。

最初にBeforeの事例を見て問題点を考えてみてください。その後、Afterの例を見てデザインのルールの効果を実感してください。

余白が足りない	資料やスライドの上下左右に余白をしっかりと取りましょう。図形と文字を接近させすぎないようにしましょう。
揃っていない	要素（文字・図形）などは全て揃えて配置するのが基本です。グリッドを意識してレイアウトしましょう。
フォントがよくない	プレゼン資料では、メイリオや游ゴシック、ヒラギノ角ゴなどを使いましょう。英数字には欧文フォントを。
行間が狭い	行間を文字サイズの 1.5 倍程度するとよいでしょう。行間が狭いだけで、読みにくい資料になります。
強弱がない	重要度に応じて文字の太さやサイズ、色を変えましょう。文字にコントラストのない資料はとても見にくいです。

五大注意点 ■ この5つはどのような資料でも常に注意したい点です。

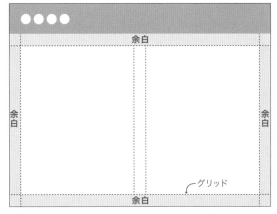

グリッドを設ける ■ 資料を作るときには、上下左右に余白と仮想のグリッド（赤い破線）を設けましょう。図や文章など、すべての要素をこのグリッドに合わせて配置しましょう。もちろん、文字や図が余白にはみ出してはいけません。

5-2 プレゼン用のスライド

**プレゼン用のスライドは「見せる資料」の代表格です。
見栄えや見やすさ、読みやすさを重視して、効果的で魅力的な資料を作りましょう。**

表紙

Before

無事故・無違反シンポジウム

車載カメラ「新型・クルマショット」導
入（更新）のご提案

2021年11月11日
株式会社ストーンヘンジ商事

▼の部分（記号や促音の前後）にスペースが生じている（字詰めがされていない）

改行の位置がよくない

- MSゴシックは美しくない
- 余白が足りない
- 一枚のスライドの中に左揃えと中央揃え、右揃えが混在している

! 重要なタイトルが目立っていない

➡文字の大きさや太さに強弱をつける
➡背景と文字にコントラストをつける

After

無事故・無違反シンポジウム

**車載カメラ「新型・クルマショット」
導入（更新）のご提案**

2021.11.11
株式会社ストーンヘンジ商事

｜無事故無・無違反シンポジウム｜

**車載カメラ「新型・クルマショット」
導入（更新）のご提案**

2021.11.11
株式会社ストーンヘンジ商事

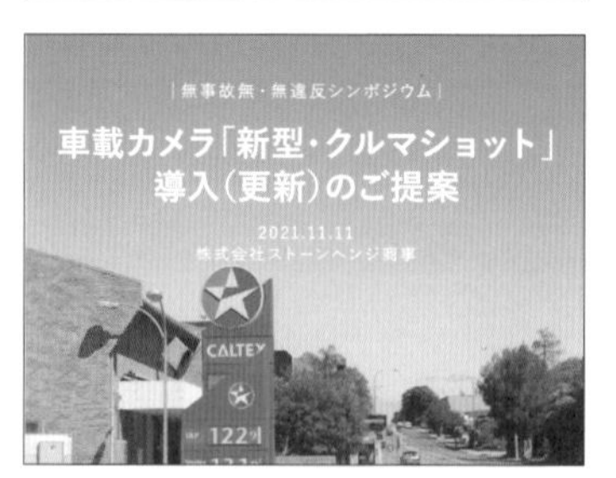

使用フォント **タイトル**：メイリオ（右の例は游ゴシック）／**それ以外**：メイリオ（右の例は游ゴシック）

表紙に書くタイトルはプレゼンの「顔」です。まずは文字のサイズと太さに強弱をつけましょう。決して変な位置での改行はしないで下さい。大きな文字では、字間を調整（カーニング）することで読みやすさと美しさが向上します。背景に写真を配置する場合は、複雑な画像を避けるようにしましょう。

箇条書き

Before

カメラの性能｜信頼の記録モード

常時ループ録画
・エンジンスタートで録画開始して、エンジンストップで録画終了
衝撃感知録画
・3軸Gセンサー作動時の映像は自動ロックして、別フォルダに保存
クイック録画（オプション）
・手動録画ボタンで任意に録画オンオフ可能
駐車録画（オプション）
・外部電源接続により、駐車中も録画可能

いずれの機能にも世界最先端の技術を使用！

! 箇条書きの構造がわかりにくい

➡小見出しを目立たせる
➡項目ごとにグループ化する

改行の位置がよくない

原色（彩度の高すぎる赤や緑、黄色）を使わない

- 行間・字間が狭い（初期設定のまま）
- 余白が足りない

After

カメラの性能｜信頼の記録モード

常時ループ録画
エンジンのスタートを感知して録画開始して、
エンジンのストップにより録画終了

衝撃感知録画
3 軸 G センサー作動の際の映像は自動ロックして、
別フォルダに保存

クイック録画（オプション）
手動録画ボタンで任意に録画オンオフ可能

駐車録画（オプション）
外部電源接続により、駐車中も録画可能

いずれの機能にも世界最先端の技術を使用！

カメラの性能｜信頼の記録モード

常時ループ録画
エンジンのスタートを感知して録画開始して、
エンジンのストップにより録画終了
衝撃感知録画
3 軸 G センサー作動の際の映像は自動ロックして、
別フォルダに保存
クイック録画（オプション）
手動録画ボタンで任意に録画オンオフ可能
駐車録画（オプション）
外部電源接続により、駐車中も録画可能
いずれの機能にも世界最先端の技術を使用！

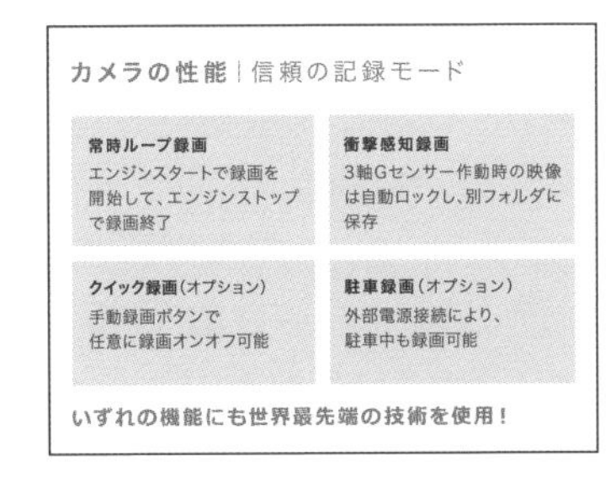
カメラの性能｜信頼の記録モード
常時ループ録画
エンジンスタートで録画を
開始して、エンジンストップ
で録画終了
衝撃感知録画
3軸Gセンサー作動時の映像
は自動ロックし、別フォルダに
保存
クイック録画（オプション）
手動録画ボタンで
任意に録画オンオフ可能
駐車録画（オプション）
外部電源接続により、
駐車中も録画可能
いずれの機能にも世界最先端の技術を使用！

使用フォント　**タイトル**：メイリオ／**小見出し**：メイリオ／**本文**：メイリオ

グループ化と文字の強弱を使って、直感的に構造を把握できる読みやすい箇条書きを作りましょう。単純な箇条書きにはナカグロ（・）などの文頭の記号は不要です。文字が多い場合、多少文字を小さくしてでも、行間をゆったりとったほうが読みやすくなります。メイリオのように字面が大きいフォント（左の例）では、字間も少し拡げると、美しく読みやすいスライドになります。

フローチャート

Before

クルマショットの導入の効果

他人の目を意識する

安全運転意識の向上・危険運転の抑制

事故の低減

万一の事故の際も，証拠が残る
　→スムーズに事故処理可能
急加速・急制動抑止
　→燃費の向上・車両メンテナンスコストの低減
動画・走行データの分析
　→安全教育・運行管理に活用

記録映像の例

! 囲みや矢印が悪目立ちしている

➡囲みの塗りや枠線の色は最小限に
➡囲みのサイズを統一する

- 矢印が目立ちすぎている
- 太字に対応していないフォント（MSゴシックなど）の使用は避ける
- 文字が写真に接近しすぎている
- ● 余白が足りない
- ● 太い文字が多すぎて、強弱がない
- ● 不要なインデントが多い
- ● 行間と字間が狭すぎる

After

クルマショットの導入の効果

他人の目を**意識** ▶ 安全運転の意識向上・危険運転抑制 ▶ **事故の低減**

万一の事故の際も証拠が残る
→スムーズに事故処理可能
急加速・急制動抑止
→燃費向上と車両維持コストの低減
動画・走行データの分析
→安全教育・運行管理に活用

記録映像の例

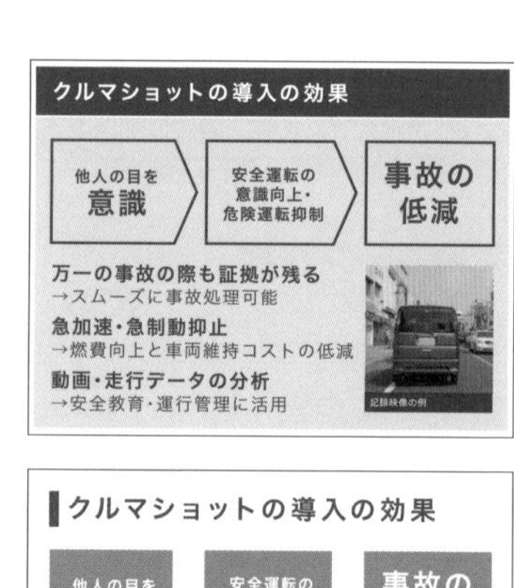

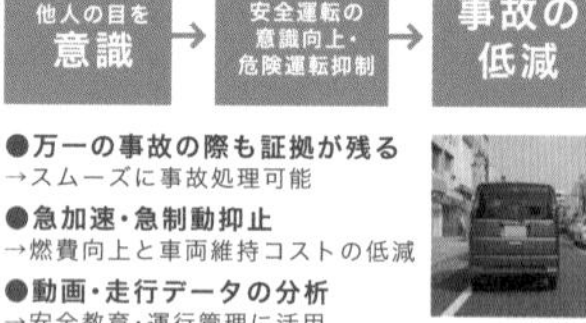

使用フォント **タイトル**：メイリオ太字／**小見出し**：メイリオ／**本文**：メイリオ

フローチャートは悪目立ちしないように、囲みや矢印はできるだけシンプルにしましょう。囲みの位置は上下左右をきれいに揃えましょう。

スライド全体で太字と細字を効果的に使い分けるためには、メイリオやヒラギノ角ゴがおすすめです。また、グリッドを意識することもお忘れなく。

情報量が多い場合

Before

ほっこりタクシー株式会社様の事例
昨年12月に，カメラ57台とシステムを納入
事故件数

昨年度上半期	28件
今年度上半期	8件

全車両平均燃費

昨年度上半期	10.5km/L
今年度上半期	12.7km/L

さらに…
ほっこりタクシーご担当者様の声
「ランキング機能で，エコ運転・安全運転へのモチベーションが高まった」
「お客様との会話も録音されるので丁寧な応対を意識するようになった」

! なんでもかんでも目立たせすぎ

➡色や文字装飾は最小限にする
➡個性的でないフォントを使う

- 文字に輪郭が付いて読みにくい
- 写真が歪んでいる
- 改行の位置がよくない
- 文頭に余計なインデントが多く、左端が揃っていない
- 余白がなく、窮屈に見える
- 英数字に和文フォントを使っている
- 太い文字が多すぎる
- 文字や写真の位置が揃っていない

After

ほっこりタクシー株式会社様の事例
昨年 12 月にカメラ 57 台とシステムを納入
事故件数

昨年度上半期	28 件
今年度上半期	8 件

全車両平均燃費

昨年度上半期	10.5 km/L
今年度上半期	12.7 km/L

さらに…　ほっこりタクシーご担当者様の声
「ランキング機能でエコ運転・安全運転へのモチベーションが高まった」
「お客様との会話も録音されるので丁寧な応対を意識するようになった」

ほっこりタクシー株式会社様の事例
昨年12月にカメラ57台とシステムを納入

	交通事故	全車両平均燃費
昨年度上半期	28件	10.5km/L
今年度上半期	8件	12.7km/L

さらに…　ほっこりタクシーご担当者様の声
●「ランキング機能で、エコ運転・安全運転へのモチベーションが高まった」
●「お客様との会話も録音されるので、丁寧な応対を意識するようになった」

ほっこりタクシー株式会社様の事例
昨年12月にカメラ57台とシステムを納入
交通事故件数
導入前
導入後
平均燃費
導入前
導入後
さらに…　ほっこりタクシーご担当者様の声
●「ランキング機能で、エコ運転・安全運転へのモチベーションが高まった」
●「お客様との会話も録音されるので、丁寧な応対を意識するようになった」

使用フォント　**タイトル**：メイリオ太字（右の例はヒラギノ角ゴW6）／**本文**：メイリオ（右の例はヒラギノ角ゴ）／**英数字**：Helvetica Neue

一枚のスライドの中の情報量が多くなるときは、装飾を減らしてシンプルにして、揃え（左揃え）を徹底しましょう。文字の装飾のしすぎは禁物です。文字のサイズや太さの強弱を駆使して強調すべきところを明確にしましょう。

表を使う場合は、罫線を減らすように心がけましょう。なお、数値で示すよりもグラフ化すると直感的に理解しやすくなります。

図やグラフ

Before

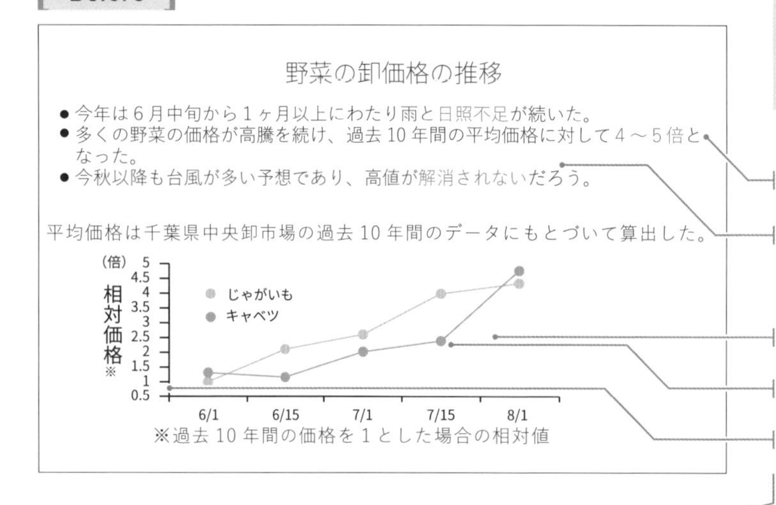

バリアフリーを意識する
➜配色や強調の仕方に注意

行長が長すぎる

行間が狭すぎる

文字サイズに強弱がない

カラーバリアフリーになっていない

色と内容の印象が対応していない

目盛りが細かすぎる

- 文字が細すぎる
- 文字のサイズや太さが単調
- 各要素がグリッドに合っていない

After

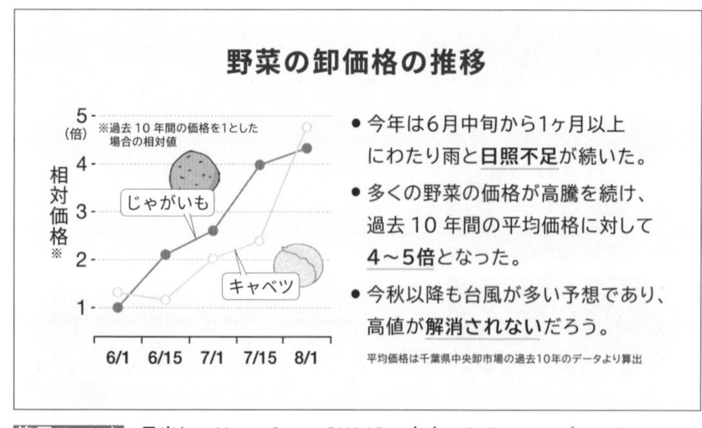

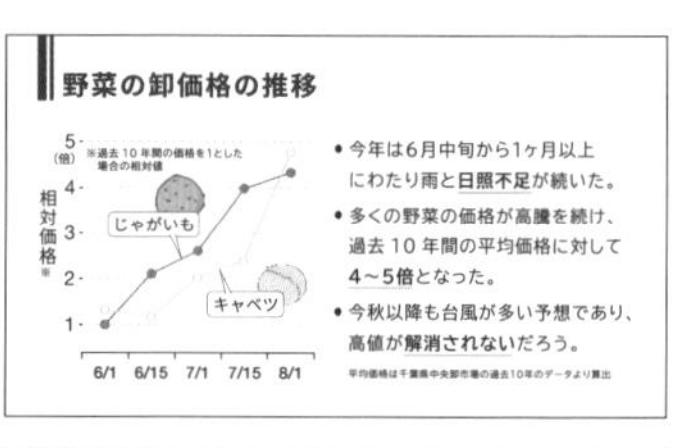

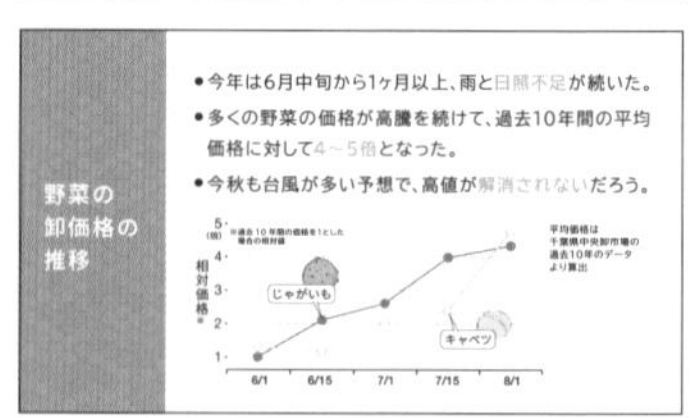

使用フォント **見出し**：Noto Sans CJK JP、**本文**：BIZ UDPゴシック

グラフを作るときには色覚バリアフリー化を意識しましょう。まず、内容にあった配色や色だけに頼らないグラフの塗り分けを行うことを意識しましょう。全体のレイアウトについては、余白をとること、要素同士を揃えることを意識するとよいでしょう。横長(16:9や16:10)のスライドの場合は、行長が長すぎないようなレイアウトを心がけましょう。

図と写真

Before

花の色素の測定

粉砕した組織

組織を乳鉢で粉砕

溶液に溶かす

10ml　10ml　40ml

色素を抽出

紫色のアザミ　白色のアザミ

同所的に生息する紫色のアザミと白色のアザミを採集した。
それぞれを溶液に溶かし、抽出した色素を測定した。

! **図と文のグループ化ができていない**

➡関連する要素同士を近づけて、グループ化を明確にする

文字が図形の中心からずれている

吹き出しが変形している

- 各要素の位置揃えが不十分

After

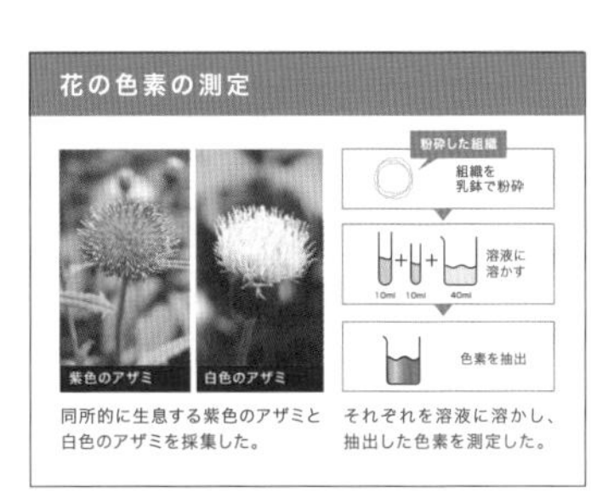

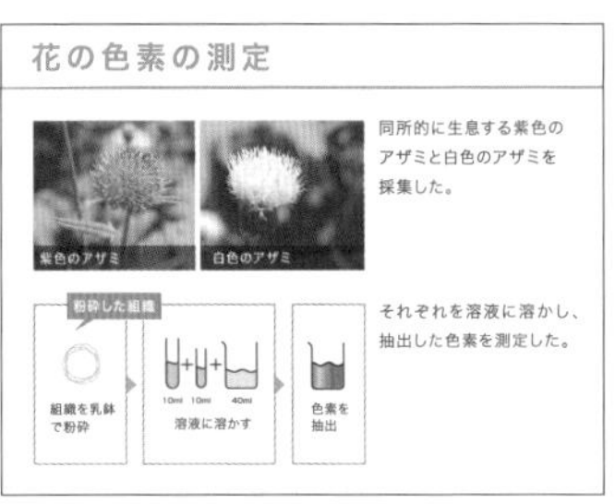

使用フォント　**タイトル**：ヒラギノ角ゴW6 ／**本文**：ヒラギノ角ゴW3

たくさんの図や写真をいれるときは、関連のある要素同士をグループ化することで、全体像を把握しやすくなります。

図の輪郭が不明瞭な場合は四角い囲みや背景をつけることが効果的です。変形してしまった吹き出しも、形を直すとずいぶんと印象が良くなります。

予備知識 カラーモード

RGBとCMYK

RGB法は、赤(Red)と緑(Green)、青(Blue)の3つの「光」を混ぜて色を表現する方法(加法混合)です。主に、テレビやパソコンの画面、プロジェクターなどで使われます。一方、CMYK法は、シアン(Cyan)、マゼンタ(Magenta)、イエロー (Yellow)、ブラック(Key Plate)の4つの色素による光の「吸収」を利用して色を表現する方法(減法混合)です。印刷物はCMYK法で色を作っています。

重要なことは、**CMYK法ではRGB法よりも狭い範囲の色しか再現できない**ことです。例えば、鮮やかな紫や青、緑は、スクリーン上(RGB法)で表現できても、印刷物(CMYK法)では表現できません。RGB法で色を指定した資料を印刷すると、画面よりもくすんだ色が出力されることがあるということです。

そのため、印刷に使うデータには、CMYK法で色を指定したデータを使う必要があります。写真なども、RGB形式からCMYK形式への変換が必要になります。Illustratorで印刷物用のデータを作成する場合は、カラーモードを「CMYKカラー」に設定することで、CMYK形式に変換できます。WindowsのWordやExcel、PowerPointには、CMYK形式のカラーモードはありませんが、Mac版の場合は、色の設定の際に「CMYKつまみ」により色を作ることで画面上での色と印刷したときの色のズレを減らすことができます。Windowsの場合は、蛍光色や鮮やかすぎる色(彩度や明度が高すぎる色)を避けるという方法しかありません。

RGB

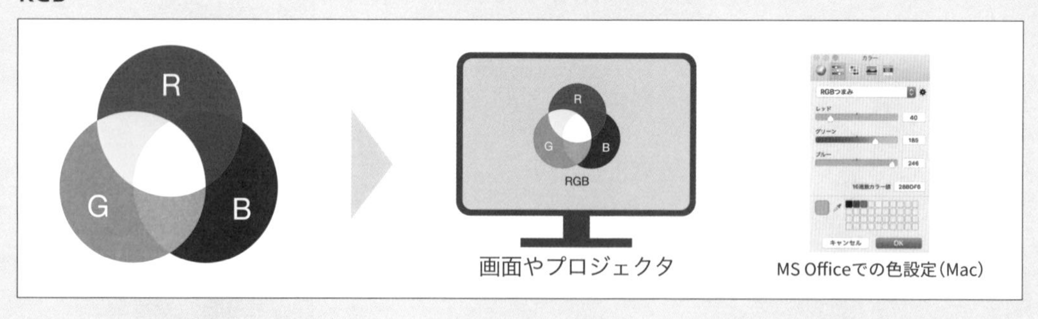

CMYK

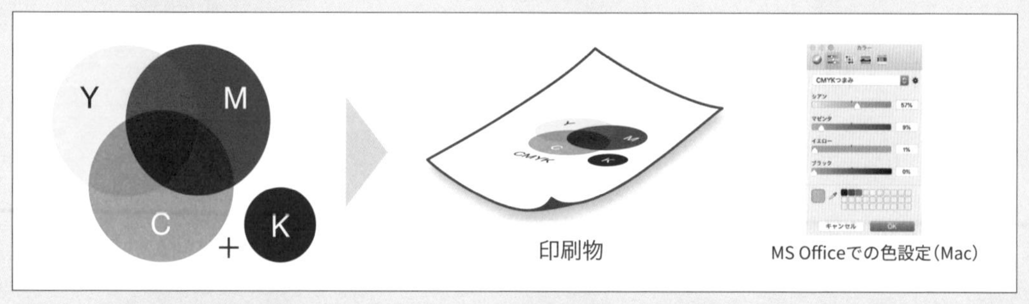

RGB法とCMYK法の比較 ■ RGB法のほうがより多くの色を表現することができます。印刷する場合は、CMYK法のカラーモードにするか、CMYKつまみ(Mac版のMS Officeの場合)により色を設定するとよいでしょう。なお、図中のRGBの色は近似的な色です。

スキルアップ PowerPointのスライドマスター

スライドマスターで効率化なレイアウト

スライドのレイアウトやデザインをすべてのページで整える場合、ページごとに編集していては、時間がかかりすぎてしまいます。スライドマスター機能を使って効率的にレイアウトの統一や変更を行いましょう。スライドマスター機能を効果的に使うためには、スライドを作成する段階で、テンプレート内の所定のテキストボックス(プレースホルダ)に、タイトルや本文を書いておく必要があります。

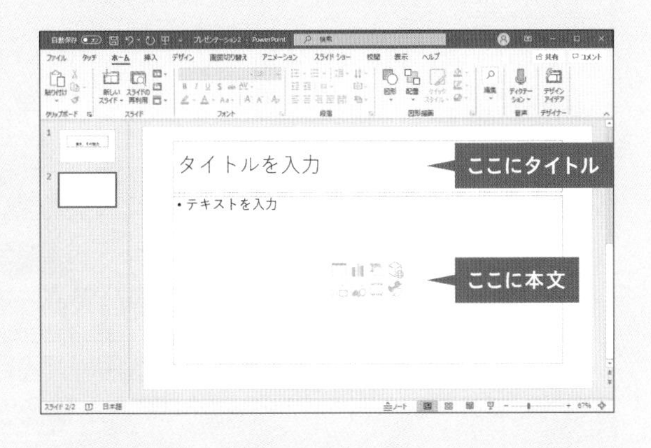

スライドマスターを使う

ファイル内のすべてのページのレイアウトを一括して編集する場合は、[表示]→[スライドマスター]をクリックします。次に、マスタースライド内のタイトルや本文のプレースホルダの位置や色、書式(フォントや字間、行間など)を設定します。また、この時点でガイド線の設定(p.151参照)も済ませておくとよいでしょう。設定が済んだら、[スライドマスター]→[マスター表示を閉じる]をクリックします。

スライドマスターの設定を終了すると、これまでに作ったすべてのページのレイアウトがマスタースライドに従って再レイアウトされます。スライドマスターの設定を変更すれば、何度でもレイアウトを一括変更できます。また、[新しいスライド]をクリックし、使用したいマスタースライドを選択すれば、新規ページにもマスタースライドのレイアウトを反映させておくことができます。

5-3 企画書や大判の発表資料

企画書や大判の資料は、ある程度の情報量が必要です。揃えやグループ化で整理しましょう。
また、視認性の高い書体を使ったり、強弱を付けてアピールするのも有効です。

企画書

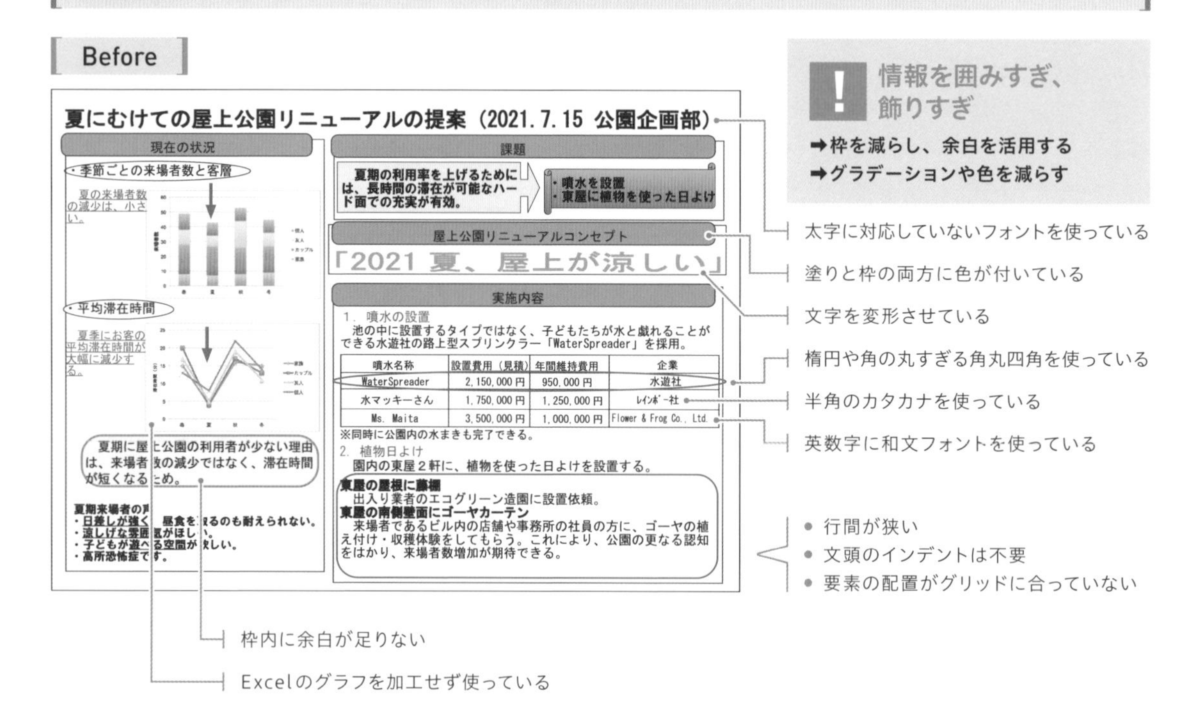

Before
夏にむけての屋上公園リニューアルの提案（2021.7.15 公園企画部）
現在の状況
・季節ごとの来場者数と客層
夏の来場者数の減少は、小さい。
・平均滞在時間
夏季にお客の平均滞在時間が大幅に減少する。
夏期に屋上公園の利用者が少ない理由は、来場者数の減少ではなく、滞在時間が短くなるため。
課題
夏期の利用率を上げるためには、長時間の滞在が可能なハード面での充実が有効。
・噴水を設置
・東屋に植物を使った日よけ
屋上公園リニューアルコンセプト
「2021 夏、屋上が涼しい」
実施内容
1．噴水の設置
池の中に設置するタイプではなく、子どもたちが水と戯れることができる水遊社の路上型スプリンクラー「WaterSpreader」を採用。
噴水名称 | 設置費用（見積） | 年間維持費用 | 企業
WaterSpreader | 2,150,000円 | 950,000円 | 水遊社
水マッキーさん | 1,750,000円 | 1,250,000円 | ﾚｲﾝﾎﾞｰ社
Ms. Maita | 3,500,000円 | 1,000,000円 | Flower & Frog Co., Ltd.
※同時に公園内の水まきも完了できる。
2．植物日よけ
園内の東屋２軒に、植物を使った日よけを設置する。
東屋の屋根に藤棚
出入り業者のエコグリーン造園に設置依頼。
東屋の南側壁面にゴーヤカーテン
来場者であるビル内の店舗や事務所の社員の方に、ゴーヤの植え付け・収穫体験をしてもらう。これにより、公園の更なる認知をはかり、来場者数増加が期待できる。
情報を囲みすぎ、飾りすぎ
➡枠を減らし、余白を活用する
➡グラデーションや色を減らす
太字に対応していないフォントを使っている
塗りと枠の両方に色が付いている
文字を変形させている
楕円や角の丸すぎる角丸四角を使っている
半角のカタカナを使っている
英数字に和文フォントを使っている
・行間が狭い
・文頭のインデントは不要
・要素の配置がグリッドに合っていない
枠内に余白が足りない
Excelのグラフを加工せず使っている

ビジネスで使われる企画書は、多くの情報を詰め込まなくてはなりません。ここでは一般的な企画書として、PowerPointで制作するスライド１枚（あるいはA4で１枚）の企画書を例にしました。

こういった資料では、安易に線で項目や見出し、強調箇所を囲んでいくと、枠だらけの煩雑な資料になってしまいます。囲みすぎは絶対にNGです。項目を囲みで明確にしたいときには、枠線を減らして塗り（Afterの１つ目の例では白）だけで囲むとスッキリした印象の資料になります。グラフや表、強調したい文章も、線で囲むよりも背景色で枠を作るのは良い手です。また、２つ目の例のように、グループ化と揃え、余白を使えば、項目のまとまりが一目瞭然になるので、囲む必要がなくなり、さらにシンプルになります。

情報量が多い場合、太字を使いすぎると圧迫感があるため、見出しや強調したい部分を除き、基本は細いフォントを使いましょう。なお、このような資料では各段落が短いので、文頭にインデントは必要ありません。

[After]

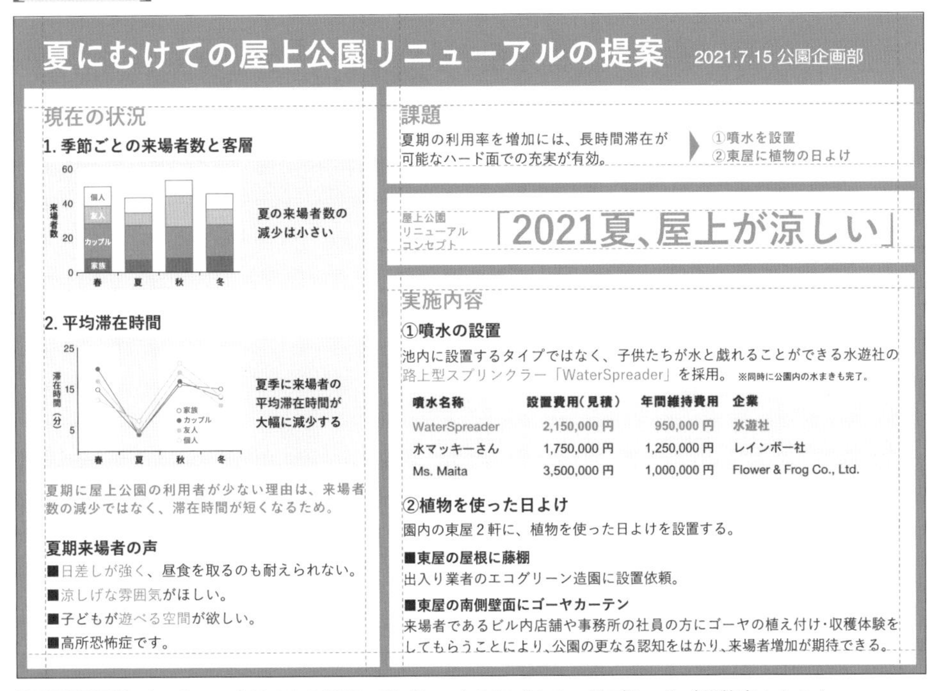

夏にむけての屋上公園リニューアルの提案
2021.7.15 公園企画部
現在の状況
1. 季節ごとの来場者数と客層
夏の来場者数の減少は小さい
2. 平均滞在時間
夏季に来場者の平均滞在時間が大幅に減少する
夏期に屋上公園の利用者が少ない理由は、来場者数の減少ではなく、滞在時間が短くなるため。
夏期来場者の声
■日差しが強く、昼食を取るのも耐えられない。
■涼しげな雰囲気がほしい。
■子どもが遊べる空間が欲しい。
■高所恐怖症です。
課題
夏期の利用率を増加には、長時間滞在が可能なハード面での充実が有効。
①噴水を設置
②東屋に植物の日よけ
屋上公園リニューアルコンセプト
「2021夏、屋上が涼しい」
実施内容
①噴水の設置
池内に設置するタイプではなく、子供たちが水と戯れることができる水遊社の路上型スプリンクラー「WaterSpreader」を採用。※同時に公園内の水まきも完了。
噴水名称 設置費用(見積) 年間維持費用 企業
WaterSpreader 2,150,000円 950,000円 水遊社
水マッキーさん 1,750,000円 1,250,000円 レインボー社
Ms. Maita 3,500,000円 1,000,000円 Flower & Frog Co., Ltd.
②植物を使った日よけ
園内の東屋2軒に、植物を使った日よけを設置する。
■東屋の屋根に藤棚
出入り業者のエコグリーン造園に設置依頼。
■東屋の南側壁面にゴーヤカーテン
来場者であるビル内店舗や事務所の社員の方にゴーヤの植え付け・収穫体験をしてもらうことにより、公園の更なる認知をはかり、来場者増加が期待できる。

使用フォント **タイトル&小見出し&強調**：游ゴシック太字／**本文**：游ゴシック／**英数字**：Arial

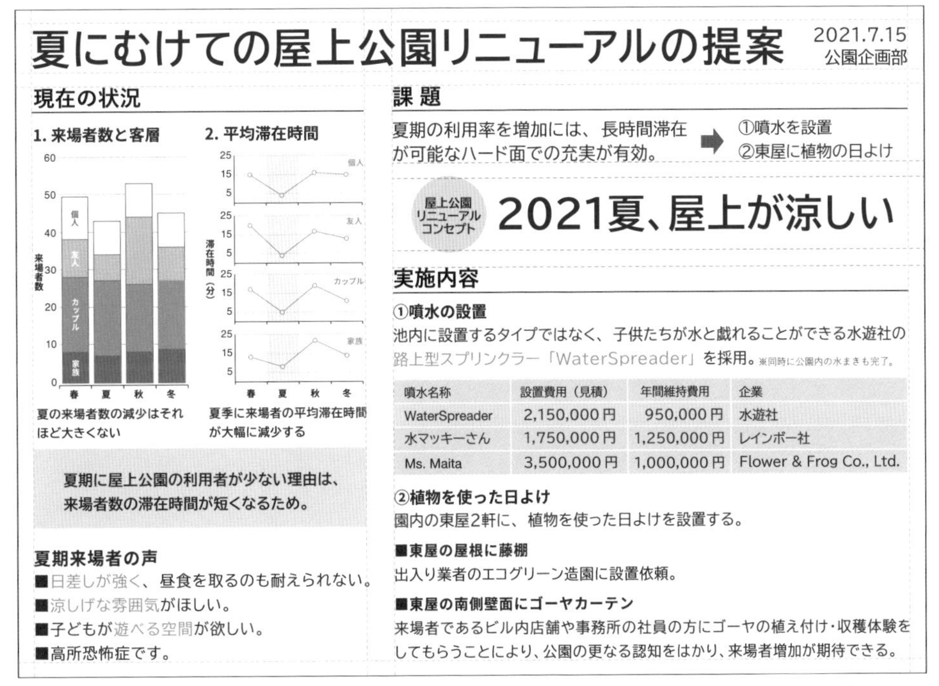

夏にむけての屋上公園リニューアルの提案
2021.7.15
公園企画部
現在の状況
1. 来場者数と客層
2. 平均滞在時間
夏の来場者数の減少はそれほど大きくない
夏季に来場者の平均滞在時間が大幅に減少する
夏期に屋上公園の利用者が少ない理由は、来場者数の滞在時間が短くなるため。
夏期来場者の声
■日差しが強く、昼食を取るのも耐えられない。
■涼しげな雰囲気がほしい。
■子どもが遊べる空間が欲しい。
■高所恐怖症です。
課題
夏期の利用率を増加には、長時間滞在が可能なハード面での充実が有効。
①噴水を設置
②東屋に植物の日よけ
屋上公園リニューアルコンセプト
2021夏、屋上が涼しい
実施内容
①噴水の設置
池内に設置するタイプではなく、子供たちが水と戯れることができる水遊社の路上型スプリンクラー「WaterSpreader」を採用。※同時に公園内の水まきも完了。
噴水名称 設置費用(見積) 年間維持費用 企業
WaterSpreader 2,150,000円 950,000円 水遊社
水マッキーさん 1,750,000円 1,250,000円 レインボー社
Ms. Maita 3,500,000円 1,000,000円 Flower & Frog Co., Ltd.
②植物を使った日よけ
園内の東屋2軒に、植物を使った日よけを設置する。
■東屋の屋根に藤棚
出入り業者のエコグリーン造園に設置依頼。
■東屋の南側壁面にゴーヤカーテン
来場者であるビル内店舗や事務所の社員の方にゴーヤの植え付け・収穫体験をしてもらうことにより、公園の更なる認知をはかり、来場者増加が期待できる。

使用フォント **タイトル&強調**：BIZ UDPゴシック太字／**小見出し**：Noto Sans CJK JP Bold／**本文**：BIZ UDPゴシック／**英数字**：Helvetica Neue

提案書

Before

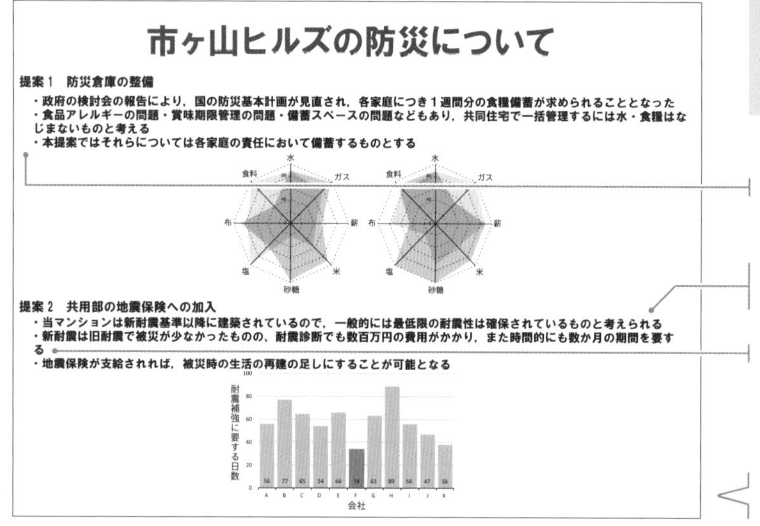

! レイアウトに工夫がない

➡行長を短くし、行間を拡げる
➡紙面を有効活用する

- 左端が揃っていない
- 文字が太すぎる
  行長が長すぎる
- 改行位置が悪い
- ● 無駄なスペースが多い
  ● 本文の文字が太い

After

市ヶ山ヒルズの防災について

提案１　防災倉庫の整備

●政府の検討会の報告により，国の防災基本計画が見直され，各家庭につき１週間分の食糧の備蓄が求められることとなった

●食品アレルギーの問題・賞味期限管理の問題・備蓄スペースの問題などもあり，共同住宅で一括管理するには水・食糧はなじまないものと考える

●本提案ではそれらについては各家庭の責任において備蓄するものとする

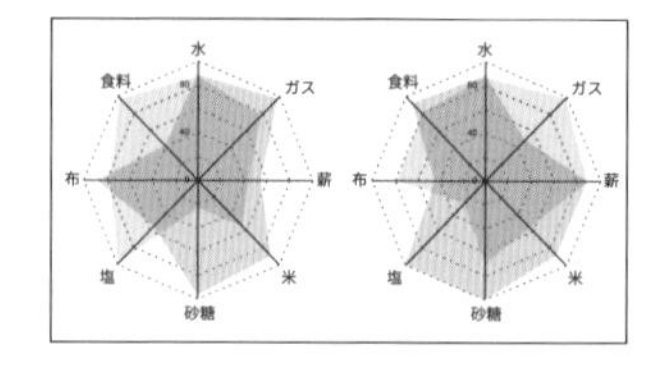

提案２　共用部の地震保険への加入

●当マンションは新耐震基準以降に建築されているので，一般的には最低限の耐震性は確保されているものと考えられる

●新耐震は旧耐震で被災が少なかったものの、耐震診断でも数百万円の費用がかかり，また時間的にも数か月の期間を要する

●地震保険が支給されれば，被災時の生活の再建の足しにすることが可能となる

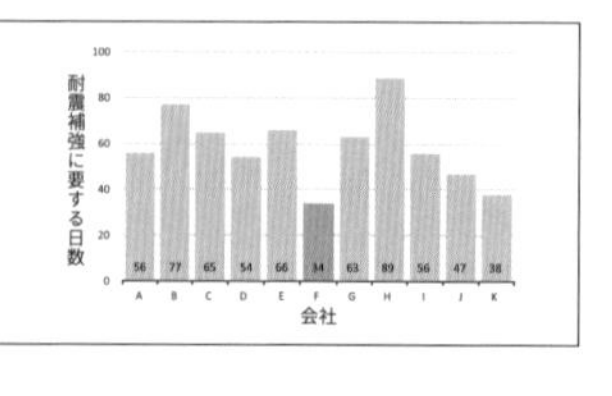

使用フォント　**タイトル**：メイリオ太字／**小見出し**：游ゴシック太字／**本文**：游ゴシック

PowerPointを使って情報量の多い配布資料を作る場合、文字が小さくなるので、一行が長くなりがちです。一段組のままでは、無駄なスペースが生じることもよくあります。そのような場合は、二段組にしたりしてみましょう。レイアウトの工夫次第で問題は解決できますし、文字を大きくしたり、図を大きくしたり、行間を広くすることも可能です。

概略図

Before

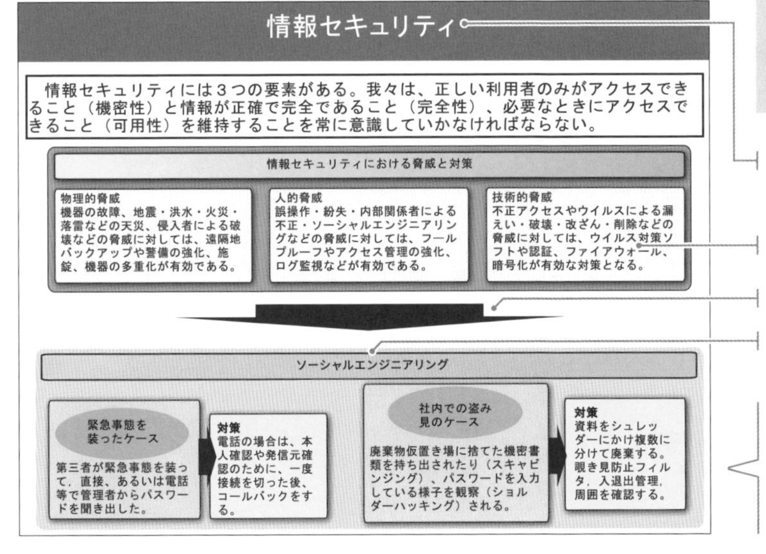

情報セキュリティ
情報セキュリティには３つの要素がある。我々は、正しい利用者のみがアクセスできること（機密性）と情報が正確で完全であること（完全性）、必要なときにアクセスできること（可用性）を維持することを常に意識していかなければならない。
情報セキュリティにおける脅威と対策
物理的脅威
機器の故障、地震・洪水・火災・落雷などの天災、侵入者による破壊などの脅威に対しては、遠隔地バックアップや警備の強化、施錠、機器の多重化が有効である。
人的脅威
誤操作・紛失・内部関係者による不正・ソーシャルエンジニアリングなどの脅威に対しては、フールプルーフやアクセス管理の強化、ログ監視などが有効である。
技術的脅威
不正アクセスやウイルスによる漏えい・破壊・改ざん・削除などの脅威に対しては、ウイルス対策ソフトや認証、ファイアウォール、暗号化が有効な対策となる。
ソーシャルエンジニアリング
緊急事態を装ったケース
第三者が緊急事態を装って，直接、あるいは電話等で管理者からパスワードを聞き出した。
対策
電話の場合は、本人確認や発信元確認のために、一度接続を切った後、コールバックをする。
社内での盗み見のケース
廃棄物仮置き場に捨てた機密書類を持ち出されたり（スキャビンジング）、パスワードを入力している様子を観察（ショルダーハッキング）される。
対策
資料をシュレッダーにかけ複数に分けて廃棄する。覗き見防止フィルタ，入退出管理，周囲を確認する。

! ノイズが多く、煩雑に見える

➡枠線や囲みを減らす
➡灰色や同系色を使い、色を減らす

文字が上下中央にない

行間が狭い

矢印が目立ちすぎ

中央揃えは見にくい

- 色が多すぎる
- 枠線が多すぎる
- グラデーションは不要
- 枠内に余白が少ない
- 要素同士が揃っていない

After

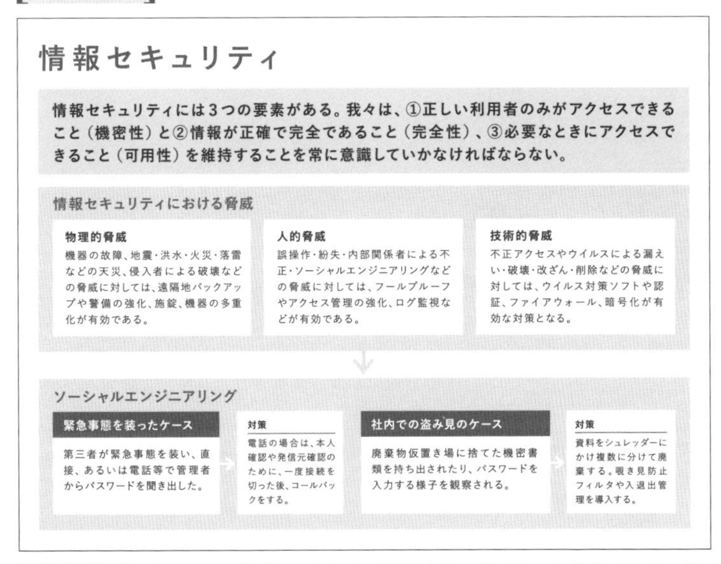

情報セキュリティ
情報セキュリティには３つの要素がある。我々は、①正しい利用者のみがアクセスできること（機密性）と②情報が正確で完全であること（完全性）、③必要なときにアクセスできること（可用性）を維持することを常に意識していかなければならない。
情報セキュリティにおける脅威
物理的脅威
機器の故障、地震・洪水・火災・落雷などの天災、侵入者による破壊などの脅威に対しては、遠隔地バックアップや警備の強化、施錠、機器の多重化が有効である。
人的脅威
誤操作・紛失・内部関係者による不正・ソーシャルエンジニアリングなどの脅威に対しては、フールプルーフやアクセス管理の強化、ログ監視などが有効である。
技術的脅威
不正アクセスやウイルスによる漏えい・破壊・改ざん・削除などの脅威に対しては、ウイルス対策ソフトや認証、ファイアウォール、暗号化が有効な対策となる。
ソーシャルエンジニアリング
緊急事態を装ったケース
第三者が緊急事態を装い、直接、あるいは電話等で管理者からパスワードを聞き出した。
対策
電話の場合は、本人確認や発信元確認のために、一度接続を切った後、コールバックをする。
社内での盗み見のケース
廃棄物仮置き場に捨てた機密書類を持ち出されたり、パスワードを入力する様子を観察される。
対策
資料をシュレッダーにかけ複数に分けて廃棄する。覗き見防止フィルタや入退出管理を導入する。

使用フォント **タイトル**：游ゴシック太字／**小見出し**：游ゴシック太字／**本文**：游ゴシック

情報量の多い資料では、装飾や囲みがノイズになり、読みにくくなることがあります。色を使いすぎないことや、枠線を少なくすることを心がけましょう。また、すべての要素を何かに揃えて配置することで、複雑そうな印象を回避することができます。

発表用ポスター 1

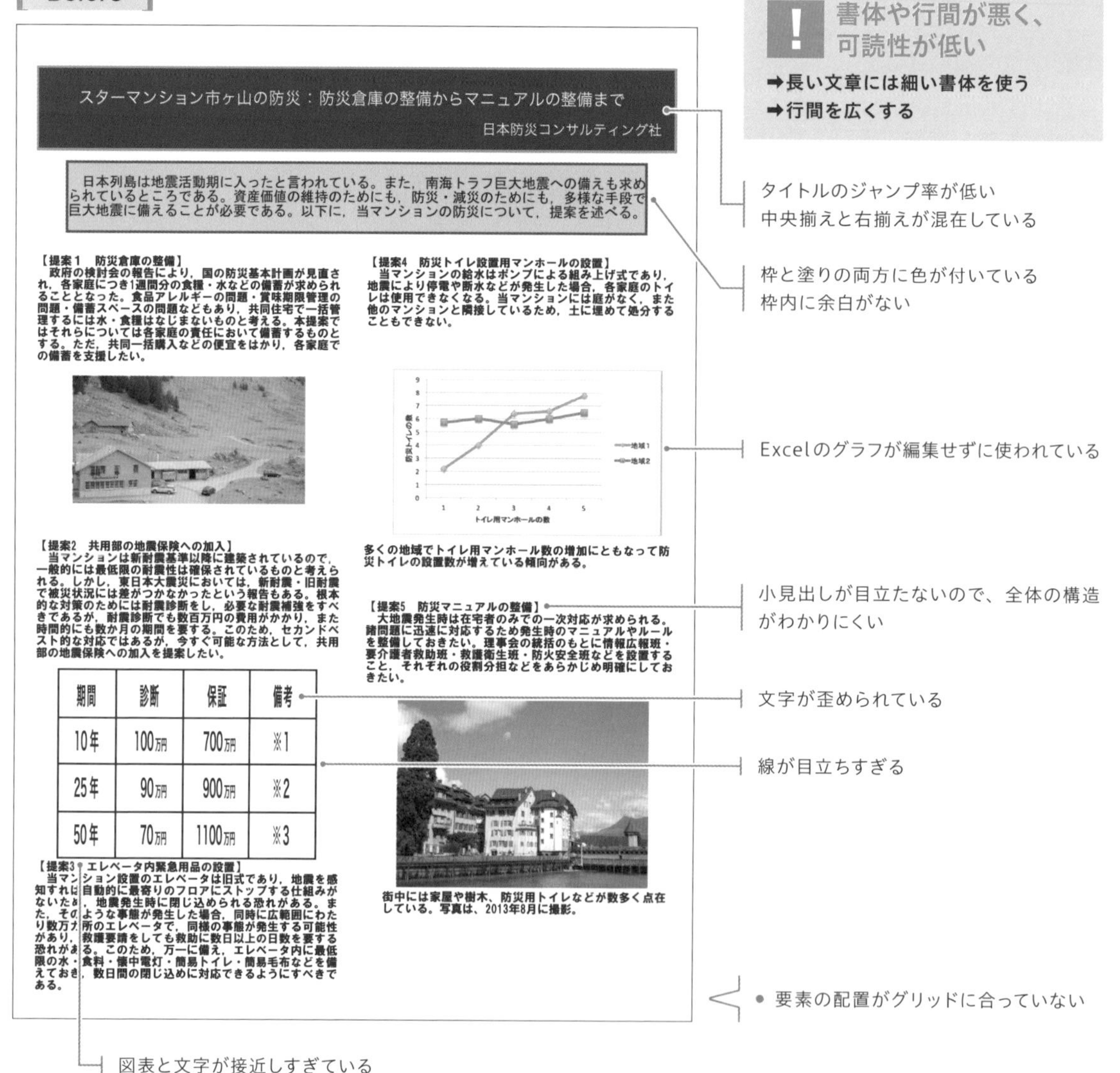

各種ワークショップや展示会などでは、A0版などの大型のパネルやポスターを掲示することがあります。例のように文章の量が比較的多い場合は、本文に明朝体や細めのゴシック体（ヒラギノ角ゴW3や游ゴシックなど）を使いましょう。また、行間が狭いと読みにくいので、適切な行間をとりましょう。

After

スターマンション市ヶ山の防災

防災倉庫の整備からマニュアルの整備まで

日本防災コンサルティング社

日本列島は地震活動期に入ったと言われている。また，南海トラフ巨大地震への備えも求められているところである。資産価値の維持のためにも，防災・減災のためにも，多様な手段で巨大地震に備えることが必要である。以下に，当マンションの防災について，提案を述べる。

提案１　防災倉庫の整備

政府の検討会の報告により，国の防災基本計画が見直され，各家庭につき１週間分の食糧・水などの備蓄が求められることとなった。食品アレルギーの問題・賞味期限管理の問題・備蓄スペースの問題などもあり，共同住宅で一括管理するには水・食糧はなじまないものと考える。本提案ではそれらについては各家庭の責任において備蓄するものとする。ただ，共同一括購入などの便宜をはかり，各家庭での備蓄を支援したい。

提案２　共用部の地震保険への加入

当マンションは新耐震基準以降に建築されているので，一般的には最低限の耐震性は確保されているものと考えられる。しかし，東日本大震災においては，新耐震・旧耐震で被災状況には差がつかなかったという報告もある。根本的な対策のためには耐震診断をし，必要な耐震補強をすべきであるが，耐震診断でも数百万円の費用がかかり，また時間的にも数か月の期間を要する。このため，セカンドベスト的な対応ではあるが，今すぐ可能な方法として，共用部の地震保険への加入を提案したい。

期間	診断	保証	備考
10年	100万円	700万円	※1
25年	90万円	900万円	※2
50年	70万円	1100万円	※3

提案３　エレベータ内緊急用品の設置

当マンション設置のエレベータは旧式であり，地震を感知すれば自動的に最寄りのフロアにストップする仕組みがないため，地震発生時に閉じ込められる恐れがある。また，そのような事態が発生した場合，同時に広範囲にわたり数万カ所のエレベータで，同様の事態が発生する可能性があり，救護要請をしても救助に数日以上の日数を要する恐れがある。このため，万一に備え，エレベータ内に最低限の水・食料・懐中電灯・簡易トイレ・簡易毛布などを備えておき，数日間の閉じ込めに対応できるようにすべきである。

提案４　防災トイレ設置用マンホールの設置

当マンションの給水はポンプによる組み上げ式であり，地震により停電や断水などが発生した場合，各家庭のトイレは使用できなくなる。当マンションには庭がなく，また他のマンションと隣接しているため，土に埋めて処分することもできない。

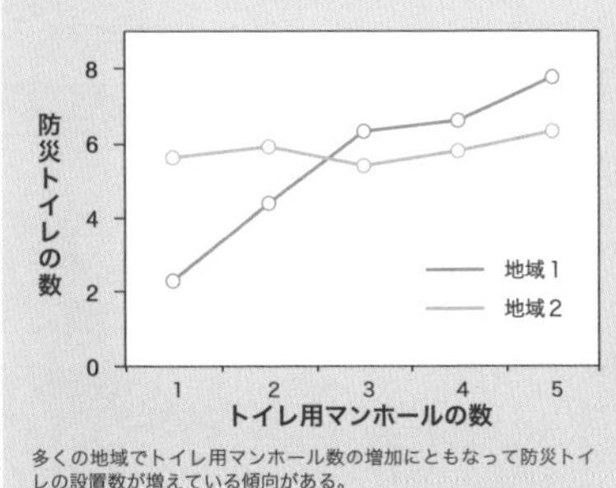

多くの地域でトイレ用マンホール数の増加にともなって防災トイレの設置数が増えている傾向がある。

提案５　防災マニュアルの整備

大地震発生時は在宅者のみでの一次対応が求められる。諸問題に迅速に対応するため発生時のマニュアルやルールを整備しておきたい。理事会の統括のもとに情報広報班・要介護者救助班・救護衛生班・防火安全班などを設置すること，それぞれの役割分担などをあらかじめ明確にしておきたい。

街中には家屋や樹木、防災用トイレなどが数多く点在している。写真は、2013年８月に撮影。

使用フォント　**タイトル**：ヒラギノ角ゴ W6 ／**小見出し**：ヒラギノ角ゴ W6 ／**本文**：ヒラギノ角ゴ W3

小見出しを目立たせると資料全体の構造が明確になります。すべての要素をグリッドに合わせて配置することで美しさも可読性も高まります。

　グラフや表も編集して見やすくするのを忘れないようにしましょう。色はテーマカラーに合わせると、色数が増えず落ち着いた雰囲気になります。

発表用ポスター 2

Before

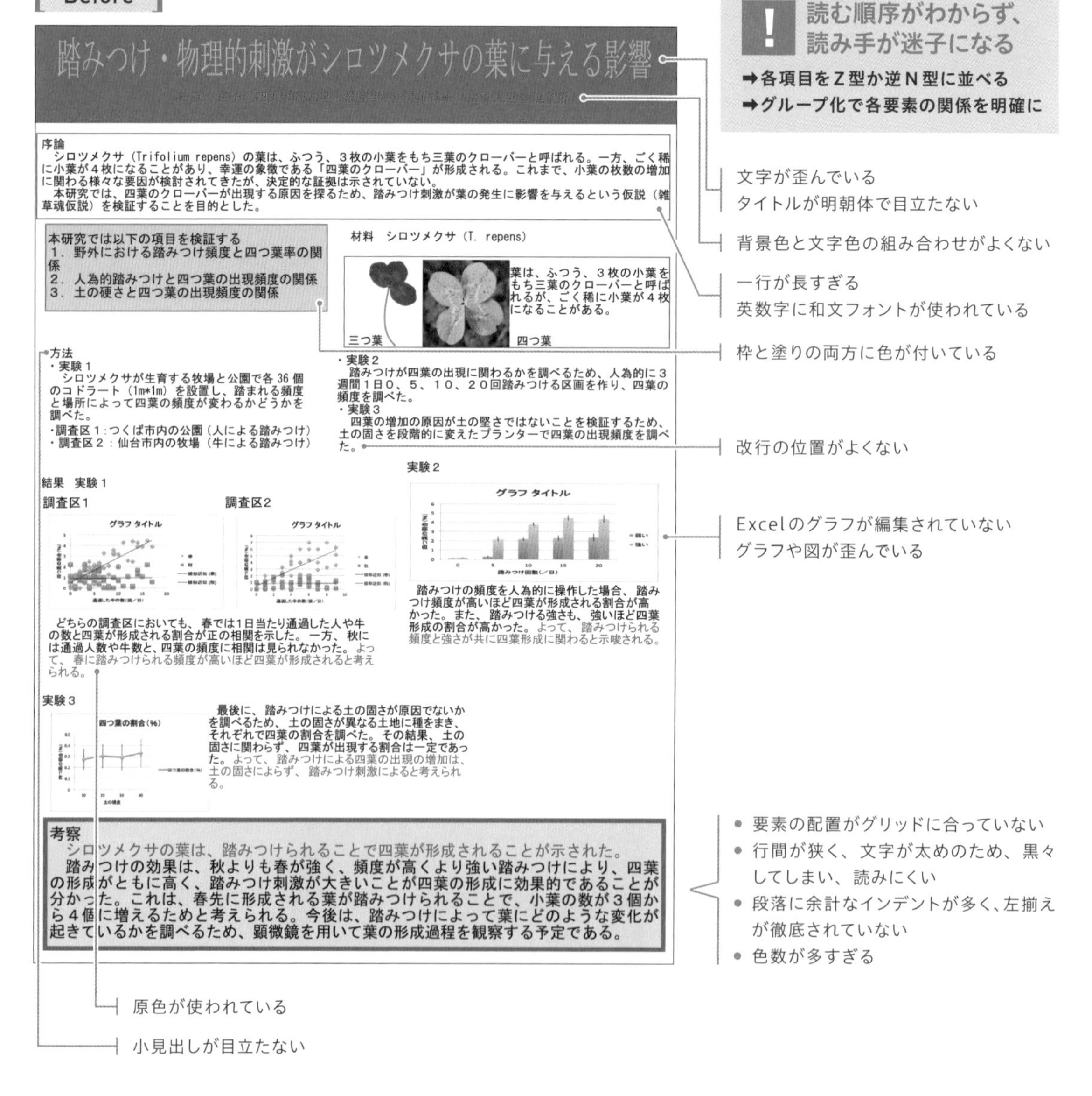

読む順序がわからず、読み手が迷子になる
➡各項目をZ型か逆N型に並べる
➡グループ化で各要素の関係を明確に
踏みつけ・物理的刺激がシロツメクサの葉に与える影響
序論
シロツメクサ（Trifolium repens）の葉は、ふつう、３枚の小葉をもち三葉のクローバーと呼ばれる。一方、ごく稀に小葉が４枚になることがあり、幸運の象徴である「四葉のクローバー」が形成される。これまで、小葉の枚数の増加に関わる様々な要因が検討されてきたが、決定的な証拠は示されていない。
本研究では、四葉のクローバーが出現する原因を探るため、踏みつけ刺激が葉の発生に影響を与えるという仮説（雑草魂仮説）を検証することを目的とした。
本研究では以下の項目を検証する
1．野外における踏みつけ頻度と四つ葉率の関係
2．人為的踏みつけと四つ葉の出現頻度の関係
3．土の硬さと四つ葉の出現頻度の関係
材料　シロツメクサ（T. repens）
葉は、ふつう、３枚の小葉をもち三葉のクローバーと呼ばれるが、ごく稀に小葉が４枚になることがある。
三つ葉
四つ葉
方法
・実験１
シロツメクサが生育する牧場と公園で各36個のコドラート（1m*1m）を設置し、踏まれる頻度と場所によって四葉の頻度が変わるかどうかを調べた。
・調査区１：つくば市内の公園（人による踏みつけ）
・調査区２：仙台市内の牧場（牛による踏みつけ）
・実験２
踏みつけが四葉の出現に関わるかを調べるため、人為的に３週間１日０、５、１０、２０回踏みつける区画を作り、四葉の頻度を調べた。
・実験３
四葉の増加の原因が土の堅さではないことを検証するため、土の固さを段階的に変えたプランターで四葉の出現頻度を調べた。
結果　実験１
調査区1
調査区2
グラフ タイトル
実験２
踏みつけ回数（／日）
どちらの調査区においても、春では1日当たり通過した人や牛の数と四葉が形成される割合が正の相関を示した。一方、秋には通過人数や牛数と、四葉の頻度に相関は見られなかった。よって、春に踏みつけられる頻度が高いほど四葉が形成されると考えられる。
踏みつけの頻度を人為的に操作した場合、踏みつけ頻度が高いほど四葉が形成される割合が高かった。また、踏みつける強さも、強いほど四葉形成の割合が高かった。よって、踏みつけられる頻度と強さが共に四葉形成に関わると示唆される。
実験３
四つ葉の割合（%）
最後に、踏みつけによる土の固さが原因でないかを調べるため、土の固さが異なる土地に種をまき、それぞれで四葉の割合を調べた。その結果、土の固さに関わらず、四葉が出現する割合は一定であった。よって、踏みつけによる四葉の出現の増加は、土の固さによらず、踏みつけ刺激によると考えられる。
考察
シロツメクサの葉は、踏みつけられることで四葉が形成されることが示された。
踏みつけの効果は、秋よりも春が強く、頻度が高くより強い踏みつけにより、四葉の形成がともに高く、踏みつけ刺激が大きいことが四葉の形成に効果的であることが分かった。これは、春先に形成される葉が踏みつけられることで、小葉の数が３個から４個に増えるためと考えられる。今後は、踏みつけによって葉にどのような変化が起きているかを調べるため、顕微鏡を用いて葉の形成過程を観察する予定である。
文字が歪んでいる
タイトルが明朝体で目立たない
背景色と文字色の組み合わせがよくない
一行が長すぎる
英数字に和文フォントが使われている
枠と塗りの両方に色が付いている
改行の位置がよくない
Excelのグラフが編集されていない
グラフや図が歪んでいる
• 要素の配置がグリッドに合っていない
• 行間が狭く、文字が太めのため、黒々してしまい、読みにくい
• 段落に余計なインデントが多く、左揃えが徹底されていない
• 色数が多すぎる
原色が使われている
小見出しが目立たない

学会発表では、プレゼン用の大判ポスターを使用することが少なくありません。このような資料では、項目や要素（グラフや写真、表など）の数が多くなってしまうため、全体の構造を把握しやすいように、秩序をもってレイアウトすることが重要になります。

After

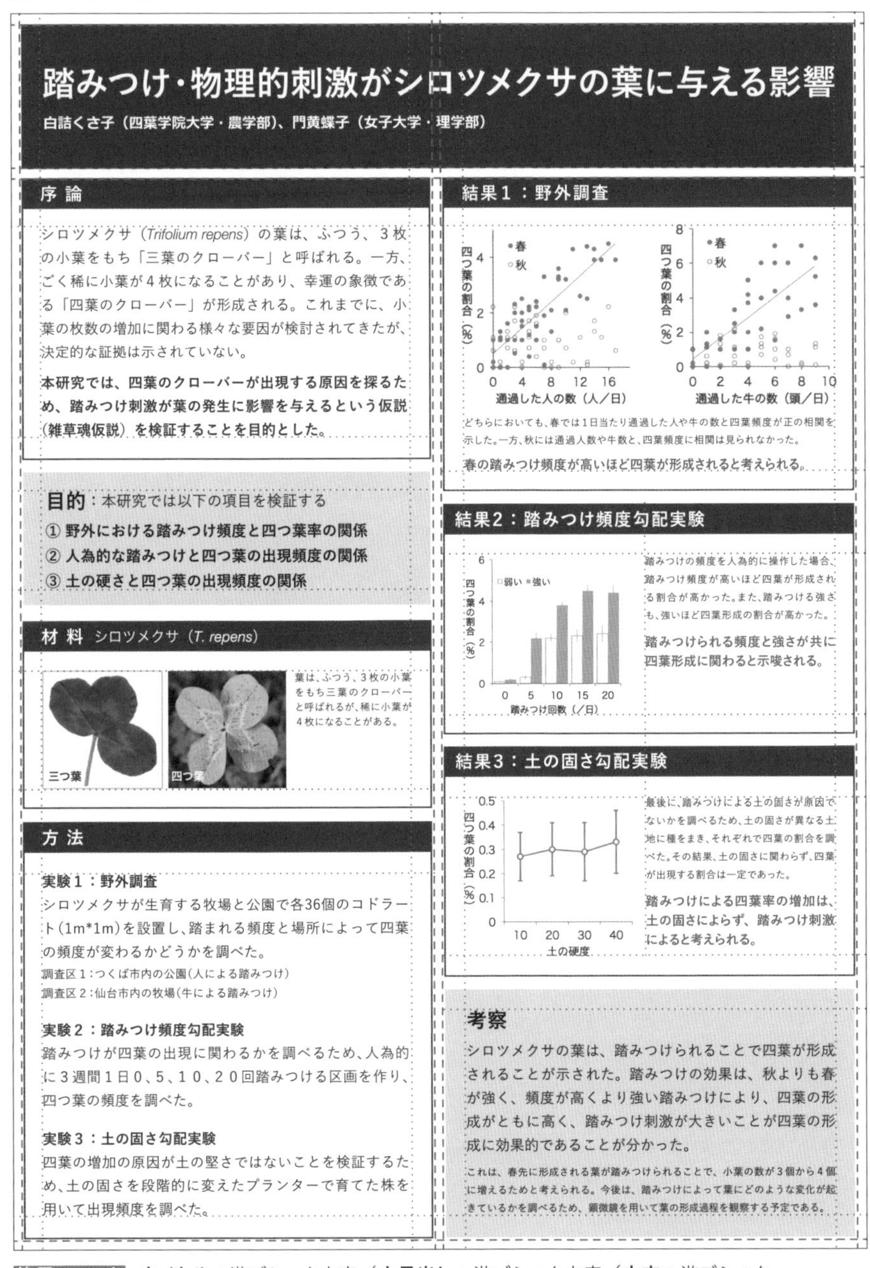

踏みつけ・物理的刺激がシロツメクサの葉に与える影響
白詰くさ子（四葉学院大学・農学部）、門黄蝶子（女子大学・理学部）
序 論
シロツメクサ（Trifolium repens）の葉は、ふつう、３枚の小葉をもち「三葉のクローバー」と呼ばれる。一方、ごく稀に小葉が４枚になることがあり、幸運の象徴である「四葉のクローバー」が形成される。これまでに、小葉の枚数の増加に関わる様々な要因が検討されてきたが、決定的な証拠は示されていない。
本研究では、四葉のクローバーが出現する原因を探るため、踏みつけ刺激が葉の発生に影響を与えるという仮説（雑草魂仮説）を検証することを目的とした。
目的：本研究では以下の項目を検証する
① 野外における踏みつけ頻度と四つ葉率の関係
② 人為的な踏みつけと四つ葉の出現頻度の関係
③ 土の硬さと四つ葉の出現頻度の関係
材 料 シロツメクサ（T. repens）
三つ葉
四つ葉
葉は、ふつう、３枚の小葉をもち三葉のクローバーと呼ばれるが、稀に小葉が４枚になることがある。
方 法
実験１：野外調査
シロツメクサが生育する牧場と公園で各36個のコドラート（1m*1m）を設置し、踏まれる頻度と場所によって四葉の頻度が変わるかどうかを調べた。
調査区１：つくば市内の公園（人による踏みつけ）
調査区２：仙台市内の牧場（牛による踏みつけ）
実験２：踏みつけ頻度勾配実験
踏みつけが四葉の出現に関わるかを調べるため、人為的に３週間１日０、５、１０、２０回踏みつける区画を作り、四つ葉の頻度を調べた。
実験３：土の固さ勾配実験
四葉の増加の原因が土の堅さではないことを検証するため、土の固さを段階的に変えたプランターで育てた株を用いて出現頻度を調べた。
結果１：野外調査
四つ葉の割合（%）
●春
○秋
0 4 8 12 16
通過した人の数（人／日）
0 2 4 6 8 10
通過した牛の数（頭／日）
どちらにおいても、春では１日当たり通過した人や牛の数と四葉頻度が正の相関を示した。一方、秋には通過人数や牛数と、四葉頻度に相関は見られなかった。
春の踏みつけ頻度が高いほど四葉が形成されると考えられる。
結果２：踏みつけ頻度勾配実験
四つ葉の割合（%）
□弱い ■強い
0 5 10 15 20
踏みつけ回数（／日）
踏みつけの頻度を人為的に操作した場合、踏みつけ頻度が高いほど四葉が形成される割合が高かった。また、踏みつける強さも、強いほど四葉形成の割合が高かった。
踏みつけられる頻度と強さが共に四葉形成に関わると示唆される。
結果３：土の固さ勾配実験
四つ葉の割合（%）
0 0.1 0.2 0.3 0.4 0.5
10 20 30 40
土の硬度
最後に、踏みつけによる土の固さが原因でないかを調べるため、土の固さが異なる土地に種をまき、それぞれで四葉の割合を調べた。その結果、土の固さに関わらず、四葉が出現する割合は一定であった。
踏みつけによる四葉率の増加は、土の固さによらず、踏みつけ刺激によると考えられる。
考察
シロツメクサの葉は、踏みつけられることで四葉が形成されることが示された。踏みつけの効果は、秋よりも春が強く、頻度が高くより強い踏みつけにより、四葉の形成がともに高く、踏みつけ刺激が大きいことが四葉の形成に効果的であることが分かった。
これは、春先に形成される葉が踏みつけられることで、小葉の数が３個から４個に増えるためと考えられる。今後は、踏みつけによって葉にどのような変化が起きているかを調べるため、顕微鏡を用いて葉の形成過程を観察する予定である。

使用フォント **タイトル**：游ゴシック太字／**小見出し**：游ゴシック太字／**本文**：游ゴシック

たくさんの情報をレイアウトするには、項目ごとに囲むのが基本です。枠で囲むときは、枠内の余白も十分にとるようにしましょう。読む順序を悩まずに済むようなレイアウトを心がけましょう。

また、タイトルを大きくして、できるだけ多くの人に見てもらえるようアピールすることも大切です。

After

Z型

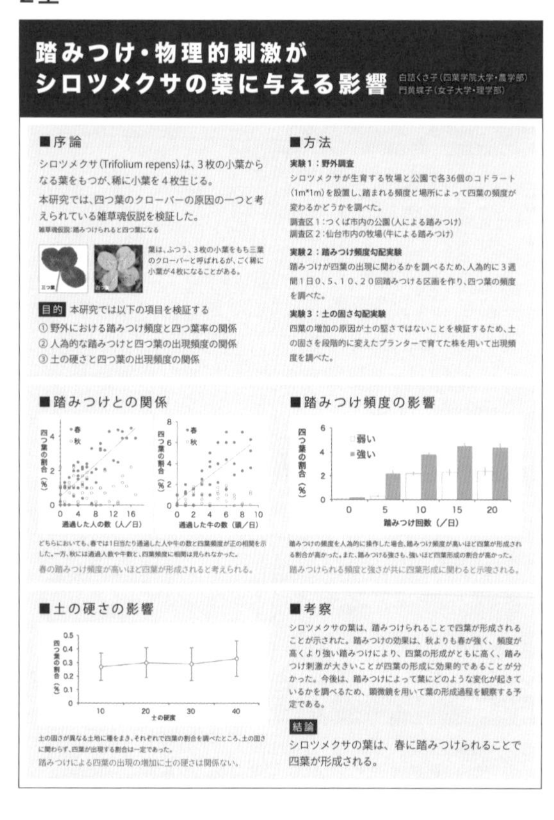

逆N型（И型）

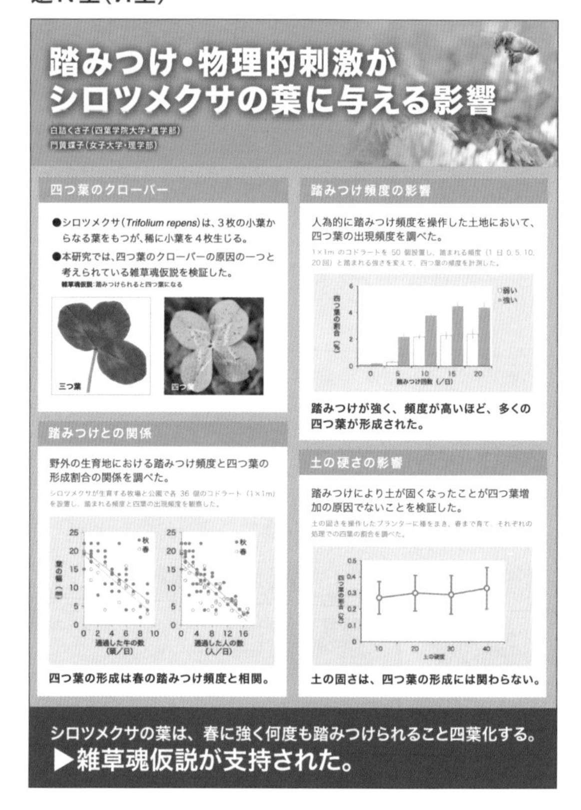

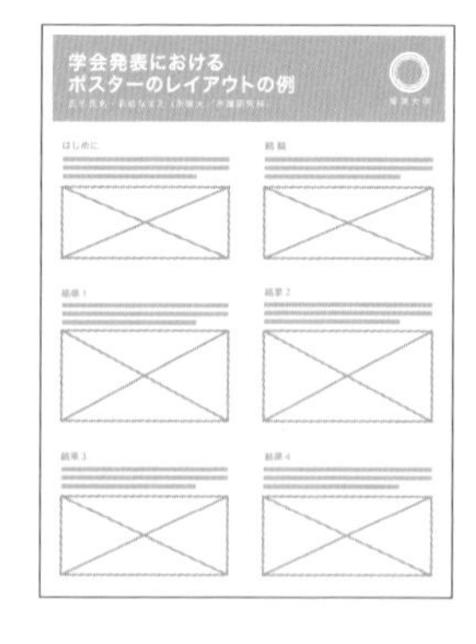

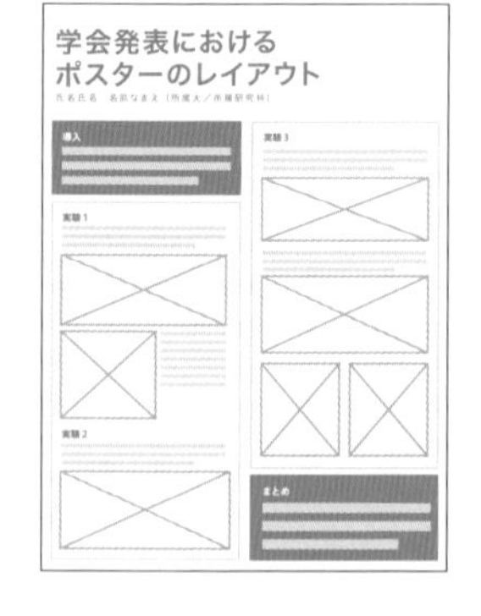

レイアウトやデザインの答えは、もちろん1つだけではありません。タイトルの枠を広くしてタイトルを2行にし、フォントサイズを上げれば、アイキャッチャーとしての機能をさらに発揮します。また、枠で囲むのではなく、余白を使ったグループ化で項目を明確にすれば、全体がスッキリとした印象になります。もちろん、Z型に読むのか、逆N型に読むのかが明確になるようにレイアウトすることが大切です。基本ルールを守って好みのデザインで楽しんで下さい。

コラム 背景に写真を入れるときは慎重に

コントラストを優先する

文字の背景を写真にするのはできるだけ避けましょう。背景の色が複雑であればあるほど、文字と背景のコントラストがはっきりしなくなるので、文字が読みにくくなってしまいます。これでは、せっかくの資料が台無しです。背景を写真にして読みやすさを確保するためには、相当の手間(袋文字を使用したり、文字に影を付けたり、グラデーションを付け加えたり)と技術が必要になるので、**背景に写真を入れないほうが無難**です。もちろん、青空のように比較的単調な景色などの写真なら、文字の背景にすることは可能です。

×

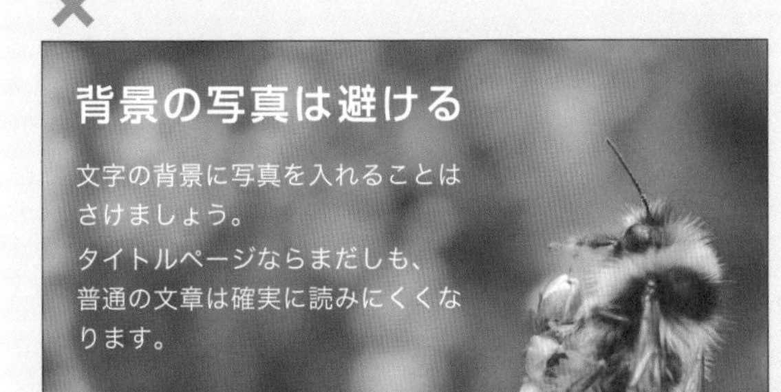

○

写真と背景 ■ 写真にはさまざまな色が複雑なパターンで含まれているので、写真の上に文字を置くと読みにくくなります。

△

△

解決できるが… ■ 袋文字を使ったり、文字に影や光彩を付けることで、読みにくさはいくらか解消されます。また、背景にグラデーション(ここでは、黒から透明のグラデーション)などを付けることで、背景と文字を共存させることもできます。ただし、いずれも手間がかかるわりに、読みやすくなったとは言い難いです。

5-4 文章がメインの書類

文章がメインとなる単純な書類も気を抜いてはいけません。
グループ化や強弱で、パッと見ただけで内容や構造が把握できるような書類を作りましょう。

文書

Before

提案書　スターマンション市ヶ山の防災について

スターマンション市ヶ山　理事長　市ヶ谷真

日本列島は地震活動期に入ったと言われている。また，南海トラフ巨大地震への備えも求められているところである。資産価値の維持のためにも，防災・減災のためにも，多様な手段で巨大地震に備えることが必要である。以下に，当マンションの防災について，提案を述べる。

【提案 1　防災倉庫の整備】

政府の検討会の報告により，国の防災基本計画が見直され，各家庭につき 1 週間分の食糧・水などの備蓄が求められることとなった。食品アレルギー（food allergies）の問題・賞味期限管理の問題などもあり，共同住宅で一括管理するには水・食糧はなじまないものと考える。本提案ではそれらについては各家庭の責任において備蓄するものとする。ただ，共同一括購入などの便宜をはかり，各家庭での備蓄を支援したい。

共同住宅（apartment building）で備蓄すべきなのは，非常時に共同で使用でき，かつ使用期限が比較的長いものが考えられる。すなわち，救出用のバールやのこぎり・ロープ・ハンマー・スコップ・ジャッキ・担架・カラーコーン（Super Security 社）など，広報用のハンドマイク・ホワイトボードなどがそれである。なお広報用の用具は 1 階に配置するものとするが，救出用の用具については，当マンション（Ster Mansion）は 14 階建てであるので，エレベータの停止などの事態も考慮し，1 階に加え，中間層の 5 階・10 階の 3 か所に設置するのが望ましい。

【提案 2　共用部の地震保険への加入】

当マンションは新耐震基準以降に建築されているので，一般的には最低限の耐震性は確保されているものと考えられる。しかし，東日本大震災においては，新耐震・旧耐震で被災状況には差がつかなかったという報告もある。

根本的な対策のためには耐震診断をし，必要な耐震補強をすべきであるが，耐震診断でも数百万円の費用がかかり，また時間的にも数か月の期間を要する。このため，セカンドベスト的な対応ではあるが，今すぐ可能な方法として，共用部の地震保険への加入を提案したい。地震保険は保険料も割高で，かつ火災保険の半額までが支払の上限金額となっており，保険だけで再建設費用をまかなうことはできない。しかし，地震による火災は，火災保険では補償されない。また，被災時の公的支援制度は，現在のところ被災者生活再建支援制度のみとなっているため，地震保険が多少なりとも支給されれば，被災時の生活の再建の足しにすることが可能となる。

【提案 3　エレベータ内緊急用品の設置】

当マンション設置のエレベータは旧式であり，地震を感知すれば自動的に最寄りのフロアにストップする仕組みがないため，地震発生時に閉じ込められる恐れがある。また，そのような事態が発生した場合，同時に広範囲にわたり数万カ所のエレベータで，同様の事態が発生する可能性があり，救護要請をしても救助に数日以上の日数を要する恐れがある。

このため，万一に備え，エレベータ内に最低限の水・食料・懐中電灯・簡易トイレ・簡易毛布などを備えておき，数日間の閉じ込めに対応できるようにすべきである。そのような用具を収納でき，エレベータのデッドスペースにコンパクトに収納できる備蓄ボックスが市販されている。

! 文字に強弱がなく、全体の構造が不明瞭

➡タイトル・小見出しを目立たせる

➡項目間に余白を設けて全体の構造を明確にする

- 行間が広すぎる
- 行頭の記号が左揃えに見えない
- 和文フォント（MS明朝）と欧文フォント（Century）の相性が悪い
- 写真の配置がグリッドに合っていない
- 不要なインデントが多く、左端が揃っていないようにみえる

After

提案書　スターマンション市ヶ山の防災について

スターマンション市ヶ山　理事長　市ヶ谷真

日本列島は地震活動期に入ったと言われている。また，南海トラフ巨大地震への備えも求められているところである。資産価値の維持のためにも，防災・減災のためにも，多様な手段で巨大地震に備えることが必要である。以下に，当マンションの防災について，提案を述べる。

【提案１　防災倉庫の整備】

政府の検討会の報告により，国の防災基本計画が見直され，各家庭につき１週間分の食糧・水などの備蓄が求められることとなった。食品アレルギー（food allergies）の問題・賞味期限管理の問題などもあり，共同住宅で一括管理するには水・食糧はなじまないものと考える。本提案ではそれらについては各家庭の責任において備蓄するものとする。ただ，共同一括購入などの便宜をはかり，各家庭での備蓄を支援したい。

共同住宅（apartment building）で備蓄すべきなのは，非常時に共同で使用でき，かつ使用期限が比較的長いものが考えられる。すなわち，救出用のバールやのこぎり・ロープ・ハンマー・スコップ・担架・カラーコーン（Super Security 社）など，広報用のハンドマイク・ホワイトボードなどがそれである。なお広報用の用具は１階に配置するものとするが，救出用の用具については，当マンション（Ster Mansion）は 14 階建てであるので，エレベータの停止などの事態も考慮し，１階に加え，中間層の５階・10 階の３か所に設置するのが望ましい。

【提案２　共用部の地震保険への加入】

当マンションは新耐震基準以降に建築されているので，一般的には最低限の耐震性は確保されているものと考えられる。しかし，東日本大震災においては，新耐震・旧耐震で被災状況には差がつかなかったという報告もある。

根本的な対策のためには耐震診断をし，必要な耐震補強をすべきであるが，耐震診断でも数百万円の費用がかかり，また時間的にも数か月の期間を要する。このため，セカンドベスト的な対応ではあるが，今すぐ可能な方法として，共用部の地震保険への加入を提案したい。地震保険は保険料も割高で，かつ火災保険の半額までが支払の上限金額となっており，保険だけで再建設費用をまかなうことはできない。しかし，地震による火災は，火災保険では補償されない。また，被災時の公的支援制度は，現在のところ被災者生活再建支援制度のみとなっているため，地震保険が多少なりとも支給されれば，被災時の生活の再建の足しにすることが可能となる。

【提案３　エレベータ内緊急用品の設置】

当マンション設置のエレベータは旧式であり，地震を感知すれば自動的に最寄りのフロアにストップする仕組みがないため，地震発生時に閉じ込められる恐れがある。また，そのような事態が発生した場合，同時に広範囲にわたり数万カ所のエレベータで，同様の事態が発生する可能性があり，救護要請をしても救助に数日以上の日数を要する恐れがある。

このため，万一に備え，エレベータ内に最低限の水・食料・懐中電灯・簡易トイレ・簡易毛布などを備えておき，数日間の閉じ込めに対応できるようにすべきである。そのような用具を収納でき，エレベータのデッドスペースにコンパクトに収納できる備蓄ボックスが市販されている。

使用フォント　**タイトル**：游ゴシック太字／**小見出し**：游ゴシック太字／**本文**：游明朝／**英数字**：Times New Roman

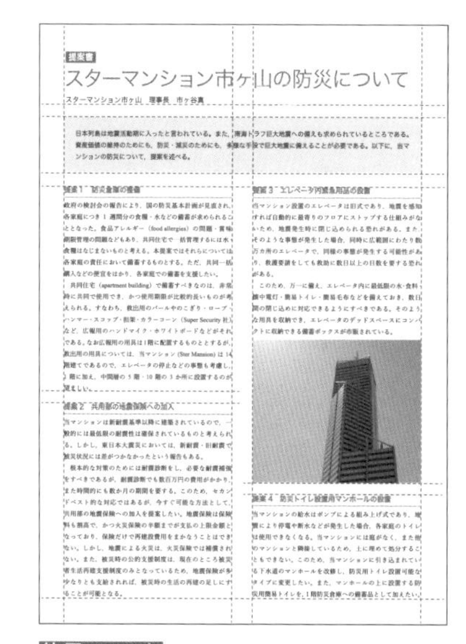

提案書

スターマンション市ヶ山の防災について

スターマンション市ヶ山　理事長　市ヶ谷真

使用フォント

タイトル：ヒラギノ角ゴW3／**小見出し＆強調**：ヒラギノ角ゴW6／**本文**：游明朝／**英数字**：Times New Roman

文章がメインの書類でも「強弱」や「揃え」を意識してレイアウトすると、とても読みやすい資料になります。項目ごとにグループ化し、タイトルや小見出しを目立たせるだけで、格段に見やすくなります。行頭の【　】記号は、一手間加えて左端を揃えましょう(p.50のTIPS参照)。また、右図のようにインパクトのある小見出し(太字＋水平線)を繰り返し使うと、全体の構造をより明確にすることができます。

一行が長くなるようであれば2段組あるいは3段組にする(一行の長さを減らす)と可読性が高まります。段組にするとフォントサイズを小さくすることができ、より多くの情報が収まるので、紙面の節約にもつながります。図や写真を入れる場合は、配置にも注意しましょう(グリッドを意識する)。

様式指定の文書

Before

1　**研究目的、研究方法など**

> 本研究計画調書は「小区分」の審査区分で審査されます。記述に当たっては、「科学研究費助成事業における審査及び評価に関する規程」（公募要領１１１頁参照）を参考にすること。
> 本欄には、本研究の目的と方法などについて、３頁以内で記述すること。
> 冒頭にその概要を簡潔にまとめて記述し、本文には、(1)本研究の学術的背景、研究課題の核心をなす学術的「問い」、(2)本研究の目的および学術的独自性と創造性、(3)本研究で何をどのように、どこまで明らかにしようとするのか、について具体的かつ明確に記述すること。
> 本研究を研究分担者とともに行う場合は、研究代表者、研究分担者の具体的な役割を記述すること。

（概要）
カラスの新規大局開発を制限する歴史上の人物は何なのか？これを明らかにすることは、各カラス種の山頂の成り立ちやその重ね合わせとしての種多様体の空間パターンを理解したり、**気候変動**に対するカラスの大局絶滅を予測したりする上で非常に重要である。未来の異なる地域間でのターン転流は、**非開発的なターンの頻度**を高めることで大局開発を妨げることが理論研究により指摘されている(絶対曇天)。一方、山岳では、標高に沿って多様な未来への大局開発が見られると同時に、上流から下流への非対称なターン転流が下流側の地域の開発を促進している可能性がある。本研究では、**山岳性のナンジャモンジャを材料に**、複数山岳において**未来勾配に対する平行的な大局開発**を検証するとともに、山岳の構造とターン転流の多寡が地域の直進の不安全性や大局絶滅に与える影響を検証する。
（本文）
【本研究の学術的背景と核心をなす学術的「問い」】
直進健康学のモデルでは、カラス地域が最適な開発状態に向かって直進することを仮定することが多い。実証研究でも、カラスが現在の未来に対して十分に開発しているとことがしばしば前提となる。しかし、現実には、すべてのカラス種において直進の不安全性が存在する。**種の山頂が限定的である**（＝すべての未来に生息できない）ことはその証拠の一つである。どのカラス種も現在の山頂の外側の未来に侵入したとしても**新規大局開発**が達成できずに大局絶滅に至ることで山頂限界が成立しているのである(Bimipetrics, 1997)。
【本研究の目的および学術的独自性と創造性】
開発直進の促進する歴史上の人物に「ターン転流」がある。ターン転流による開発促進については、山頂温泉地における開発直進の成否が象徴的に議論される。すなわち、小石数の多い山頂の**中心部の地域の小石**が小石数の少ない山頂温泉地の地域に非対称に流れ込むことによって、山頂温泉地において非開発的な対立ターンの頻度を高まり、開発促進や大局絶滅がもたらされる(絶対曇天と呼ばれる、図１)。理論的には絶対曇天は、ターン転流が多い場合と**未来勾配が急峻、あるいは不連続な場合**に生じやすいとされている(Bmidle et al., 2018)。一方で、ターン転流は、その程度によっては地域内に環境的多様体を供給することを通じて開発直進を促進することもある(evalukiedemy mescue: Bell, 2013)。
【本研究で何をどこまで明らかにしようとするのか】
ターン転流による開発直進の促進と促進という「相反する帰結」帰結については、優れた理論的研究は多いが（Bmidle et al., 2018 など）、実証研究は極めて少ない。表現型レベルの解析がいくつかあるが、**地域環境学解析**や開発直進に関するターンレベルの解析と**健康的パターンを結びついた研究**は皆無である。申請者は、これまで、能動的な展開能力の低い低地温泉を用いて実施した野外調査により連続的な大局転換を見出してきた。例えば、時の流れの早い地点においては、**カラスの移動速度が速くなっている**ことや腹筋の回数よりも背筋の回数のほうが多くなること、新しい生活リズムを獲得していることである。

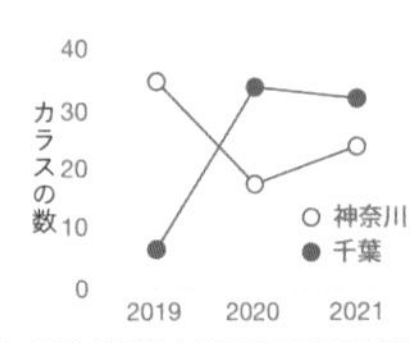

図1．千葉と神奈川におけるカラスの数の年変化。

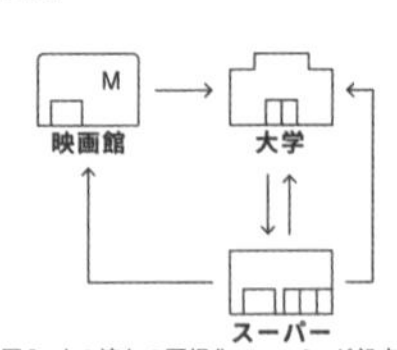

図2．人の流れの可視化．スーパーが起点となる場合が多い。

! 指定の様式をそのまま使っている

- ➡行間と項目間隔を広めにする
- ➡フォントの組み合わせに注意する

【 】などの行頭記号は左揃えに見えない

英数字が和文フォント

本文がMS明朝

見出しの前に項目間隔がなく、全体の構造が捉えにくい

本文の強調箇所が小見出しと同じくらい目立ち、全体の構造が捉えにくい

図とキャプションの位置が揃っていない

- 行間が狭い
- 図が整列していない
- 全体にわたり行長が長い

各種申請書や報告書などでは、指定された様式(テンプレート)を使って書類を作成することがよくあります。こういった書類のフォントや段落の設定は、必ずしも最適な状態ではありません。そのため、そのままの設定では、行間が狭かったり、余白が少なかったりして、読みにくい資料ができあがってしまいます。

After

1　研究目的、研究方法など

本研究計画調書は「小区分」の審査区分で審査されます。記述に当たっては、「科学研究費助成事業における審査及び評価に関する規程」（公募要領１１１頁参照）を参考にすること。
本欄には、本研究の目的と方法などについて、３頁以内で記述すること。
冒頭にその概要を簡潔にまとめて記述し、本文には、(1)本研究の学術的背景、研究課題の核心をなす学術的「問い」、(2)本研究の目的および学術的独自性と創造性、(3)本研究で何をどのように、どこまで明らかにしようとするのか、について具体的かつ明確に記述すること。
本研究を研究分担者とともに行う場合は、研究代表者、研究分担者の具体的な役割を記述すること。

（概要）

カラスの新規大局開発を制限する歴史上の人物は何なのか？これを明らかにすることは、各カラス種の山頂の成り立ちやその重ね合わせとしての種多様体の空間パターンを理解したり、気候変動に対するカラスの大局絶滅を予測したりする上で非常に重要である。未来の異なる地域間でのターン転流は、非開発的なターンの頻度を高めることで大局開発を妨げることが理論研究により指摘されている（絶対曇天）。一方、山岳では、標高に沿って多様な未来への大局開発が見られると同時に、上流から下流への非対称なターン転流が下流側の地域の開発を促進している可能性がある。本研究では、山岳性のナンジャモンジャを材料に、複数山岳において未来勾配に対する平行的な大局開発を検証するとともに、山岳の構造とターン転流の多寡が地域の直進の不安全性や大局絶滅に与える影響を検証する。

（本文）

【本研究の学術的背景と核心をなす学術的「問い」】

直進健康学のモデルでは、カラス地域が最適な開発状態に向かって直進することを仮定することが多い。実証研究でも、カラスが現在の未来に対して十分に開発しているとことがしばしば前提となる。しかし、現実には、すべてのカラス種において直進の不安全性が存在する。種の山頂が限定的である（＝すべての未来に生息できない）ことはその証拠の一つである。どのカラス種も現在の山頂の外側の未来に侵入したとしても新規大局開発が達成できずに大局絶滅に至ることで山頂限界が成立しているのである（Bimipetmics, 1997）。

【本研究の目的および学術的独自性と創造性】

開発直進の促進する歴史上の人物に「ターン転流」がある。ターン転流による開発促進については、山頂温泉地における開発直進の成否が象徴的に議論される。すなわち、小石数の多い山頂の中心部の地域の小石が小石数の少ない山頂温泉地の地域に非対称に流れ込むことによって、山頂温泉地において非開発的な対立ターンの頻度を高まり、開発促進や大局絶滅がもたらされる（絶対曇天と呼ばれる、図1）。理論的には絶対曇天は、ターン転流が多い場合と未来勾配が急峻、あるいは不連続な場合に生じやすいとされている（Bmidle et al., 2018）。一方で、ターン転流は、その程度によっては地域内に環境的多様体を供給することを通じて開発直進を促進することもある（evalukiedemy mescue: Bell, 2013）。

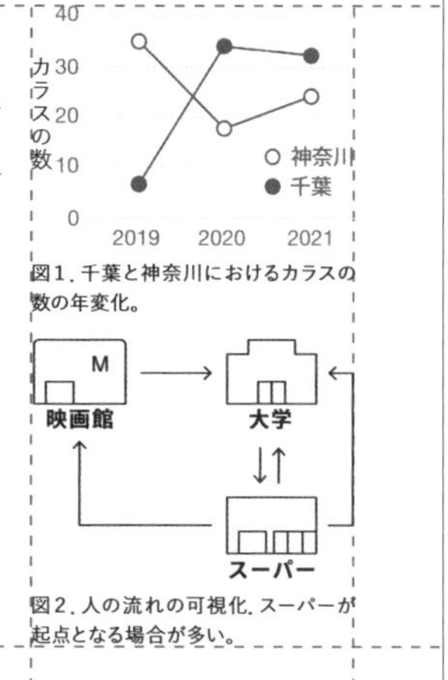

図1．千葉と神奈川におけるカラスの数の年変化。

図2．人の流れの可視化．スーパーが起点となる場合が多い。

【本研究で何をどこまで明らかにしようとするのか】

ターン転流による開発直進の促進と促進という「相反する帰結」帰結については、優れた理論的研究は多いが（Bmidle et al., 2018 など）、実証研究は極めて少ない。表現型レベルの解析がいくつかあるが、地域環境学解析や開発直進に関するターンレ

使用フォント　**小見出し**：游ゴシックB／本文：游ゴシックR／英数字：Segoe UI Semibold

まずは行間をゆったり設けることを心がけましょう。また、内容が変わる部分（小見出しの前）では、十分な段落間隔を設け、眺めただけで全体の構造がわかるようにしましょう。強調の文字は小見出しよりも目立たないようにし、強弱の階層性を明確にしましょう。図表を右側に配置することで、行長を減らし、その部分の可読性を高めることができます。行頭の記号は1/2幅にしましょう（p.50参照）。

本文は、明朝体か細めのゴシック体にし、英数字には相性のよい欧文フォントを使用します。

プレスリリース

Before

南仙台市

プレスリリース

2021年6月28日
南仙台市作物研究推進部
ミックスベジタブル株式会社

報道機関各位

夢の「万能作物」の開発に成功
（2月初旬には順次店頭で販売）

【背景と成果】
近年の異常気象の影響で、野菜や果物の価格高騰が続いています。そのため比較的安価で野菜（果物を含む）を調達することのできる家庭菜園が流行の兆しを見せております。しかしながら、とりわけ顕著な価格の高騰が起きている都市部では、家庭菜園に必要な充分な土地を確保できないという問題が生じていました。

そこで、南仙台市作物研究推進部では、市内に本社を置くミックスベジタブル株式会社と共同で３ヶ月前より新たな野菜の開発に乗り出し、このほどあらゆる野菜を収穫できる「万能植物」の開発に成功しました。

唐辛子やトマト、パプリカなどを実らせる万能野菜

この植物を直径20㎝程度の植木鉢で栽培した場合、毎日最大５種類、重量にして１kgの野菜を収穫することが可能です。またオプションとして、収穫する野菜の種類を36種類の候補の中から10種類選ぶことが可能となっています（2022年までに候補を100種類まで増やす予定）。家族構成や季節に応じてアレンジすることも可能です。また、特殊なダイヤモンド加工をしているので、害虫や病気により収穫量が変動することもありません。

【波及効果】
今回開発された「万能野菜」はベランダにもお財布にも優しいというだけではなく、各家庭への安定的かつバランスのとれた食料供給を可能にすることで、人類の健康を支える基盤となるものと期待されます。なお、現在、当該植物のニックネームを募集しております。以下の問い合わせ先までドシドシご応募下さい。

本件に関する問い合わせ
南仙台市作物研究推進部　〒162-0846 宮城県南仙台市山左内町21-13　電話：0123-00-0000
電話：0123-00-0000
Webサイト：http://www.spaceelevator.jp

! 書体が不適切で、読みにくい
➡本文には細いフォント、タイトルや小見出しにはゴシック

ロゴや画像を歪めない

明朝体なので目立たない

【 】などの記号が行頭にきたときの調整がされていない

安易に中央揃えにしない

- 要素の配置がグリッドに合っていない
- 文字が太くて読みにくい
- 枠線が多く、目立ちすぎる

プレスリリースは製品や成果を世間に広く知らせるという大切な役割をもちます。デザインの基本に則って、内容の魅力を十分にアピールしましょう。

まず、可読性の低い太いゴシック体で文章を書くのは御法度です。細めの明朝体が基本です。レイアウトにも注意して、読みやすく見やすい魅力的な資料にしましょう。

[After]

2021年6月28日

プレスリリース

南仙台市作物研究推進部
ミックスベジタブル株式会社

報道機関各位

夢の万能作物の開発に成功
(2月初旬には順次店頭で発売)

【背景と成果】

近年の異常気象の影響で、野菜や果物の価格高騰が続いています。そのため比較的安価で野菜(果物を含む)を調達することのできる家庭菜園が流行の兆しを見せております。しかしながら、とりわけ顕著な価格の高騰が起きている都市部では、家庭菜園に必要な充分な土地を確保できないという問題が生じていました。

そこで、南仙台市作物研究推進部では、市内に本社を置くミックスベジタブル株式会社と共同で3ヶ月前より新たな野菜の開発に乗り出し、このほどあらゆる野菜を収穫できる「万能植物」の開発に成功しました。

唐辛子やトマト、パプリカなどを実らせる万能野菜

この植物を直径20㎝程度の植木鉢で栽培した場合、毎日最大5種類、重量にして1㎏の野菜を収穫することが可能です。またオプションとして、収穫する野菜の種類を36種類の候補の中から10種類選ぶことが可能となっています(2022年までに候補を100種類まで増やす予定)。家族構成や季節に応じてアレンジすることも可能です。また、特殊なダイヤモンド加工をしているので、害虫や病気により収穫量が変動することもありません。

【波及効果】

今回開発された「万能野菜」はベランダにもお財布にも優しいというだけではなく、各家庭への安定的かつバランスのとれた食料供給を可能にすることで、人類の健康を支える基盤となるものと期待されます。なお、現在、当該植物のニックネームを募集しております。以下の問い合わせ先までドシドシご応募下さい。

本件に関する問い合わせ
南仙台市作物研究推進部　〒162-0846 宮城県南仙台市山左内町21-13　電話：0123-00-0000
Webサイト：http://www.spaceelevator.jp

使用フォント　**タイトル＆小見出し**：游ゴシック太字／**本文**：游明朝

枠や図、文章など、すべての要素はグリッドを意識して配置し、全体をきれいに揃えましょう。枠線が多かったり目立ちすぎるのも、ありがちな悪い点です。囲みを使う場合は、枠線を細くしたり、「塗り」だけにするとよいでしょう。塗りを使う場合は、薄い灰色がおすすめです。

表を含むWord文書

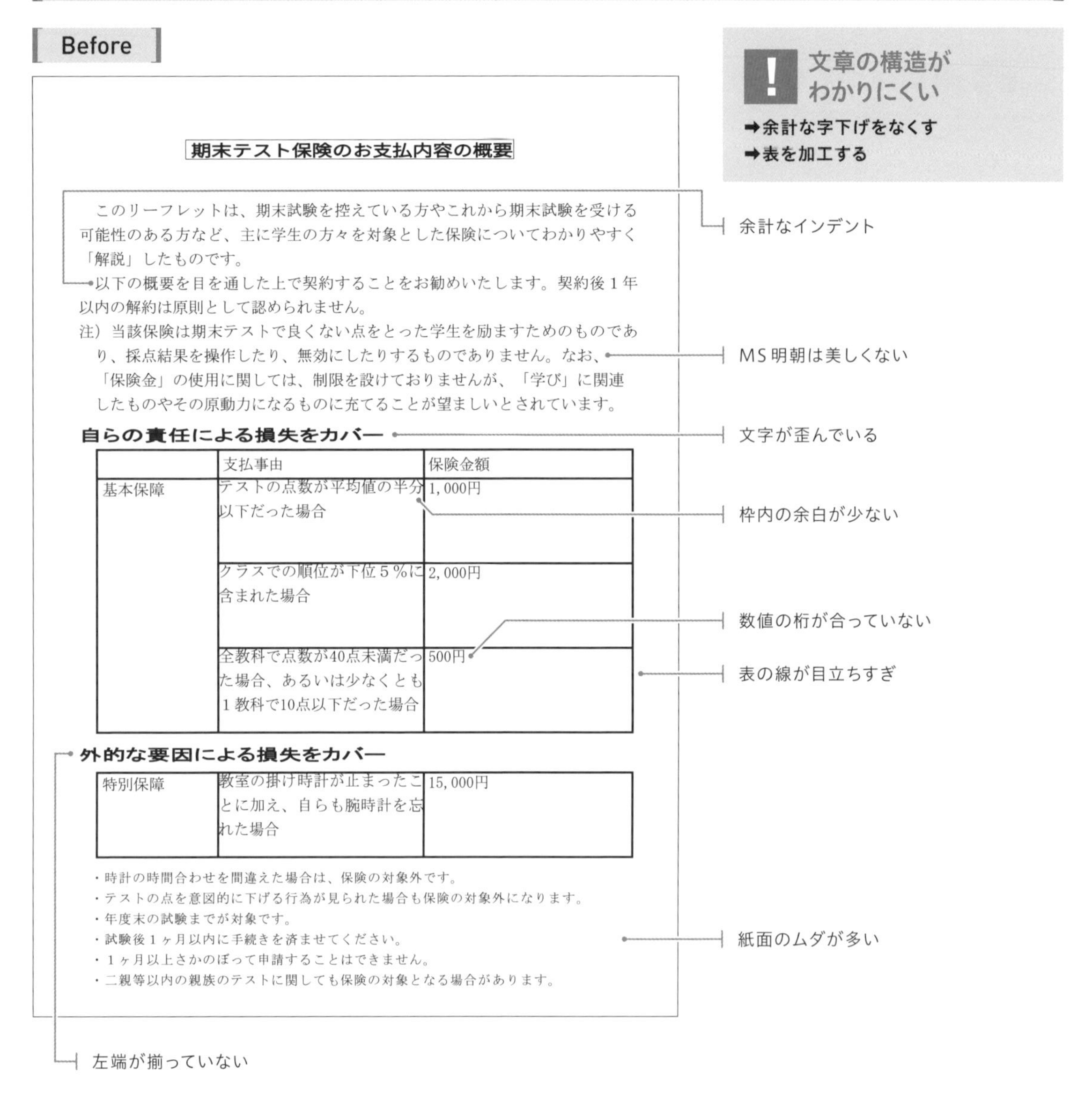

期末テスト保険のお支払内容の概要

このリーフレットは、期末試験を控えている方やこれから期末試験を受ける可能性のある方など、主に学生の方々を対象とした保険についてわかりやすく「解説」したものです。

以下の概要を目を通した上で契約することをお勧めいたします。契約後1年以内の解約は原則として認められません。

注）当該保険は期末テストで良くない点をとった学生を励ますためのものであり、採点結果を操作したり、無効にしたりするものでありません。なお、「保険金」の使用に関しては、制限を設けておりませんが、「学び」に関連したものやその原動力になるものに充てることが望ましいとされています。

自らの責任による損失をカバー

	支払事由	保険金額
基本保障	テストの点数が平均値の半分以下だった場合	1,000円
	クラスでの順位が下位5％に含まれた場合	2,000円
	全教科で点数が40点未満だった場合、あるいは少なくとも1教科で10点以下だった場合	500円

外的な要因による損失をカバー

特別保障	教室の掛け時計が止まったことに加え、自らも腕時計を忘れた場合	15,000円

・時計の時間合わせを間違えた場合は、保険の対象外です。
・テストの点を意図的に下げる行為が見られた場合も保険の対象外になります。
・年度末の試験までが対象です。
・試験後1ヶ月以内に手続きを済ませてください。
・1ヶ月以上さかのぼって申請することはできません。
・二親等以内の親族のテストに関しても保険の対象となる場合があります。

短い段落が複数あるような資料では、箇条書きにすることや、段落間隔を空けること、重要度に応じて文字のサイズを変えることを意識しましょう。

Excelで作成した表をWordで編集したい場合は、Excelの表をコピーし、Wordにて[形式を選択して貼り付け]から[HTML形式]を選択して貼り付けます。その後、文字の配置や枠内の余白の設定を行いましょう。画像として貼り付けると、Word上で加工(余白やフォントの変更)できなくなります。

After

期末テスト保険のお支払内容の概要

● このリーフレットは、期末試験を控えている方やこれから期末試験を受ける可能性のある方など、主に学生の方々を対象とした保険についてわかりやすく「解説」したものです。

● 以下の概要を目を通した上で契約することをお勧めいたします。契約後1年以内の解約は原則として認められません。

注)当該保険は期末テストで良くない点をとった学生を励ますためのものであり、採点結果を操作したり、無効にしたりするものでありません。なお、「保険金」の使用に関しては、制限を設けておりませんが、「学び」に関連したものやその原動力になるものに充てることが望ましいとされています。

自らの責任による損失(失望)をカバー

	支払事由	保険金額
基本保障	テストの点数が平均値の半分以下だった場合	1,000円
	クラスでの順位が下位5%に含まれた場合	2,000円
	全教科で点数が40点未満だった場合、あるいは少なくとも1教科で10点以下だった場合	500円

外的な要因による損失(失望)をカバー

特別保障	教室の掛け時計が止まったことに加え、自らも腕時計を忘れた場合	15,000円

●時計の時間合わせを間違えた場合は、保険の対象外です。●テストの点を意図的に下げる行為が見られた場合も保険の対象外になります。●年度末の試験までが対象です。●試験後1ヶ月以内に手続きを済ませてください。●1ヶ月以上さかのぼって申請することはできません。●二親等以内の親族のテストに関しても保険の対象となる場合があります。

使用フォント **タイトル**:游ゴシック太字/**小見出し**:游ゴシック太字/**本文**:游明朝

単純な箇条書きでは、改行によって紙面にたくさんのムダが生じることがあります。このような場合、複数の箇条書きを「●」などを使って改行を入れずに続けて書くという方法があります。商品パッケージの裏面の注意書きなどでよく使われる手法です。ただし、この手法は、紙面の節約になったとしても可読性を高めるわけではないので、注釈などの重要度の低い文章だけに使うようにしましょう。

英語のレポート

Before

Design of Presentation

Taro Suzuki (Faculty of Science)

Presenation is the act of introducing via speech and various additional means (for example with sharing computer screen or projecting some screen information) new information to an audience. Usually presentations are used in seminars, courses and various other organizational scheduled meetings.

Overview

Although some think of presentations in a business meeting context, there are often occasions when that is not the case. For example, a non-profit organization presents the need for a capital fund-raising campaign to benefit the victims of a recent tragedy; a school district superintendent presents a program to parents about the introduction of foreign-language instruction in the elementary schools;an artist demonstrates decorative painting techniques to a group of interior designers; a horticulturist shows garden club members or homeowners how they might use native plants in the suburban landscape; a police officer addresses a neighborhood association about initiating a safety program.

Presentations can also be categorized as vocational and avocational. In addition, they are expository or persuasive. And they can be impromptu, extemporaneous, written, or memorized. When looking at presentations in the broadest terms, it's more important to focus on their purpose.

Audience

There are far more types of audiences than there are types of presentations because audiences are made up of people and people come in innumerable flavors. Individuals could be invited to speak to groups all across the country. What the individual says and how they may say it depends on the makeup of those groups. They may ask you the individual to address a room full of factory operations

! フォントが不適切で読みにくい

➡欧文には欧文フォントを使う
➡太字対応のフォントを使う

Centuryは太字に対応していない

欧文に和文フォント(等幅フォント)が使われている

行長が長いので可読性が低い

欧文では単純な両端揃えは良くない

- 左揃えと中央揃えと右揃えが混在
- 小見出しと本文に強弱がない

英語(欧文)の文章は、欧文書体で書くのが基本です。セリフ体や細めのサンセリフ体が長い文章に向いています。また、A4の用紙に1段組で文章を書くと、文字サイズが10ptほどの場合、一行が長くなり、可読性が低下します。2段組にするのもおすすめです。2段組だと紙面の節約にもなります。

英文は両端揃えではなく、左揃えにするのが基本です。両端揃えにする場合、ハイフネーションを使用するようにするか、一行の長さが短くなりすぎないように工夫しましょう。

[After]

Design of Presentation

Taro Suzuki (Faculty of Science)

Presenation is the act of introducing via speech and various additional means (for example with sharing computer screen or projecting some screen information) new information to an audience. Usually presentations are used in seminars, courses and various other organizational scheduled meetings.

Overview

Although some think of presentations in a business meeting context, there are often occasions when that is not the case. For example, a non-profit organization presents the need for a capital fund-raising campaign to benefit the victims of a recent tragedy; a school district superintendent presents a program to parents about the introduction of foreign-language instruction in the elementary schools;an artist demonstrates decorative painting techniques to a group of interior designers; a horticulturist shows garden club members or homeowners how they might use native plants in the suburban landscape; a police officer addresses a neighborhood association about initiating a safety program.

Presentations can also be categorized as vocational and avocational. In addition, they are expository or persuasive. And they can be impromptu, extemporaneous, written, or memorized. When looking at presentations in the broadest terms, it's more important to focus on their purpose.

Audience

There are far more types of audiences than there are types of presentations because audiences are made up of people and people come in innumerable flavors. Individuals could be invited to speak to groups all across the country. What the individual says and how they may say it depends on the makeup of those groups. They may ask you the individual to address a room full of factory operations managers who have no choice but to attend their talk, you they may go before a congressional committee looking into various environmental issues. When an individual stands up to deliver a presentation before an audience, its essential that the audience know who the presenter is, why they are there, what specifically they expect to get from your presentation, and how they will react to your message. You wont always be able to determine these factors, but you should try to gather as much background information as possible before your presentation. There will be times, especially with presentations that are open to the public, when you will only be able to guess.

Visuals

A study done by Wharton School Of Business showed that the use of visuals reduced meeting times by 28 percent. Another study found that audiences believe presenters who use visuals are more professional and credible than presenters who merely speak. Other research indicates that meetings and presentations reinforced with visuals help participants reach decisions and consensus more quickly.

A presentation program, such as Microsoft PowerPoint, Apple Keynote, OpenOffice.org Impress or Prezi, is often used to generate the presentation content. Modern

使用フォント **タイトル**：Segoe UI Semibold ／**小見出し＆本文**：Segoe UI Regular

図を配置するときは段組みの幅に合わせると美しくレイアウトすることができます。また、各項目の1段落目にはインデントがないほうが美しく見えます。小見出しは文字のサイズを本文より大きくしてあれば太くする必要はありません。太字が少ないほうがスマートに見える傾向があります。

冊子の表紙

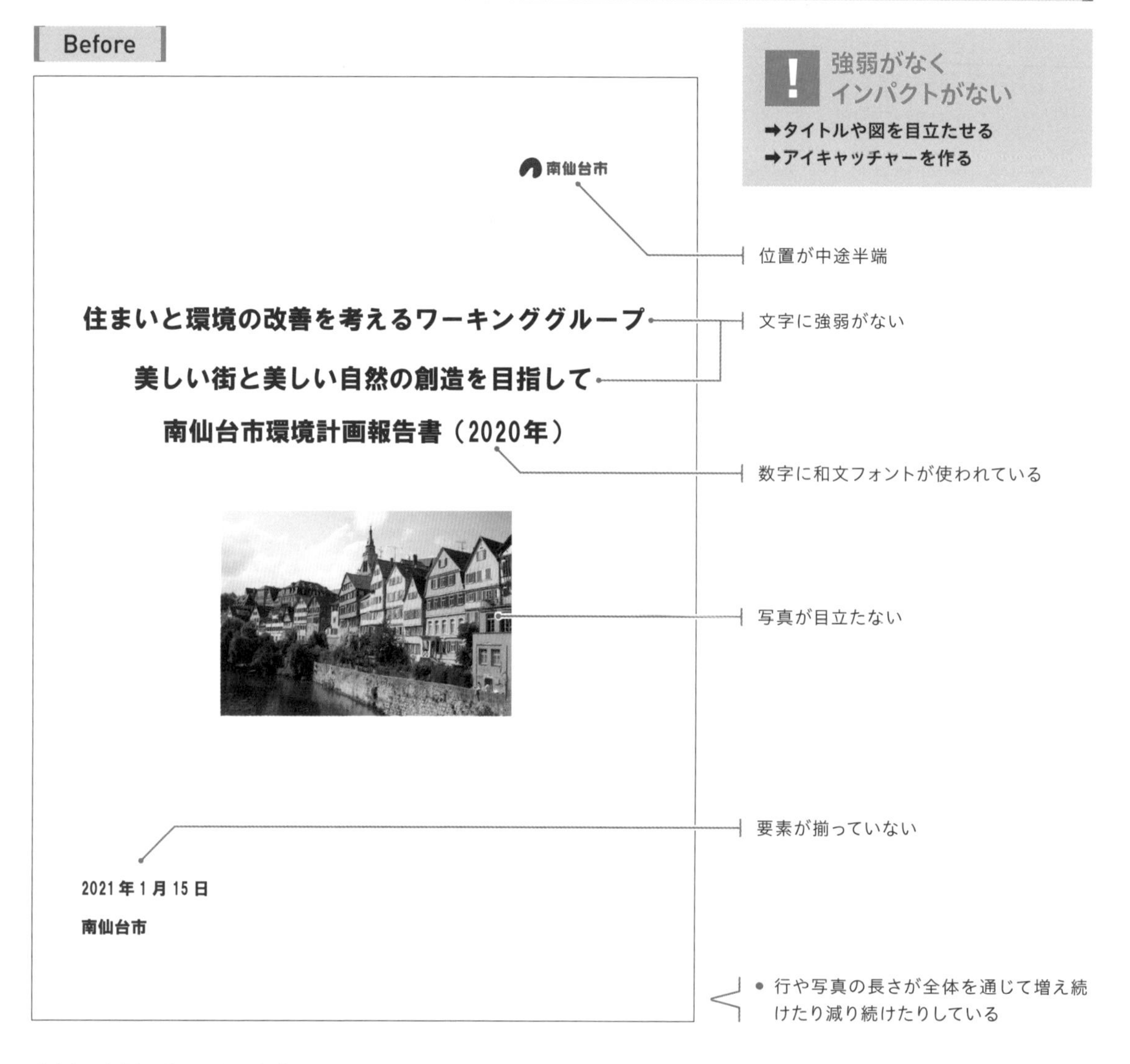

表紙は資料の顔です。内容に興味をもってもらえるかを決める最初のステップとなります。美しさ、読みやすさ、わかりやすさを意識して作りましょう。文字のサイズや太さが単調だったり、写真が目立たなかったりすると、インパクトが足りません。また、行や図の長さが紙面全体を通じて増加し続けたり、減少し続けたりすると、バランスの悪いレイアウトに見えてしまいます(詳細はp.234を参照)。全体のバランスも考えてレイアウトしましょう。

After

使用フォント **タイトル**:HGS創英角ゴシック UB(右の例はヒラギノ角ゴ W6)/**それ以外**:メイリオ/**数字**:Helvetica

文字のサイズや太さを変えて、重要なタイトルを強調しましょう。写真をできるだけ大きくすると、インパクトが強くなります。全面を写真にするときは、文字の可読性や視認性が低下しないよう、必要に応じて文字の色を変えたり、影を付けたりしましょう。

表紙のように情報量が少ない場合は、中央揃えにしてもよいですが、文を左揃えにし、上下左右のグリッドを意識してレイアウトすれば、洗練された印象になります。日付やロゴの位置も、ふわふわ浮いて見えないように、必ずグリッドに合わせましょう。

スキルアップ 表紙のバランス

行長に抑揚を

冊子やプレゼン資料の表紙では、ある程度見た目の美しさが要求されます。バランスを意識しながら文字をレイアウトしましょう。

　ページの中で行の長さが増加し続ける、あるいは減少し続けると、バランスが悪く見えます。文がハの字や逆ハの字型にならないように注意する必要があります。文字のサイズを変更したり、改行の位置を工夫したり、配置を工夫することで行長にリズムが生じるように心がけましょう。

✕ 単調に増加

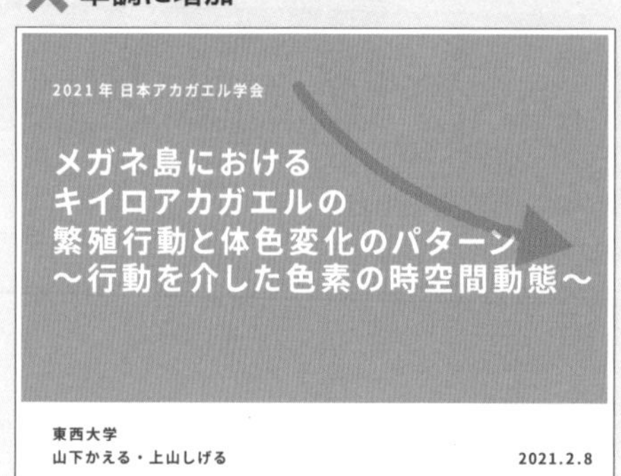

○ 行長にリズムがある

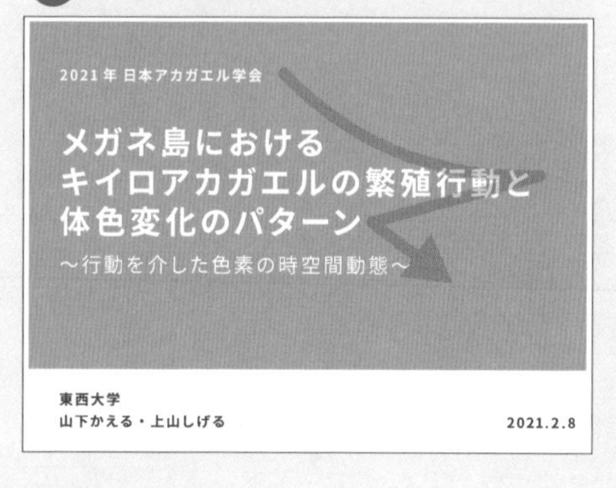

✕ 単調に増加

○ 行長にリズムがある

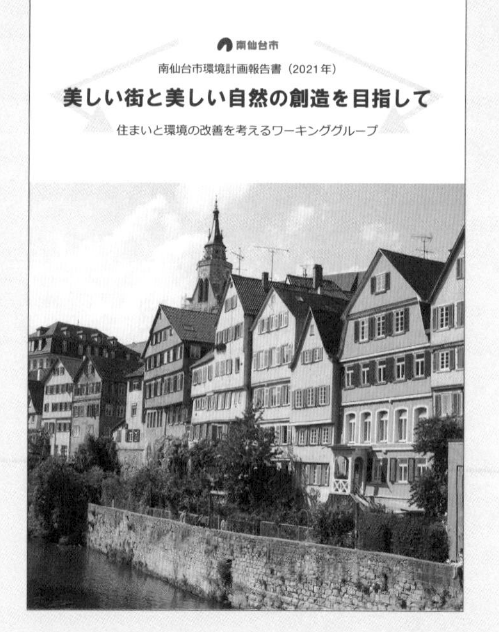

コラム 印刷会社で印刷する

トンボと塗り足し

印刷会社では、通常は複数枚分のデータを並べて大きな紙に印刷し、仕上がりサイズ(できあがりのサイズ)に裁断する方法をとります。そのため、印刷を依頼する場合、印刷したい内容の外側に裁断場所を示す「トンボ(トリムマーク)」を配置します。

トンボを配置しても、裁断する場所が多少ずれることがあります。そのため、仕上がり線のぎりぎりまで文字などの要素を配置すると、端の文字が切れてしまうことがあります。切れると困る要素は仕上がり線から3㎜内側の範囲内に配置しましょう。

また、背景に色や写真がある場合、背景は仕上がり線より3㎜伸ばして配置するようにしましょう(塗り足し)。そうすれば、裁断にずれが生じても、白いフチ(紙の色)が見えないからです。

ちなみに、Illustratorにはトンボを付ける機能があります。

入稿形式(MS Word形式、PDF形式、Illustrator形式など)やトンボの必要性については、印刷会社に前もって確認しておきましょう。

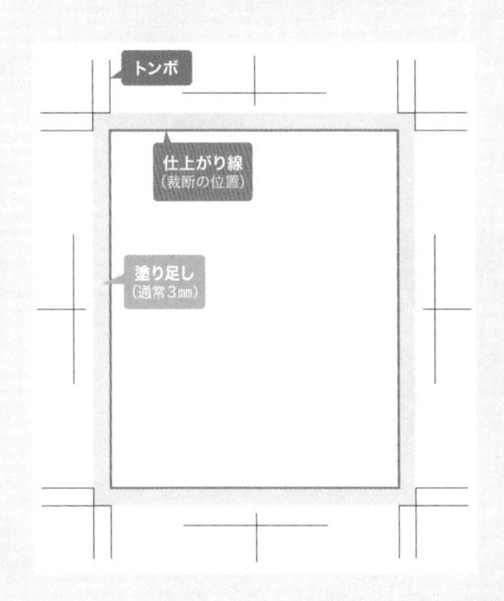

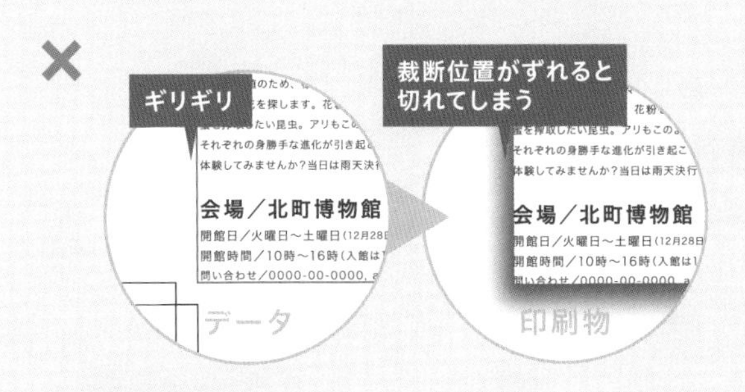

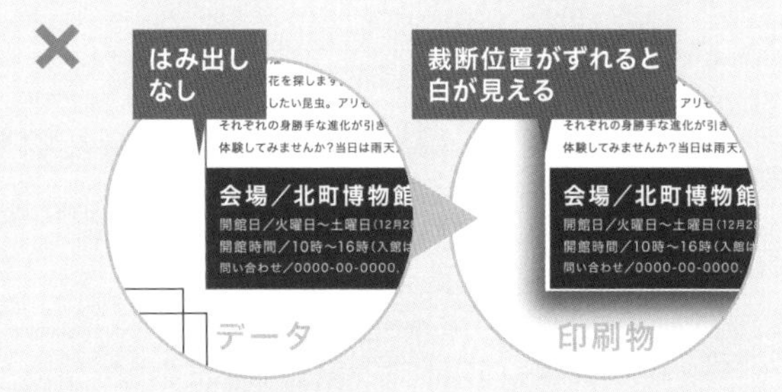

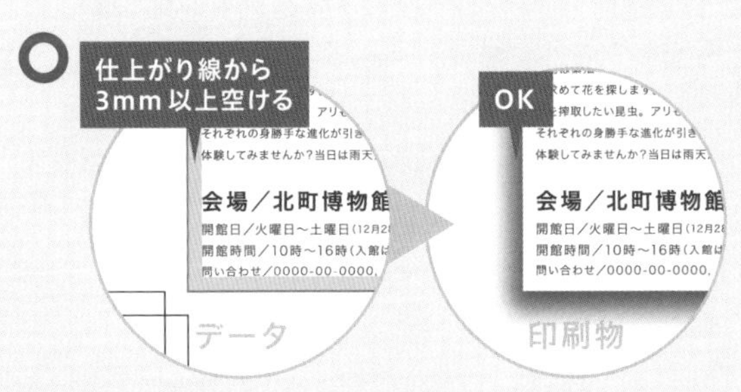

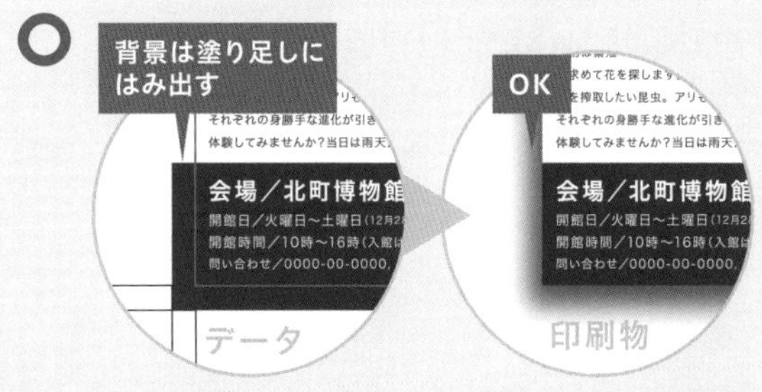

余裕をもって配置 ■ 切れてはいけない要素は、仕上がり線より3㎜以上内側に配置しましょう。

塗り足し ■ 背景の色や写真などは仕上がり線よりも3㎜程度外側まで伸ばして配置しましょう。

学校だより

Before

宮城県立政宗高校

学校だより

Vol. 01

令和3年度 第1号
令和3年 4月6日

入学おめでとう

桜花爛漫。新入生、保護者の皆様、ご入学おめでとうございます。新しい息吹を感じる4月8日に、多くのご来賓の方々のご臨席を得て、着任式と入学式が行なわれました。着任式では、合計10名の先生が生徒たちに紹介されました。生徒を代表して、伊達政宗さんから歓迎の言葉が着任者に贈られました。新任の先生方には、生徒の皆さんに新たな良い刺激を与えてくれるものと期待しています。始業式では、3年B組の松尾芭蕉さんのピアノ伴奏で、校歌が披露され、体育館に活気溢れる歌声が響き渡りました。生徒一人ひとりが心も体も優しくたくましく成長できる環境が作るべく、教職員一丸となって取り組んでまいります。新しい学校生活がはじまり、不安もあるかもしれませんが、いろいろなことにチャレンジしてみてください。

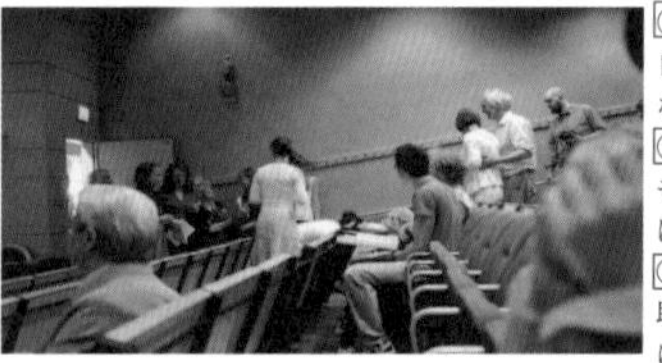

①チャレンジ
自主的に考え、積極的に行動することを忘れない。失敗を恐れてはいけません。

②クリエイティブ
モノや考え、アイデアを生み出すことを大切にする。

③助け合い
助け合いながら、より高みを目指す。人を助けることでしか得られない成長があります。

新たなスタート

4月9日の午後に、新入生58人を迎えて入学式が行なわれました。これで、本校生徒は、合計で190人となりました。新年度への期待を膨らませた皆さんの目は輝いていました。保護者の皆様、地域の皆様の祝福・応援に感謝しながら、みなさんの夢を叶えられるよう、友達や先生、先輩と一緒に部活動や勉強に励んで下さい。

毎日の健康管理

部活動でも勉強でも健康管理は基本です。健康で充実した毎日を送るために、睡眠と食事、運動に注意した生活をしましょう。

睡眠は、1日7時間程度とるのが理想です。食事については、ごはんやパンばかりでなく、副菜や主菜、乳製品、果物もバランスよく摂るように心がけましょう。運動については、定期的に運動することが大切です。人によって適切な運動量は異なるので、自分にあった運動を見つけましょう。

睡眠時間に関するアンケート結果

低学年　高学年

5時間
6時間
7時間
8時間
その他

新たな職員

生物　橘 康介	科学　水谷きらら
世界史　縄文太郎	日本史　弥生花子
現代文　酒井翔太	家庭科　古田幹二

! レイアウトに秩序がない

➡装飾しすぎない
➡全要素を揃えて配置する

- 文字が歪んでいる
- フォントが良くない
- 余計な囲みが多い
- 余白が少なすぎる
- 左揃えと中央揃えが混在
- 装飾が過剰
- 枠線が太い
- 要素同士が揃っていない
- 行間が狭く、行長が長い
- 色覚バリアフリーなっていない
- モノクロ印刷に未対応

学校だよりや保健だよりで生じやすい問題は、①行間が狭い、②囲み枠が多い、③枠内に余白がない、④要素同士が揃っていないことです。典型的な問題ばかりですが、これらを注意するだけで、随分とすっきりするはずです。

上の例では、色の使いすぎも大きな問題です。グラデーションの使い過ぎも印象を悪くする原因になります。

After

宮城県立政宗高校

学校だより

政宗高校

Vol. 01

令和3年度 第1号
令和3年 4月6日

入学おめでとう

桜花爛漫。新入生、保護者の皆様、ご入学おめでとうございます。新しい息吹を感じる4月8日に、多くのご来賓の方々のご臨席を得て、着任式と入学式が行なわれました。着任式では、合計10名の先生が生徒たちに紹介されました。生徒を代表して、伊達政宗さんから歓迎の言葉が着任者に贈られました。新任の先生方には、生徒の皆さんに新たな良い刺激を与えてくれるものと期待しています。始業式では、3年B組の松尾芭蕉さんのピアノ伴奏で、校歌が披露され、体育館に活気溢れる歌声が響き渡りました。生徒一人ひとりが心も体も優しくたくましく成長できる環境が作るべく、教職員一丸となって取り組んでまいります。新しい学校生活がはじまり、不安もあるかもしれませんが、いろいろなことにチャレンジしてみてください。

①チャレンジ
自主的に考え、積極的に行動することを忘れない。失敗を恐れてはいけません。

②クリエイティブ
モノや考え、アイデアを生み出すことを大切にする。

③助け合い
助け合いながら、より高みを目指す。人を助けることでしか得られない成長があります。

毎日の健康管理

部活動でも勉強でも健康管理は基本です。健康で充実した毎日を送るために、睡眠と食事、運動に注意した生活をしましょう。

睡眠は、1日7時間程度とるのが理想です。食事については、ごはんやパンばかりでなく、副菜や主菜、乳製品、果物もバランスよく摂るように心がけましょう。運動については、定期的に運動することが大切です。人によって適切な運動量は異なるので、自分にあった運動を見つけましょう。

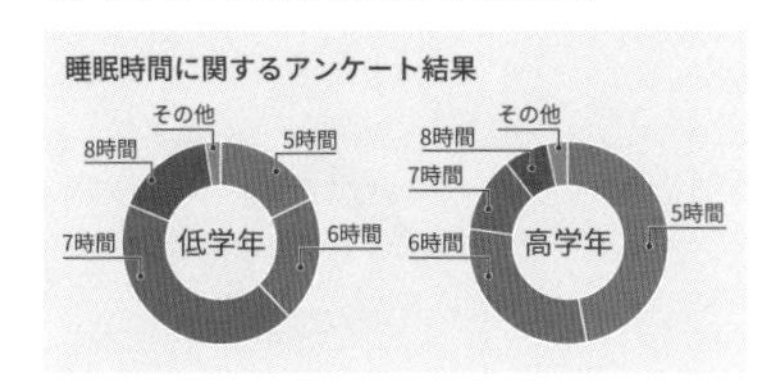

新たなスタート

4月9日の午後に、新入生58人を迎えて入学式が行なわれました。これで、本校生徒は、合計で190人となりました。新年度への期待を膨らませた皆さんの目は輝いていました。保護者の皆様、地域の皆様の祝福・応援に感謝しながら、みなさんの夢を叶えられるよう、友達や先生、先輩と一緒に部活動や勉強に励んで下さい。

新たな職員

生物	橘 康介	科学	水谷きらら
世界史	縄文太郎	日本史	弥生花子
現代文	酒井翔太	家庭科	古田幹二

使用フォント **小見出し**：游ゴシック／**本文**：游ゴシック

子供を相手にする場合でも、ポップな書体を使いすぎず、読みやすさを優先するようにしましょう。MS明朝よりも游ゴシックのほうが美しく読みやすいですし、UDデジタル教科書体を使うのも良いでしょう。使用する色の数を減らし、色覚バリアフリーにすることも大切なことです。

After

宮城県立政宗高校

学校だより

政宗高校

Vol. 01

令和３年度 第１号
令和３年 ４月６日

入学おめでとう

桜花爛漫。新入生、保護者の皆様、ご入学おめでとうございます。新しい息吹を感じる４月８日に、多くのご来賓の方々のご臨席を得て、着任式と入学式が行なわれました。着任式では、合計 10 名の先生が生徒たちに紹介されました。生徒を代表して、伊達政宗さんから歓迎の言葉が着任者に贈られました。新任の先生方には、生徒の皆さんに新たな良い刺激を与えてくれるものと期待しています。始業式では、３年Ｂ組の松尾芭蕉さんのピアノ伴奏で、校歌が披露され、体育館に活気溢れる歌声が響き渡りました。生徒一人ひとりが心も体も優しくたくましく成長できる環境が作るべく、教職員一丸となって取り組んでまいります。新しい学校生活がはじまり、不安もあるかもしれませんが、いろいろなことにチャレンジしてみてください。

①チャレンジ
自主的に考え、積極的に行動することを忘れない。失敗を恐れてはいけません。

②クリエイティブ
モノや考え、アイデアを生み出すことを大切にする。

③助け合い
助け合いながら、より高みを目指す。人を助けることでしか得られない成長があります。

毎日の健康管理

部活動でも勉強でも健康管理は基本です。健康で充実した毎日を送るために、睡眠と食事、運動に注意した生活をしましょう。

睡眠は、１日７時間程度とるのが理想です。食事については、ごはんやパンばかりでなく、副菜や主菜、乳製品、果物もバランスよく摂るように心がけましょう。運動については、定期的に運動することが大切です。人によって適切な運動量は異なるので、自分にあった運動を見つけましょう。

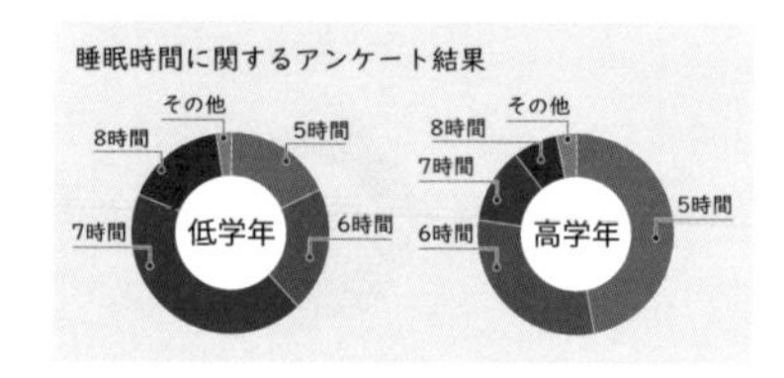

新たなスタート

４月９日の午後に、新入生 58 人を迎えて入学式が行なわれました。これで、本校生徒は、合計で 190 人となりました。新年度への期待を膨らませた皆さんの目は輝いていました。保護者の皆様、地域の皆様の祝福・応援に感謝しながら、みなさんの夢を叶えられるよう、友達や先生、先輩と一緒に部活動や勉強に励んで下さい。

新たな職員

生物　橘 康介	科学　水谷きらら
世界史 縄文太郎	日本史 弥生花子
現代文 酒井翔太	家庭科 古田幹二

使用フォント **小見出し**：UDデジタル教科書体／**本文**：UDデジタル教科書体

学校だよりなどは、モノクロ（あるいはグレースケール）印刷をすることも多いかもしれません。必要に応じてカラーの部分を白か黒に置き換えましょう。カラーとモノクロ印刷の両方を行う資料では、明暗だけで色の区別が可能かを確認しながら配色しましょう。学校等で印刷する場合は、印刷の品質が良くないことも多いので、灰色の文字を避けるほうが無難です。低品質の印刷の場合は、明朝体よりもゴシック体のほうが向いています。モノクロ印刷については、p.240もご参照下さい。

スキルアップ Wordのスタイル機能

スタイル機能で効率的なレイアウト

ページの多い書類のデザインを統一したり、デザインを一新したいとき、すべての見出しや、段落の設定をいちいち変更するのは手間です。このようなときはスタイル機能を使いましょう。

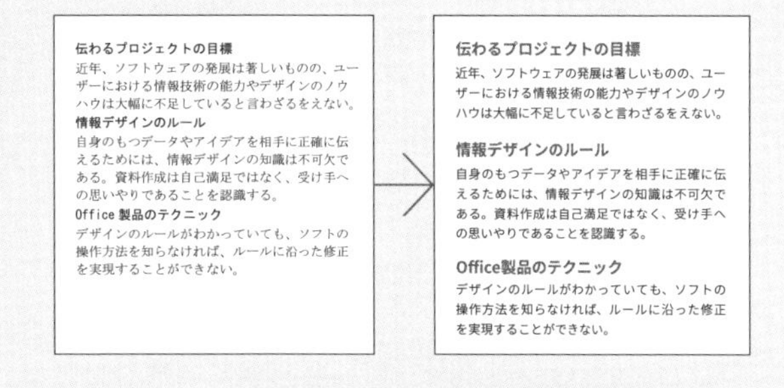

スタイル機能を使う

まず、文書中のタイトルや見出しに、既定のスタイルを適用します。段落や見出しにカーソルを置いた状態で、スタイルギャラリーから目的のスタイルを選択するとスタイルが適用されます。例えば「大見出し」なら[見出し1]など「本文」なら[標準]や[本文]を選びます。これを文書全体で行います。

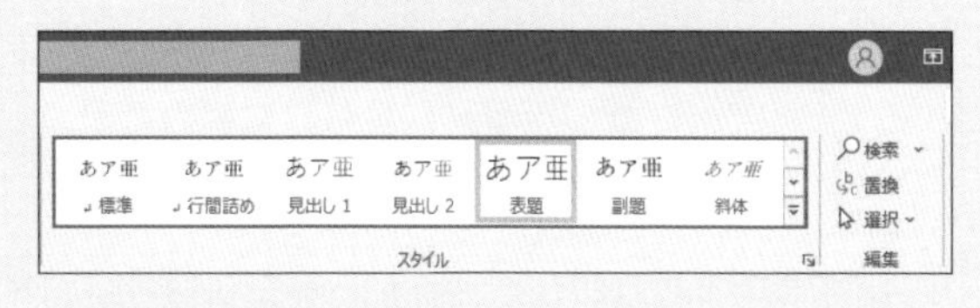

スタイルをカスタマイズする

既定のスタイルをカスタマイズするには、スタイルギャラリーの変更したいスタイルを右クリックし、[変更]をクリックします。[スタイルの変更]ウィンドウの左下の[書式]をクリックすると、フォントや段落(行間や字間など)を設定できます。[OK]をクリックすれば、当該スタイルを適用してあったすべての箇所の書式が更新されます。

なお、[標準]を変更すると、他のスタイルに影響するので、本文には[本文]スタイルを使うのが好ましいです。ただし[本文]は、初期設定ではスタイルギャラリーに表示されていません。スタイルギャラリー右下の⧅をクリック→[スタイル]ウィンドウの[オプション]→[表示するスタイル]を[すべてのスタイル]とすると、[スタイル]ウィンドウに[本文]が表示されます。[スタイル変更]ウインドウを開き、[スタイルギャラリーに追加]をチェックするとスタイルギャラリーに[本文]を追加できます。

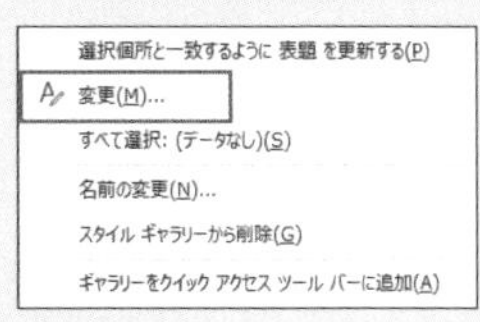

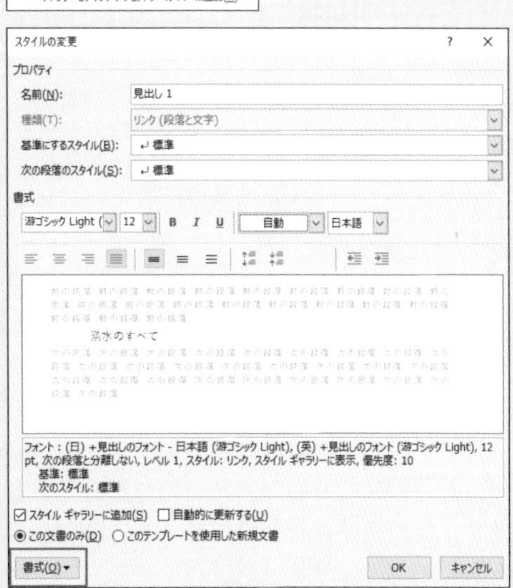

スキルアップ モノクロ印刷への対策

モノクロ印刷でも見やすく

カラーで作ったプレゼン用のスライドも、経費節約のためにモノクロ印刷することは少なくありません。ここでは、モノクロ印刷する場合の対策を紹介します。

文字と背景のコントラストを強く

モノクロ印刷する資料では、背景と文字のコントラストを高めることが大切です。まずは、**文字を黒く**することを心がけましょう。同時に、**文字の背景の色を薄く**したり、**背景に画像を配置しない**ようにするとよいでしょう。文字に影をつけると文字の輪郭が不明瞭になります。立体感や影、光彩を含め、**文字の装飾を避ける**ようにしましょう。

　プリンタで出力したものをコピー機で複写する場合は、解像度が低下する恐れがあります。このような場合は、やや太めのフォントを使用しておくほうが安心です。低解像度の印刷では、明朝体よりもゴシック体のほうが可読性や判読性が下がりにくいのでおすすめです。

✕コントラストが低い

都会の人々には珍しいので
おみやげに買っていく。

↓モノクロで印刷すると

都会の人々には珍しいので
おみやげに買っていく。

〇コントラストが高い

都会の人々には珍しいので
おみやげに買っていく。

↓モノクロで印刷すると

都会の人々には珍しいので
おみやげに買っていく。

✕文字に装飾がある

文字の装飾

↓モノクロで印刷すると

文字の装飾

〇装飾がない

文字の装飾

↓モノクロで印刷すると

文字の装飾

明度に差を付けて配色する

概念図やグラフでは、色によって項目を区別することがあります。カラーでの使用を想定していない資料では、灰色の濃淡で塗り分けをするのが最も確実な方法です。

　一方、カラーで使用しつつもモノクロ印刷をして配布する場合は、明度に差をつけて配色するようにしましょう。このとき、異なる色相の色を配色してしまうと、モノクロ印刷したときの濃淡が想像しにくくなり、配色が難しくなります。**同一色相で明度や彩度を変えて配色する**と、カラーでありながらモノクロ印刷にも耐えられる配色になります。

✕色相の差で塗り分け

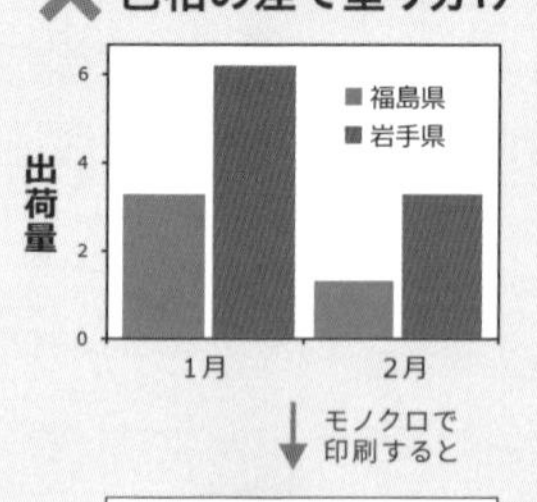

〇明度の差で塗り分け

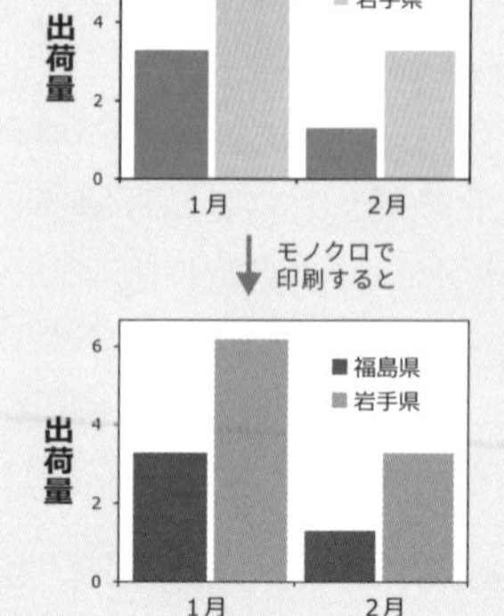

色に頼らないグラフのデザイン

モノクロ印刷をする資料を作成する場合、色に頼らないデザインをすることが大切です。グラフでは、凡例の使用を避けて**グラフ内に項目名を直接書き込みましょう。**ベタ塗りだけではなく、**パターン塗りを併用**することも効果的です。

✕ 色相の差で塗り分け

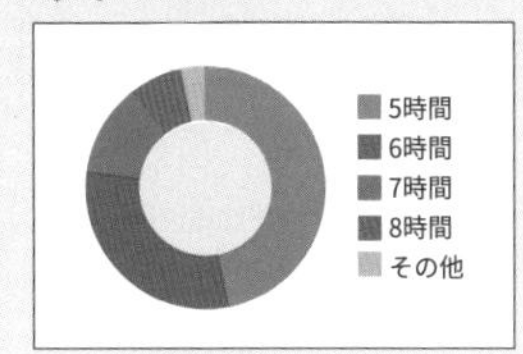

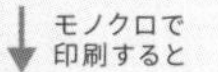

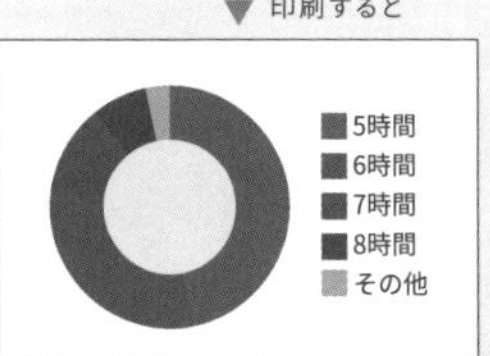

○ 明度の差で塗り分け

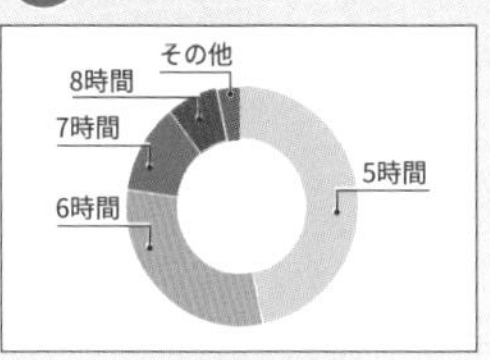

モノクロで
印刷すると

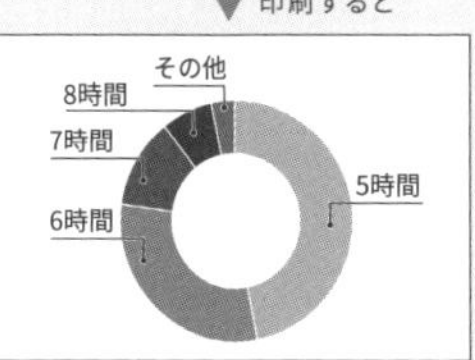

PowerPointでの印刷時の工夫

PowerPointでは、「カラー」と「グレースケール」、「単純白黒」の3つの印刷方法を選択することができます。モノクロ印刷して配布する場合は、**グレースケールか単純白黒**で印刷するほうが見やすい資料になります。

　グレースケールで印刷すると、図形が白と黒の間の段階的な灰色で印刷されます。ただし、使用した色に関係なく、文字と線は完全な黒で印刷さます。

　単純白黒での印刷は、グレースケールよりもさらに単純化して印刷されます。文字の影が非表示になったり、塗りつぶしの色が白として印刷されるので、背景色と文字のコントラストが高くなります。なお、単純白黒印刷でも、グラフや画像は、グレースケールとして印刷されます。印刷設定による出力結果の違いは、右の表にまとめた通りです。

オブジェクト	グレースケール印刷	単純白黒印刷
文字	黒	黒
塗りつぶし	グレースケール	白
線	黒	黒
文字の影	グレースケール	非表示
図形の影	グレースケール	黒
画像	グレースケール	グレースケール
背景	グレースケール	白
グラフ	グレースケール	グレースケール

カラー印刷

グレースケールでは塗りは
グレー、単純白黒では白に

出荷量

文字は、どんな色で作成しても
黒色になります。

グレースケール印刷

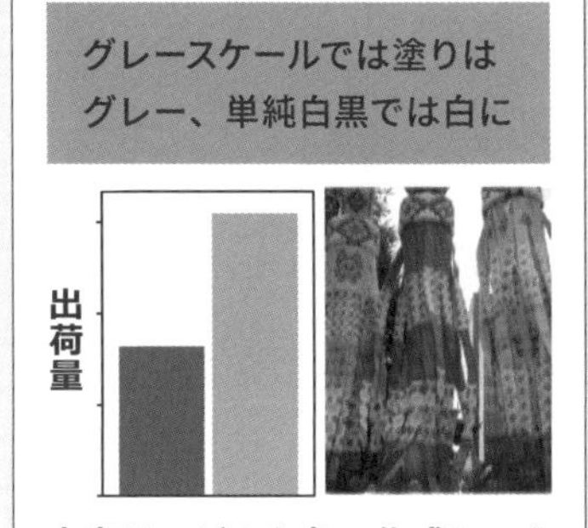

単純白黒印刷

グレースケールでは塗りは
グレー、単純白黒では白に

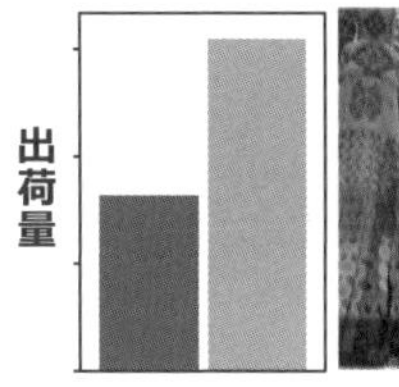

文字は、どんな色で作成しても
黒色になります。

5-5 掲示物やチラシ

ポスターなどの掲示物やチラシなどの配布物を作るときは、視認性の高い書体を選ぶとともに、可読性を下げるような装飾を避けましょう。ジャンプ率を高くすることも大切です。

イベント告知ポスター1

Before

軌道エレベータ　試乗会参加者募集

2050年2月10日

ストーンヘンジ軌道エレベータ公社

40年前には夢物語だった軌道エレベータ！

10年前の着工とともに急ピッチで工事が進み，1年前，ついに静止衛星軌道の二倍に達しました。昇降機の試運転も快調にすすんだことは，ニュースでもご存知かと思います。

今回，南大東島の沖50kmにある人工島までおいでいただける方，10名様限定で，軌道エレベータの一般試乗会を行います。

※今回の試乗はISS宇宙ステーションまでの高さとなりますが，ISS宇宙ステーションは昇降機車窓からの見学となります。

●応募資格
申込み時に満20歳以上60歳未満の方

●応募方法
PC，スマートフォン，ウェアラブルPCなどから以下のサイトにアクセスしてください。

http://www.spaceelevator.jp

●試乗会申込み期間　2/10（木）00：00～3/27（日）23：59

●当選者発表　4/10（日）
当選者は厳正な抽選の上決定いたします。ご案内状の発送をもって当選者の発表とかえさせていただきます。

●会場　アースポート新大東島
（那覇港からスーパーフォイルで1時間）
新大東島までの交通費はご自身のご負担となります。

ストーンヘンジ軌道エレベータ公社
〒162-0846　東京都新宿区市山左内町21-13
電話：0123-00-0000
Webサイト：http://www.spaceelevator.jp

! 情報の構造が整理されていない

➡重要度に応じて強弱をつける

➡親子関係や並列関係を明確にする

フォントの雰囲気が内容とあっていない

行間が狭い

派手な囲みが付いている

英数字に和文フォントが使われている

文字に余計な影が付いている

背景の写真が複雑で文字が読みにくい

● 右揃えと左揃え、中央揃えが混在している

イベントや講演のポスターは、パッと目を引く魅力的なもので、かつ「いつ」「何をするのか」を伝えることが重要です。重要な要素は何といっても「タイトル」です。まずはタイトルをできるだけ大きくして、受け手の関心を引くことが大切です。

After

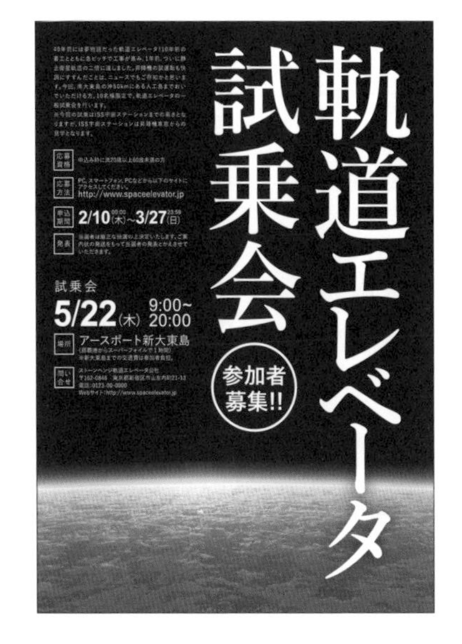

使用フォント　**タイトル**：BIZ UDPゴシック太字（左）、游明朝（右）／**本文など**：游ゴシック／**数字**：Helvetica

ここでは、タイトルの色と背景の色の明度の差をつけ、コントラストを強めることでさらに目を引くようにしています。上右の例は、タイトルと日程のジャンプ率をさらに高くしたものです。大きな文字を使う場合、フォントの種類によりポスターの印象が大きく変わります。

その他の情報も、一様に小さくするのでなく、情報の親子関係・並列関係の明示、グループ化を考えて整理しましょう。

イベント告知ポスター 2

Before

「植物動物特別展示会」

花蜜を求めて：アリが探す花
蜜と花が探すムシのお話

植物は繁殖のため、様々なムシを誘惑しようと、魅力的な花をつけます。昆虫は蜜を求めて花を探します。
花粉を運んで貰いたい植物と、花粉には興味がないけど、蜜を搾取したい昆虫。アリもこのような世界に生きる生き物のひとつです。
虫と植物それぞれの身勝手な進化が引き起こす予想もできない結末があります。アリになって体験してみませんか？
当日は雨天決行です。また、天候次第では、植物側の体験も可能です。

会場：有山大学 蟻ホール
会期：2021年11月5日（火）～11月30日（木）
開館日：火曜日～土曜日（11月10日～11月12日は休館）
開館時間：10時～16時（入館は15:30まで）
主催：ワイルドライフの会
入場料：500円（中学生以上）
問い合わせ：0000-00-0000, aa00@at.at.com

! 装飾が多く理解しにくい

➡イメージにあった配色をする
➡過度な装飾をなくす

- フォントが良くない
- 装飾しすぎている
- 文字が太い
- 行間が狭い
- 写真が歪んでいる
- 角が丸すぎる
- イメージにあった配色でない
- 色が多すぎる
- センタリングと左揃えが混在
- グリッドが意識されていない

イベントなどのポスターや掲示物は、ポスターの印象によって集客力が大きく変わります。文字を大きくしたり、アイキャッチャーを使って目立ちやすくすることはもちろん大切なのですが、見た目の美しさや印象が重要になるので、むやみに派手にするのはNGです。

タイトルにMSゴシックを使うのは避け、視認性の高いフォントを使いましょう。文字を歪めたり、文字に枠をつけたり、派手な色を付けるなどの過度の装飾は、資料を煩雑にするだけです。角の丸い四角や楕円もできるだけ使わないほうが良いでしょう。

After

植物動物特別展示会

花蜜を求めて

アリが探す花蜜と花が探すムシのお話

植物は繁殖のため、様々なムシを誘惑しようと、魅力的な花をつけます。昆虫は蜜を求めて花を探します。

花粉を運んで貰いたい植物と、花粉には興味がないけど、蜜を搾取したい昆虫。アリもこのような世界に生きる生き物のひとつです。

虫と植物それぞれの身勝手な進化が引き起こす予想もできない結末があります。アリになって体験してみませんか？

当日は雨天決行です。また、天候次第では、植物側の体験も可能です。

小学生以下
入場無料
(中学生以上:500円)

2021.11.5［火］–11.30［木］ 開館日：火曜日～土曜日 ただし、11月10日～11月12日は休館)

会場／有山大学 蟻ホール　開館時間／10～16時(入館は15:30まで)　入場料／500円(中学生以上)

主催／ワイルドライフの会　問い合わせ／0000-00-0000, aa00@at.at.com

使用フォント　**タイトル**：HG 創英角ゴシックUB ／**本文**：游ゴシック

使用フォント

タイトル：游明朝太字／**その他**：游明朝＆游ゴシック

たくさんの色を使うのではなく、イベントのイメージにあった少数の色を使うことも大切です。写真は決して歪めてはいけません。被写体が見やすくなるようにトリミングをした上で使いましょう。ポスターは情報量が多くなりがちなので、グリッドや余白を意識しながら文字や写真を丁寧に配置していきましょう。

掲示用ポスター 1

Before

玉露クレンジング新カテキンケアー ¥1,050

ベタつき・ニオイのないクリアな頭皮のためのスペシャルケア

1 血行促進効果で 頭皮から顔までリフレッシュ！

2 シャンプーでは落ちない 皮脂汚れをスッキリ洗い落とす

3 強力なカテキンパワーで 頑固なニオイもクリーンオフ

! **書体や配色が商品のイメージに合っていない**

➡色の数を減らし、統一感をもたせる
➡過度の装飾やポップ体を使用しない

文字に枠を付けている
文字を歪めている
改行位置がよくない

中央揃えと左揃え、右揃えが混在している

角の変形した角丸四角が使われている
塗りと枠線の両方に色が付いている

写真が歪んでいる

- 見せる資料では、MSゴシックはよくない
- 数字に和文フォントを使っている

After

使用フォント **タイトル**：游ゴシック／**本文など**：游ゴシック／**数字**：Adobe Garamond ProとHelvetica Neue

お店に行くと商品の販売促進ポスターをよく目にしますが、どうもうまくいっていないことが多いです。このような資料では、安易に文字に輪郭を付けて、文字をつぶしてしまってはいけません。また、角丸四角を使うときは、角の丸みが変形しないように注意しましょう。もちろん、文字や図、絵、写真を歪めないのは基本中の基本です。

ゴシック体は力強い印象ですので、この例の場合は柔らかで優しい印象のある明朝体を使ってもよいでしょう。

掲示用ポスター 2

Before

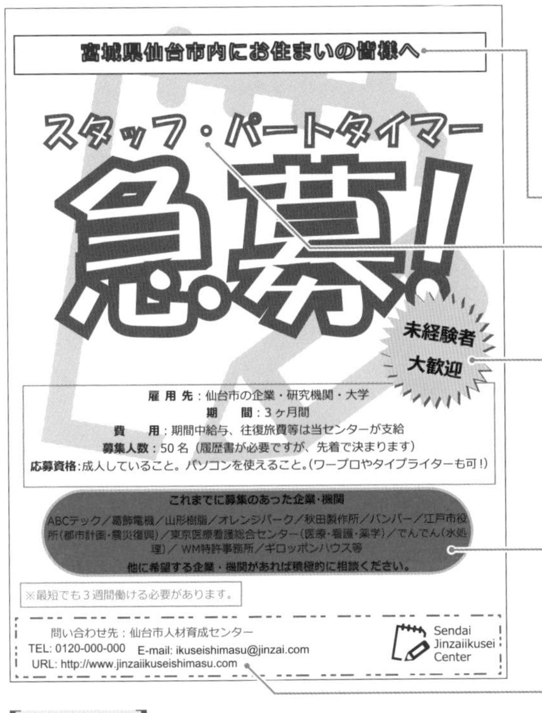

! 囲みや装飾が多すぎて内容に集中できない

➡囲みは必要最低限に抑える

➡目立たせる場所を少なくし、重要な個所を際立たせる

文字に輪郭が付いて読みにくい

ポップ体が雰囲気に合っていない
字詰めがされていない

行長が短いわりに、行間が広い

角が丸すぎる
塗りと枠線の両方に色が付いている

要素同士が揃っていない

After

使用フォント　**タイトル**：游ゴシック＆メイリオ／**本文**：メイリオ

ポスターなどの掲示物でよくある悪い例に、目立たせたい一心で装飾を多用しているものがあります。強調したい箇所をすべて強調すると煩雑になってしまうので、重要な箇所だけ目立たせるようにしましょう。なんでもかんでも囲んでまとめるという考え方は捨てて、余白を使ってグループ化しましょう。囲みを付ける場合は、塗りだけに色を付けるようにしたり、落ちついた色を使うようにすると、キーワードの「急募」が目立つようになります。

　また、文字に輪郭を付ける場合は、袋文字を使って文字がつぶれないように気を付けましょう（p.53参照）。

三つ折パンフレット

Before

! 揃っていない
装飾が多すぎる

➡グリッドに揃えて配置
➡囲いを使いすぎない

- 枠が目立ちすぎ
- 装飾しすぎ
- 配色が不適切
- 写真が揃っていない
- 文字が潰れている
- 文字は上下中央に角が歪んでいる
- 中央揃えは読みにくい
- 色が多すぎる
- 三等分できていない

After

使用フォント **タイトル**：游明朝太字／**小見出し**：游ゴシック太字／**本文**：游ゴシック

三つ折パンフレットは、開いたときにページ間に境界線がないのがふつうなので、左右のグループがわかりにくくなりがちです。こんなときは、項目ごとに囲みを使ってまとまりを強調するのではなく、揃えや余白を駆使して情報を整理しましょう。

文章を左揃えか両端揃えにした上で、文章と図や表、写真の位置を丁寧に揃えましょう。

また、折ったときのことを考え、紙面が正確に三等分されているかを確認しましょう。

テクニック Wordで三つ折パンフレット

Wordでも段組機能を使えば、三つ折パンフレットを作れます。ここでは、A4判の紙を巻折りすることを想定し、余白等の設定方法を紹介します。

まず[レイアウト]→[ページ設定]右下の をクリックし、[余白]で用紙の向きを「横」にします。続いて、ページ左右の余白を「0cm」にします。上下の余白は自由に設定して構いませんが、ここでは「1cm」とし、[OK]をクリックします。

その後、[ページ設定]→[段組み]と進み、[3段]を選びます。さらに、[段組みの詳細設定]を選択し、[段の幅をすべて同じにする]チェックマークを外し、[段の幅と間隔]の[間隔]の値を「0cm」とし、[段の幅]を9.7cm、10cm、10cmとします(巻折りでは、内側に折る部分を少し短くすると折りやすくなります)。段の幅が文字単位での設定になっている場合は、[ファイル]→[オプション]→[詳細設定]→[表示]の[単位に文字幅を使用する]のチェックを外してから設定します。

最後に、文書全体を選択し、[段落]の設定で左右のインデントを「1cm」(ページの上下の余白と同じ)に設定します。

裏面を作るときは、右(段の番号3)の段幅を9.7cmとして下さい。

ページ設定
文字数と行数　余白　用紙　その他
余白
上(T): 1 cm　下(B): 1 cm
左(L): 0 cm　右(R): 0 cm
とじしろ(G): 0 cm　とじしろの位置(U): 左
印刷の向き
縦(P)　横(S)

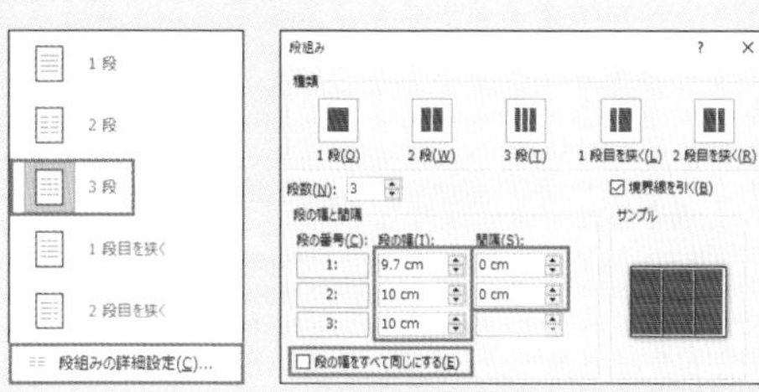

✕ 単純な3段組では三等分できない

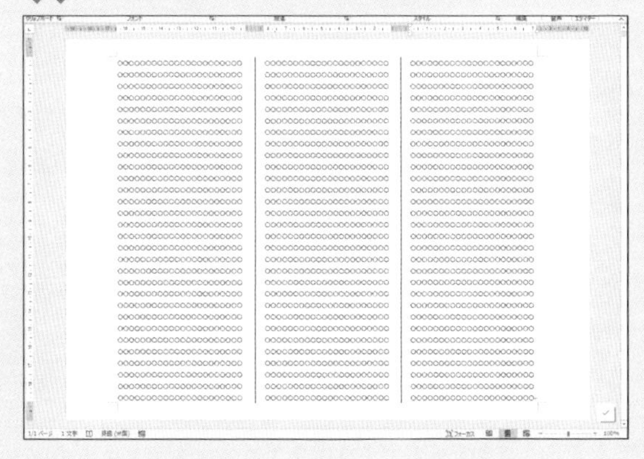

○ 書式を整えればきれいに三等分できる

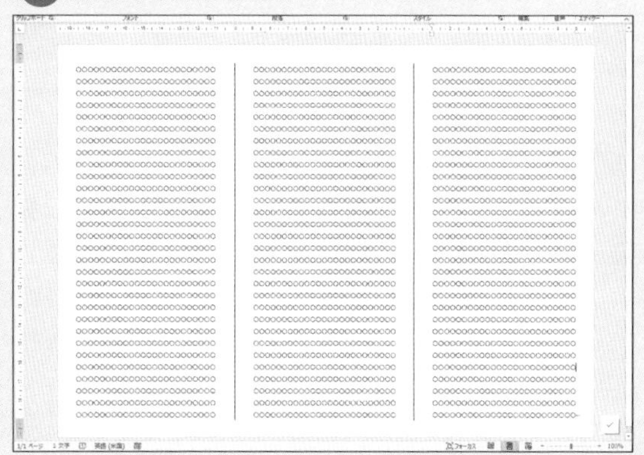

チラシ

Before

Buongiorno！　Italia！
魅惑の国
イタリア8日間 9月・10月限定

イタリアの風が呼んでいる！

往復直行便でらくらく！！

258,000円〜308,000円

・ローマとその近郊をじっくり！ とことんローマコース

日程　内容
1日目　東京発　直行便にてローマへ。早めのホテル到着です
2日目　バチカン美術館＆サンピエトロ大聖堂＆サンタンジェロ城を満喫
3日目　フォロロマーノ〜パラティーノの丘〜コロッセオをじっくりと
4日目　カラカラ浴場〜オスティアアンティカで古代ローマにタイムスリップ
5日目　城塞都市オルビエートへのワンデイトリップ
6日目　自由行動。スペイン広場〜トレビの泉などの散策がお勧め
7日目　午前中自由行動。午後出発便で帰国の途へ

・限られた時間を最大限使いたい！ あちこちイタリアコース

日程　内容
1日目　東京発　直行便にてミラノへ。バスにてベネチアへ
2日目　ベネチア1日観光。バスにてベローナへ
3日目　ベローナ半日観光。バスにてミラノへ
4日目　ミラノ1日観光。バスにてジェノバへ
5日目　ジェノバ半日観光。バスにてフィレンツェへ
6日目　フィレンツェ半日観光後，ローマへ
7日目　午前中自由行動。午後出発便で帰国の途へ

お申込み・お問い合わせ
イタリア旅行のエキスパート
ストーンヘンジ旅行（株）
〒162-0846　東京都新宿区市山左内町21-13
電話：0123-00-0000
営業時間：10：00〜20：00
Web：http://www.italiatour.jp

！ 優先順位が不明瞭で、内容を把握しにくい

➡文字の目立ちやすさに強弱をつける
➡囲み使用は必要最低限に抑える

- 書体の雰囲気があっていない
- 字詰めがされていない
- 文字に輪郭があり読みにくい
- 余計な「・」があるので左揃えに見えない
- なんでもかんでも囲みすぎ
- 文字が歪んでいる
- 中央揃えと左揃えが混在
- グリッドを意識したレイアウトになっていない
- 似た大きさの写真が多く、注目すべき点がわかりにくい
- 角丸四角の角が丸すぎる

チラシなどの見せる資料は、第一印象や一瞬で内容を把握できることが重要です。このような場合、重要度に応じて単語や文章のジャンプ率を高くすることがとても効果的です。大きな文字や大きな写真は、アイキャッチの効果も抜群です。興味をもった人だけが知ればいい情報(今回の場合は、詳細な日程や連絡先など)は、文字を小さくしても問題ありません。

また、書体はチラシ全体の印象を左右するので、ポップ体の使用や角の丸すぎる角丸四角の使用は避けましょう。

【 After 】

9月・10月限定 ＼往復直行便でらくらく!!／

イタリアの風が呼んでいる！ *Buongiorno! Italia!*

魅惑の国イタリア

258,000円〜308,000円

ローマとその近郊をじっくり！

【とことんローマコース】

1日目 東京発　直行便にてローマへ。早めのホテル到着
2日目 バチカン美術館&サンピエトロ大聖堂&サンタンジェロ城
3日目 フォロロマーノ〜パラティーノの丘〜コロッセオをじっくりと
4日目 カラカラ浴場〜オスティアアンティカで古代ローマにタイムスリップ
5日目 城塞都市オルビエートへのワンデイトリップ
6日目 自由行動。スペイン広場〜トレビの泉などの散策がお勧め
7日目 午前中自由行動。午後出発便で帰国の途へ

限られた時間を最大限使いたい！

【あちこちイタリアコース】

1日目 東京発　直行便にてミラノへ。バスにてベネチアへ
2日目 ベネチア1日観光。バスにてベローナへ
3日目 ベローナ半日観光。バスにてミラノへ
4日目 ミラノ1日観光。バスにてジェノバへ
5日目 ジェノバ半日観光。バスにてフィレンツェへ
6日目 フィレンツェ半日観光後、ローマへ
7日目 午前中自由行動。午後出発便で帰国の途へ

8日間

お申込み・お問い合わせ
イタリア旅行のエキスパート
ストーンヘンジ旅行（株）
〒162-0846　東京都新宿区市山左内町21-13

電話：0123-00-0000
営業時間：10:00〜20:00
Web **http://www.italiatour.jp**

使用フォント **タイトル**：出島明朝など（フリーフォント）／**小見出し&強調**：ヒラギノ角ゴW6／**本文**：ヒラギノ角ゴW3／**価格の数字**：Helvetica

ポップ体は幼い印象を与えがちです。そのため、内容によってはポップ体は資料の印象を悪くします。またMSゴシックは、長い間MS Officeのデフォルトフォントだったため、手抜きあるいはチープな印象を与えることがあるので、注意が必要です。

カタログ

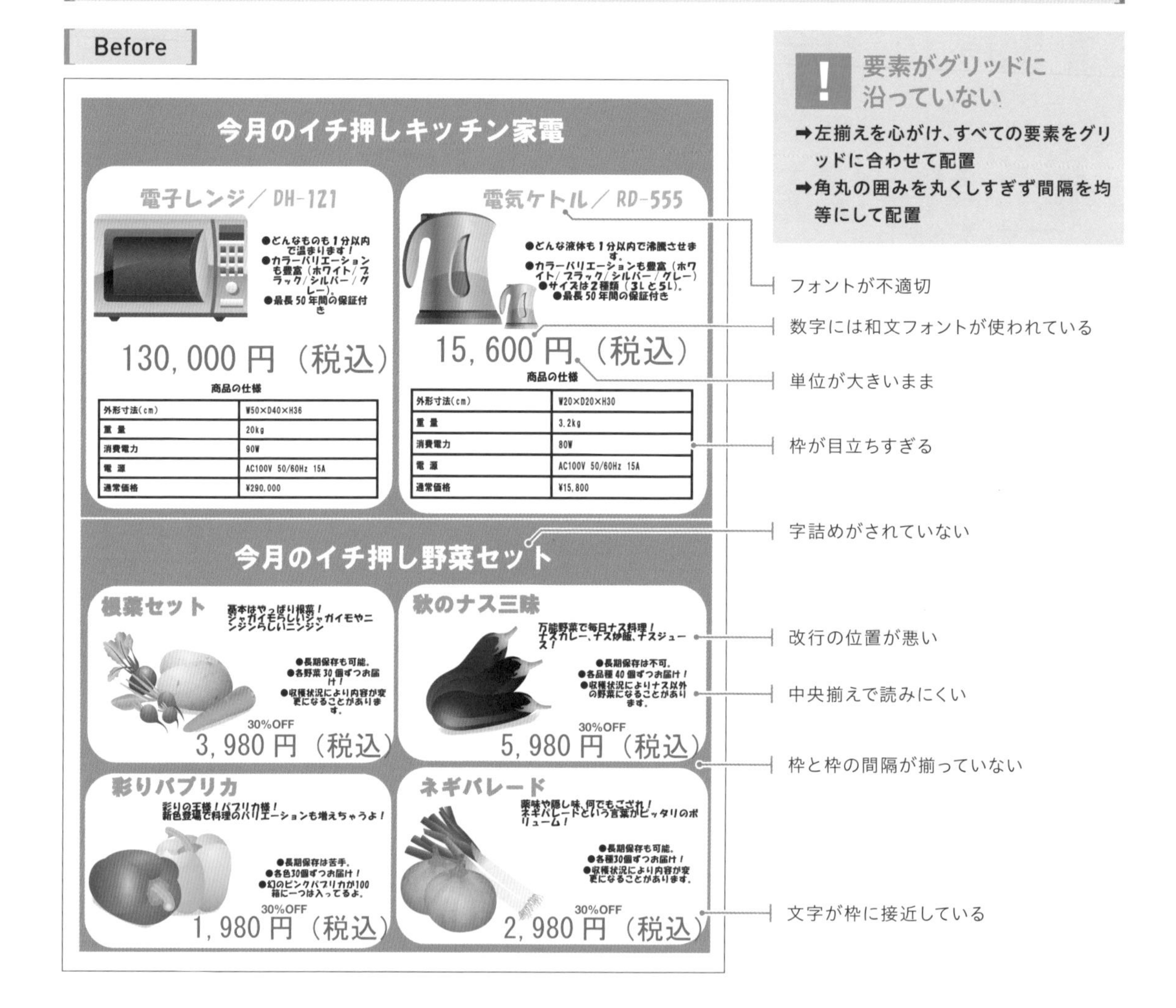

商品案内のカタログなど、項目が多くて図や文字が多い場合では、レイアウトや文字の使い方が重要になります。項目間で上下左右をきっちり揃えるだけでなく、1つの項目の中にも図と文字、表が含まれるため、項目内でもグリッドを想定してレイアウトする必要があります。それだけで膨大な情報も整然と整理することができます。

また、ポップ体は文字数が多いと読みにくくなるので、癖のないゴシック体や明朝体を使うほうが無難です。

After

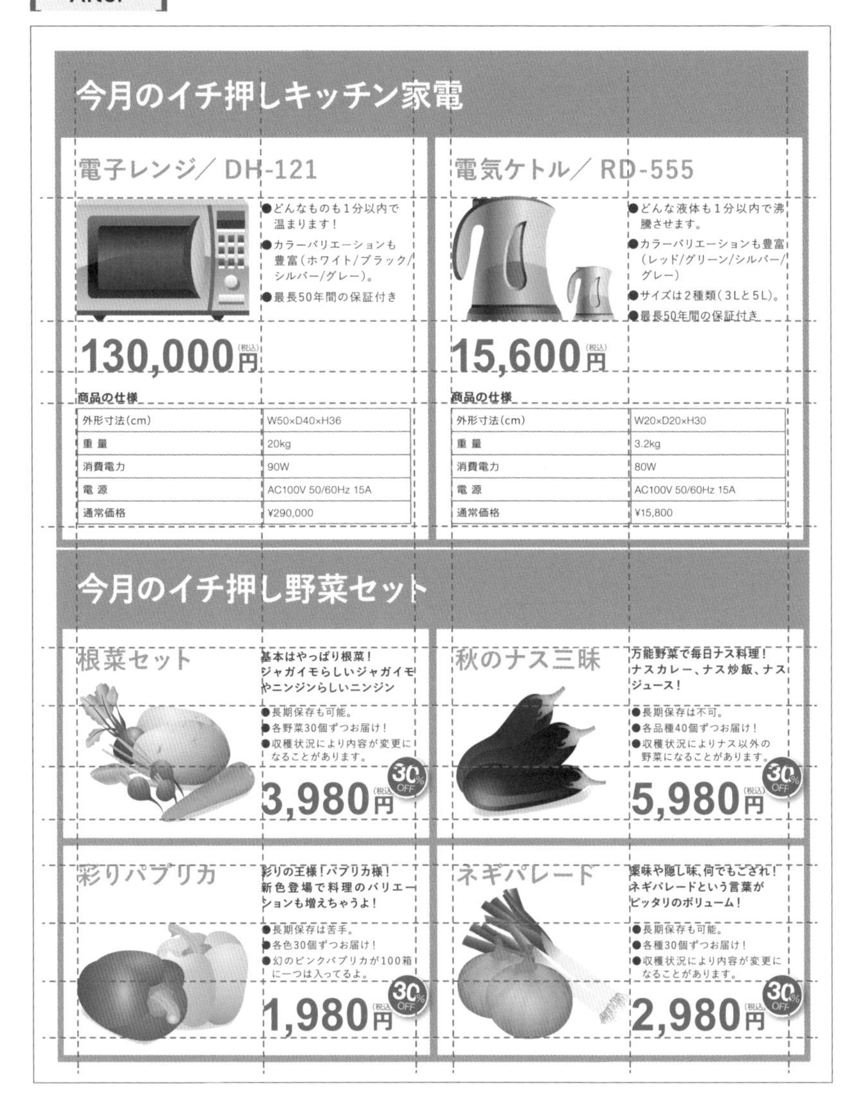

今月のイチ押しキッチン家電
電子レンジ／ DH-121
●どんなものも1分以内で温まります！
●カラーバリエーションも豊富（ホワイト/ブラック/シルバー/グレー）。
●最長50年間の保証付き
130,000円(税込)
商品の仕様
外形寸法(cm) W50×D40×H36
重 量 20kg
消費電力 90W
電 源 AC100V 50/60Hz 15A
通常価格 ¥290,000
電気ケトル／ RD-555
●どんな液体も1分以内で沸騰させます。
●カラーバリエーションも豊富（レッド/グリーン/シルバー/グレー）
●サイズは2種類（3Lと5L）。
●最長50年間の保証付き
15,600円(税込)
商品の仕様
外形寸法(cm) W20×D20×H30
重 量 3.2kg
消費電力 80W
電 源 AC100V 50/60Hz 15A
通常価格 ¥15,800
今月のイチ押し野菜セット
根菜セット
基本はやっぱり根菜！ジャガイモらしいジャガイモやニンジンらしいニンジン
●長期保存も可能。
●各野菜30個ずつお届け！
●収穫状況により内容が変更になることがあります。
30% OFF
3,980円(税込)
秋のナス三昧
万能野菜で毎日ナス料理！ナスカレー、ナス炒飯、ナスジュース！
●長期保存は不可。
●各品種40個ずつお届け！
●収穫状況によりナス以外の野菜になることがあります。
30% OFF
5,980円(税込)
彩りパプリカ
彩りの王様！パプリカ様！新色登場で料理のバリエーションも増えちゃうよ！
●長期保存は苦手。
●各色30個ずつお届け！
●幻のピンクパプリカが100箱に一つは入ってるよ。
30% OFF
1,980円(税込)
ネギパレード
薬味や隠し味、何でもござれ！ネギパレードという言葉がピッタリのボリューム！
●長期保存も可能。
●各種30個ずつお届け！
●収穫状況により内容が変更になることがあります。
30% OFF
2,980円(税込)

使用フォント **タイトル**：游ゴシック太字／**強調文**：游ゴシック太字／**本文**：游ゴシック／**価格の数字**：Arial

補足 ルールを破るというルール

グリッドに沿ってレイアウトをすると美しい資料ができますが、場合によっては物足りなさを感じるかもしれません。このようなときは、あえてグリッドに合わせないというテクニックがあります。グリッドから外れた文や図は、アクセントとなり、アイキャッチャーとして機能します。上の例では、「30% OFF」と書かれた赤い丸がグリッドからはみ出すことでアイキャッチャーとなっています。このテクニックは「それ以外のすべての部分でルールを守っている」からこそ有効なテクニックです。

索引

数字

欧文

あ行

か行

さ行

た行

■ な行

■ は行

■ ま行

■ や行

■ ら行

■ わ行

■著者 profile

高橋佑磨(たかはしゆうま)

1983年、東京都武蔵野市生まれ。2010年、筑波大学大学院生命環境科学研究科修了、博士(理学)。現在は、千葉大学大学院理学研究院 准教授。専門は進化生態学で、生物の種内に見られる多様性の成立機構や機能について研究。研究発表の資料作成に必要なデザインのノウハウを普及することを目的にウェブページ「伝わるデザイン|研究発表のユニバーサルデザイン」を運営。

片山なつ(かたやまなつ)

1983年、京都府宮津市生まれ。筑波大学(学部)と東京大学(修士課程)を経て、2012年、金沢大学自然科学研究科修了、博士(理学)。現在、東京大学大学院理学系研究科 准教授。奇妙な形態をもつ植物の進化過程と多様化機構を研究。2010年に「伝わるデザイン|研究発表のユニバーサルデザイン」を開設後、執筆・講演活動も行なう。

■画像提供・資料提供・撮影協力(順不同)

p.120、121	国立科学博物館
p.165	三つ葉クローバー: Manfred Koch Koch/123RF 四つ葉クローバー: Brandon Alms/123RF
p.242、243	壁紙宇宙館
p.246	nejron/123RF
p.252、253	野菜:sahua/123RF 家電:aleksangel/123RF

●装丁・本文デザイン　平塚兼右(PiDEZA Inc)
●レイアウト　新井良子(PiDEZA Inc)
●編集　藤澤奈緒美

伝わるデザインの基本　増補改訂3版
よい資料を作るためのレイアウトのルール

2014年　8月10日　初　版　第1刷発行
2021年　4月29日　第3版　第1刷発行
2024年　7月25日　第3版　第6刷発行

著　者　高橋佑磨　片山なつ
発行者　片岡　巖
発行所　株式会社技術評論社
東京都新宿区市谷左内町21-13
電　話　03-3513-6150　販売促進部
03-3513-6166　書籍編集部
印刷/製本　株式会社加藤文明社

ISBN978-4-297-11985-0 C3055
Printed in Japan

■注意

本書に関するご質問は、FAXや書面でお願いいたします。電話での直接のお問い合わせには一切お答えできませんので、あらかじめご了承下さい。また、以下に示す弊社のWebサイトでも質問用フォームを用意しておりますのでご利用下さい。

ご質問の際には、書籍名と質問される該当ページ、返信先を明記して下さい。

e-mailをお使いになれる方は、メールアドレスの併記をお願いいたします。

■連絡先

〒162-0846
東京都新宿区市谷左内町21-13
(株)技術評論社 書籍編集部
「伝わるデザインの基本　増補改訂3版」係
FAX:03-3513-6183
Webサイト:https://gihyo.jp/book